高等院校职业技能实训规划教材

3ds Max/VRay室内效果图制作案例技能实训教程

刘 鹏 张 辉 主 编

清华大学出版社
北 京

内 容 简 介

本书以实操案例为主，以知识详解为辅，从3ds Max最基本的应用知识讲起，全面细致地对室内效果图的创建方法和设计技巧进行了介绍。全书共10章，依次介绍了餐桌餐椅模型、护栏模型、台灯模型、双人床模型、静物模型、卧室模型、餐厅模型等的创建及效果设计。理论知识涉及3ds Max入门操作、几何体建模、样条线建模、修改器建模、多边形建模、摄影机应用、材质与灯光的创建、VRay渲染器的应用等内容。每章最后还安排了针对性的项目练习，以供读者练习。

全书结构合理，用语通俗，图文并茂，易教易学，既适合作为高职高专院校和应用型本科院校室内设计及艺术设计相关专业的教材，也适合作为广大室内设计爱好者的参考用书。

图书在版编目(CIP)数据

3ds Max/VRay室内效果图制作案例技能实训教程/刘鹏，张辉主编. —北京：清华大学出版社，2017（2023.8重印）
(高等院校职业技能实训规划教材)
ISBN 978-7-302-47402-9

Ⅰ. ①3… Ⅱ. ①刘… ②张… Ⅲ. ①室内装饰设计—计算机辅助设计—三维动画软件—高等职业教育—教材 Ⅳ. ①TU238.2-39

中国版本图书馆CIP数据核字(2017)第124526号

责任编辑：陈冬梅
装帧设计：杨玉兰
责任校对：周剑云
责任印制：沈 露

出版发行：清华大学出版社
网　　址：http://www.tup.com.cn，http://www.wqbook.com
地　　址：北京清华大学学研大厦A座　　**邮　　编：**100084
社 总 机：010-83470000　　**邮　　购：**010-62786544
投稿与读者服务：010-62776969，c-service@tup.tsinghua.edu.cn
质量反馈：010-62772015，zhiliang@tup.tsinghua.edu.cn
印 装 者：涿州汇美亿浓印刷有限公司
经　　销：全国新华书店
开　　本：185mm×260mm　　**印　　张：**17.75　　**字　　数：**430千字
版　　次：2017年7月第1版　　**印　　次：**2023年8月第4次印刷
定　　价：59.00元

产品编号：072768-01

前言 Preface

中文版 3ds Max 2016 是 Autodesk 公司推出的基于 PC 系统的建模软件，随着版本的不断升级，其界面更加简洁大方，功能也日趋完善。从应用范围看，广泛应用于影视创作、工业设计、建筑设计、三维动画、多媒体制作、辅助教学以及工程可视化等领域。为了满足新形势下的教育需求，我们组织了一批富有经验的室内设计师和高校教师，共同策划编写了本书，以让读者能够更好地掌握效果图的制作技能，更好地提升动手能力，更好地与社会相关行业接轨。

本书以实操案例为主，以知识详解为辅，先后对各类室内效果图纸的绘制方法、操作技巧、理论支撑、知识阐述等内容进行了介绍，全书分为 10 章，其主要内容如下。

章节	作品名称	知识体系
第 01 章	设置我的绘图环境	图形文件的操作、绘图环境的设置、对象的操作等
第 02 章	创建餐桌餐椅模型	标准基本体、扩展基本体、复合对象的创建
第 03 章	创建窗户护栏模型	样条线的绘制、编辑、修改等操作
第 04 章	创建卧室台灯模型	常见修改器的应用，如挤出、倒角、车削、弯曲、晶格等
第 05 章	创建双人床模型	多边形建模、网格编辑、NURBS 建模等
第 06 章	为场景添加 VR 物理摄影机	标准摄影机、VRay 摄影机的应用知识
第 07 章	创建饮品组合材质	材质编辑器、标准材质类型、VRay 材质等
第 08 章	为卧室场景添加材质	常见贴图类型、贴图材质的应用
第 09 章	为卧室场景添加光源	灯光的分类，标准灯光、光度学灯光、VRay 灯光的参数设置等
第 10 章	创建新中式餐厅场景效果	VRay 渲染器的功能介绍、设置、应用等知识

本书结构合理、讲解细致、特色鲜明，内容着眼于专业性和实用性，符合读者的认知规律，也更侧重综合职业能力与职业素养的培养，集“教、学、练”于一体。本书适合应用型本科、职业院校、培训机构作为教材使用。

本书由沈阳建筑大学刘鹏编写第 4、6、7、8、9、10 章，张辉编写第 1、2、3、5 章，参与本书编写的人员还有伏凤恋、许亚平、张锦锦、王京波、彭超、王春芳、李娟、李慧、李鹏燕、胡文华、吴涛、张婷、宋可、王莹莹、曹培培、何维风、张班班等。这些老师在长期的工作中积累了大量经验，在写作的过程中始终坚持严谨细致的态度、力求精益求精。由于时间有限，书中疏漏之处在所难免，希望读者朋友批评指正。

需要获取教学课件、视频、素材的读者可以发送邮件到：619831182@QQ.com或添加微信公众号DSSF007留言申请，制作者会在第一时间将其发至您的邮箱。在学习过程中，欢迎加入读者交流群(QQ群：281042761)进行学习探讨！

编　者

Contents 目录

第1章 DIY 绘图环境——3ds Max 基础操作详解

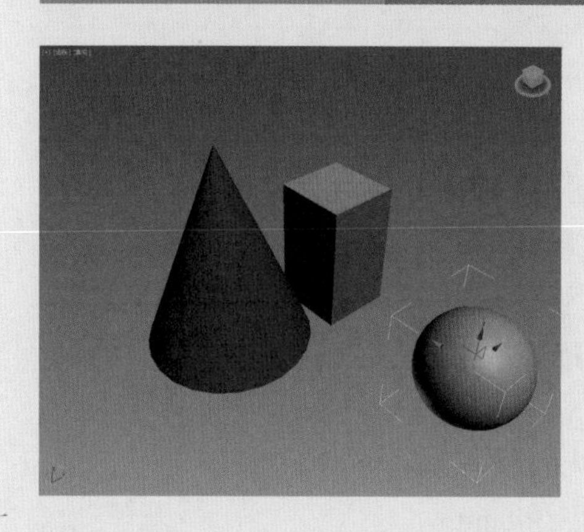

Contents
目录

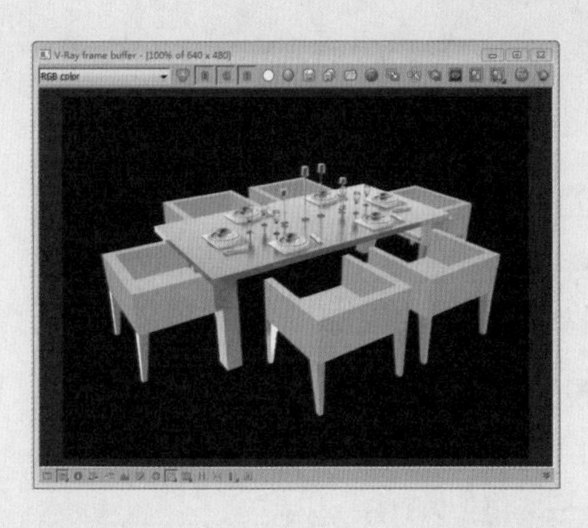

第 3 章 创建窗户护栏——样条线的应用详解

第4章 创建台灯模型——修改器的应用详解

第 5 章 创建双人床模型——多边形建模详解

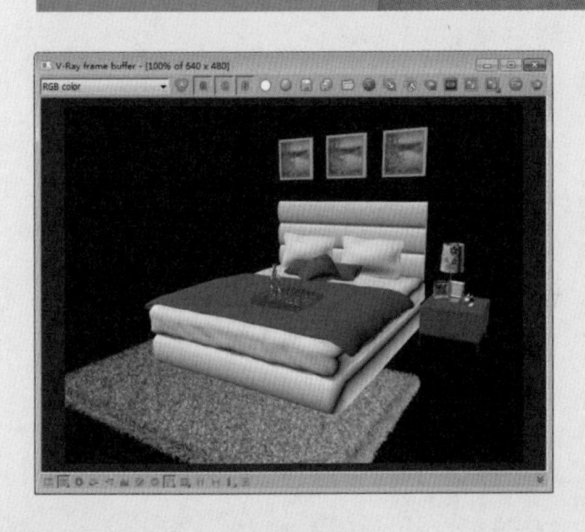

第 6 章 创建 VRay 摄影机——摄影机应用详解

第7章 创建静物材质——材质应用详解

第8章 为场景添加材质——贴图应用详解

第 9 章 为场景添加光源——灯光应用详解

第 10 章 创建餐厅场景效果——VRay 渲染器详解

第 1 章

DIY 绘图环境
——3ds Max 基础操作详解

本章概述

3ds Max 是一款优秀的效果图设计和三维动画设计软件。本章为用户介绍 3ds Max 2016 的基础操作功能。通过本章的学习，用户能够初步认识 3ds Max 的工作界面，了解单位及其他设置方法，并掌握最基本的三维操作功能。

要点难点

3ds Max 工作界面 ★☆☆
图形文件的操作 ★★☆
设置绘图环境 ★★☆
模型的基本操作 ★★★

案例预览

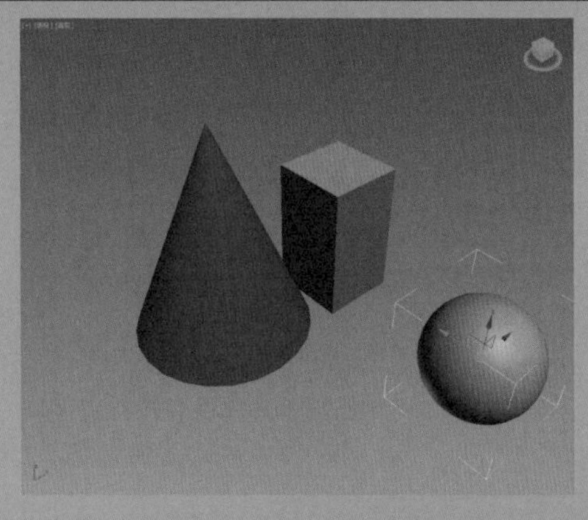

移动对象

【跟我学】 设置我的绘图环境

案例描述

本案例主要讲解自定义绘图环境的设置，包括设置绘图单位及工作界面颜色的显示。

制作过程

STEP 01 启动 3ds Max 2016 应用程序，可以看到软件的初始界面显示为深黑色，如图 1-1 所示。

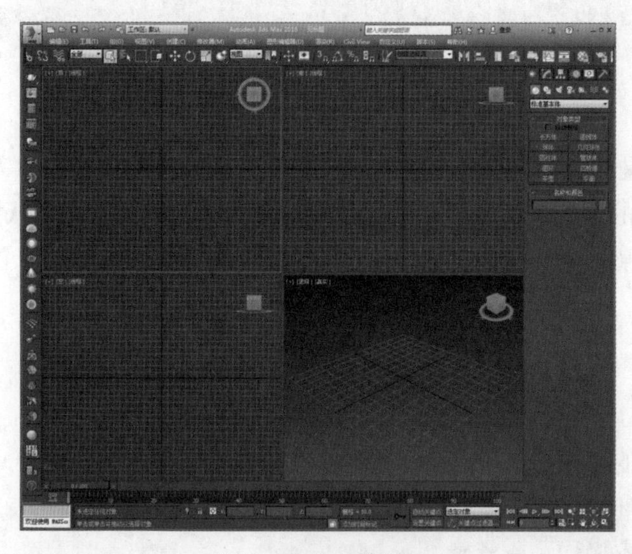

图 1-1　初始工作界面

STEP 02 执行“自定义”|“自定义用户界面”命令，打开“自定义用户界面”对话框，切换到“颜色”设置面板，单击“加载”按钮，如图 1-2 所示。

STEP 03 打开“加载颜色文件”对话框，从安装文件夹下找到名为 ame-light 的 CLRX 文件，将其打开，如图 1-3 所示。

STEP 04 更改过颜色后的工作界面如图 1-4 所示。

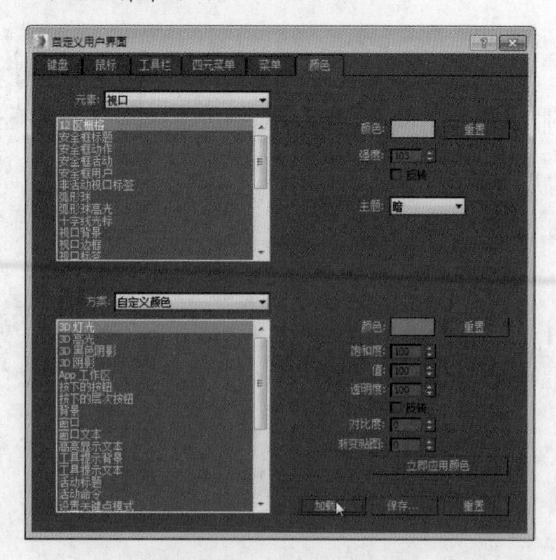

图 1-2　自定义用户界面

图 1-3　选择加载颜色文件

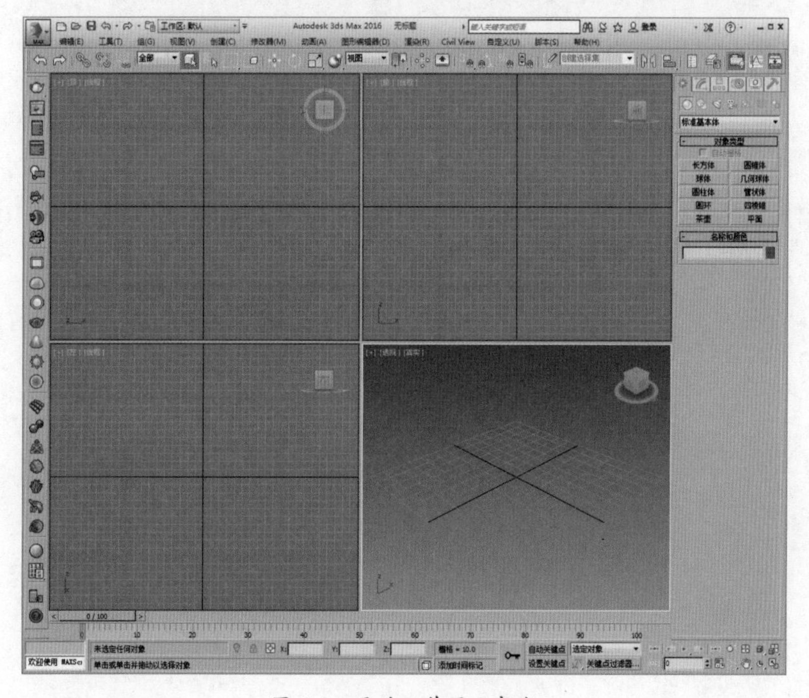

图 1-4　更改工作界面颜色

STEP 05 继续执行“自定义”|“单位设置”命令，打开“单位设置”对话框，设置公制单位为毫米，如图 1-5 所示。

STEP 06 单击“系统单位设置”按钮，打开“系统单位设置”对话框，设置系统单位比例的单位为毫米，如图 1-6 所示。

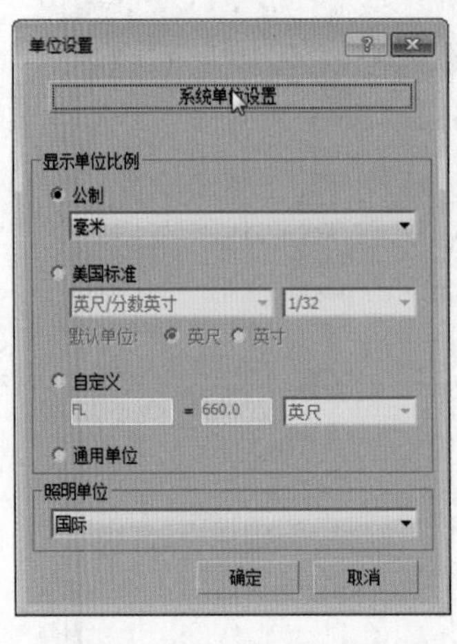

图 1-5 “单位设置”对话框

图 1-6 设置系统单位

【听我讲】

1.1 初识 3ds Max 2016

首先了解 3ds Max 的工作界面。启动 Max 软件后，即可进入工作界面。用户可以通过以下方式打开 3ds Max 2016 软件：

- 双击桌面上的 3ds Max 2016 的程序快捷图标。
- 执行“开始”|“所有程序”| Autodesk | Autodesk 3ds Max 2016 | 3ds Max 2016-Simplified Chinese 命令。
- 双击桌面上 3ds Max 2016 文件图标，即可打开文件并显示模型，如图 1-7 所示。

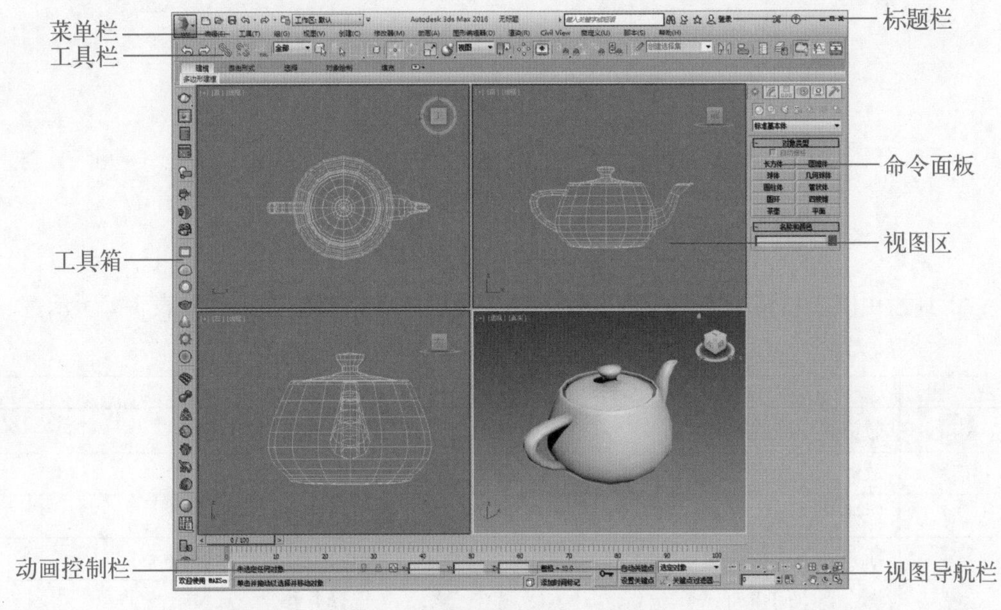

图 1-7 3ds Max 2016 的工作界面

1.1.1 3ds Max 软件界面

由图 1-7 可知，工作界面由标题栏、菜单栏、工具栏、视图区、命令面板、动画控制栏、视图导航栏等部分组成。

1. 标题栏

3ds Max 标题栏位于工作界面的最上方，它包括快速访问工具栏、显示栏、搜索栏、Autodesk Online 服务和控制窗口按钮组成，如图 1-8 所示。

图 1-8 标题栏

2. 菜单栏

菜单栏由编辑、工具、组、视图、创建、修改器、动画、图形编辑器、渲染、Civil View、自定义、脚本和帮助 13 个菜单组成，这些菜单命令中包含了 3ds Max 2016 的大部分操作命令，如图 1-9 所示。

图 1-9　菜单栏

3. 工具栏

在建模时，可以单击工具栏上的按钮进行操作，单击相应的按钮即可执行相应的命令，默认情况下，工具栏位于菜单栏的下方，如图 1-10 所示。用户可以在工具栏的左侧单击，拖动工具栏使工具栏更改为悬浮状，并放置在任意位置，如图 1-11 所示。

图 1-10　工具栏

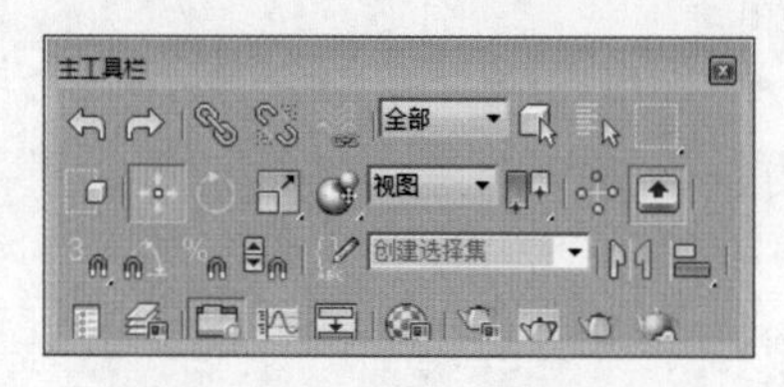

图 1-11　工具栏悬浮状态

工具栏由以上按钮组成，下面具体介绍工具栏中各按钮的含义，如表 1-1 所示。

表 1-1　工具栏按钮

按　钮	功　能	按　钮	功　能
	撤销上一次的操作		选择对象
	取消上一次撤销操作		按名称选择
	选择并链接		设置选择区域状态
	断开当前选择链接		窗口 / 交叉选择切换
	绑定到空间扭曲		选择并移动
全部	选择过滤器列表		选择并旋转
	设置缩放类型		选择并放置
视图	选择参考坐标系类型		捕捉开关
	设置控制轴心		角度捕捉开关
	键盘快捷键覆盖切换		百分比捕捉开关
	编辑命名选择集		微调器捕捉开关
	镜像对象		打开层资源管理器
	设置对齐方式		切换功能区
	打开曲线编辑器		打开渲染设置对话框
	打开图解视图		渲染当前场景
	打开材质编辑器对话框		打开渲染帧窗口

建模技能

拖动悬浮工具栏，至原始位置后释放鼠标左键，即可还原工具栏。由于工具栏的长度有限，所以工具栏按钮通常不可以全部显示在工具栏上。将鼠标指针放置在工具栏上，当指针形状由箭头更改为时，单击左右拖动鼠标即可显示其他按钮。

4. 视图区

视图区是 Max 的工作区，通过不同的视图可以查看场景的不同角度，默认情况下，视图分为“顶”视图、“前”视图、“左”视图、“透视”视图等 4 个视图区域，一般情况下，主要通过“透视”视图观察模型的立体形状、颜色、材质等，使用其他三个视图进行编辑操作。视图区如图 1-12 所示。

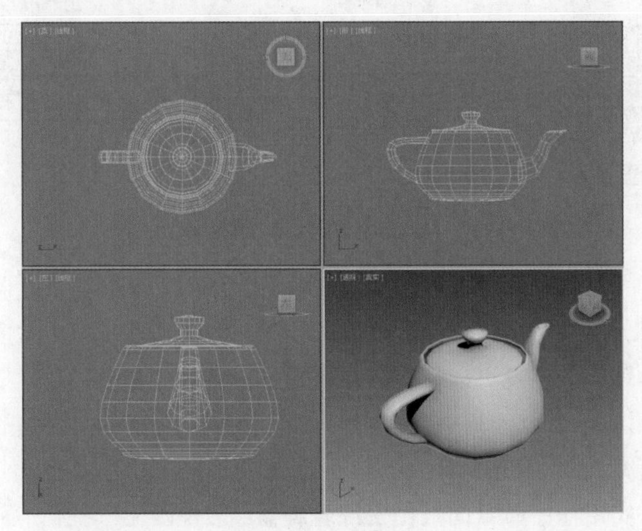

图 1-12　视图区

建模技能

激活视图后就可以在其中进行创建或编辑模型操作，激活视图后边框呈黄色，在视图中单击和右击都可以激活视图。右击可以正确激活视图，需要注意的是，在视图的空白处单击也可以激活视图，但是若在任意位置单击，在激活视图的同时也有可能会因为失误而选择物体，执行另一个命令操作。

5. 命令面板

默认情况下，命令面板位于屏幕的最右侧，由 6 个选项面板组成，每个选项面板的标签都是一个小的图标，借助于这 6 个面板的集合，可以访问绝大部分建模和动画命令。在命令面板上右击会弹出一个菜单，通过该菜单浮动或消除命令面板。下面具体介绍各命令面板的含义。

创建：创建命令面板由几何体、图形、灯光、摄影机、辅助对象、空间扭曲、系统等6部分组成，每个面板中都包含许多相应的操作，如图1-13所示。

修改：修改命令面板主要针对创建的对象组织修改命令，在“参数”卷展栏可以更改模型对象的参数，单击“修改器列表”的下拉按钮，可以在弹出的列表中选择相应的修改器进行修改操作，如图1-14所示。

层次：层次命令面板由轴、IK、链接信息3部分组成，它们主要用于调节相互连接对象之间的层级关系，如图1-15所示。

图 1-13　命令面板 1

图 1-14　命令面板 2

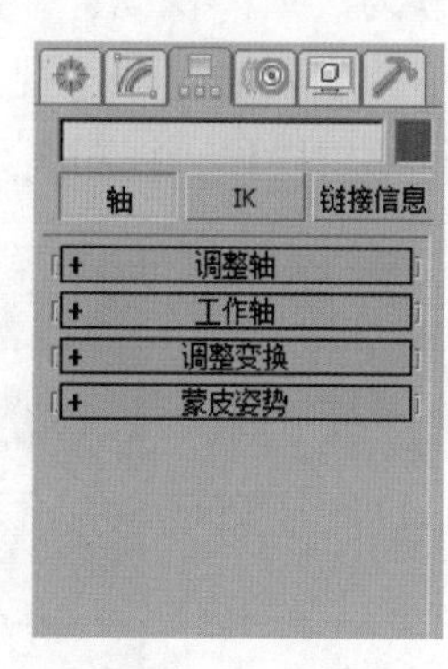

图 1-15　命令面板 3

运动：提供指定对象的运动控制能力，配合轨迹视图来一同完成运动的控制，可以控制对象的运动轨迹，并且可以编辑各个关键点，如图1-16所示。

显示：利用显示命令面板中的各相应的选项控制对象在视图中的显示情况，以此优化画面显示速度，如图1-17所示。

实用程序：实用程序命令面板由资源管理器、透视匹配、塌陷、颜色剪贴板、测量、运动捕捉、重置变换、MAXScript、Flight Studio(c)等外部程序组成，当选择相应的面板，在其命令面板的下方即可显示相应的参数控制面板，如图1-18所示。

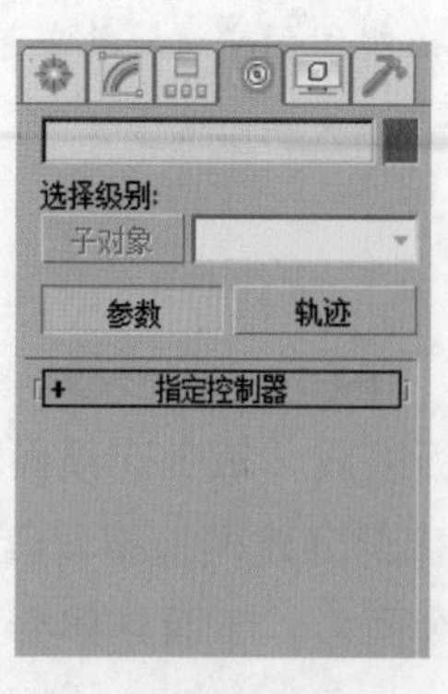

图 1-16　命令面板 4

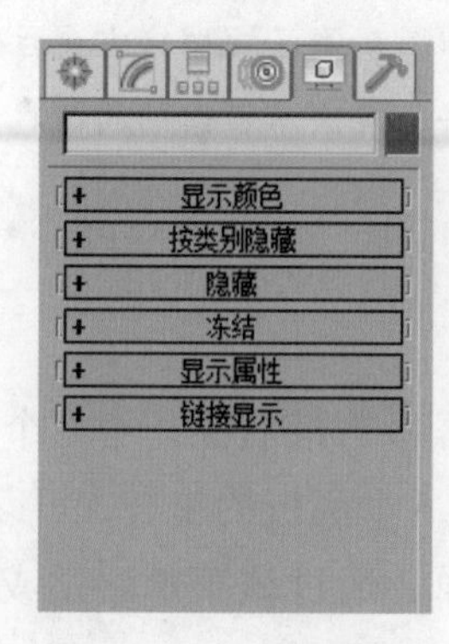

图 1-17　命令面板 5

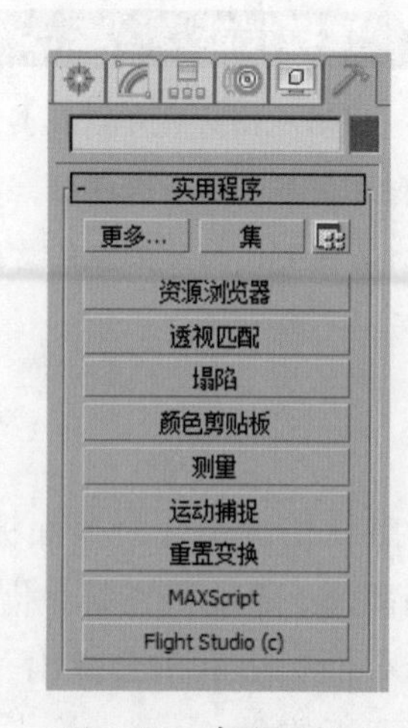

图 1-18　命令面板 6

6. 动画控制栏

动画控制栏在工作界面的底部，主要用于制作动画时进行动画记录、动画帧选择、控制动画的播放和控制动画时间等，如图 1-19 所示。

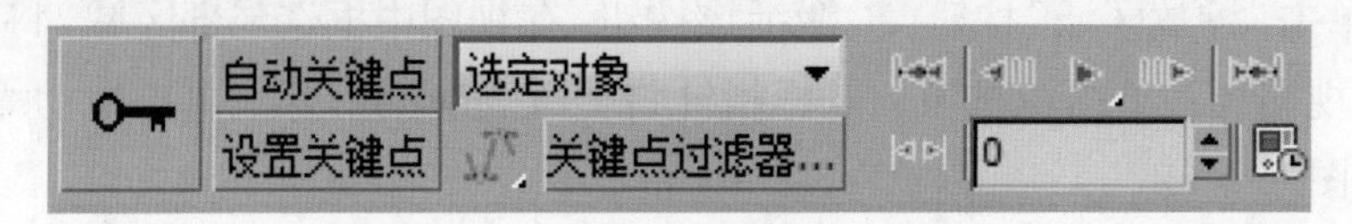

图 1-19　动画控制栏

由图 1-19 可知，动画控制栏由自动关键点、设置关键点、选定对象、关键点过滤器、控制动画显示区和“时间配置”按钮等 6 部分组成。下面具体介绍各按钮的含义。

- 自动关键点：打开该按钮后，时间帧将显示为红色，在不同的时间上移动或编辑图形即可设置动画。
- 设置关键点：控制在合适的时间创建关键帧。
- 关键点过滤器：在“设置关键点过滤器”对话框中，可以对关键帧进行过滤，只有当某个复选框被选择后，有关该选项的参数才可以被定义为关键帧。
- 控制动画显示区：控制动画的显示，其中包含转到开头、关键点模式切换、上一帧、播放动画、下一帧、转到结尾、设置关键帧位置等，在该区域单击指定按钮，即可执行相应的操作。
- 时间配置：单击该按钮，即可打开时间配置对话框，在其中可以设置动画的时间显示类型、帧速度、播放模式、动画时间、关键点字符等。

7. 视图导航栏

视图导航栏主要控制视图的大小和方位，通过导航栏内相应的按钮，即可更改视图中物体的显示状态。视图导航栏会根据当前视图的类型进行相应的更改，如图 1-20 所示。

图 1-20　视图导航栏

图 1-20 所示分别为透视视图导航栏、左视图导航栏和摄影机视图导航栏。视图导航栏由缩放、缩放所有视图、最大化显示选定对象、所有视图最大化显示选定对象、视野、平移视图、环绕子对象、最大化视图切换等 8 个按钮组成。

- 缩放：单击该按钮后，在视图中单击并拖动鼠标，即可缩放视图，使用快捷键 Alt+Z，可以激活该按钮。
- 缩放所有视图：在视图中单击并拖动鼠标，即可缩放视图区中的所有视图。
- 最大化显示选定对象：单击“最大化显示”按钮，可将视图中的所有对象进行最大化显示，或者激活视图。按快捷键 Z 同样可以执行此操作。
- 所有视图最大化显示选定对象：长按该按钮，在弹出的列表中选择“所有视图最大化显示”按钮，激活该按钮，即可将所有对象最大化显示在全部视图中。

- 视野：单击该按钮后，上下拖动鼠标即可更改透视图的“视野”，在“视口配置”对话框中“视觉样式和外观”选项卡中可以设置“视野”值，原始“视野”值为45。单击“缩放区域”按钮，激活该按钮，在视图中框选局部区域，将它放大显示。
- 平移视图：单击该按钮，鼠标指针将更改为的形状，单击拖动图标，即平移视图。
- 环绕子对象：围绕视图中的景物进行视点旋转，使用Ctrl+R和Alt+鼠标中键均可以激活该按钮。
- 最大化视图切换：将当前视图进行最大化切换操作。

1.1.2 场景资源管理器

“场景资源管理器”对话框主要设置场景中创建物体和使用工具的显示状态，并优化屏幕显示速度，提高计算机性能。将选项卡拖动到任意位置，可以使其更改为悬浮状，如图1-21所示。在不需要使用的时候可以单击“关闭”按钮关闭该选项卡。

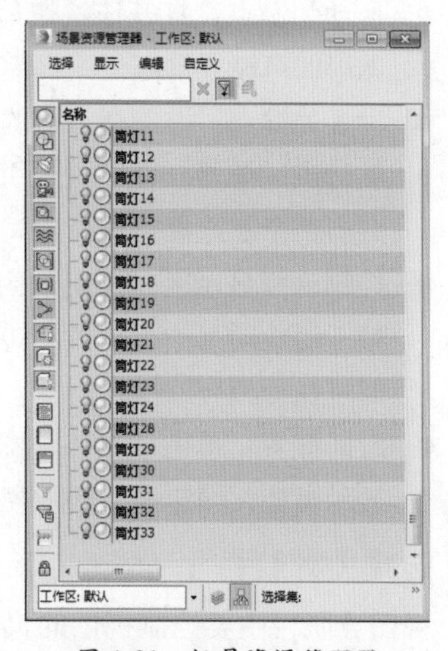

图1-21 场景资源管理器

1.1.3 图形文件的操作

图形文件的基本操作包括新建文件、打开文件、保存文件和退出文件等4种方式。下面具体介绍这4种方式的操作方法。

1. 新建文件

用户可以通过以下方式新建一个场景文件。

- 单击工作界面上方的“菜单浏览器”按钮，在弹出的列表框中单击“新建”选项。
- 在快速访问工具栏单击“新建场景”按钮。
- 按Ctrl+N组合键，在弹出的对话框中单击“确定”按钮。

2. 重置文件

重置文件是指清除视图中的全部数据，恢复到系统初始状态，包括视图划分设置、捕捉设置、材质编辑器、背景图像设置等。

单击工作界面上方的“菜单浏览器”按钮，在弹出的列表框中单击“重置”选项，系统会弹出重置文件提示框，如图1-22所示，单击“是”按钮即可重置文件。

图1-22 重置文件提示框

3．打开文件

使用“打开”命令可以加载场景文件 (MAX 文件)、角色文件 (CHR 文件) 或者 VIZ 渲染文件 (DRF 文件) 到场景中，然后进行编辑操作，用户可以通过以下两种方式打开文件。

(1) 通过 3ds Max 2016 打开文件。

- 单击工作界面上方的“菜单浏览器”按钮，在弹出的列表框中单击“打开”选项，即可打开“打开文件”对话框，如图 1-23 所示。
- 在快速访问工具栏上单击“打开文件”按钮。
- 按 Ctrl+O 组合键，在弹出的对话框中选择文件并单击“打开”按钮。

(2) 直接打开 3ds Max 文件。

- 双击创建好的 3ds Max 文件。
- 在创建的 3ds Max 文件上右击，在弹出的快捷菜单中单击“打开方式”选项，弹出“打开方式”对话框，选择打开方式后单击“确定”按钮。
- 将 3ds Max 拖入视图区，在弹出的列表框单击“打开”选项。

建模技能

如果在“系统单位设置”对话框中选中了“考虑文件中的系统单位”，在打开文件时，如果加载的文件具有不同的场景单位比例，将会弹出“文件加载：Gamma 和 LUT 设置不匹配”对话框，如图 1-24 所示，用户可根据需要将场景重新缩放单位比例。

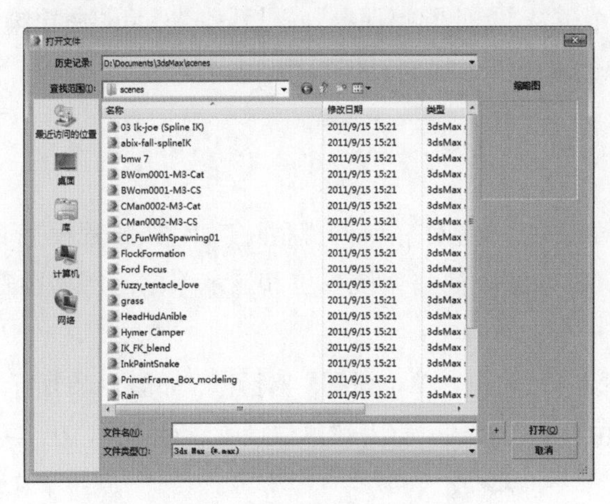

图 1-23　“打开文件”对话框

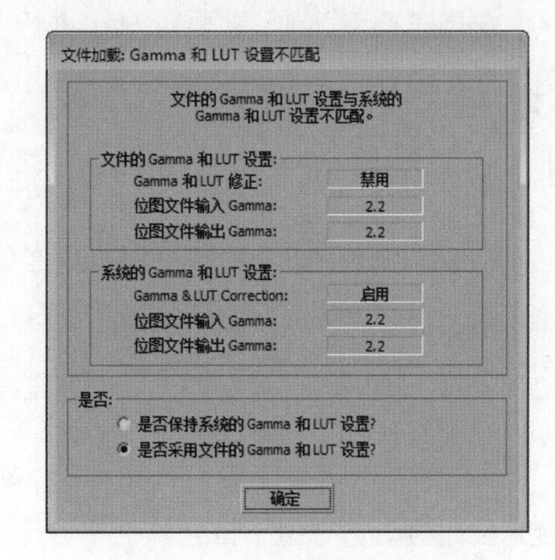

图 1-24　“文件加载”对话框

4．保存文件

在设计过程中或设计完成后，都需要进行保存文件操作，以避免因为操作失误而丢失重要的工作文件，也可以方便下次继续使用和编辑，通过以下方式可以保存文件。

- 单击工作界面上方的“菜单浏览器”按钮，在弹出的列表中单击“保存”选项。

- 单击“菜单浏览器”按钮，在弹出的列表中单击“另存为”选项。
- 在快速访问工具栏上单击“保存文件”按钮。
- 按 Ctrl+S 组合键。

在“文件另存为”对话框中可以设置路径和文件名，并单击“保存”按钮完成保存，如图 1-25 所示。

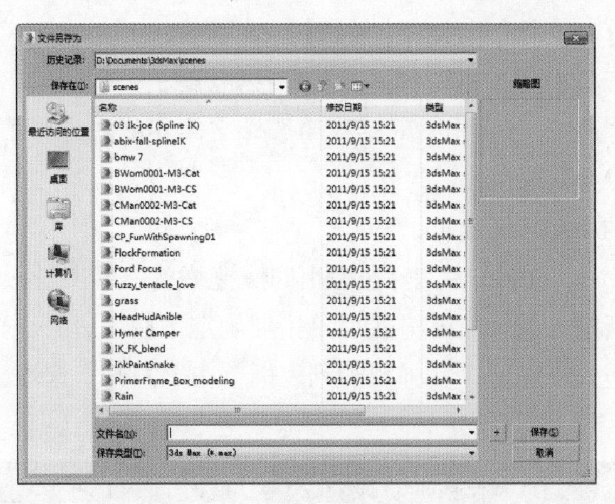

图 1-25 “文件另存为”对话框

1.2 设置绘图环境

在创建模型之前，需要对 Max 进行“单位”“文件间隔保存”“默认灯光”和“快捷键”等设置。通过以上基础设置可以方便用户创建模型，提高工作效率。

1.2.1 设置绘图单位

在 3ds Max 中系统默认采用通用度量单位制。当制作精确的模型时（如建筑工程模型），就需要对系统单位进行重新设定。在此具体介绍如何将系统单位和显示单位比例均设置为毫米。

STEP 01 执行“自定义”|“单位设置”命令，打开“单位设置”对话框，如图 1-26 所示。

STEP 02 单击对话框上方的“系统单位设置”按钮，打开“单位设置”对话框，在“系统单位比例”选项组下拉列表框中选择“毫米”选项，如图 1-27 所示。

STEP 03 单击“确定”按钮，返回“单位设置”对话框，在“显示单位比例”选项组中选中“公制”单选按钮，激活“公制单位”列表框，如图 1-28 所示。

STEP 04 单击下拉按钮，在弹出的列表中选择“毫米”选项，如图 1-29 所示。设置完成后单击“确定”按钮，即可完成单位设置操作。

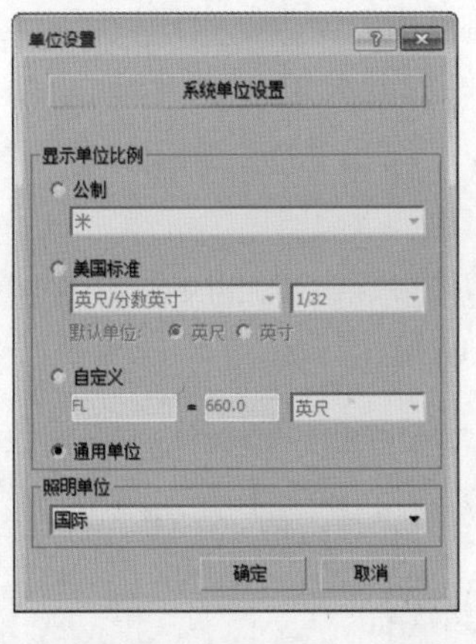

图 1-26　“单位设置”对话框

图 1-27　选择“毫米”选项

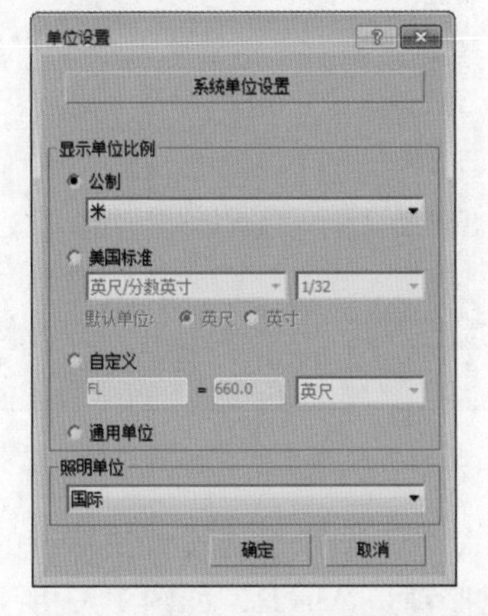

图 1-28　选中“公制”单选按钮

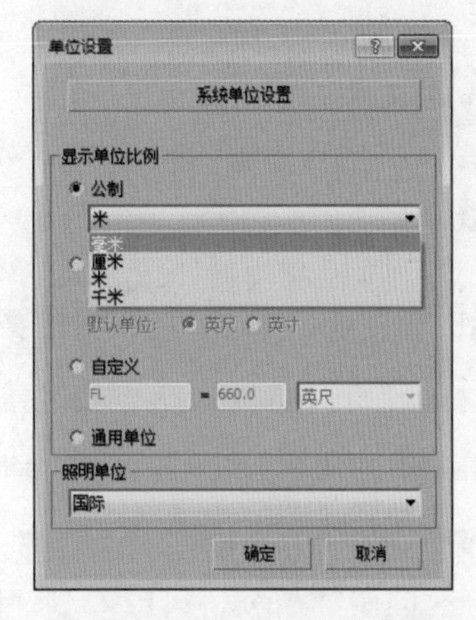

图 1-29　选择“毫米”选项

建模技能

3ds Max 单位是在建模之前就设置好的。比如要制作室内模型，可以将系统单位设置为“毫米”；要制作室外大的场景，可以将系统单位设置为“米”。这么做的目的是使创建的模型更加准确。一般来说只需要设置一次，下次开启 3ds Max 的时候会自动设置为上次的单位，因此不用重复进行设置。

1.2.2　设置快捷键

利用快捷键创建模型可以大幅提高工作效率，节省了寻找菜单命令或者工具的时间。为了避免快捷键和外部软件的冲突，用户可以自定义设置快捷键。

在“自定义用户界面”对话框中可以设置快捷键。通过以下方式可以打开“自定义用户界面”对话框。

- 执行“自定义”|“自定义用户界面”命令。

- 在工具栏的“键盘快捷键覆盖切换”按钮上右击。

在此以为“隐藏”命令指定新的快捷键 Ctrl+1 为例展开介绍。

STEP 01 执行“自定义”|“自定义用户界面”命令，打开“自定义用户界面”对话框，如图 1-30 所示。

STEP 02 切换到“键盘”选项卡，单击“组”下拉列表框右侧的下三角按钮，在弹出的下拉列表中选择“可编辑多边形”选项，如图 1-31 所示。

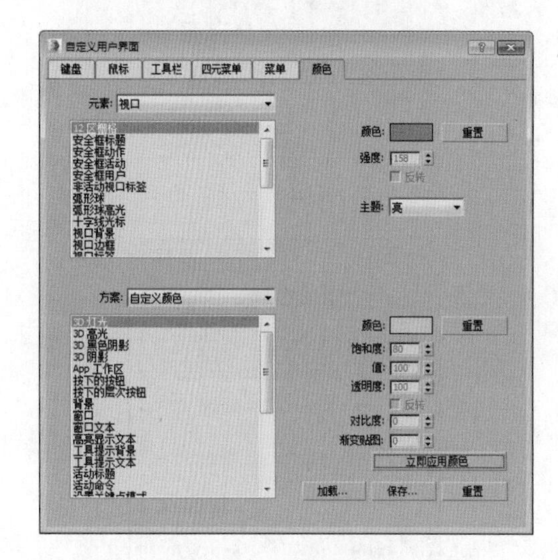

图 1-30 “自定义用户界面”对话框

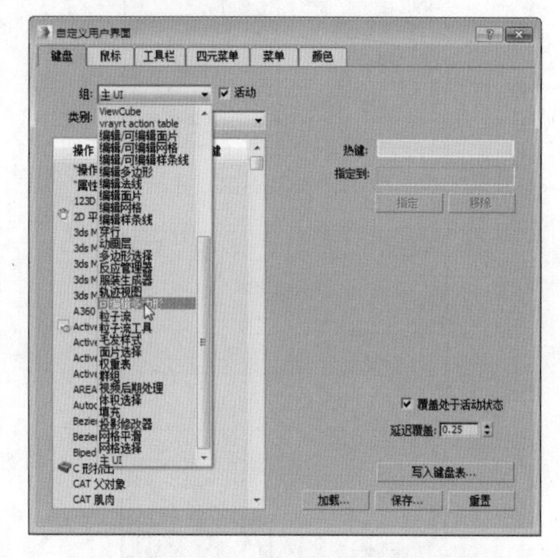

图 1-31 选择“可编辑多边形”选项

STEP 03 在下方的列表框中会显示该组中包含的命令，选择需要设置快捷键的命令，这里选择“隐藏”命令，可以看到“隐藏”命令的快捷键是 Alt+H，如图 1-32 所示。

STEP 04 单击右侧的“移除”按钮，如图 1-33 所示。

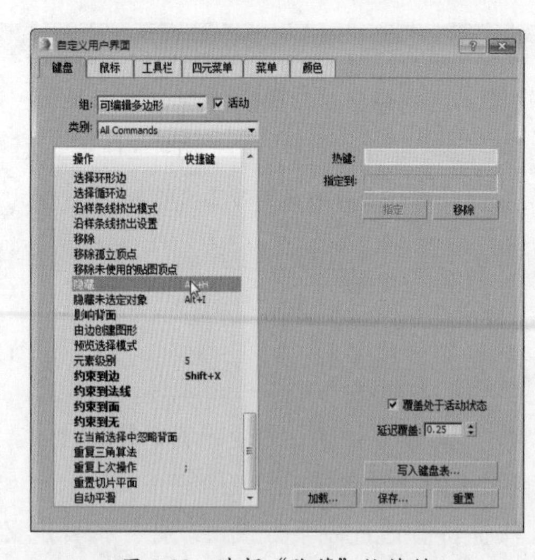

图 1-32 选择“隐藏”快捷键

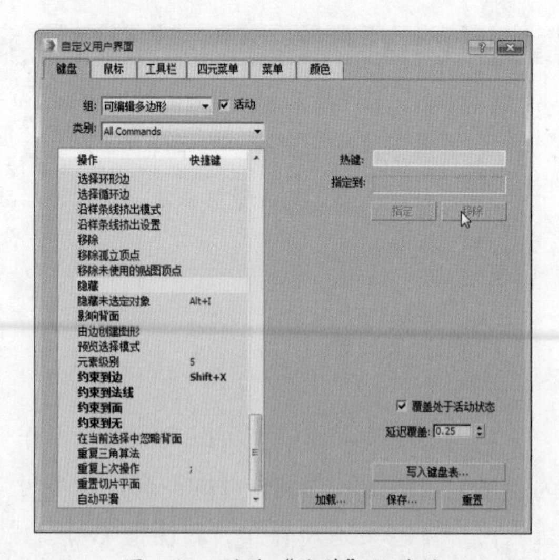

图 1-33 移除“隐藏”快捷键

STEP 05 在“热键”输入框单击，在键盘上按 Ctrl+1，输入框中会自动显示该快捷键，并激活“指定”按钮，如图 1-34 所示。

STEP 06 单击“指定”按钮，即可为“隐藏”命令指定新的快捷键 Ctrl+1，如图 1-35 所示。

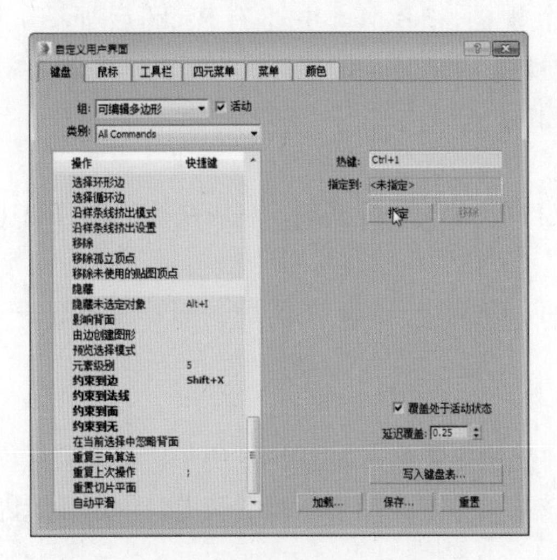

图 1-34　激活“指定”按钮

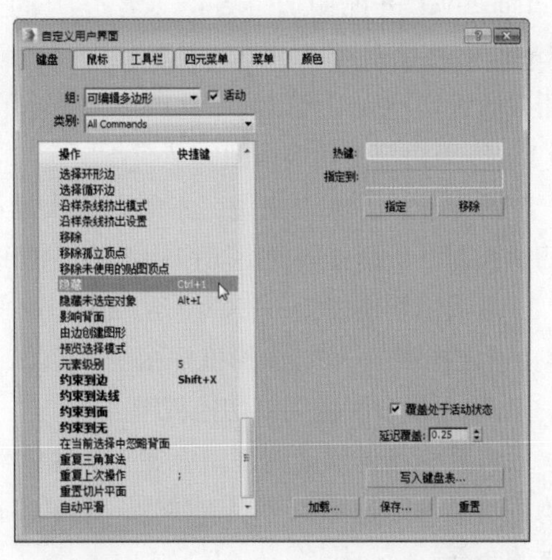

图 1-35　为“隐藏”命令指定新的快捷键

1.2.3　视图设置

启动 3ds Max 软件后，默认的界面上有 4 个视口，每个视口显示一个视图。如果用户对这种视口的分布不满意，可以自定进行调整。

1. 视口布局

在创建模型时，若当前视图视口布局不满足用户要求，则利用“视口布局”选项卡可以设置视口布局。单击选项卡中的“创建新的视口布局选项卡”按钮，在弹出的列表中选择合适的布局，如图 1-36 所示。

另外，用户也可以执行“视图”|“视口配置”命令，打开“视口配置”对话框并切换到“布局”设置面板，即可更改视口布局，如图 1-37 所示。

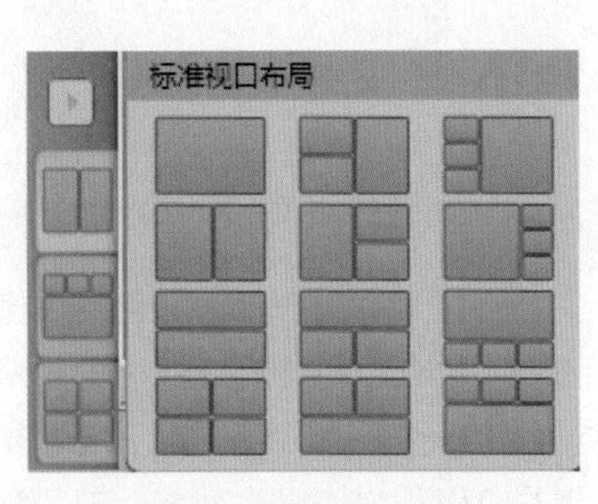

图 1-36　选择视口布局

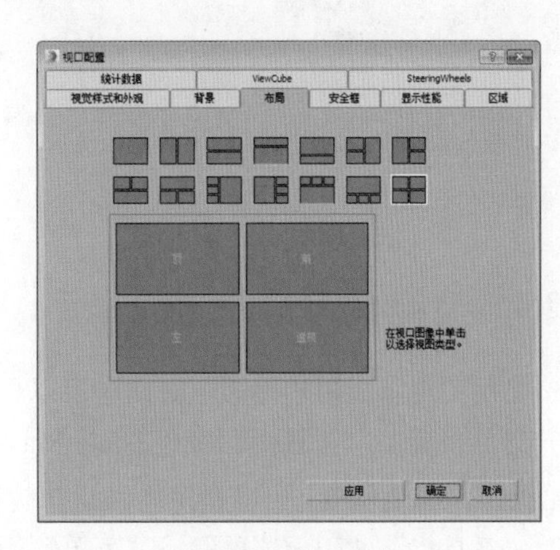

图 1-37　视口布局

2. 切换视图

默认显示的4个视图分别是Top(顶视图)、Front(前视图)、Left(左视图)和Perspective(透视图)。除了以上提到的4个视图，3ds Max中还有Back(后视图)、Right(右视图)、Bottom(底视图)、User(用户视图)和Camera(摄影机视图)等其他视图，用户通过切换视图可以观察这些没有显示的视图。

(1) 用快捷键切换视图。

对专业设计人员来说，不需要依次激活窗口，最大化视图后，利用快捷键即可快速切换视图。下面具体介绍切换视图的快捷键。

最大化切换视图——Ctrl+W；顶视图——T；前视图——F；左视图——L；后视图——B；透视视图——P；摄影机视图——C。

(2) 用视口快捷菜单切换视图。

将鼠标指针移动到视口标签上右击即可弹出快捷菜单，如图1-38所示。这个菜单称为视口菜单，也称为“视口属性”菜单，在该菜单中包含用于更改活动视口中所显示内容的命令。

3. 视口显示模式

用于视口的渲染器的运行速度非常高，在简单的场景中旋转视图时可以感到非常的流畅，但是，对于一些复杂场景，可能就会出现卡顿的现象。通过改变视口中对象的显示模式，可以改变这种现象。

将鼠标指针移动到视口标签上，单击即可弹出快捷菜单，如图1-39所示。

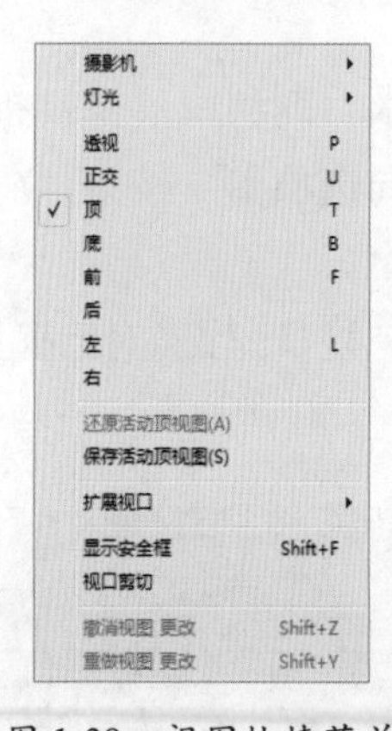

图1-38　视图快捷菜单

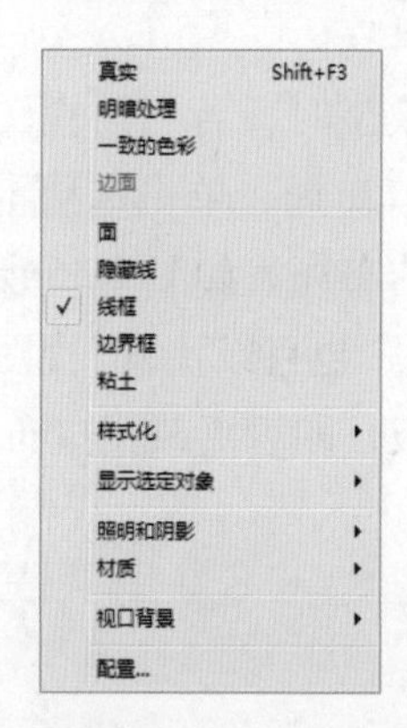

图1-39　显示模式快捷菜单

1.2.4　自定义用户界面

使用“自定义用户界面”对话框可以创建一个完全自定义的用户界面，包括快捷键、四元菜单、菜单、工具栏和颜色。3ds Max界面中的大多数命令在此对话框中均显示为操作。操作仅仅是命令，可以指定给键盘快捷键、工具栏、四元菜单或菜单。此对话框的“键盘”“工具栏”“四元菜单”或“菜单”面板显示用户可以指定的操作列表，而“颜色”

面板上的列表包含 UI 元素。“自定义用户界面”对话框如图 1-40 所示。

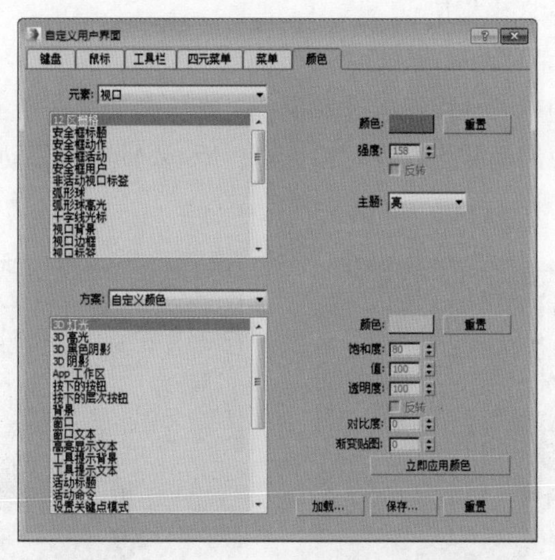

图 1-40 “自定义用户界面”对话框

- 键盘：使用该面板可以创建自己的键盘快捷键，可以为 3ds Max 中可用的大多数命令指定快捷键。
- 鼠标：使用该面板可以自定义鼠标行为。
- 工具栏：可以在该面板中编辑现有工具栏或创建自定义工具栏。用户可以在现有工具栏中添加、移除和编辑按钮，也可以删除整个工具栏。
- 四元菜单：使用该面板可以自定义四元菜单。用户可以创建自己的四元菜单集，或者编辑现有的四元菜单集。高级四元菜单选项用于修改四元菜单系统的颜色和行为，也可以保存和加载自定义菜单集。
- 菜单：通过该面板，用户可以可以编辑现有的菜单或创建自己的菜单。
- 颜色：该面板可以用于自定义 3ds Max 界面的外观，调整界面中几乎所有元素的颜色，自由设计自己独特的风格。

1.3 进入 3ds Max 的三维世界

3ds Max 软件中最基本的操作：移动对象、旋转对象、缩放对象、复制对象、隐藏对象以及成组操作。掌握以上知识要点，就可以轻松自如地在 3ds Max 三维世界中工作。

1.3.1 移动对象

在进行设计时，模型往往需要不同的高度和位置。模型的放置位置对显示效果有很大的影响，如果对模型对象的位置不满意，可以使用移动命令更改其位置。用户可以通过以下方式调用移动命令。

- 执行“编辑”|“移动”命令。

- 在工具栏单击“选择并移动”按钮。
- 在坐标显示区输入坐标值。
- 按 W 快捷键激活移动命令。

单击“选择并移动”工具按钮，选择模型，光标会变成一个三色的箭头，将鼠标指针分别移动到三个颜色的箭头上，便可沿着 X、Y、Z 轴进行移动。图 1-41 和图 1-42 所示为模型移动前后的效果。

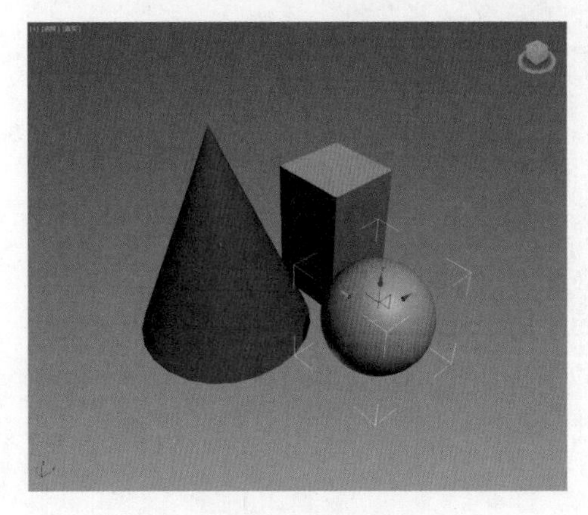

图 1-41　选择对象

图 1-42　移动对象效果

1.3.2　旋转对象

需要调整对象的视角时，用户可以通过以下方式调用旋转命令。

- 执行“编辑” | “旋转”命令。
- 在工具栏单击“选择并旋转”按钮。
- 按 E 快捷键激活旋转命令。

单击“选择并旋转”按钮，在场景中选中对象，即可沿坐标轴进行旋转。图 1-43 和图 1-44 所示为旋转前后的模型效果。

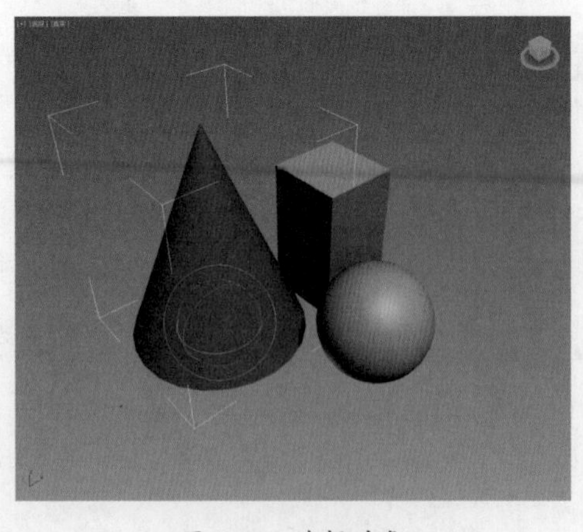

图 1-43　选择对象

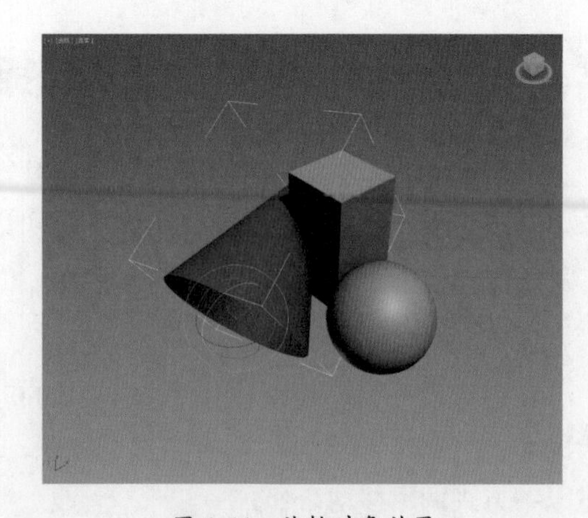

图 1-44　旋转对象效果

1.3.3 缩放对象

如果创建的模型大小不符合要求，可以对其进行缩放操作。用户可以通过以下方式缩放对象。

- 执行“编辑”|“缩放”命令。
- 在工具栏单击“选择并缩放”按钮。
- 打开“修改”命令面板，在“参数”卷展栏中设置参数。
- 按 R 快捷键激活缩放命令。

单击“选择并缩放”按钮，选择缩放对象，即可沿轴对模型进行放大、缩小。图 1-45 和图 1-46 所示为缩放前后的效果。

图 1-45 选择对象

图 1-46 缩放对象效果

1.3.4 复制对象

3ds Max 提供了多种复制方式，可以快速创建一个或多个选定对象的多个版本。下面介绍多种复制操作的方法。

1. 变换复制

在场景中选择需要复制的对象，按 Shift 键的同时使用变换操作工具“移动”“旋转”“缩放”“放置”选择对象，使用这种方法能够设定复制的方法和复制对象的个数。

2. 克隆复制

在场景中选择需要复制的对象，执行“编辑” | “克隆”命令直接进行克隆复制，开启图 1-47 所示的对话框。使用这种方法一次只能克隆一个选择对象。

3. 阵列复制

单击菜单栏中的“工具”菜单，在其下拉菜单下选择 “阵列”命令，随后将弹出“阵列”对话框，如图 1-48 所示，使用该对话框可以基于当前选择对象创建阵列复制。

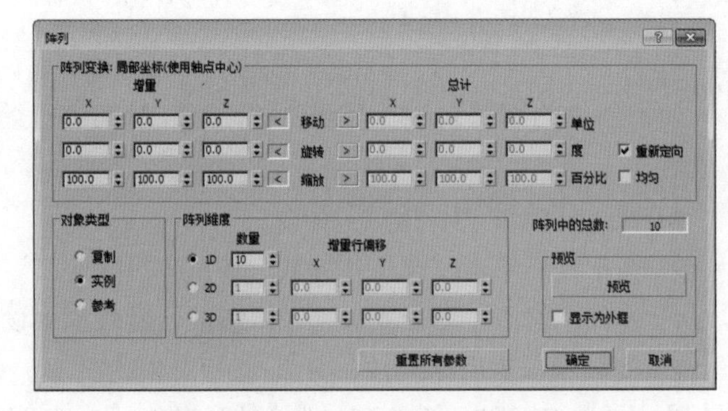

图 1-47 “克隆选项”对话框　　图 1-48 “阵列”对话框

1.3.5 隐藏对象

在建模过程中为了便于操作，常常将部分物体暂时隐藏，以提高界面的操作速度，在需要的时候再将其显示。

在视口中选择需要隐藏的对象并右击，在弹出的快捷菜单中选择“隐藏当前选择”或“隐藏未选择对象”命令，如图 1-49 所示，将实现隐藏操作。当不需要隐藏对象时，同样在视口中右击，在弹出的快捷菜单中选择“全部取消隐藏”或“按名称取消隐藏”命令，场景的对象将不再被隐藏。

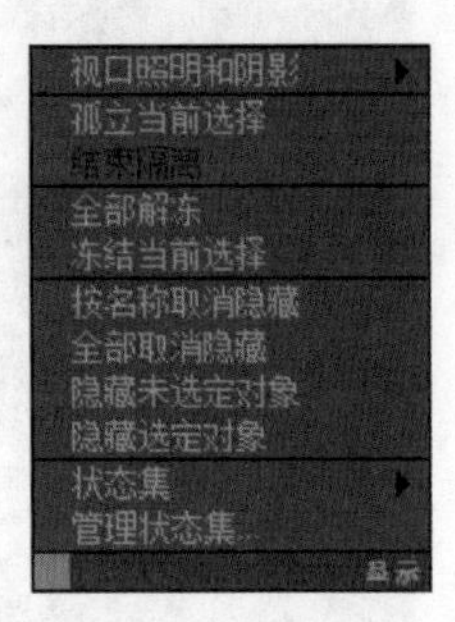

图 1-49 快捷菜单

1.3.6 对象成组

控制成组操作的命令集中在“组”菜单栏中，它包含将场景中的对象成组和解组的功能，如图 1-50 所示。

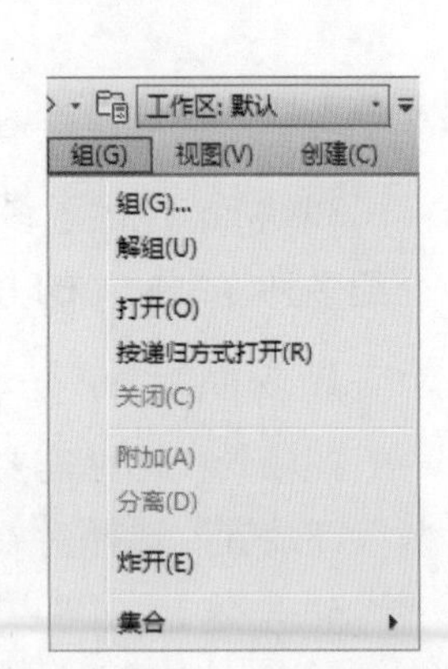

图 1-50 “组”菜单

执行“组”｜“成组”命令，可将对象或组的选择集组成为一个组。

执行“组”｜“解组”命令，可将当前组分离为其组件对象或组。

执行“组”｜“打开”命令，可暂时对组进行解组，并访问组内的对象。

执行“组”｜“关闭”命令，可重新组合打开的组。

执行“组”｜“附加”命令，可使选定对象成为现有组的一部分。

执行“组”｜“分离”命令，可从对象的组中分离选定对象。

执行“组”｜“炸开”命令，解组组中的所有对象。它与“解组”命令不同，后者只解组一个层级。

执行“组”｜“集合”命令，在其级联菜单中提供了用于管理集合的命令。

【自己练】

项目练习 1：打开 MAX 文件

图纸展示（见图 1–51）

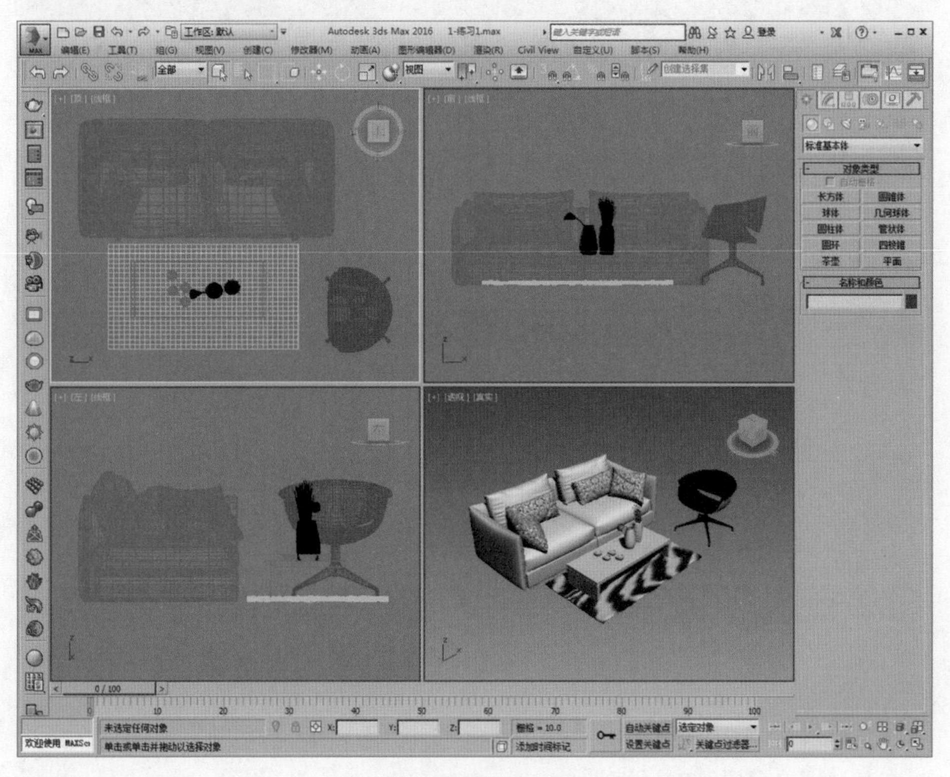

图 1-51　打开 MAX 文件

操作要领

(1) 执行“菜单浏览器”|“打开”命令，找到 MAX 文件并打开。

(2) 直接双击文件图标启动 3ds Max 程序并打开 MAX 文件。

(3) 将文件图标拖动到 3ds Max 界面中打开 MAX 文件。

项目练习 2：更改视口布局

图纸展示（见图 1–52）

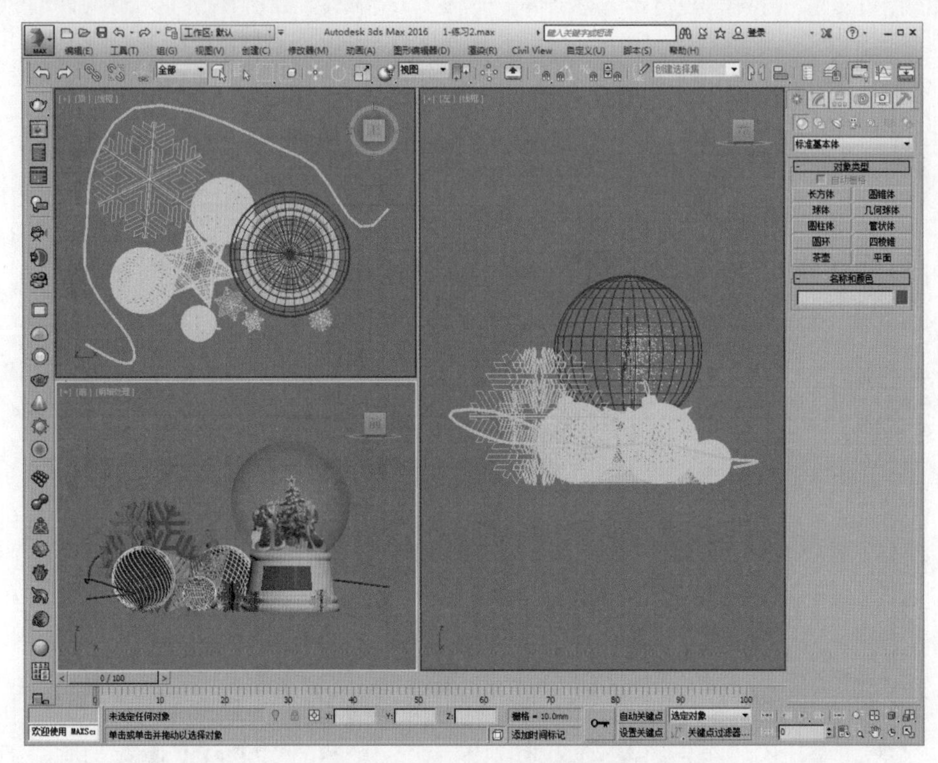

图 1-52　设置视口布局类型

绘图要领

(1) 打开“视口配置”对话框。

(2) 在“布局”设置面板中设置视口布局类型。

第2章

创建我的第一个模型——几何体建模详解

本章概述：

3ds Max 2016 软件主要应用于创建三维模型，再对创建的模型进行编辑操作，从而完成最终效果。本章主要介绍如何使用相应的工具创建出三维模型，并通过介绍，掌握如何使用多边形创建物体。

要点难点：

标准基本体的创建　★☆☆
扩展基本体的创建　★★☆
创建复合对象　★★☆

案例预览

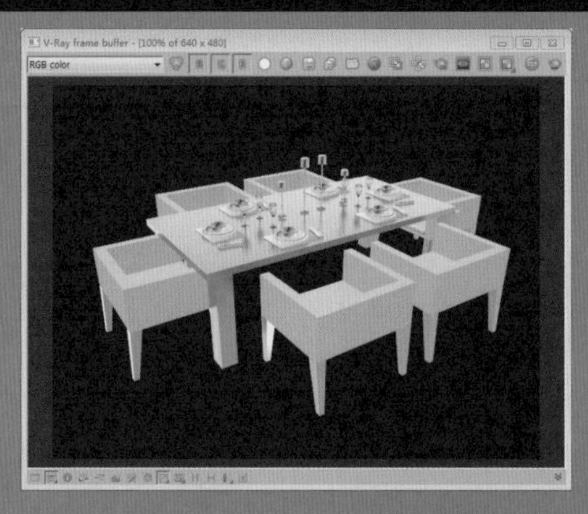

餐桌餐椅模型

【跟我学】 创建餐桌餐椅模型

案例描述

餐桌可以供四人、六人、八人或者更多人用餐。现在，餐桌不仅要求其实用性，越来越多的人也注重餐桌的美观。对于现代桌椅组合，美观且实用的餐椅，可以在用餐时改善人们的心情。下面具体介绍餐桌餐椅模型的制作方法。

制作过程

STEP 01 在顶视图中创建一个长方体，设置参数如图 2-1 所示。

STEP 02 将长方体转换为可编辑多边形，然后在堆栈栏中选择“边”子层级，在左视图中将中间的两条边向下移至合适的位置，如图 2-2 所示。

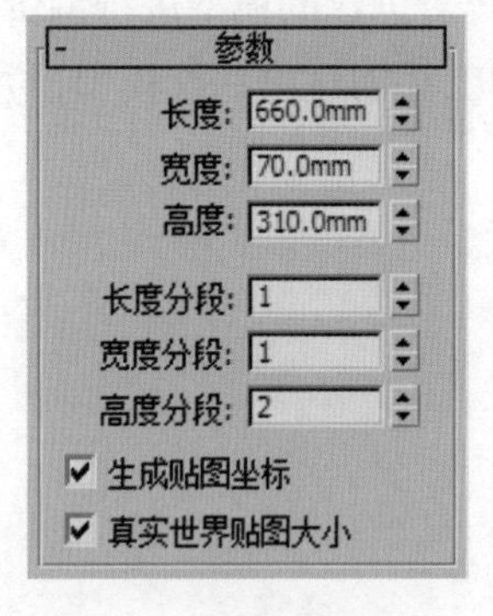

图 2-1 创建一个长方体

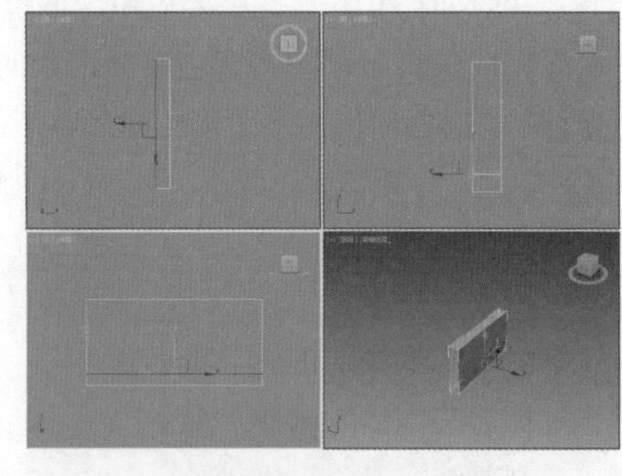

图 2-2 左视图中将中间的两条边向下移

STEP 03 切换至“多边形”子层级，然后在视图中选择面，并在命令面板下方单击“挤出”按钮，如图 2-3 所示。

STEP 04 设置挤出高度为 650mm，单击“应用并继续”按钮，即可观察挤出的效果，如图 2-4 所示。

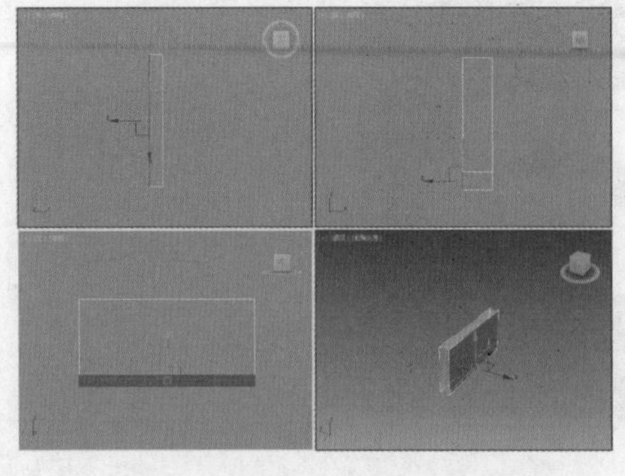

图 2-3 执行“挤出”操作

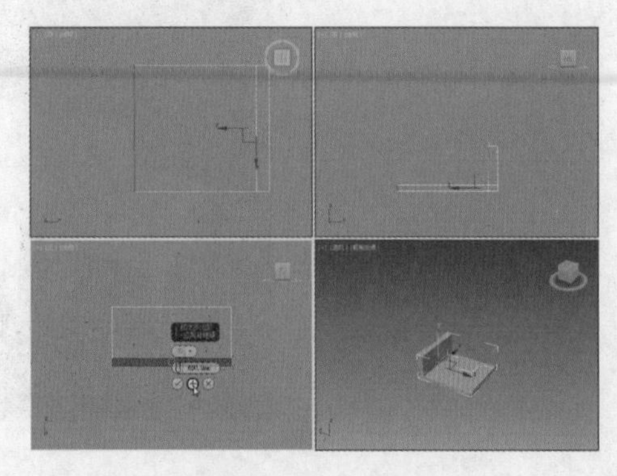

图 2-4 挤出左侧面

STEP 05 继续挤出高度为70mm，设置完成后，单击按钮，即可挤出面。

STEP 06 在透视图中选择面，如图2-5所示。

STEP 07 再次挤出面，使高度和左侧高度相同，挤出完成后如图2-6所示。

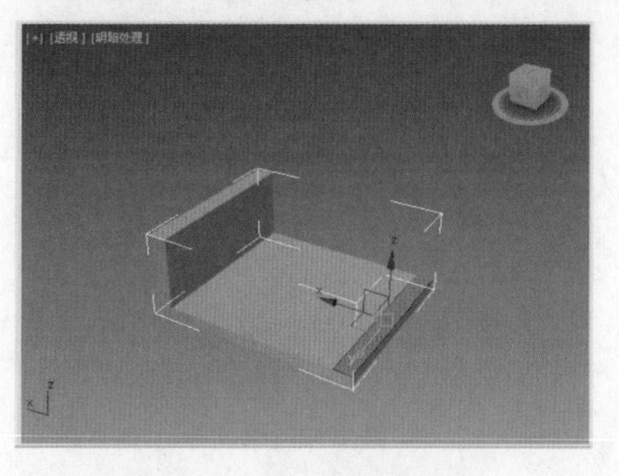

图2-5　在透视图中选择面

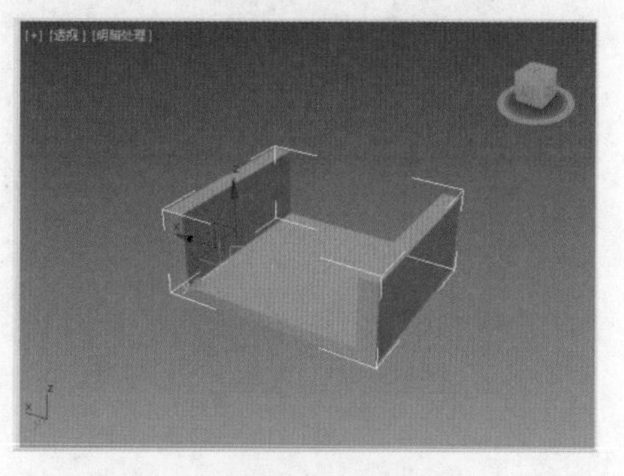

图2-6　挤出右侧面

STEP 08 返回“边”选项，在顶视图中选择边，如图2-7所示。

STEP 09 在“编辑边”卷展栏中单击“连接”按钮，然后设置连接分段，如图2-8所示。

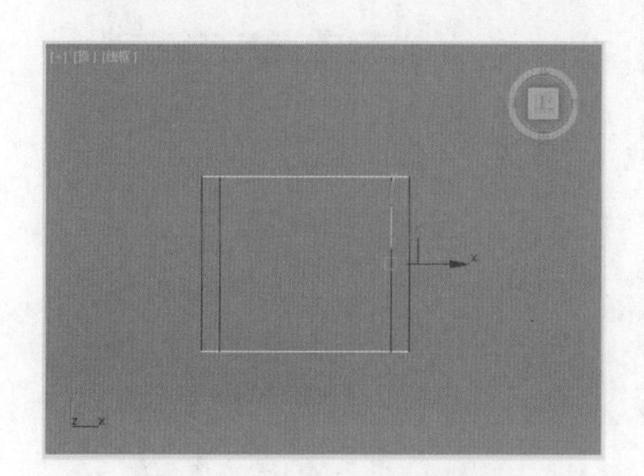

图2-7　在顶视图中选择边

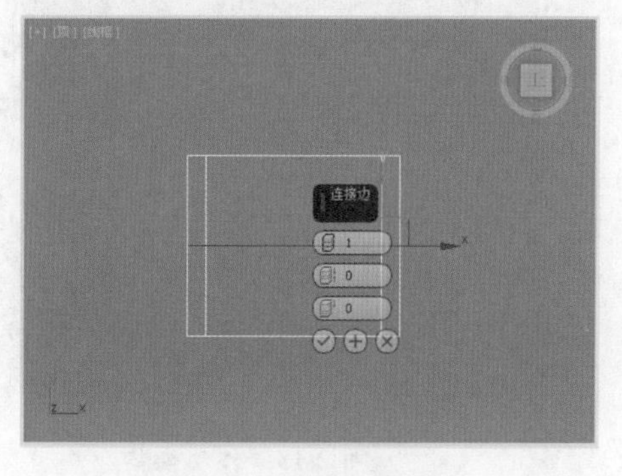

图2-8　设置连接分段

STEP 10 单击按钮，完成连接操作，然后将连接出的边移动至合适位置，如图2-9所示。

STEP 11 在堆栈栏中选择“多边形”选项，并在顶视图中选择面，如图2-10所示。

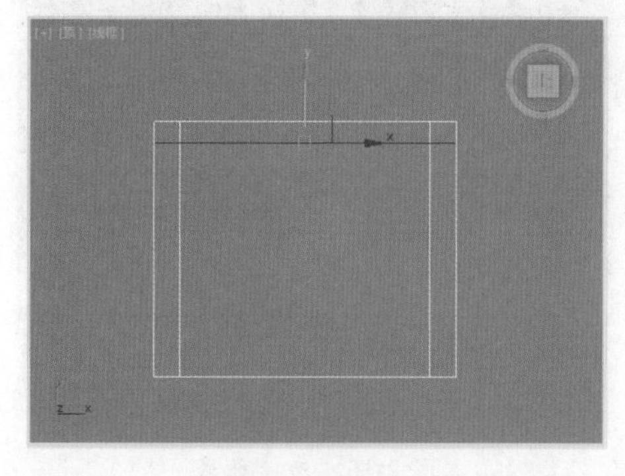

图2-9　移动边

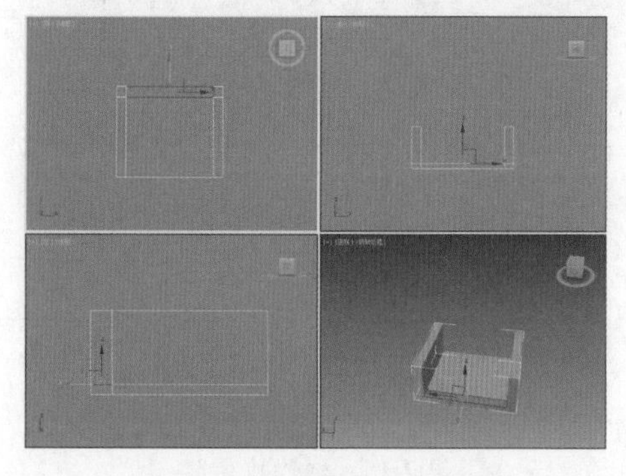

图2-10　在顶视图中选择面

CHAPTER 01
CHAPTER 02
CHAPTER 03
CHAPTER 04
CHAPTER 05

STEP 12 再次重复挤出相同的高度，完成后，如图 2-11 所示。

STEP 13 在顶视图中创建切角长方体，作为坐垫，参数值如图 2-12 所示。

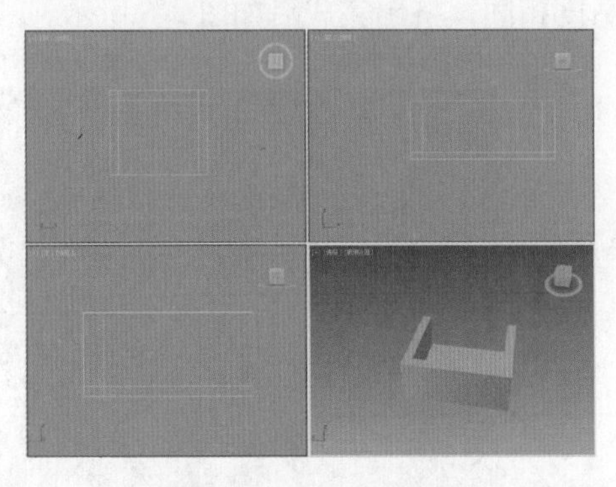

图 2-11　挤出效果

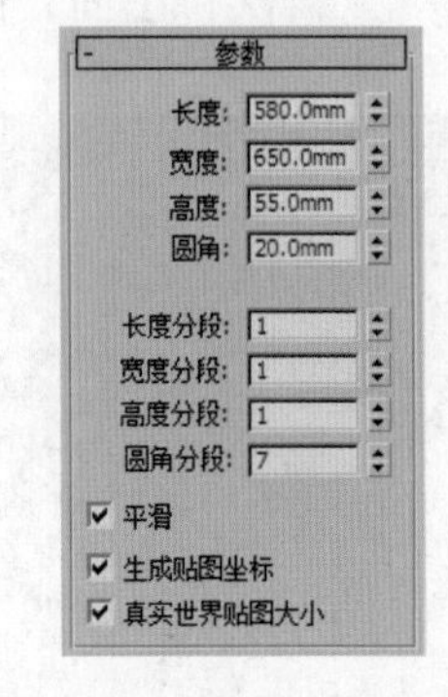

图 2-12　切角长方体参数

STEP 14 将切角长方体移至座椅的内部，如图 2-13 所示。

STEP 15 下面开始制作座椅腿，在顶视图中创建长方体，参数如图 2-14 所示。

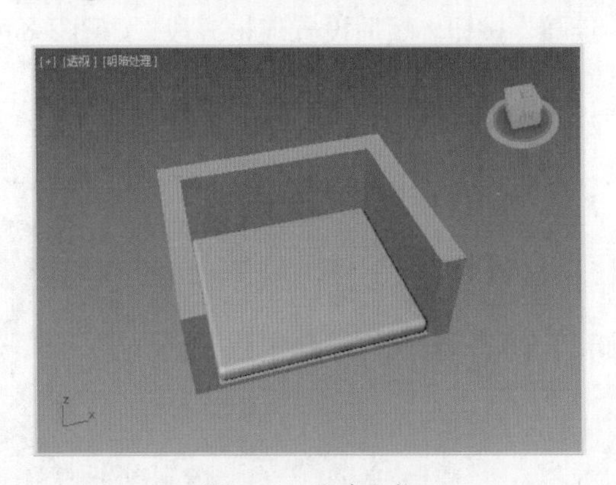

图 2-13　移动坐垫

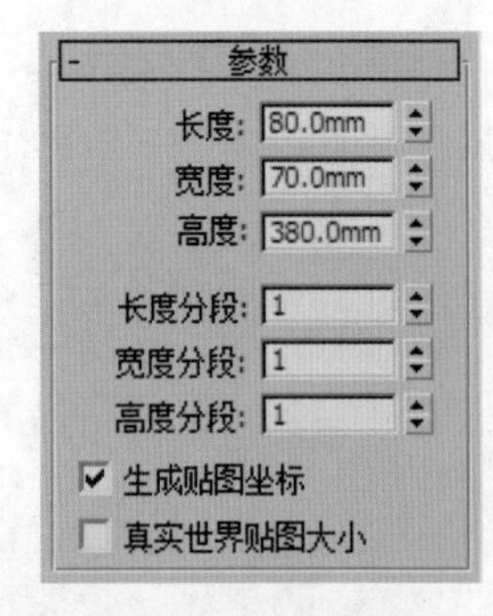

图 2-14　长方体参数

STEP 16 将长方体转换为可编辑多边形，然后选择并移动顶点，调整形状，完成后，如图 2-15 所示。

STEP 17 将座椅腿移动并复制，此时，座椅就制作完成了，如图 2-16 所示。

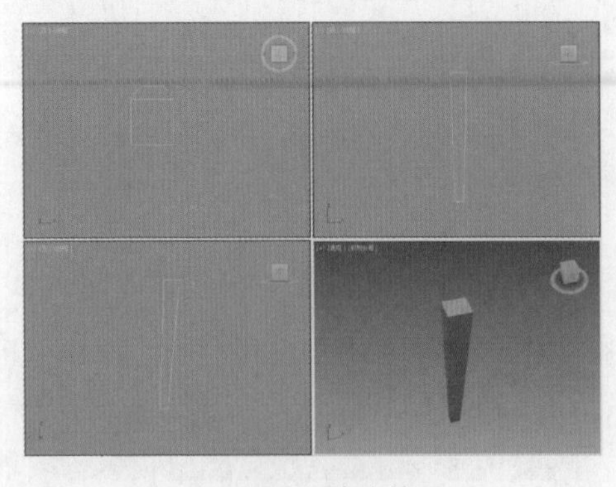

图 2-15　制作座椅腿

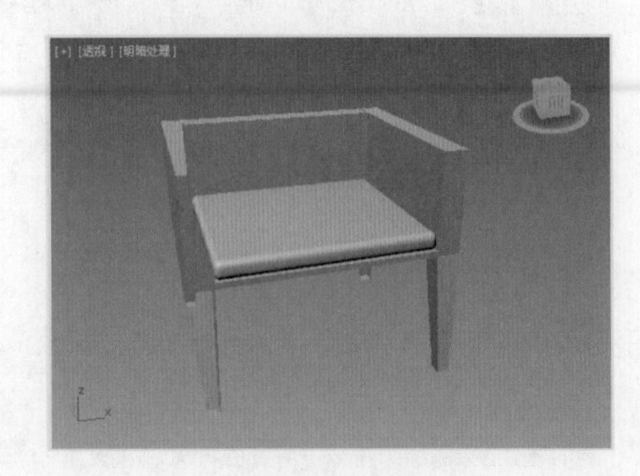

图 2-16　座椅效果

STEP 18 在顶视图中创建长方体，参数如图 2-17 所示，作为餐桌面。

STEP 19 再次创建长方体，作为餐桌腿，参数如图 2-18 所示。

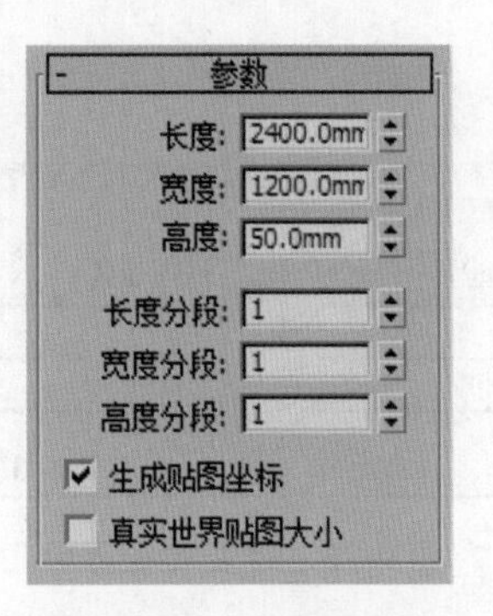

图 2-17　长方体参数

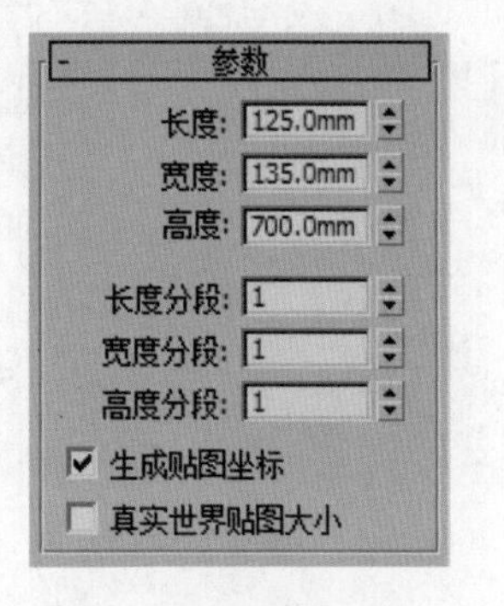

图 2-18 餐桌腿参数

STEP 20 将创建的餐桌腿移动并复制到餐桌面下方，此时餐桌就制作完成了。

STEP 21 将座椅移动到餐椅的正座位置，如图 2-19 所示。

STEP 22 选择座椅，并在工具栏单击“镜像”按钮，在弹出的“镜像：屏幕坐标”对话框中设置镜像选项，如图 2-20 所示。

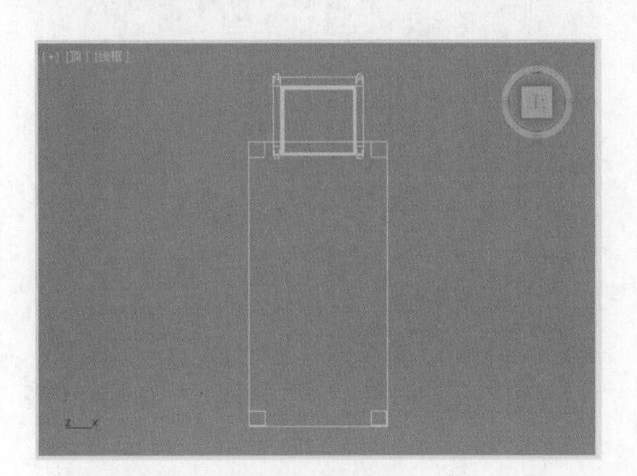

图 2-19　移动座椅

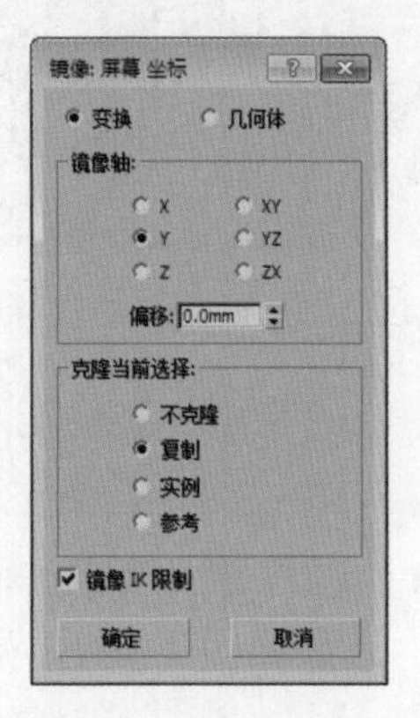

图 2-20　设置镜像选项

STEP 23 设置完成后单击“确定”按钮，完成镜像操作，将镜像的座椅移动到另一侧，如图 2-21 所示。

STEP 24 选择座椅模型，右击“选择并旋转”命令，打开“旋转变换输入”对话框，设置“偏移：屏幕”的 Z 轴值为 90，如图 2-22 所示。

STEP 25 按 Enter 键后即可完成座椅的旋转，将旋转的座椅移至餐桌的合适位置，如图 2-23 所示。

STEP 26 接下来复制并镜像座椅，即可完成餐桌餐椅模型的制作，如图 2-24 所示。

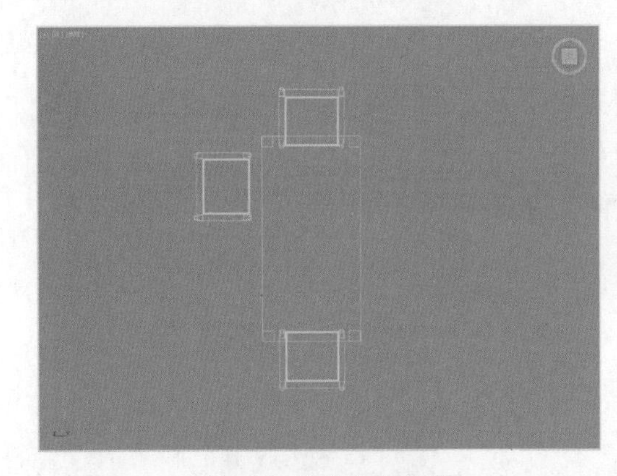

图 2-21 镜像并移动座椅

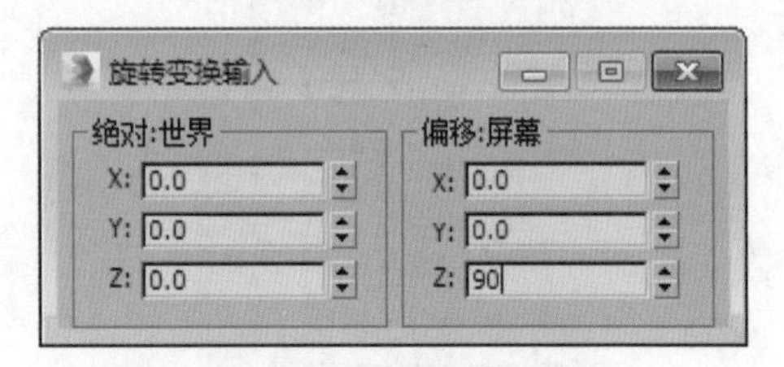

图 2-22 设置旋转角度

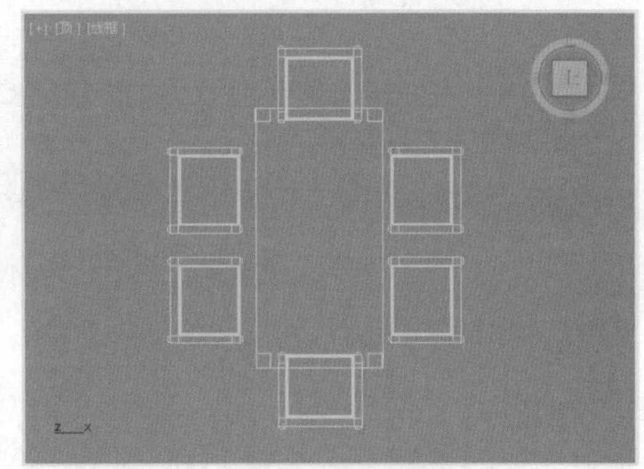

图 2-23 旋转移动座椅

图 2-24 制作桌椅

STEP 27 将“装饰”文件拖入到透视图中，弹出提示，并单击“合并文件”选项，如图 2-25 所示。

STEP 28 此时将导入装饰文件，按 Z 显示导入文件，然后将其移动到餐桌上，添加材质后并渲染，效果如图 2-26 所示。

图 2-25 单击“合并文件”选项

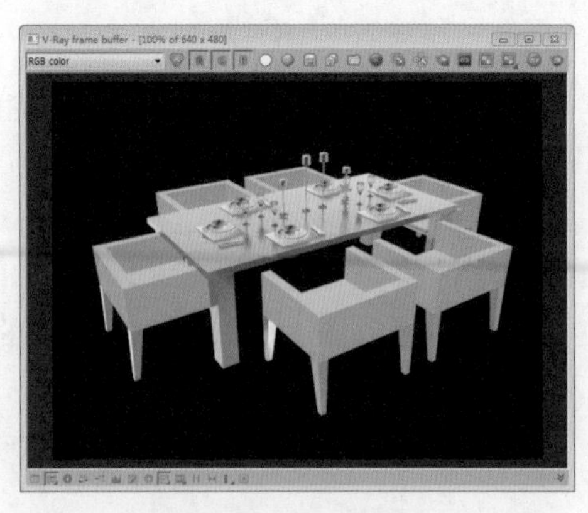

图 2-26 最终效果

【听我讲】

2.1 创建标准基本体

复杂的模型都是由许多标准体组合而成，所以学习如何创建标准基本体是非常关键的。标准基本体是最简单的三维物体，在视图中拖动鼠标即可创建标准基本体。

用户可以通过以下方式调用创建标准基本体命令。

- 执行“创建”|“标准基本体”|“长方体”等子命令。
- 在命令面板中单击“创建”按钮，然后在其下方单击“几何体”按钮，打开“几何体”命令面板，并在该命令面板中的“对象类型”卷展栏中单击相应的标准基本体按钮，如图2-27所示。

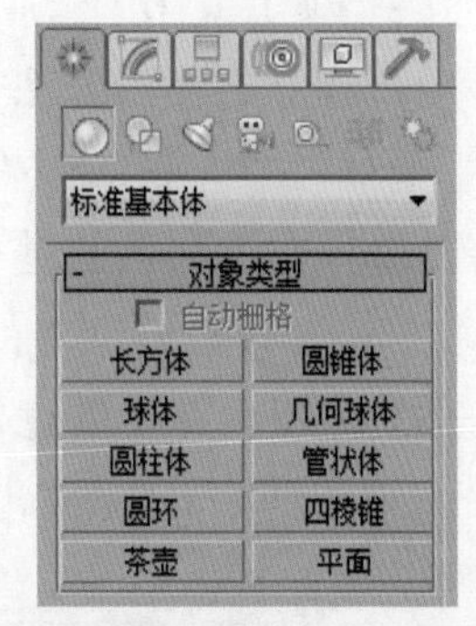

图2-27 标准基本体参数面板

2.1.1 长方体

长方体是基础建模应用最广泛的标准基本体之一，在各式各样的模型中都存在着长方体，通过两种方法可以创建长方体。

1. 创建长方体

单击“长方体”按钮，在下方即会出现长方体的参数设置面板，如图2-28所示，在该面板中可以更改立方体的数值和其他选项。

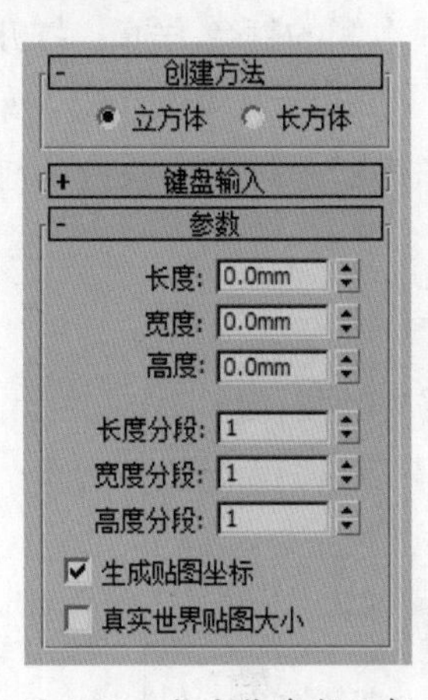

图2-28 长方体参数面板

参数面板中各选项的含义如下。

- 立方体：选中该单选按钮，可以创建立方体。
- 长方体：选中该单选按钮，可以创建长方体。

- 长度、宽度、高度：设置立方体的长度数值，拖动鼠标创建立方体时，列表框中的数值会随之更改。
- 长度分段、宽度分段、高度分段：设置各轴上的分段数量。
- 生成贴图坐标：为创建的长方体生成贴图材质坐标，默认为启用。
- 真实世界贴图大小：贴图大小由绝对尺寸决定，与对象相对尺寸无关。

2. 创建立方体

创建立方体的方法非常简单，执行“创建”|“标准基本体”|“长方体”命令，在“创建方法”卷展栏中选中“立方体”单选按钮，然后在任意视图中单击并拖动鼠标定义立方体大小，释放鼠标左键即可创建立方体。下面将创建一个立方体，并调整模型颜色及名称。

STEP 01 打开“几何体”命令面板，在命令面板中的“对象类型”卷展栏中单击“长方体”按钮，在“创建方法”卷展栏中选中“立方体”单选按钮，如图 2-29 所示。

STEP 02 在绘图区中任意拖动鼠标即可创建出一个立方体，如图 2-30 所示。

图 2-29　选中“立方体”单选按钮

图 2-30　创建立方体

STEP 03 单击“名称”列表框右侧的颜色方框，打开“对象颜色”对话框，选择合适的颜色并单击“确定”按钮，即可设置长方体的颜色，如图 2-31 所示。

STEP 04 在“名称和颜色”卷展栏中可看到修改的颜色，再修改立方体的名称为“立方体 -1”，如图 2-32 所示。

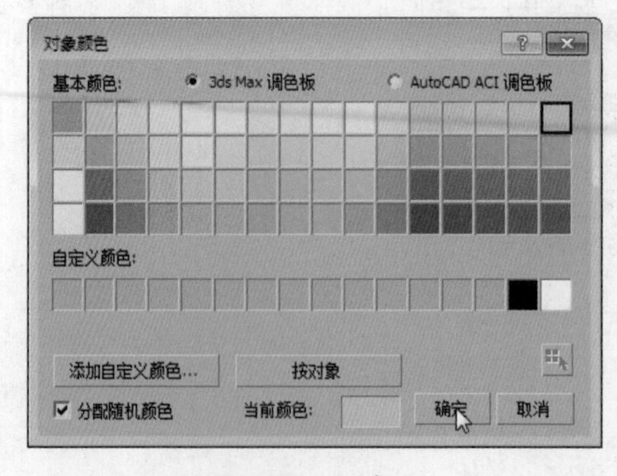

图 2-31　设置颜色

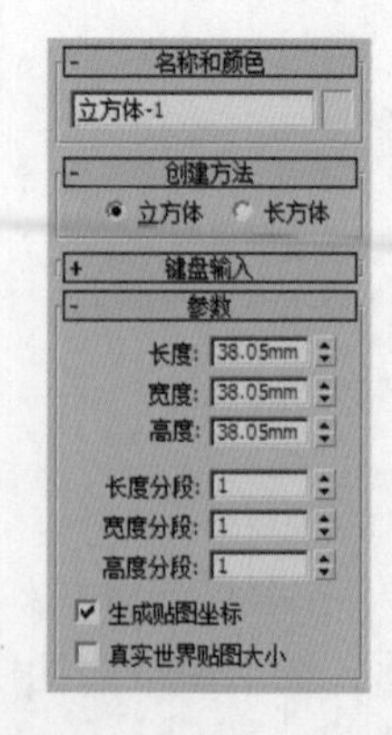

图 2-32　修改立方体名称

建模技能

在创建立方体时，按住 Ctrl 键并拖动鼠标，可以将创建的立方体的底面宽度和长度保持一致，再调整高度，即可创建具有正方形底面的立方体。

2.1.2 球体

无论是建筑建模，还是工业建模时，球形结构也是必不可少的一种结构。单击“球体”按钮，在命令面板下方将打开球体“参数”卷展栏，如图 2-33 所示。

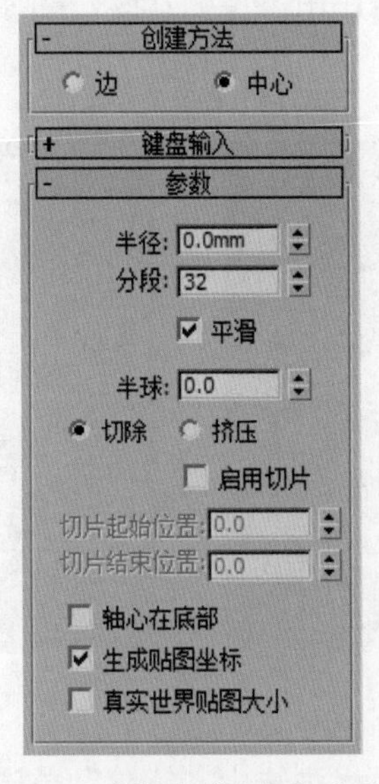

图 2-33 球体的“参数”卷展栏

下面具体介绍球体“参数”卷展栏中各选项的含义。

- 边：通过边创建球体，移动鼠标将改变球体的位置。
- 中心：定义中心位置，通过定义的中心位置创建球体。
- 半径：设置球体半径的大小。
- 分段：设置球体的分段数目，设置的分段会形成网格线，分段数值越大，网格密度越大。
- 平滑：选中此复选框，将创建的球体表面进行平滑处理。
- 半球：创建部分球体，定义半球数值，可以定义减去创建球体的百分比数值，有效数值在 0.0 ~ 2.0。
- 切除：通过在半球断开时将球体中的顶点和面去除来减少它们的数量，默认为启用。
- 挤压：保持球体的顶点数和面数不变，将几何体向球体的顶部挤压为半球体的体积。

- 启用切片：选中此复选框，可以启用切片功能，也就是从某角度和另一角度创建球体。
- 切片起始位置和切片结束位置：选中“启用切片”复选框时，即可激活“切片起始位置”和“切片结束位置”设置框，并可以设置切片的起始角度和停止角度。
- 轴心在底部：将轴心设置为球体的底部。默认为禁用状态。

下面将具体介绍创建球体的方法。

STEP 01 执行“创建”|“标准基本体”|“球体”命令。

STEP 02 在任意视图中单击并拖动鼠标定义球体半径大小，释放鼠标左键即可完成球体创建，如图 2-34 所示。

STEP 03 在球体“参数”卷展栏中设置“分段”为 50 并按 Enter 键，完成后如图 2-35 所示。

图 2-34 创建球体

图 2-35 分段效果

STEP 04 在球体“参数”卷展栏中选中“切除”单选按钮，并在列表框输入半球值，如图 2-36 所示。

STEP 05 设置完成后按 Enter 键即可完成操作，如图 2-37 所示。

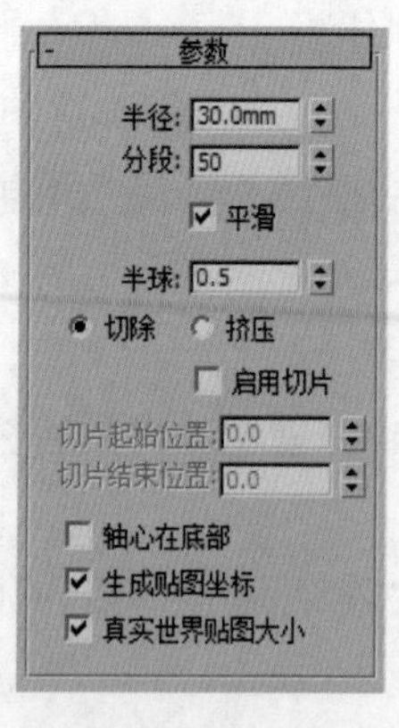

图 2-36 设置半球值

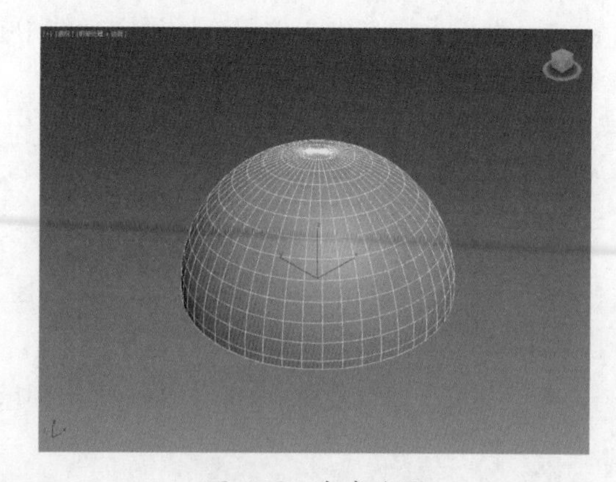

图 2-37 半球效果

STEP 06 选中“启用切片”复选框，并设置切片角度，如图 2-38 所示。

STEP 07 设置完成后，效果如图 2-39 所示。

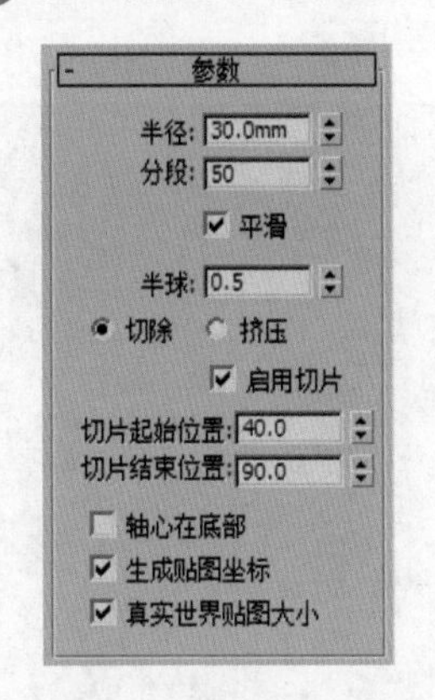

图 2-38　设置切片角度

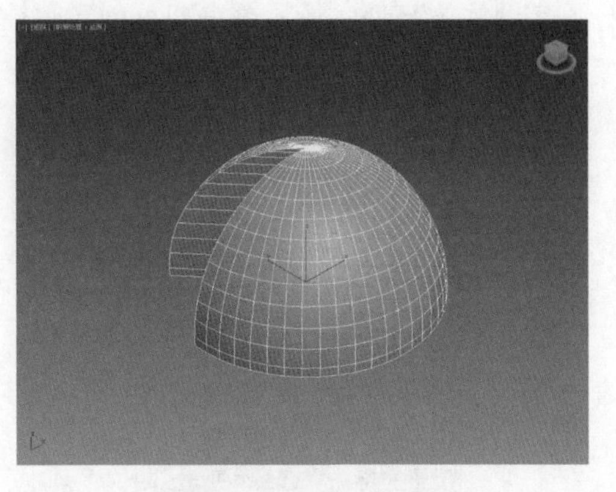

图 2-39　启用切片效果

2.1.3　圆柱体

创建圆柱体也非常简单，和创建球体相同，可以通过边和中心两种方法创建圆柱体。在几何体命令面板中单击“圆柱体”按钮后，在命令面板的下方会弹出圆柱体的“参数”卷展栏，如图 2-40 所示。

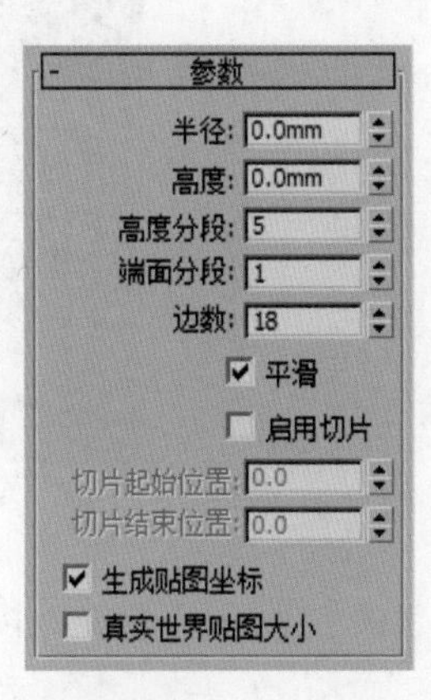

图 2-40　圆柱体的“参数”卷展栏

下面具体介绍圆柱体的“参数”卷展栏中各选项的含义。

- 半径：设置圆柱体的半径大小。
- 高度：设置圆柱体的高度值，在数值为负数时，将在构造平面下创建圆柱体。
- 高度分段：设置圆柱体高度上的分段数值。
- 端面分段：设置圆柱体顶面和底面中心的同心分段数量。
- 边数：设置圆柱体周围的边数。

下面将创建一个半径为 20mm，高度为 40mm 的圆柱体，并启用切片效果。

STEP 01 单击“几何体”按钮，在几何体命令面板中单击“圆柱体”按钮，如图 2-41 所示。

STEP 02 在任意视图中单击并拖动鼠标确定圆柱体底面半径。释放鼠标后上下移动鼠标确定圆柱体高度，最后单击即可创建圆柱体，如图 2-42 所示。

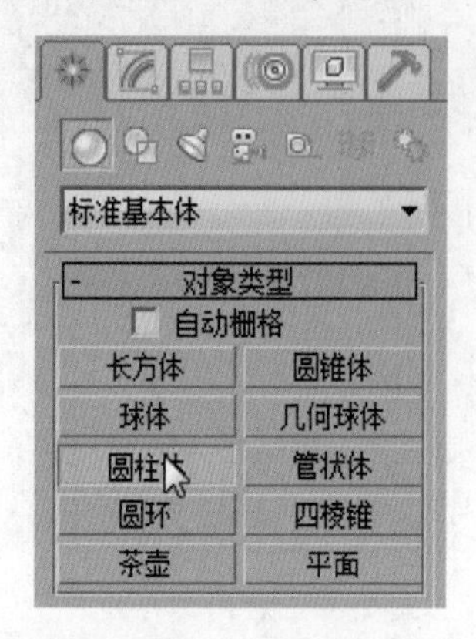

图 2-41 单击“圆柱体”按钮

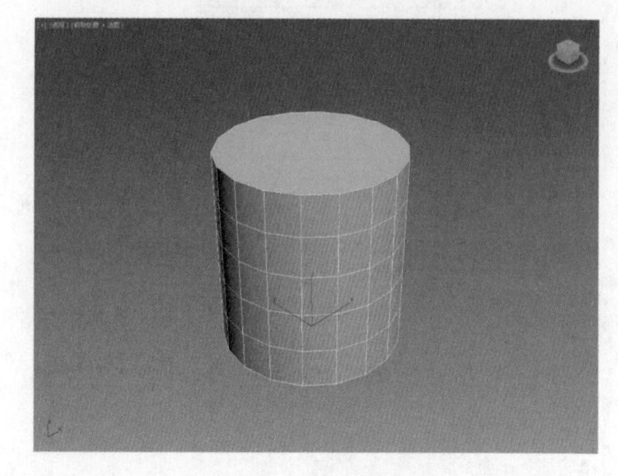

图 2-42 创建圆柱体

STEP 03 选中“启用切片”复选框，并设置切片角度，如图 2-43 所示。

STEP 04 设置完成后效果如图 2-44 所示。

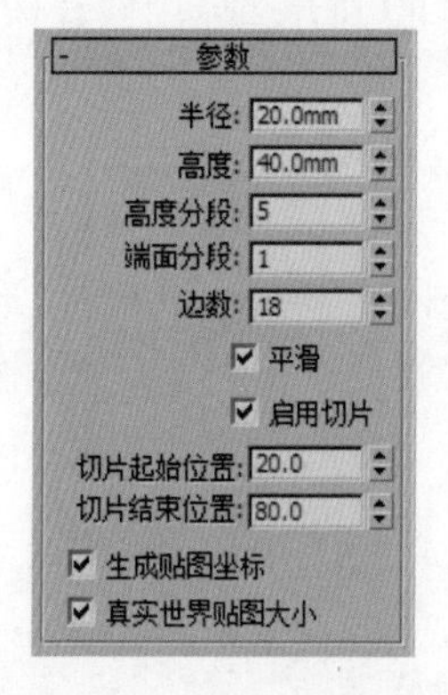

图 2-43 设置切片角度

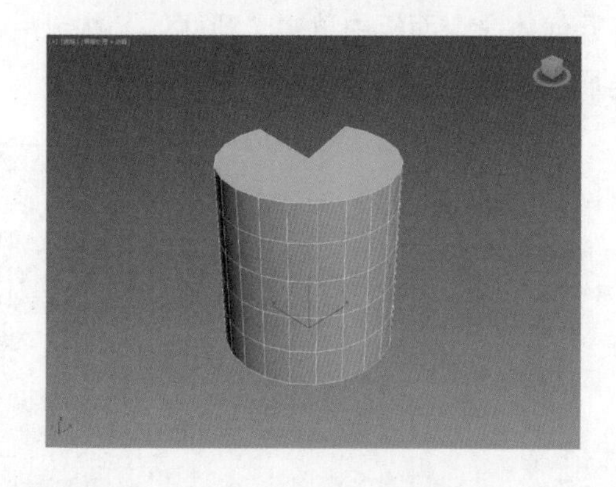

图 2-44 启用切片效果

2.1.4 圆环

创建圆环的方法和其他标准基本体有许多相同点，在命令面板中单击圆环命令后，在命令面板的下方将弹出“参数”卷展栏，如图 2-45 所示。

下面具体介绍圆环“参数”卷展栏中各选项的含义。

- 半径 1：设置圆环轴半径的大小。
- 半径 2：设置截面半径大小，定义圆环的粗细程度。
- 旋转：将圆环顶点围绕通过环形中心的圆形旋转。
- 扭曲：决定每个截面扭曲的角度，产生扭曲的表面，数值设置不当，就会产生只扭曲第一段的情况，此时只需要将扭曲值设置为360.0，或者选中下方的“启用切片”复选框。

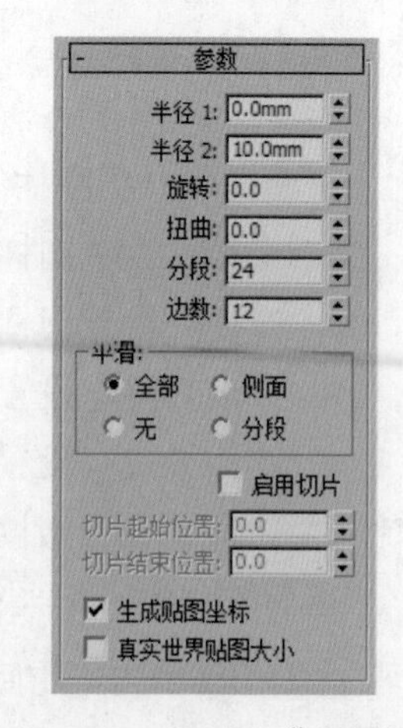

图 2-45 圆环的“参数”卷展栏

- 分段：设置圆环的分段划分数目，值越大，得到的圆形越光滑。
- 边数：设置圆环上下方向上的边数。
- 平滑：在“平滑”选项组中包含全部、侧面、无和分段四个选项。全部：对整个圆环进行平滑处理。侧面：平滑圆环侧面。无：不进行平滑操作。分段：平滑圆环的每个分段，沿着环形生成类似环的分段。

下面将对圆环的创建方法进行详细介绍。

STEP 01 执行“创建”|“标准基本体”|“圆环”命令，在视图中任意位置指定圆环的圆心，再拖动鼠标定义圆环的半径 1 大小，如图 2-46 所示。

STEP 02 释放鼠标左键，再继续拖动鼠标，定义圆环的半径 2 大小，单击即可创建圆环，如图 2-47 所示。

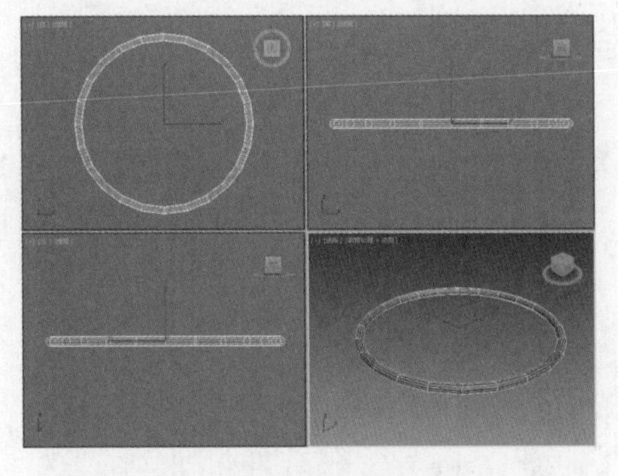

图 2-46　定义半径 1 大小

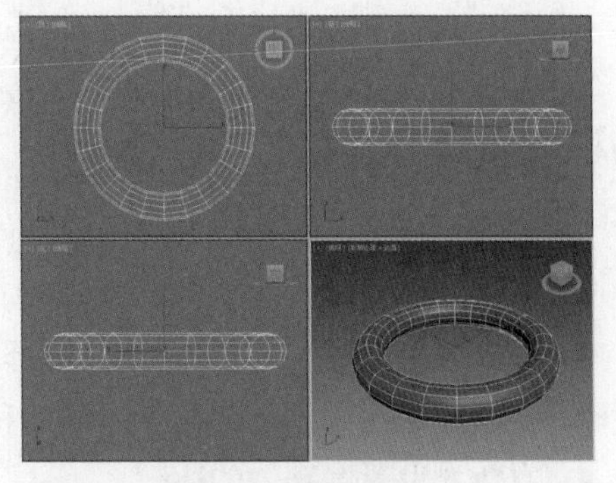

图 2-47　创建圆环

STEP 03 在“参数”卷展栏中设置圆环的分段数为 6，效果如图 2-48 所示。

STEP 04 在“参数”卷展栏中设置圆环的边数为 4，效果如图 2-49 所示。

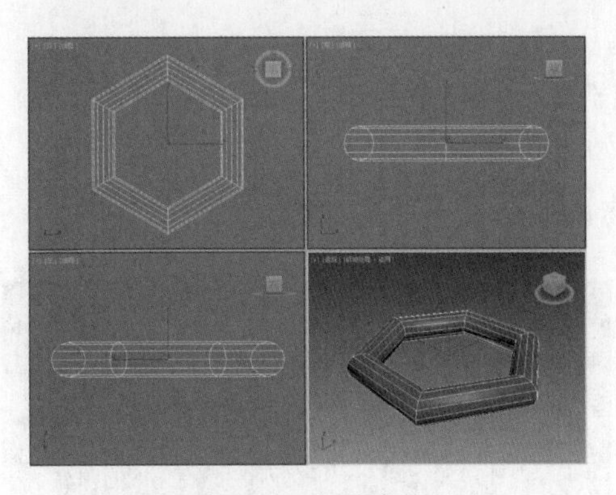

图 2-48　分段效果

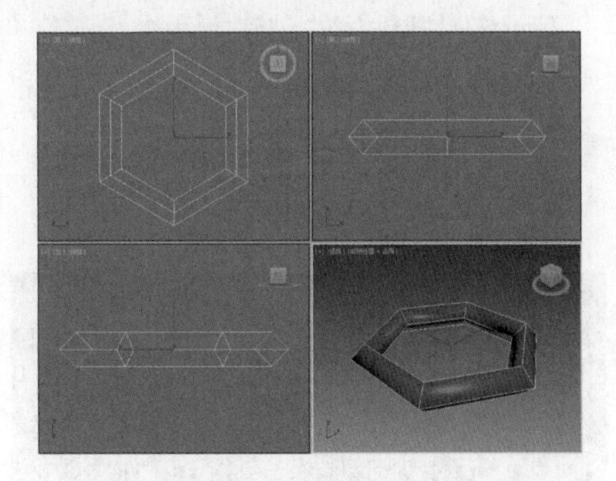

图 2-49　边数效果

2.1.5　圆锥体

圆锥体的创建大多用于创建天台，利用“参数”卷展栏中的选项，可以将圆锥体定义成许多形状，在几何体命令面板中单击“圆锥体”按钮，命令面板的下方将弹出圆锥体的“参数”卷展栏，如图 2-50 所示。

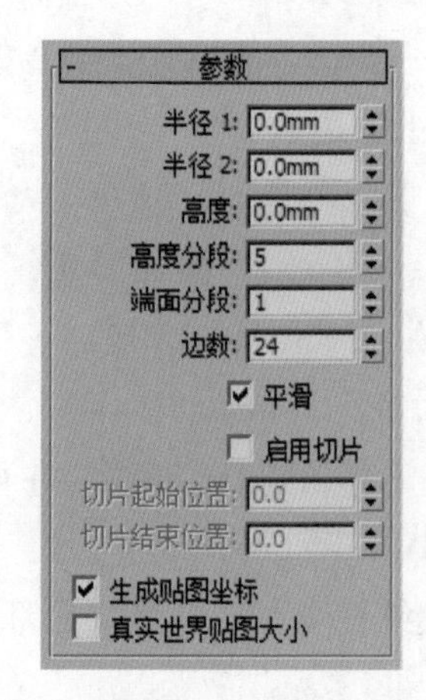

图 2-50 圆锥体的“参数”卷展栏

下面具体介绍圆锥体“参数”卷展栏中各选项的含义。

- 半径 1：设置圆锥体的底面半径大小。
- 半径 2：设置圆锥体的顶面半径，当值为 0 时，圆锥体将更改为尖顶圆锥体，当值大于 0 时，将更改为平顶圆锥体。
- 高度：设置圆锥体主轴的分段数。
- 高度分段：设置圆锥体的高度分段。
- 端面分段：设置围绕圆锥体顶面和底面的中心同心分段数。
- 边数：设置圆锥体的边数。
- 平滑：选中该复选框，圆锥体将进行平滑处理，在渲染中形成平滑的外观。
- 启用切片：选中该复选框，将激活“切片起始位置”和“切片结束位置”设置框，在其中可以设置切片的角度。

下面将对圆锥体的创建方法进行详细介绍。

STEP 01 执行“创建”|“标准基本体”|“圆锥体”命令，在任意视图中单击并拖动鼠标，释放鼠标左键即可设置圆锥体底面半径大小，如图 2-51 所示。

STEP 02 向上拖动鼠标形成一个圆柱，单击设置圆锥体高度，如图 2-52 所示。

图 2-51 设置圆锥体底面半径

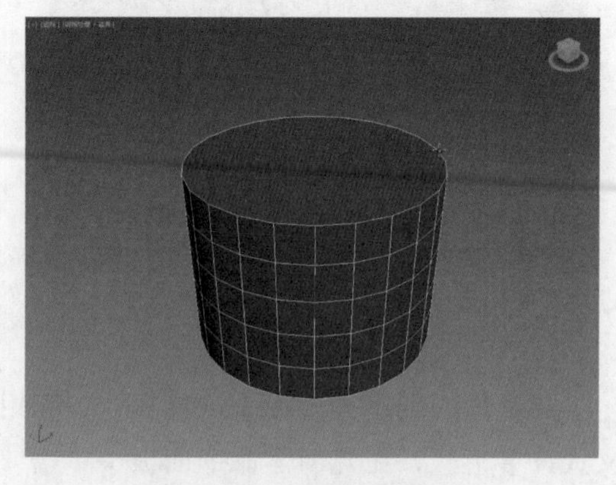

图 2-52 设置圆锥体高度

STEP 03 上下拖动鼠标，设置圆锥体顶面半径，设置完成后单击即可完成创建圆锥体操作，如图 2-53 所示。

STEP 04 在“参数”卷展栏的“半径 2”列表框中输入数值 15，可以创建平顶圆锥体，如图 2-54 所示。

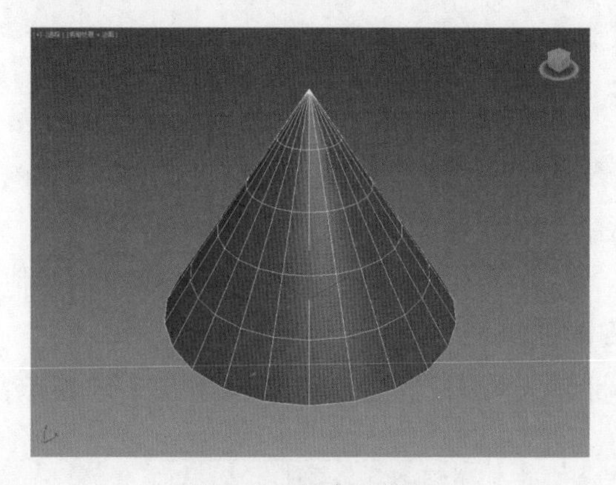

图 2-53　创建圆锥体

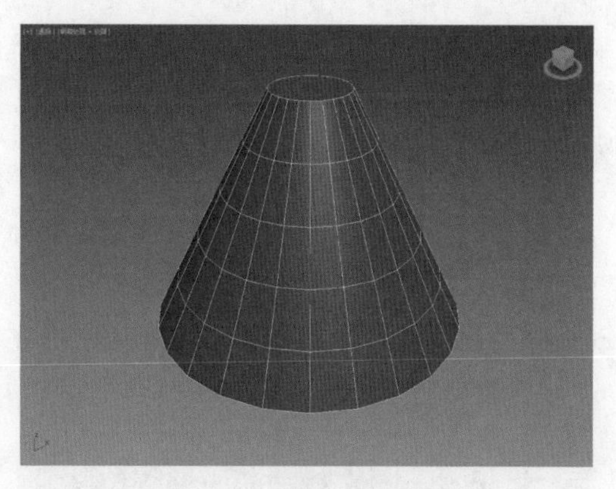

图 2-54　创建平顶圆锥体

2.1.6　几何球体

几何球体和球体的创建方法一致，在几何体命令面板中单击“几何球体”按钮后，在任意视图中拖动鼠标即可创建几何球体。在单击“几何球体”按钮后，将弹出“参数”面板，如图 2-55 所示。

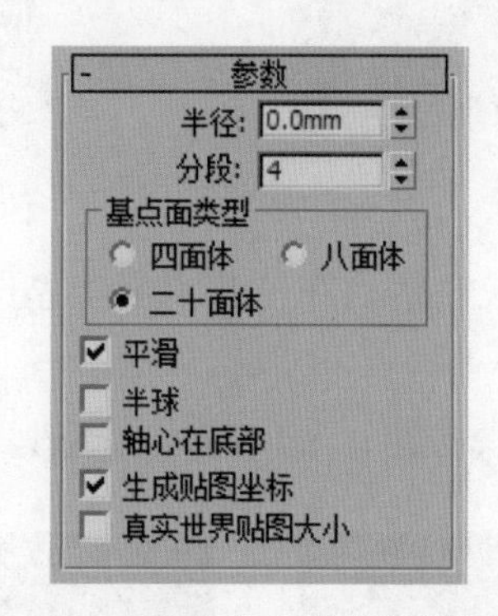

图 2-55　几何球体的“参数”卷展栏

下面具体介绍几何球体的“参数”卷展栏中各选项的含义。

- 半径：设置几何球体的半径大小。
- 分段：设置几何球体的分段。设置分段数值后，将创建网格，数值越大，网格密度越大，几何球体越光滑。
- 基点面类型：基本面类型分为四面体、八面体、二十面体 3 种选项，这些选项分别代表相应的几何球体的面值。
- 平滑：选中该复选框，渲染时平滑显示几何球体。

- 半球：选中该复选框，将几何球体设置为半球状。
- 轴心在底部：选中该复选框，几何球体的中心将设置为底部。

建模技能

球体和几何球体之间有什么区别？当设置分段为较大数值的时候，球体和几何球体的效果没有什么区别；但是设置较少的分段时，就可以看到球体多是以四边形组成的网格，而几何球体则是多以三角形组成的网格。

下面对几何球体的创建方法进行详细介绍。

STEP 01 执行“创建”|“标准基本体”|“几何球体”命令，在任意视图中单击并拖动鼠标设置几何球体半径大小，释放鼠标左键即可创建几何球体，如图 2-56 所示。

STEP 02 在“参数”卷展栏“分段”输入框中输入数值，设置分段大小，如图 2-57 所示。

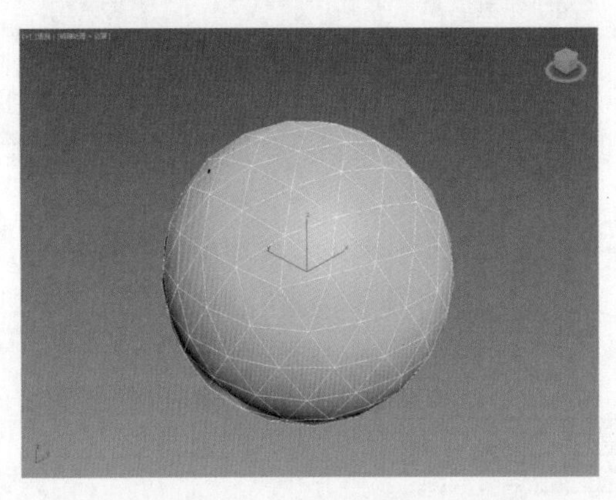

图 2-56　创建几何球体

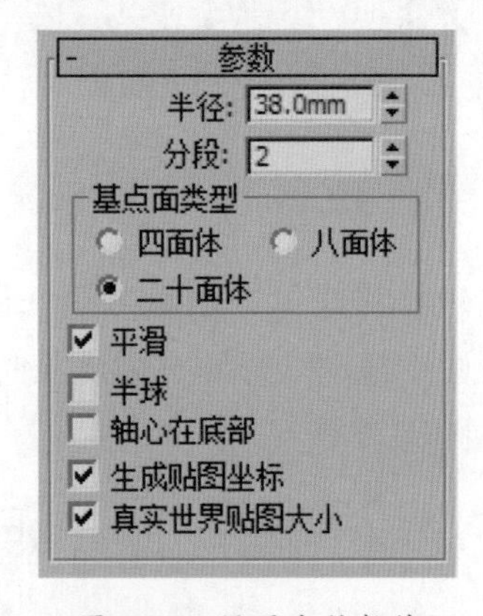

图 2-57　设置分段数值

STEP 03 按 Enter 键确认分段数值，在“基点面类型”选项组中选中“二十面体”单选按钮，效果如图 2-58 所示。

STEP 04 选中“八面体”单选按钮，几何球体将更改为八面体，如图 2-59 所示。

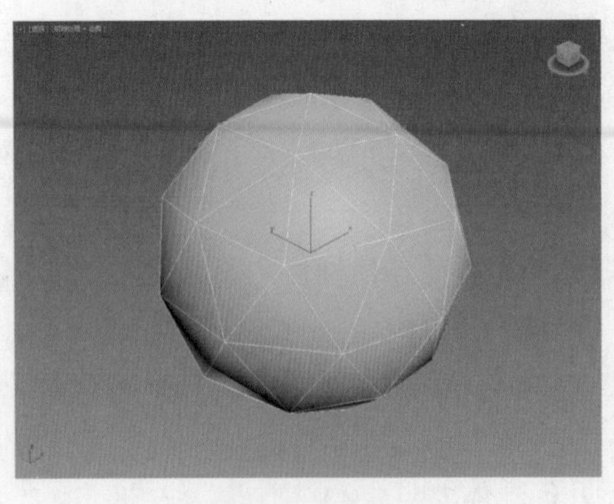

图 2-58　二十面体效果

图 2-59　八面体效果

STEP 05 选中“四面体”单选按钮，几何球体将更改为四面体，如图 2-60 所示。

STEP 06 选中“半球”复选框，几何球体将更改为半球形状，如图 2-61 所示。

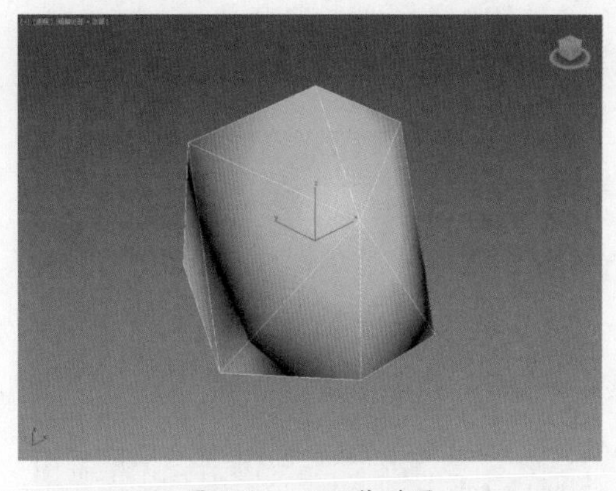

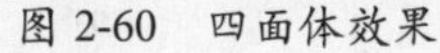

图 2-60 四面体效果

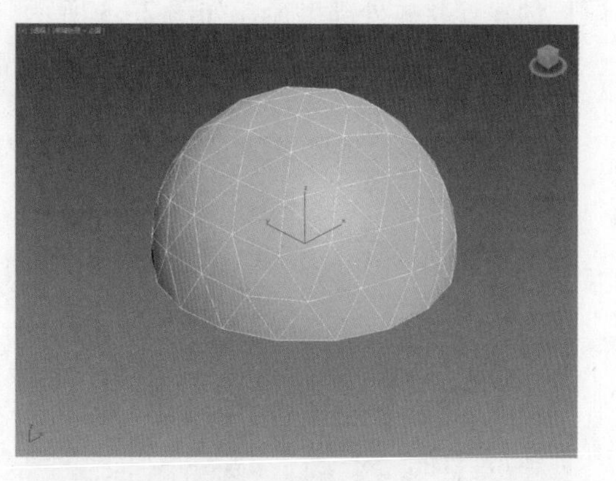

图 2-61 半球效果

2.1.7 管状体

管状体主要应用于管道之类模型的制作，其创建方法非常简单，在几何体命令面板中单击“管状体”按钮，在命令面板的下方将弹出“参数”卷展栏，如图 2-62 所示。

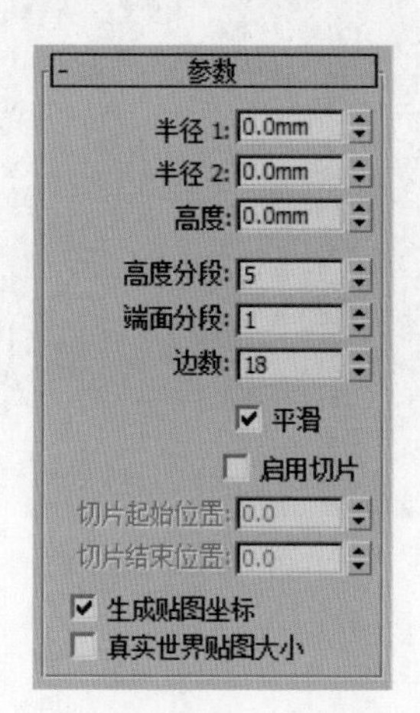

图 2-62 管状体的“参数”卷展栏

下面具体介绍管状体“参数”卷展栏中各选项的含义。

- 半径 1 和半径 2：设置管状体的底面圆环的内径和外径的大小。
- 高度：设置管状体高度。
- 高度分段：设置管状体高度分段的精度。
- 端面分段：设置管状体端面分段的精度。
- 边数：设置管状体的边数，值越大，渲染的管状体越平滑。
- 平滑：选中该复选框，将对管状体进行平滑处理。
- 启用切片：选中该复选框，将激活“切片起始位置”和“切片结束位置”设置框，在其中可以设置切片的角度。

下面详细介绍管状体的创建方法。

STEP 01 执行“创建”|“标准基本体”|“管状体”命令，在任意视图中单击并拖动鼠标创建管状体外部半径，如图 2-63 所示。

STEP 02 释放鼠标左键并向内拖动鼠标创建管状体内部半径，如图 2-64 所示。

图 2-63　设置外部半径

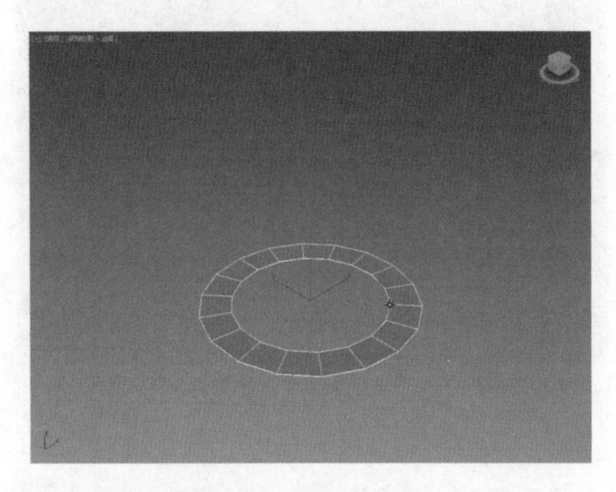

图 2-64　设置内部半径

STEP 03 单击确认内部半径，并向上拖动鼠标，即可创建管状体，如图 2-65 所示。

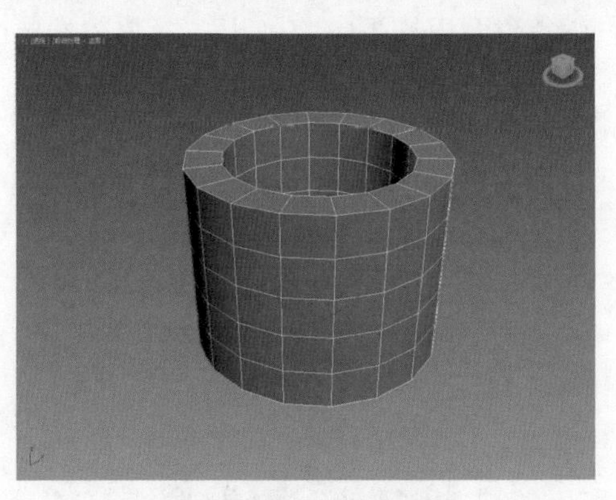

图 2-65　创建管状体

2.1.8　茶壶

茶壶是标准基本体中唯一完整的三维模型实体，单击并拖动鼠标即可创建茶壶的三维实体。在命令面板中单击“茶壶”按钮后，命令面板下方会显示“参数”卷展栏，如图 2-66 所示。

下面具体介绍“参数”卷展栏中各选项的含义。

- 半径：设置茶壶的半径大小。
- 分段：设置茶壶及单独部件的分段数。
- 茶壶部件：在“茶壶部件”选项组中包含壶体、壶把、壶嘴、壶盖 4 个茶壶部件，取消勾选相应的部件，则在视图区将不显示该部件。

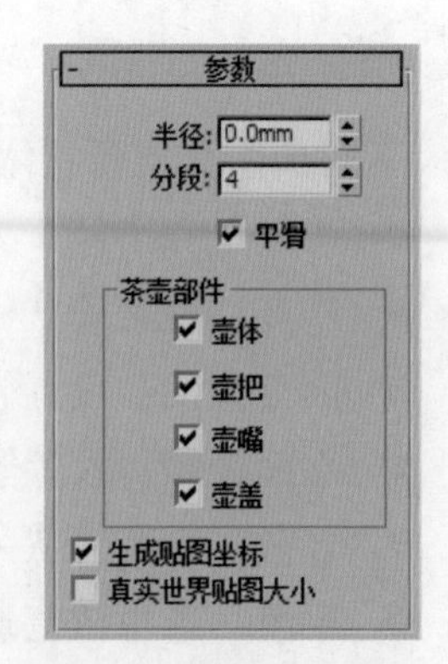

图 2-66　茶壶的“参数”卷展栏

下面对茶壶的创建方法进行详细介绍。

STEP 01 单击“几何体”按钮，在几何体命令面板中单击“茶壶”按钮，如图2-67所示。

STEP 02 在任意视图中单击并拖动鼠标，释放鼠标左键即可创建茶壶，如图2-68所示。

图2-67 单击“茶壶”按钮

图2-68 创建茶壶

STEP 03 在“参数”卷展栏中取消选中“壶体”复选框，实体效果如图2-69所示。

STEP 04 取消选中“壶把”复选框，实体效果如图2-70所示。

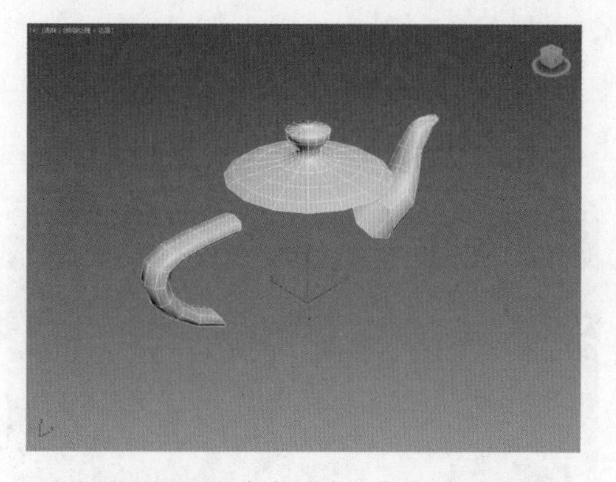

图2-69 取消选中“壶体”复选框效果

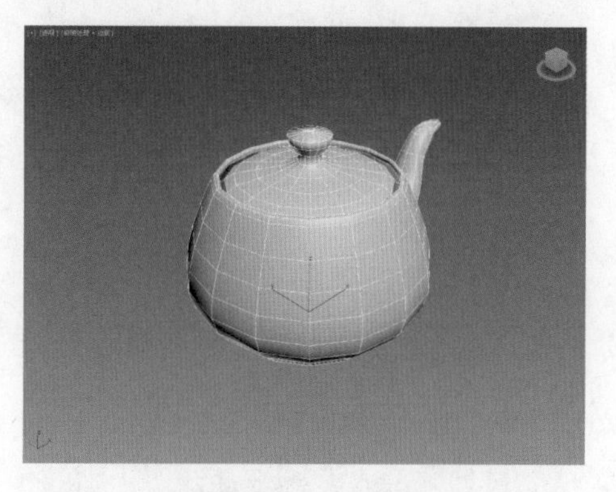

图2-70 取消选中“壶把”复选框效果

2.1.9 平面

平面是一种没有厚度的长方体，在渲染时可以无限放大。平面常用来创建大型场景的地面或墙体。此外，用户可以为平面模型添加噪波等修改器，来创建陡峭的地形或波涛起伏的海面。

在几何体命令面板中单击“平面”按钮，命令面板的下方将显示“参数”卷展栏，如图2-71所示。

下面具体介绍“参数”卷展栏中创建平面各选项的含义。

- 长度：设置平面的长度。

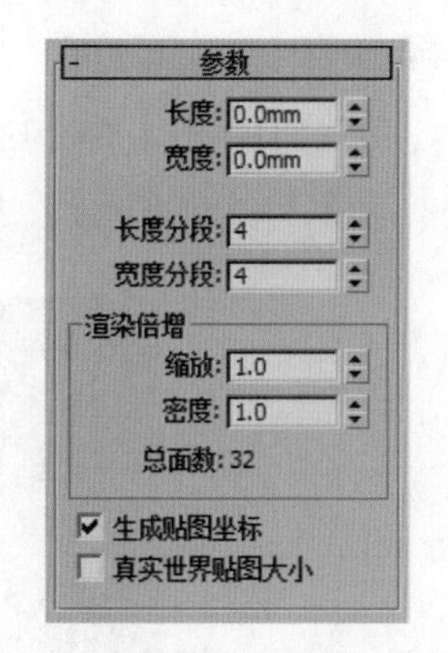

图 2-71　平面的“参数”卷展栏

- 宽度：设置平面的宽度。
- 长度分段：设置长度的分段数量。
- 宽度分段：设置宽度的分段数量。
- 渲染倍增：“渲染倍增”选项组包含缩放、密度、总面数 3 个选项。缩放用于指定平面几何体的长度和宽度在渲染时的倍增数，从平面几何体中心向外缩放。密度用于指定平面几何体的长度和宽度分段数在渲染时的倍增数值。总面数用于显示创建平面物体中的总面数。

单击“几何体”按钮，在几何体命令面板中单击“平面”按钮，如图 2-72 所示。在任意视图中单击并拖动鼠标设置平面的大小，释放鼠标左键即可创建平面，如图 2-73 所示。

图 2-72　单击“平面”按钮

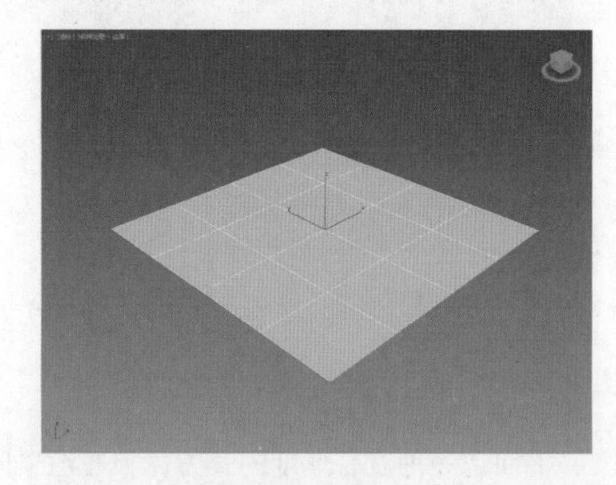

图 2-73　创建平面

2.2　创建扩展基本体

扩展基本体可以创建带有倒角、圆角和特殊形状的物体，和标准基本体相比，它较为复杂一些。

用户可以通过以下方式调用创建扩展基本体命令。

- 执行“创建”|“扩展基本体”的子命令。

● 在命令面板中单击“创建”按钮，然后单击“标准基本体”右侧的按钮，在弹出的列表框中选择“扩展基本体”选项，并在该列表中选择相应的“扩展基本体”按钮，打开的“参数”面板如图 2-74 所示。

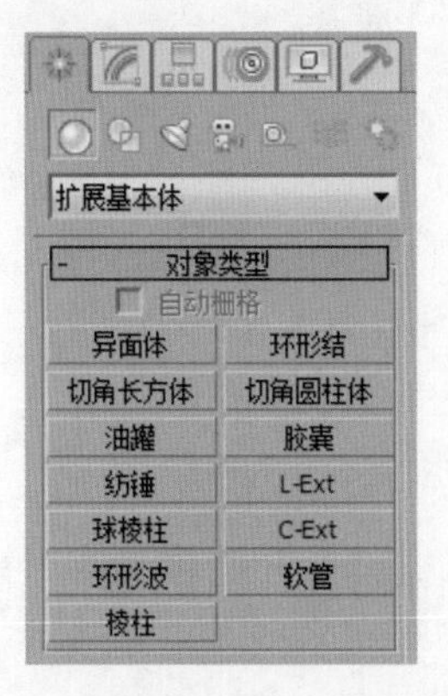

图 2-74 扩展基本体的“参数”面板

2.2.1 异面体

异面体是由多个边面组合而成的三维实体图形，它可以调节异面体边面的状态，也可以调整实体面的数量改变其形状。在“扩展基本体”命令面板中单击“异面体”按钮后，在命令面板下方将弹出创建异面体“参数”卷展栏，如图 2-75 所示。

下面具体介绍异面体“参数”卷展栏中各选项组的含义。

● 系列：该选项组包含四面体、立方体、十二面体、星形 1、星形 2 等 5 个选项。主要用来定义创建异面体的形状和边面的数量。
● 系列参数：系列参数中的 P 和 Q 两个参数控制异面体的顶点和轴线双重变换关系，两者之和不可以大于 1。
● 轴向比率：轴向比率中的 P、Q、R 三个参数分别为其中一个面的轴线，设置相应的参数可以使其面进行突出或者凹陷。
● 顶点：设置异面体的顶点。
● 半径：设置创建异面体的半径大小。

下面具体介绍创建和编辑异面体的方法。

STEP 01 在参数面板中单击“创建”按钮，然后单击“标准基本体”右侧的按钮，在弹出的列表框中选择“扩展基本体”选项，如图 2-76 所示。

STEP 02 此时会出现“扩展基本体”的参数面板，在“扩展基本体”参数面板中单击“异面体”按钮，如图 2-77 所示。

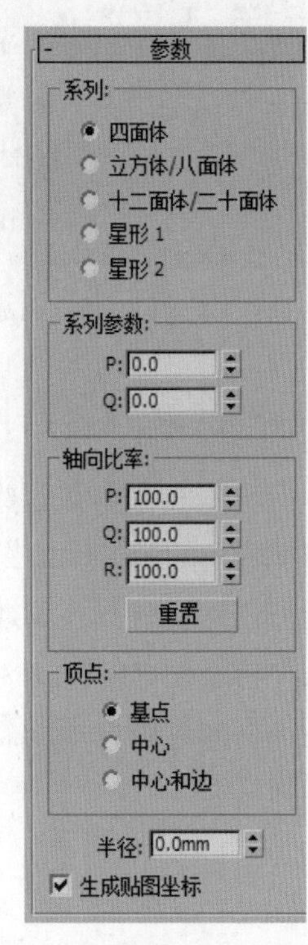

图 2-75 异面体的“参数”卷展栏

图 2-76　选择“扩展基本体”选项

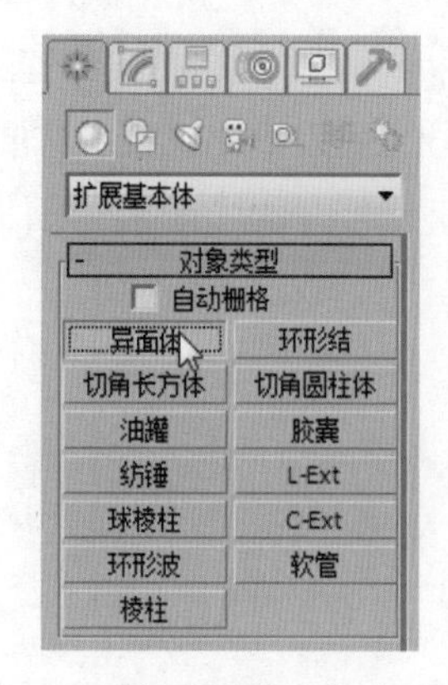

图 2-77　“扩展基本体”参数面板

STEP 03 在任意视图中拖动鼠标设置异面体大小，设置完成后释放鼠标左键，即可创建异面体，如图 2-78 所示。

STEP 04 设置系列参数的 P 值为 0.8、轴向比率的 P 值为 100、Q 值为 50、R 值为 80，效果如图 2-79 所示。

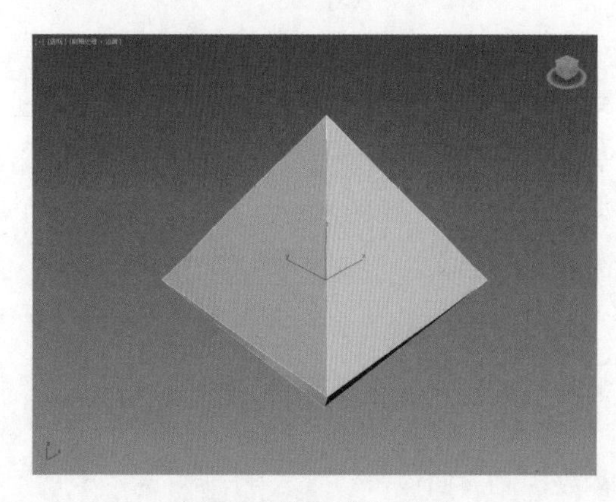

图 2-78　创建“异面体”

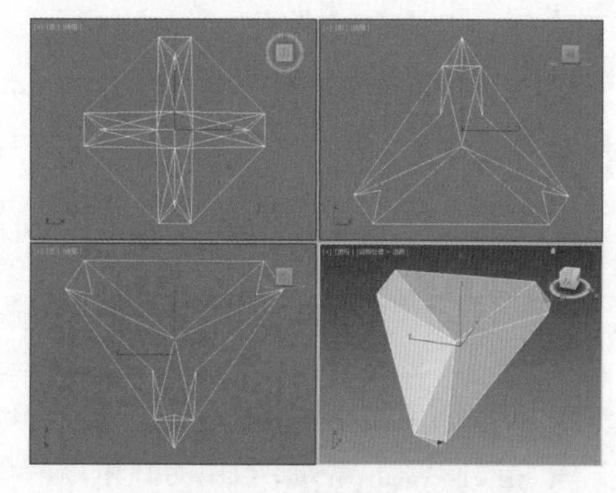

图 2-79　设置异面体参数

2.2.2　切角长方体

切角长方体在创建模型时应用十分广泛，常被用于创建带有圆角的长方体结构。在“扩展基本体”参数面板中单击“切角长方体”按钮后，参数面板下方将弹出设置切角长方体的“参数”卷展栏，如图 2-80 所示。

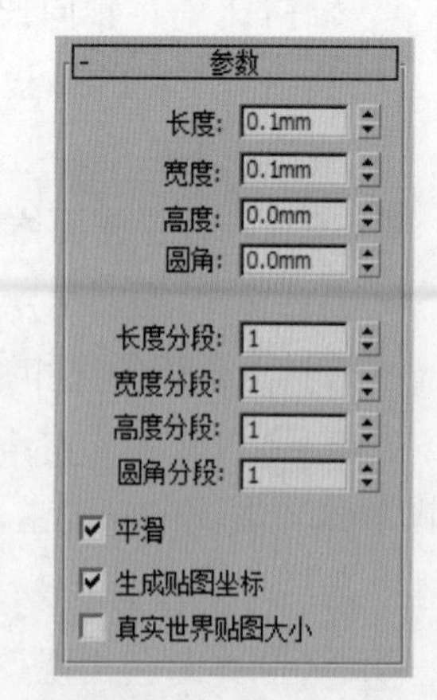

图 2-80　切角长方体的“参数”卷展栏

下面具体介绍设置切角长方体的“参数”卷展栏中各选项的含义。

- 长度、宽度：设置切角长方体底面或顶面的长度和宽度。
- 高度：设置切角长方体的高度。
- 圆角：设置切角长方体的圆角半径。值越高，圆角半径越明显。

- 长度分段、宽度分段、高度分段、圆角分段：设置切角长方体分别在长度、宽度、高度和圆角上的分段数目。

下面具体介绍创建切角长方体的方法。

STEP 01 执行“创建”|“扩展基本体”|“切角长方体”命令，在透视图中单击并拖动鼠标，设置长方体的底面，如图 2-81 所示。

STEP 02 释放鼠标左键并向上拖动鼠标，设置切角长方体的高度，然后单击确认高度，如图 2-82 所示。

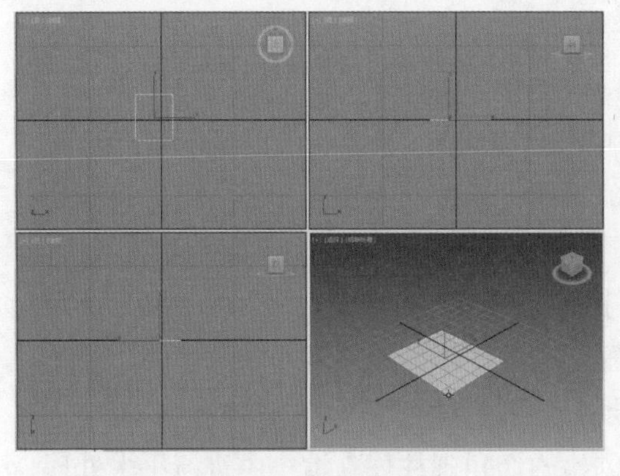

图 2-81　设置底面

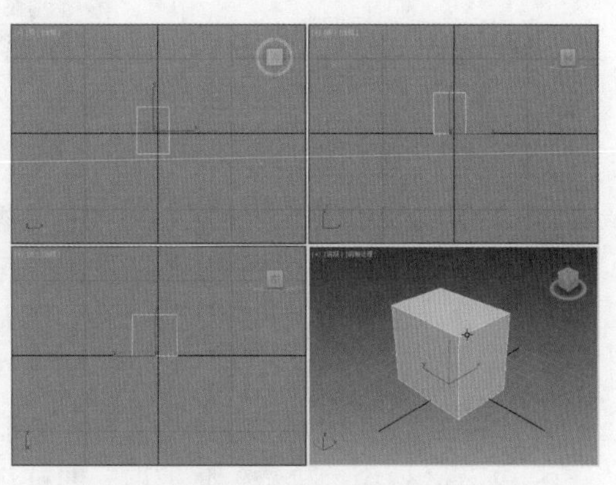

图 2-82　设置高度

STEP 03 释放鼠标左键后，向上拖动鼠标，即可设置切角长方体圆角半径。

STEP 04 设置完成后单击即可创建切角长方体，如图 2-83 所示。

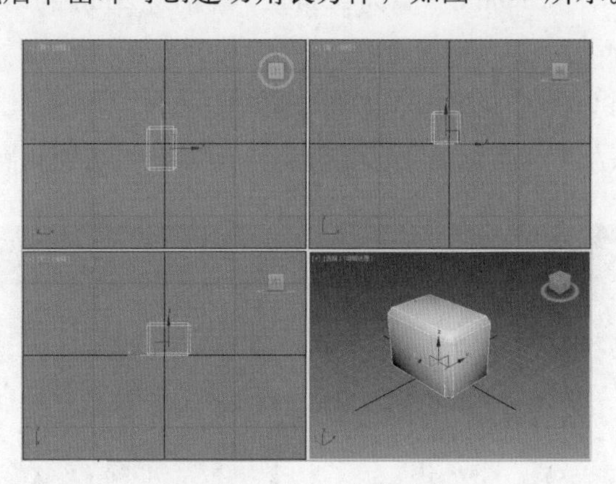

图 2-83　创建切角长方体

STEP 05 如果对创建的切角长方体不满意，可以在“参数”卷展栏中设置相应的参数。

2.2.3　切角圆柱体

创建切角圆柱体和创建切角长方体的方法相同。但在“参数”卷展栏中设置圆柱体的各参数却有部分不相同，如图 2-84 所示。

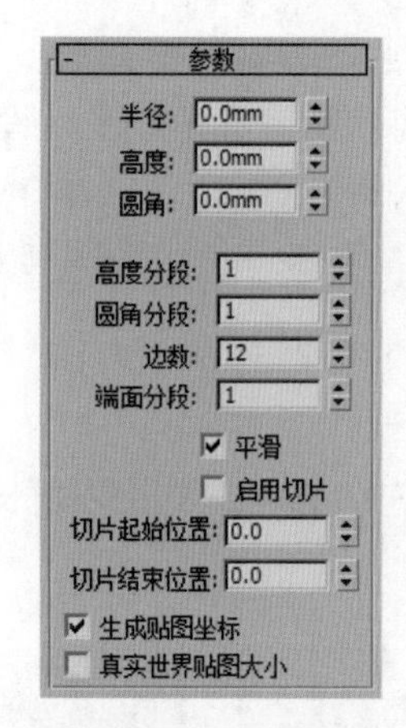

图 2-84　切角圆柱体的“参数”卷展栏

下面具体介绍“参数”卷展栏中各选项的含义。

- 半径：设置切角圆柱体的底面或顶面的半径大小。
- 高度：设置切角圆柱体的高度。
- 圆角：设置切角圆柱体的圆角半径大小。
- 高度分段、圆角分段、端面分段：设置切角圆柱体高度、圆角和端面的分段数目。
- 边数：设置切角圆柱体的边数，数值越大，圆柱体越平滑。
- 平滑：选中“平滑”复选框，即可将创建的切角圆柱体在渲染中进行平滑处理。
- 启动切片：选中该复选框，将激活“切片起始位置”和“切片结束位置”设置框，在其中可以设置切片的角度。

下面将创建一个半径为 30mm、高为 53mm、半径为 2mm 的切角圆柱体。

STEP 01 执行“创建”|“扩展基本体”|“切角圆柱体”命令，在透视视图中单击并拖动鼠标设置切角圆柱体的半径大小，如图 2-85 所示。

STEP 02 释放鼠标左键，然后向上移动鼠标，设置切角圆柱体高度，如图 2-86 所示。

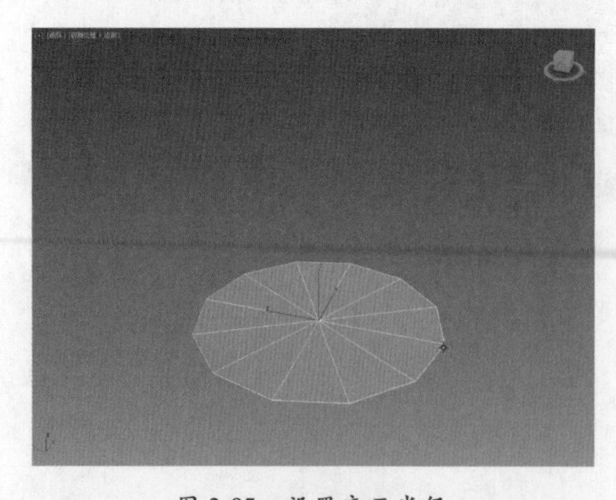

图 2-85　设置底面半径

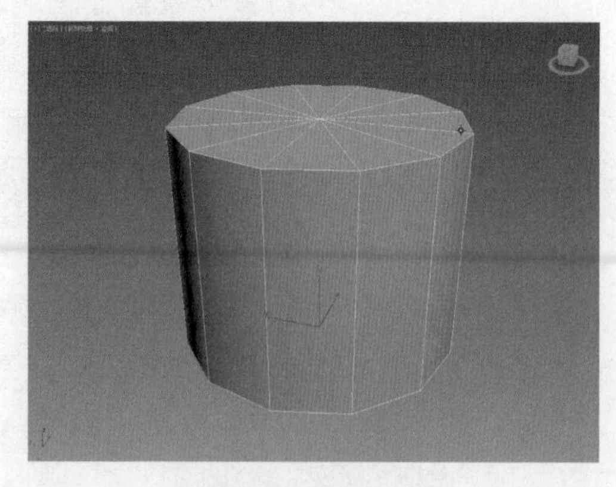

图 2-86　设置高度

STEP 03 单击确认高度，再释放鼠标左键，向上拖动鼠标，即可设置切角圆柱体圆角半径，如图 2-87 所示。

STEP 04 在“参数”卷展栏中设置圆角大小，如图 2-88 所示。

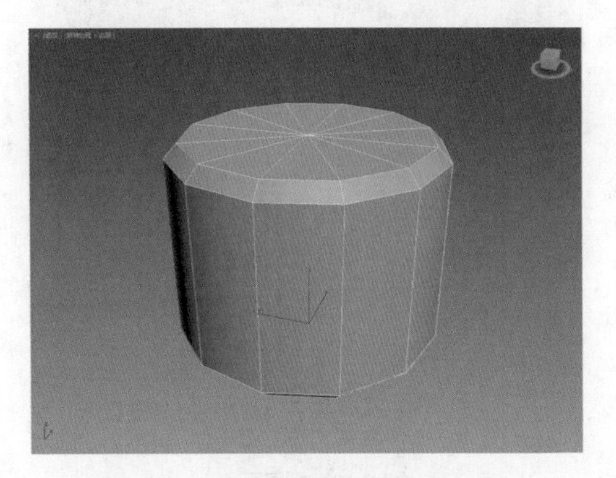

图 2-87　设置切角圆柱体圆角半径

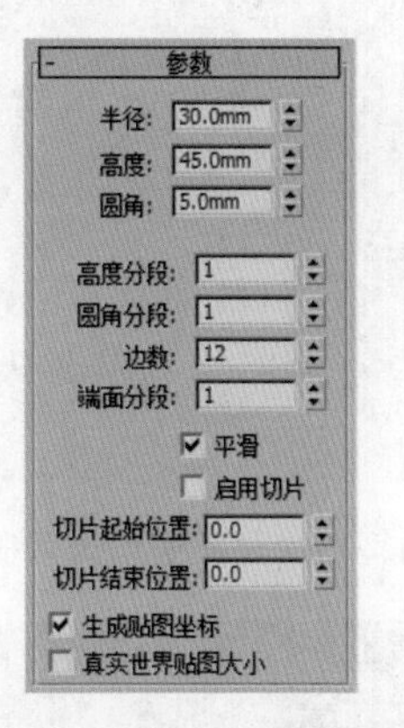

图 2-88　设置圆角

STEP 05 设置完成后，效果如图 2-89 所示。

STEP 06 再设置圆角分段为 5，设置完成后，如图 2-90 所示。

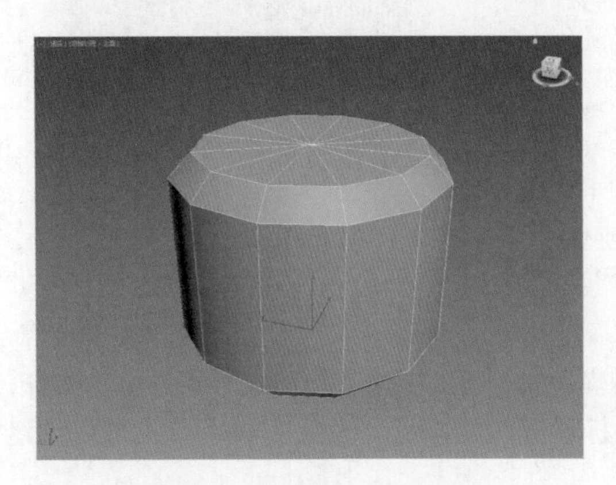

图 2-89　设置圆角大小的效果

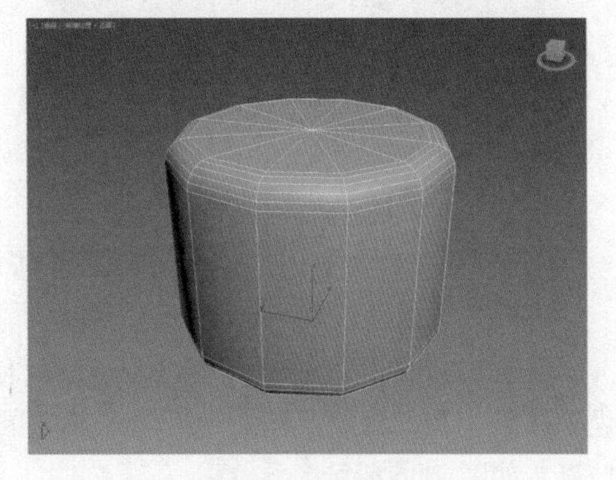

图 2-90　最终效果

2.2.4　油罐、胶囊、纺锤

油罐、胶囊和纺锤的制作方法非常相似。下面以创建油罐、胶囊和纺锤为例，具体介绍创建各扩展基本体的方法。

STEP 01 执行“创建”|“扩展基本体”|“油罐”命令，在任意视图中单击并拖动鼠标设置油罐底面半径，如图 2-91 所示。

STEP 02 释放鼠标左键，并向上拖动鼠标，设置油罐高度，如图 2-92 所示。

STEP 03 单击确认高度，然后再向上拖动鼠标，确定油罐封口高度，如图 2-93 所示。

STEP 04 单击即可创建油罐，在“参数”卷展栏中设置混合数值(“混合”控制半圆与圆柱体交接边缘的圆滑量)，如图 2-94 所示。

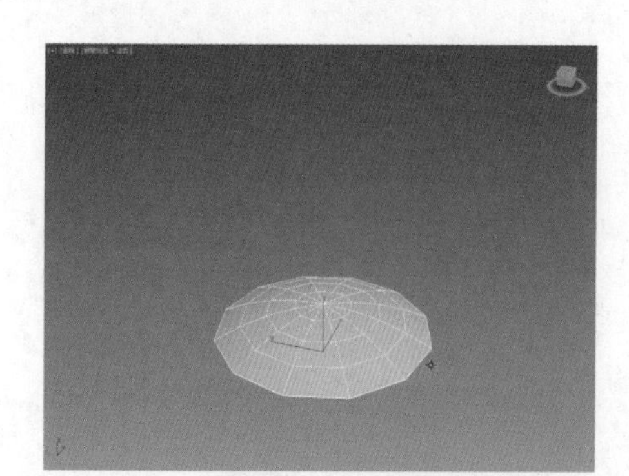

图 2-91　设置油罐底面半径

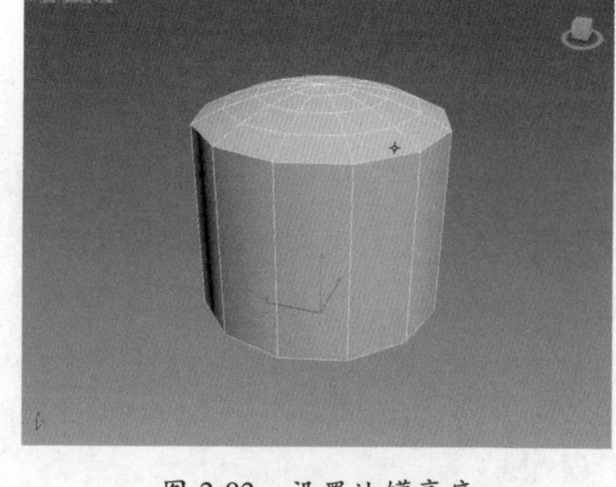

图 2-92　设置油罐高度

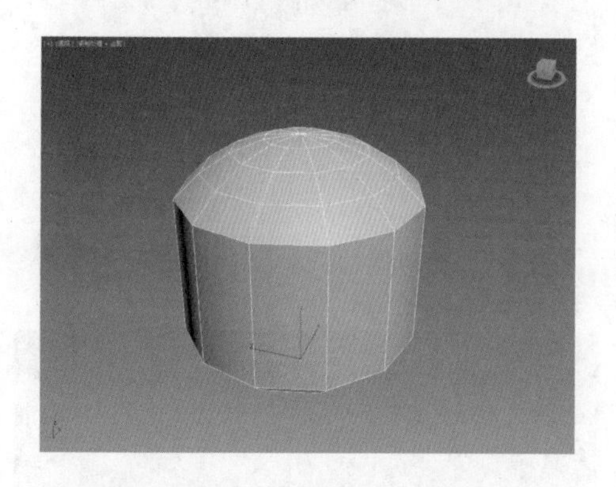

图 2-93　确定油罐封口高度

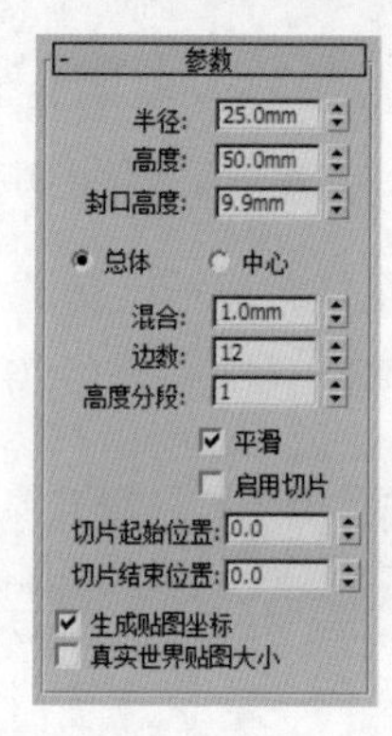

图 2-94　设置混合数值

STEP 05 设置完成后，效果如图 2-95 所示。

下面开始创建胶囊。

STEP 01 执行“创建”|“扩展基本体”|“胶囊”命令，在“透视”视图中单击并拖动鼠标，设置胶囊半径，释放鼠标左键后向上移动鼠标设置胶囊高度，设置完成后单击即可创建胶囊，如图 2-96 所示。

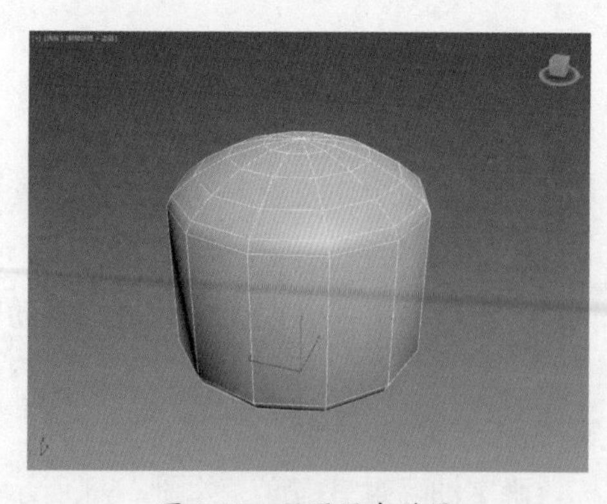

图 2-95　设置混合效果

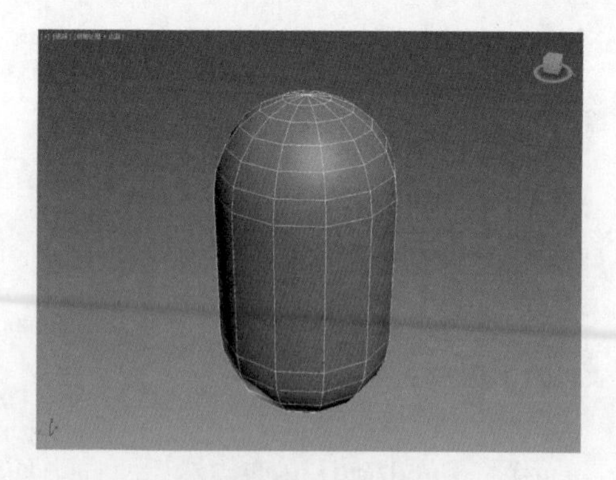

图 2-96　创建胶囊

STEP 02 在“参数”卷展栏中选中“启用切片”复选框，并设置起始和结束位置，如图 2-97 所示。

STEP 03 设置完成后，效果如图 2-98 所示。

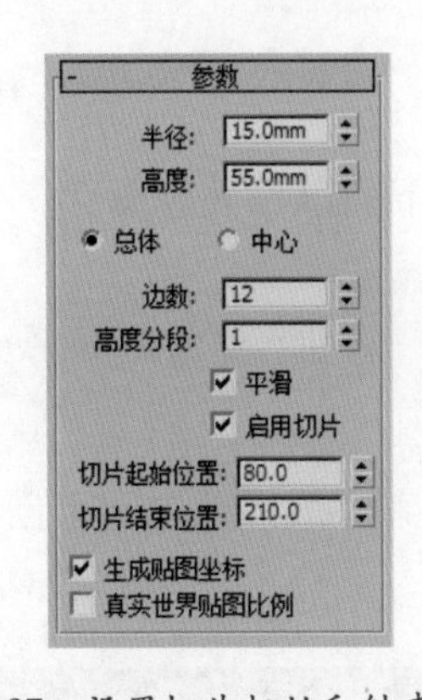

图 2-97 设置切片起始和结束位置

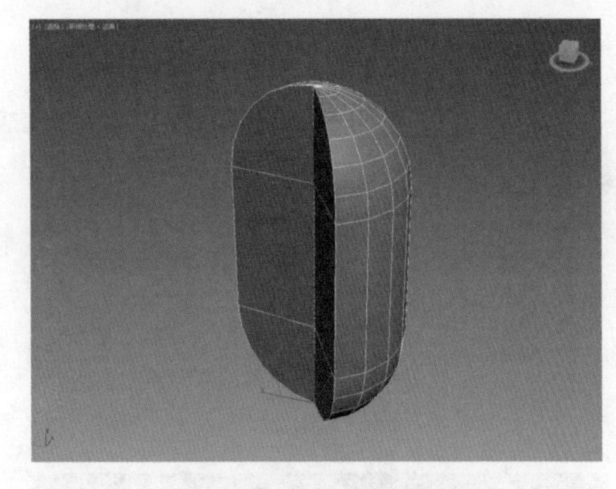

图 2-98 设置完成效果

下面开始创建纺锤。

STEP 01 执行“创建”|“扩展基本体”|“纺锤”命令，在“透视”视图中单击并拖动鼠标，设置纺锤底面半径大小，如图 2-99 所示。

STEP 02 释放鼠标左键，并拖动鼠标，设置纺锤高度，如图 2-100 所示。

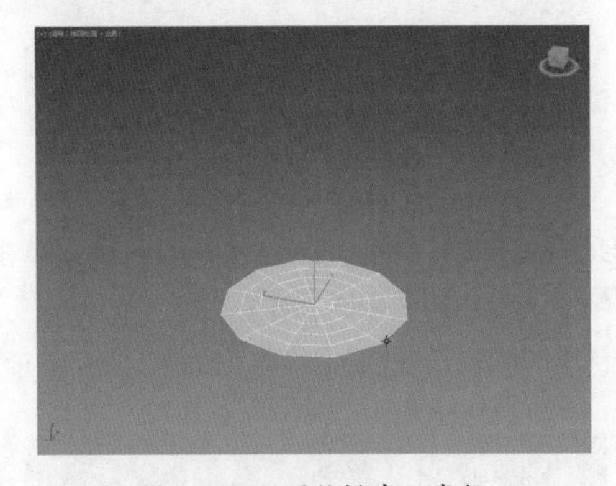

图 2-99 设置纺锤底面半径

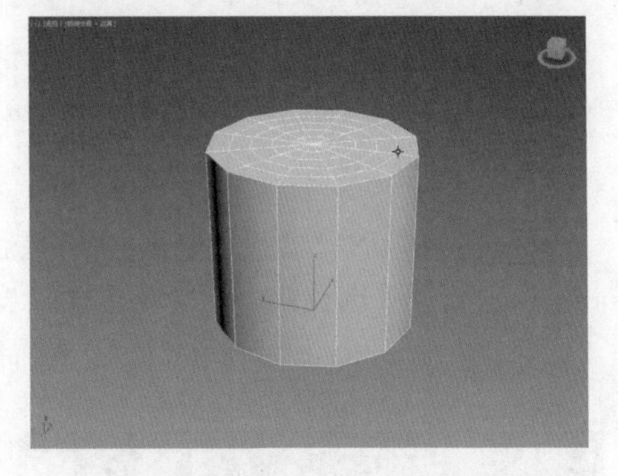

图 2-100 设置纺锤高度

STEP 03 单击确定纺锤高度，释放鼠标左键后，向上拖动鼠标设置封口高度，设置完成后单击即可创建纺锤，如图 2-101 所示。

STEP 04 在“参数”卷展栏中设置混合参数为 1，设置完成后，效果如图 2-102 所示。

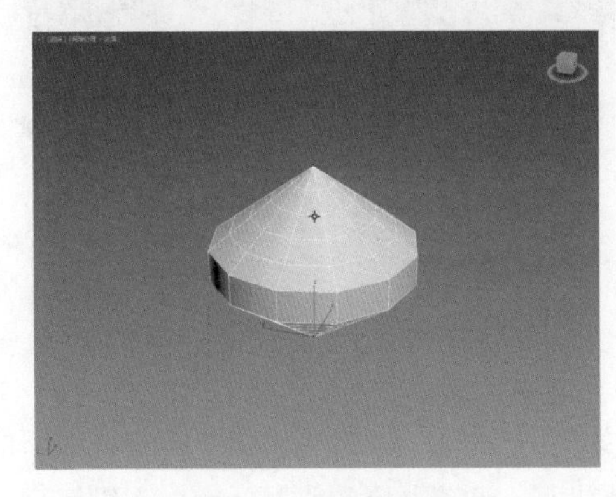

图 2-101 创建纺锤

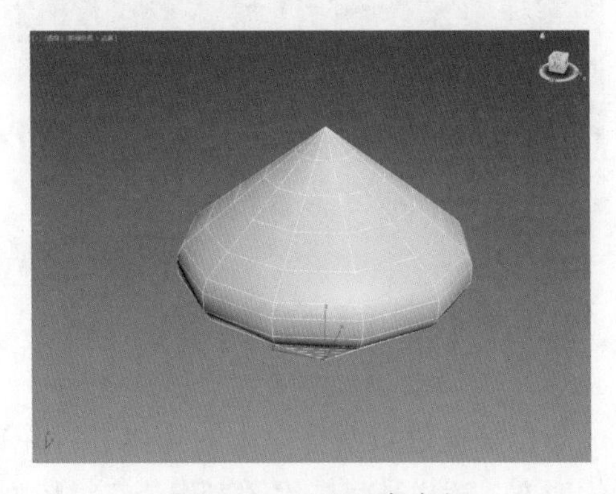

图 2-102 设置混合参数

2.2.5 软管

软管应用于管状模型的创建，如喷淋管、弹簧等。下面以创建软管为例，具体介绍其编辑方法。

STEP 01 执行“创建”|“扩展基本体”|“软管”命令，在“透视”视图中单击并拖动鼠标，设置软管底面的半径大小，如图 2-103 所示。

STEP 02 释放鼠标左键并拖动鼠标设置软管高度，设置完成后单击即可创建软管，如图 2-104 所示。

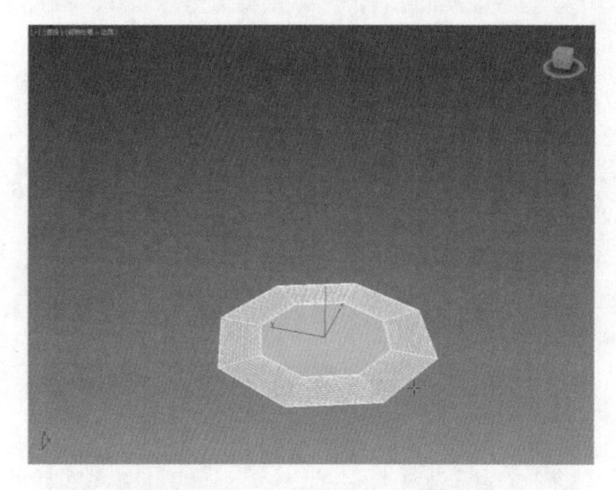

图 2-103 设置软管底面半径

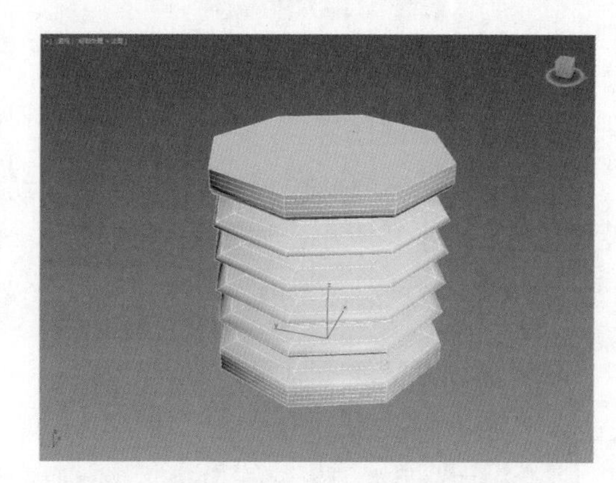

图 2-104 创建软管

STEP 03 在软管“参数”卷展栏的“软管形状”选项组中可以设置软管的形状，单击“长方体软管”单选按钮，软管将更改成长方体形状，如图 2-105 所示。

STEP 04 单击“D 截面软管”按钮，此时，软管将更改为 D 截面形状，如图 2-106 所示。

图 2-105 长方体软管形状

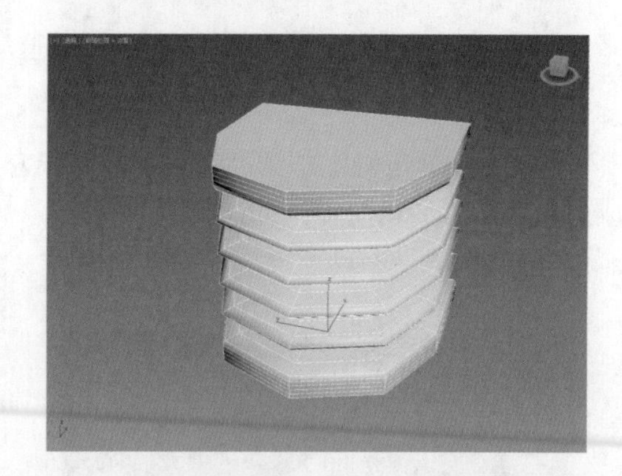

图 2-106 D 截面形状

2.3 创建复合对象

布尔是通过对两个以上的物体进行并集、差集、交集、切割的运算，从而得到新的物体形态。放样是将二维图形作为三维模型的横截面，沿着一定的路径，生成三维模型，横截面和路径可以变化，从而生成复杂的三维物体。下面介绍布尔和放样的应用，以及图形合并。

2.3.1　布尔

布尔是通过对两个以上的物体进行布尔运算，从而得到新的物体形态，布尔运算包括并集、差集、交集 (A － B)、交集 (B － A)、切割等运算方式。利用不同的运算方式，会形成不同的物体形状。

【例 2-1】运用布尔运算创建机械零件。

STEP 01 在视图中创建长方体和圆柱体，并将其放置在合适位置，如图 2-107 所示。

STEP 02 单击“几何体”按钮，在几何体命令面板中单击“标准基本体”右侧的按钮，在弹出的列表中单击“复合对象”选项，如图 2-108 所示。

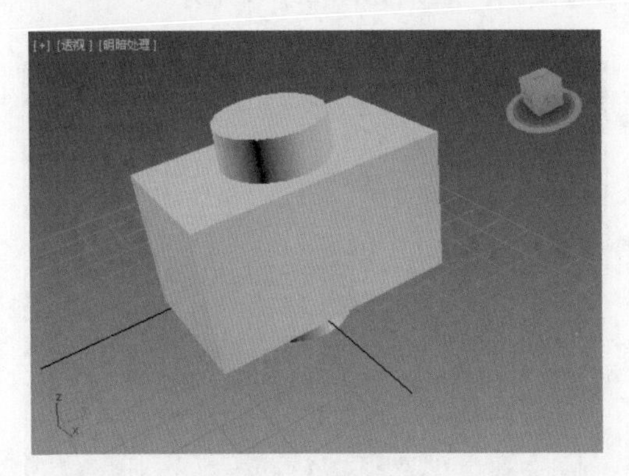

图 2-107　创建多边形

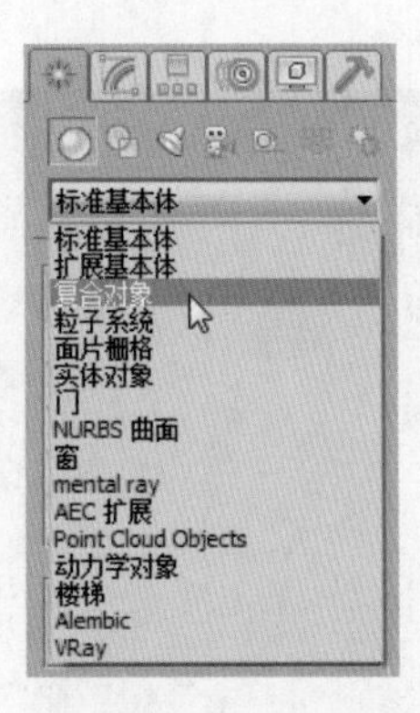

图 2-108　单击“复合对象”选项

STEP 03 打开复合对象命令面板，然后选择进行布尔运算的物体，如图 2-109 所示。

STEP 04 此时将在命令面板中激活可以应用的选项，如图 2-110 所示。

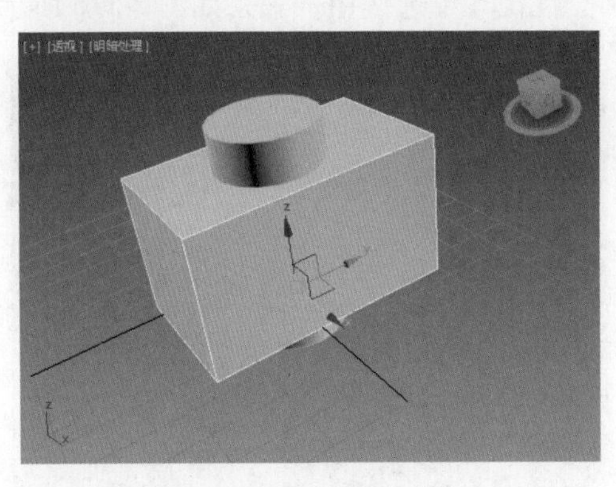

图 2-109　选择长方体

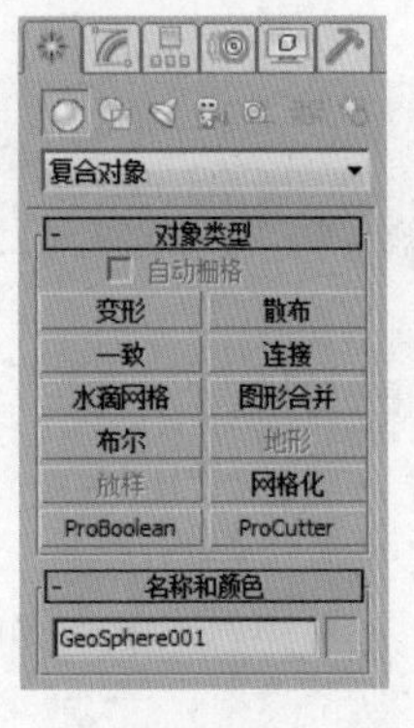

图 2-110　复合对象命令面板

STEP 05 单击“布尔”按钮，此时命令面板下方的“操作”选项组中默认选择“差集 (A-B)”，然后在“拾取布尔”选项组中单击“拾取操作对象 B”按钮，如图 2-111 所示。

STEP 06 设置完成后，选择圆柱体，此时将进行布尔运算，完成后效果如图 2-112 所示。

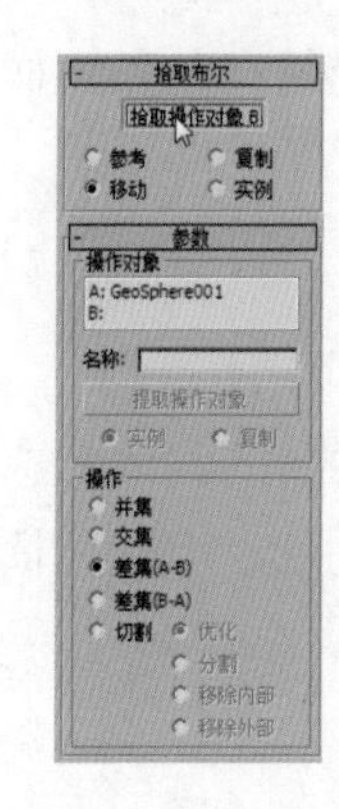

图 2-111　单击“拾取操作对象 B”按钮

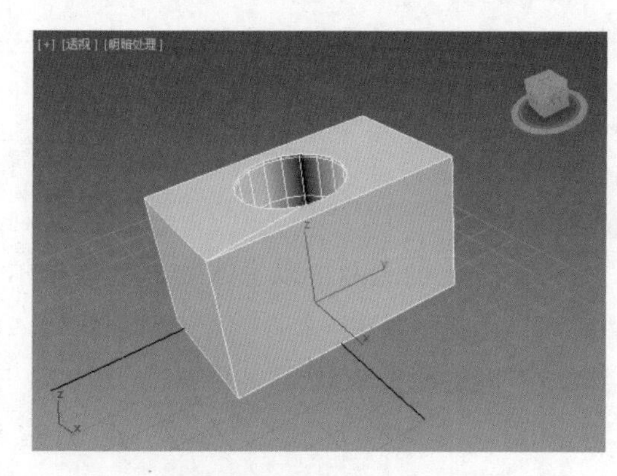

图 2-112　差集 (A-B) 效果

STEP 07 在“操作”选项组选中“并集”单选按钮，效果如图 2-113 所示。

STEP 08 在“操作”选项组选中“交集”单选按钮，效果如图 2-114 所示。

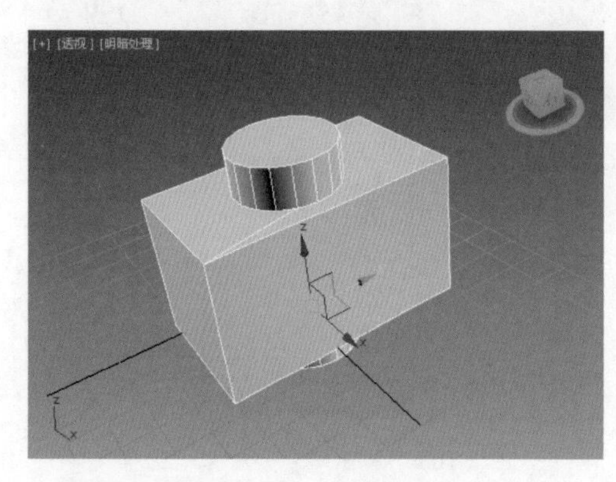

图 2-113　并集效果

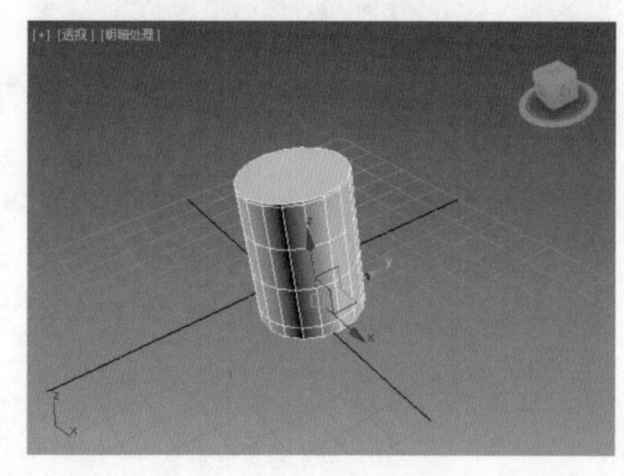

图 2-114　交集效果

STEP 09 在“操作”选项组选中“差集 (B － A)”单选按钮，效果如图 2-115 所示。

STEP 10 选中“切割”单选按钮，然后选中“优化”单选按钮，效果如图 2-116 所示。

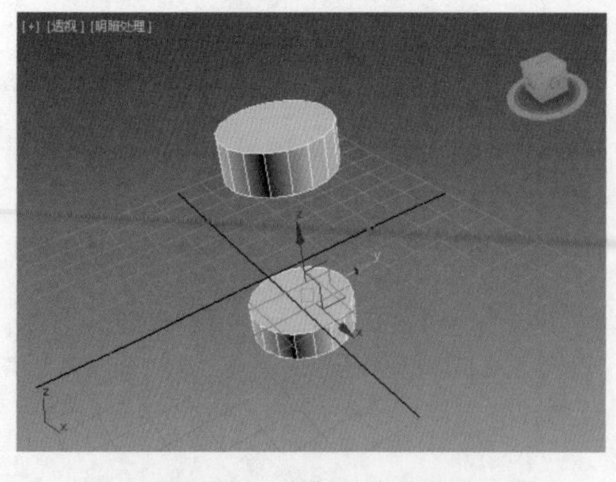

图 2-115　差集 (B-A) 效果

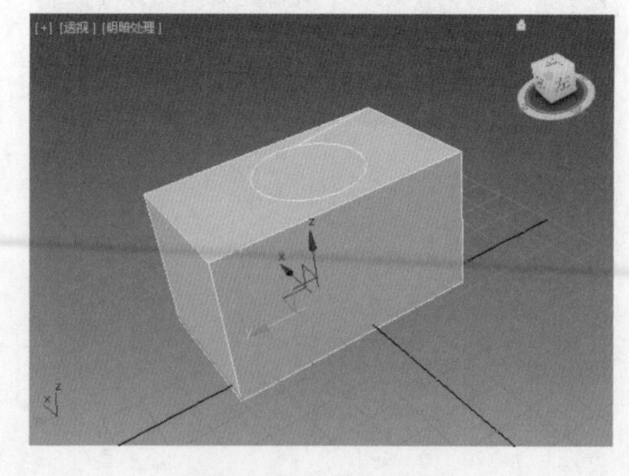

图 2-116　优化效果

STEP 11 选中“移至内部”单选按钮，效果如图 2-117 所示。

STEP 12 选中“移至外部”单选按钮，效果如图 2-118 所示。

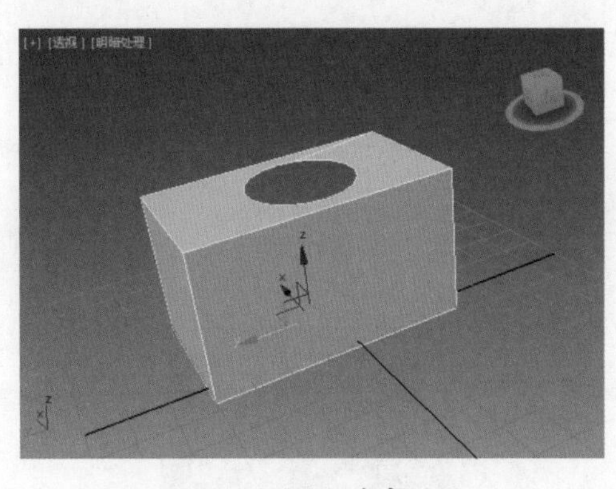

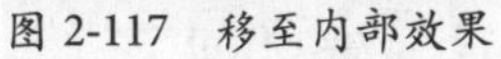

图 2-117 移至内部效果

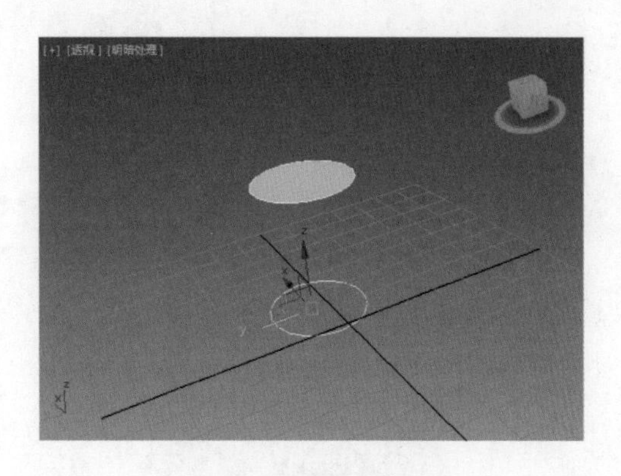

图 2-118 移至外部效果

2.3.2 放样

放样功能是 3ds Max 内嵌的最古老的建模方法之一，也是最容易理解和操作的建模方法。这种建模概念甚至在 AutoCAD 建模中都占据重要地位。它源于一种对三维对象的理解：截面和路径。

建模技能

在 3ds Max 中放样是一种针对二维图形的建模工具，与其他的二维建模工具不同，它可以在一条路径上拾取多个不同的截面，并且能够根据不同的位置拾取不同的位置，从而使模型产生不同的效果。

放样是通过将一系列二维图形截面沿一条路径排列并缝合连续表皮来形成相应的三维对象的建模方式，其参数面板如图 2-119 和图 2-120 所示。

"创建方法"卷展栏中各个参数的含义如下。

- 获取路径：当选择完截面后，单击此按钮，就可以在视图中选择将要作为路径的线形，从而完成放样过程。
- 获取图形：当选择完路径后，单击此按钮，就可以在视图中选择将要作为截面的线形，从而完成放样过程。

"曲面参数"卷展栏中各个参数的含义如下。

- 平滑长度：在路径方向上平滑放样表面。
- 平滑宽度：在截面圆周方向上平滑放样表面。
- 应用贴图：控制放样贴图坐标，选中此复选框，系统会根据放样对象的形状自动赋予贴图大小。
- 真实世界贴图大小：控制应用于该对象的纹理贴图材质所使用的缩放方法。
- 长度重复：设置沿着路径的长度重复贴图的次数。
- 宽度重复：设置围绕横截面图形的周界重复贴图的次数。
- 面片：放样过程可生成面片对象。

● 网格：放样过程可生成网格对象，这是默认设置。

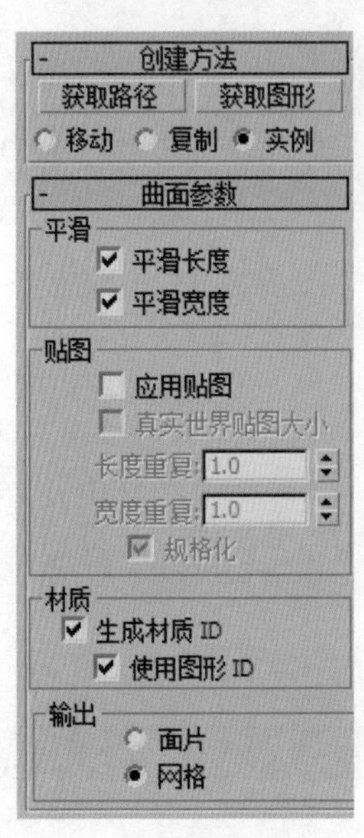

图 2-119　创建方法

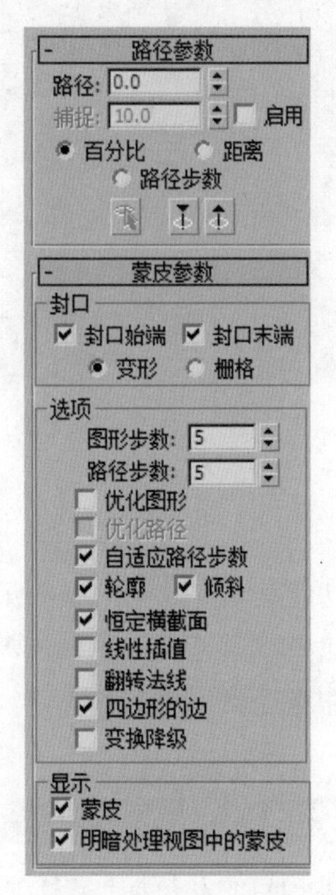

图 2-120　路径参数

“路径参数”卷展栏中的参数用来确定路径上不同的位置点，参数面板中各个参数的含义如下。

● 路径：通过输入值或单击微调按钮来设置路径的级别。
● 捕捉：用于设置沿着路径图形之间的恒定距离。
● 路径步数：将图形置于路径步数和顶点上，而不是作为沿着路径的一个百分比或距离。

“蒙皮参数”卷展栏中的参数选项主要用来设置放样模型在各个方向上的段数以及表皮结构，参数面板中各个参数的含义如下。

● 封口始端：如果启用，则路径第一个顶点处的放样端被封口。如果禁用，则放样端为打开或不封口状态。
● 封口末端：如果启用，则路径最后一个顶点处的放样端被封口。如果禁用，则放样端为打开或不封口状态。
● 图形步数：设置横截面图形的每个顶点之间的步数。
● 路径步数：设置路径的每个主分段之间的步数。
● 优化路径：启用后，对于路径的直线线段忽略“路径步数”。
● 自适应路径步数：启用后，分析放样并调整路径分段的数目，并生成最佳蒙皮。
● 轮廓：启用后，则每个图形都将遵循路径的曲率。
● 倾斜：启用后，则只要路径弯曲并改变其局部 Z 轴的高度，图形便围绕路径旋转，倾斜量由 3ds Max 控制。

- 恒定横截面：启用后则在路径中的角处缩放横截面，以保持路径宽度一致。
- 线性插值：启用后，使用每个图形之间的直边生成放样蒙皮。
- 翻转法线：启用后将法线翻转 180°。
- 四边形的边：启用该选项后，切放样对象的两部分具有相同数目的边，则将两部分缝合到一起的面将显示为四方形。
- 变换降级：使放样蒙皮在子对象图形 / 路径变换过程中消失。

【例 2-2】将星形样条线放样为实体。

STEP 01 利用样条线在顶视图中创建一个星形样条线，如图 2-121 所示。

STEP 02 然后在前视图中绘制一条垂直的直线样条线，如图 2-122 所示。

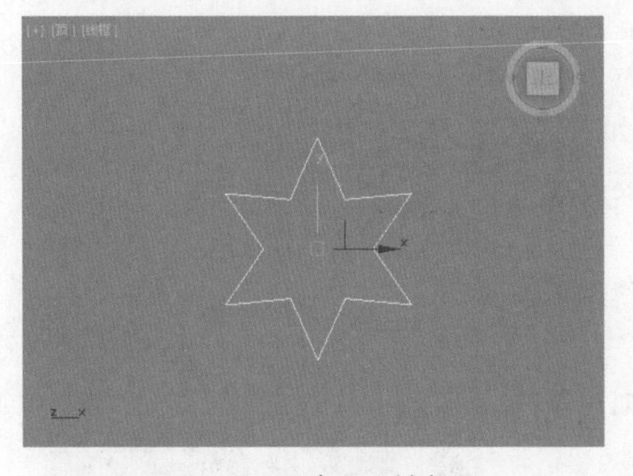

图 2-121 创建星形样条线

图 2-122 创建直线样条线

STEP 03 选择星形样条线，打开“复合对象”命令面板，然后单击“放样”按钮，如图 2-123 所示。

STEP 04 在“创建方法”卷展栏中单击“获取路径”按钮，如图 2-124 所示。

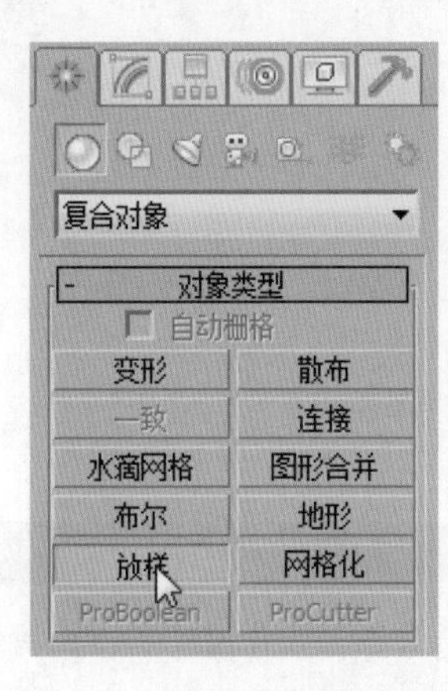

图 2-123 单击“放样”按钮

图 2-124 单击“获取路径”按钮

STEP 05 返回前视图去选择放样路径，如图 2-125 所示。

STEP 06 设置完成后，即可放样实体，如图 2-126 所示。

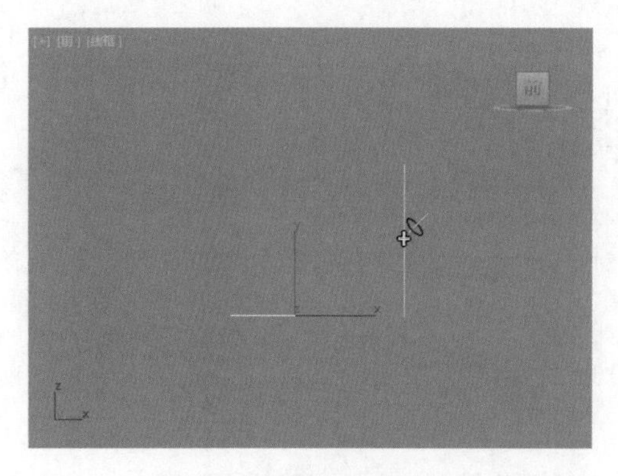

图 2-125　选择放样路径

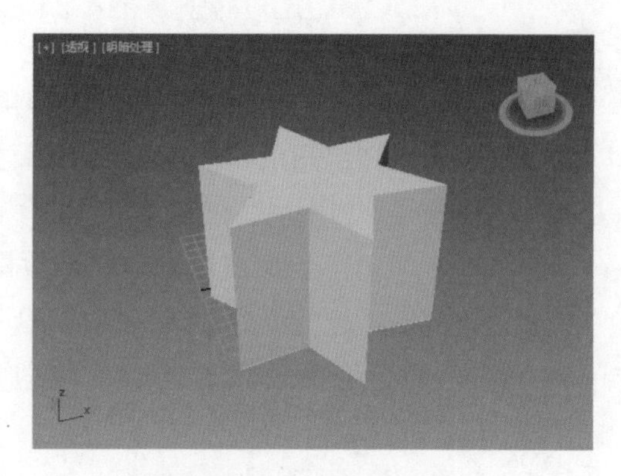

图 2-126　放样实体效果

2.3.3　图形合并

图形合并工具可以将图形快速添加到三维模型表面，其参数面板如图 2-127 所示。各参数含义如下。

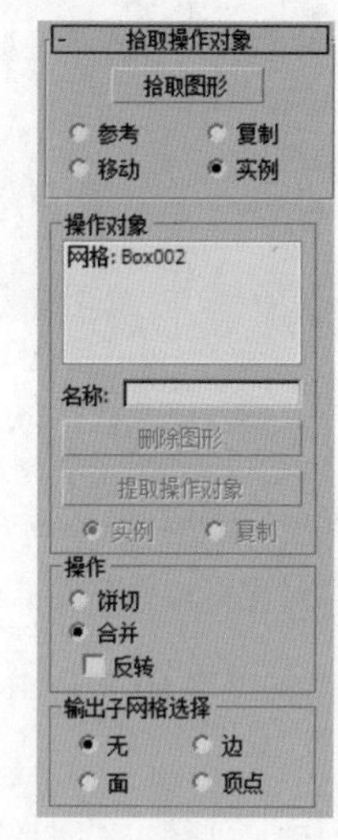

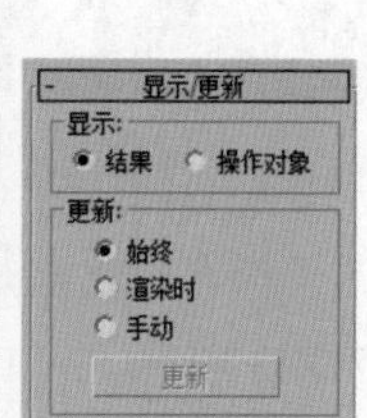

图 2-127　参数面板

- 拾取图形：单击该按钮，然后单击要嵌入网格对象中的图形即可。
- 参考 / 复制 / 移动 / 实例：确定如何将图形传输到复合对象中。
- “操作对象”列表：在复合对象中列出所有的操作对象。
- 删除图形：从复合对象中删除选中图形。
- 提取操作对象：提取选中操作对象的副本或实例。在列表窗中选择操作对象使此按钮可用。
- 实例 / 复制：指定如何提取操作对象，可以作为实例或副本进行提取。
- 饼切：切去网格对象曲面外部的图形。
- 合并：将图形与网格对象曲面合并。
- 反转：反转“饼切”或“合并”效果。
- 更新：当选中“始终”之外的任意选项时更新显示。

建模技能

图形合并在建模中经常会用到，其工作原理比较特殊。图形合并是通过将二维图形映射到三维模型上，使得三维模型表面产生二维图形的网格效果，因此可以对图形合并之后的模型进行调整。通过使用该工具可以制作很多模型效果，比如制作模型表面的花纹纹理、凸起的文字效果等。

【自己练】

CHAPTER 01
CHAPTER 02
CHAPTER 03
CHAPTER 04
CHAPTER 05

项目练习 1：创建石桌石凳模型

图纸展示（见图 2-128）

图 2-128　石桌石凳模型

操作要领

(1) 执行“切角圆柱体”命令，创建石桌的台面及石凳模型。

(2) 执行“圆柱体”命令，创建圆柱体作为石桌的支柱。

项目练习 2：更改视口布局

图纸展示（见图 2-129）

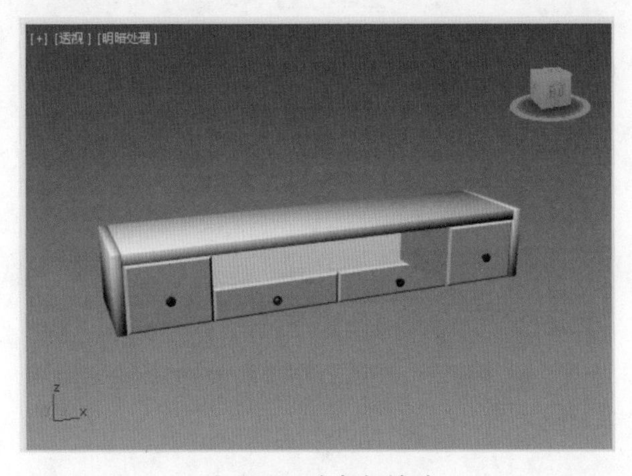

图 2-129　电视柜模型

绘图要领

(1) 利用切角长方体和长方体命令创建电视柜体模型。

(2) 利用样条线和放样命令制作拉手模型。

第 3 章

创建窗户护栏——样条线的应用详解

本章概述：

创建和编辑样条线是制作精美三维物体的关键。通过样条线可以创建许多复杂的三维物体，本章主要介绍如何创建样条线，并通过编辑和修改命令将创建的样条线进行调整和优化处理。

要点难点：

认识扩展样条线 ★☆☆
认识样条线 ★★☆
编辑与修改样条线 ★★☆

案例预览

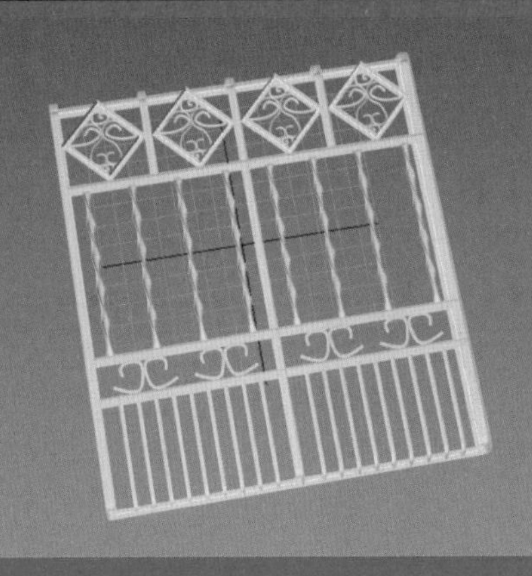

窗户护栏

【跟我学】创建窗户护栏模型

案例描述

一般情况下，窗护栏是对称的，所以制作方法也是相同的。创建窗护栏也可以使用样条线，通过二维图形中的线、矩形、弧和圆命令生成窗护栏。下面具体介绍窗护栏的制作方法。

制作过程

STEP 01 打开“图形”命令面板，并单击“矩形”按钮，在顶视图中拖动鼠标创建矩形，并设置矩形长度为 198mm，宽度为 180mm，如图 3-1 所示。

STEP 02 单击按钮，打开“修改”命令面板，在“渲染”卷展栏中选中“在渲染中启用”和“在视口中启用”复选框，并设置样条线数值，如图 3-2 所示。

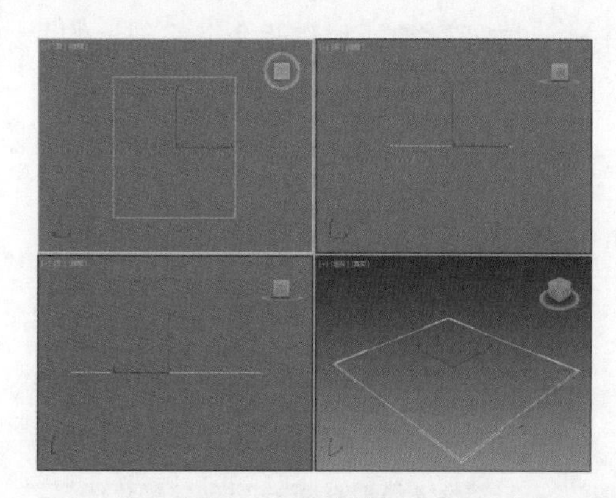

图 3-1　创建样条线

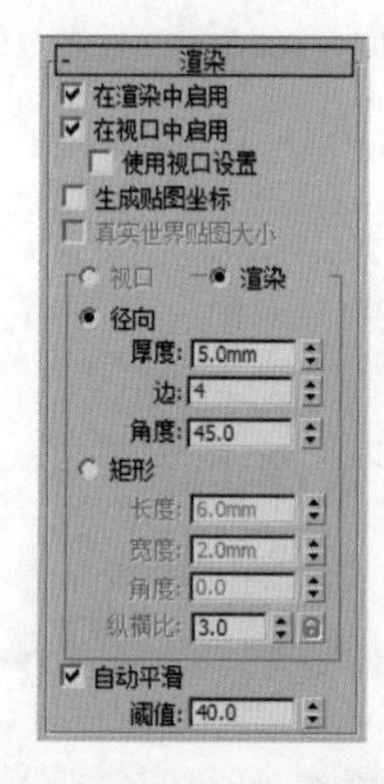

图 3-2　设置样条线参数

STEP 03 设置后的矩形效果如图 3-3 所示。

STEP 04 单击“线”按钮，在左视图中绘制线段，如图 3-4 所示。

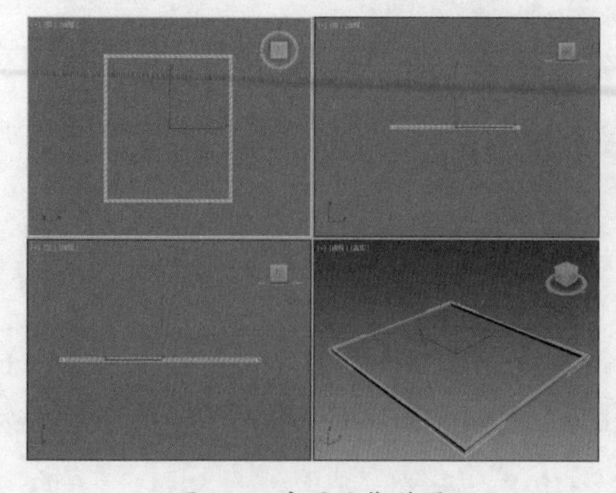

图 3-3　启用渲染效果

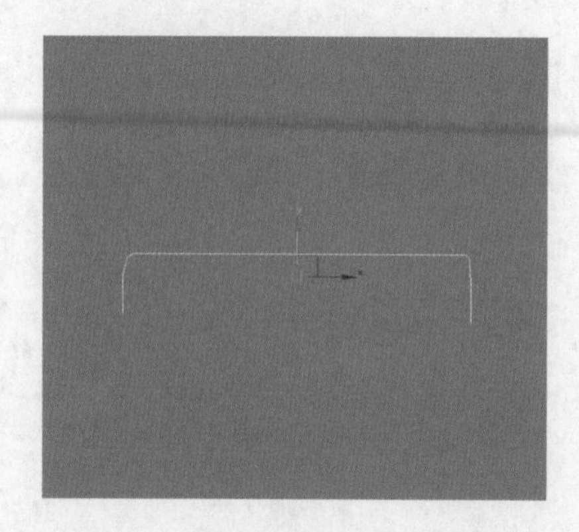

图 3-4　绘制线

STEP 05 在修改堆栈栏中展开 LINE 卷轴栏，在弹出的列表中单击“顶点”选项，在左视图中选择需要调整的顶点，如图 3-5 所示。

STEP 06 右击，在弹出的快捷菜单列表中单击“平滑”选项，如图 3-6 所示。

图 3-5 选择顶点

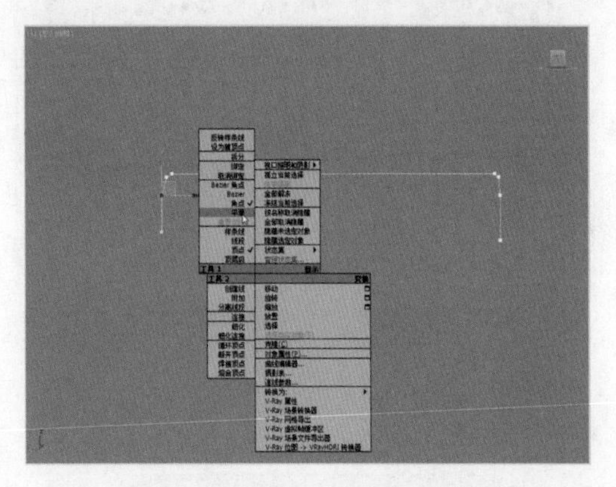

图 3-6 单击“平滑”选项

STEP 07 设置完成后，顶点则平滑处理，再利用“Bezier 角点”命令，调整线段拐角处，最后将移动样条线顶点位置，最终效果如图 3-7 所示。

STEP 08 在“渲染”卷展栏下，选中“在渲染中启用”和“在视口中启用”复选框，渲染参数值和矩形样条线相同，如图 3-8 所示。

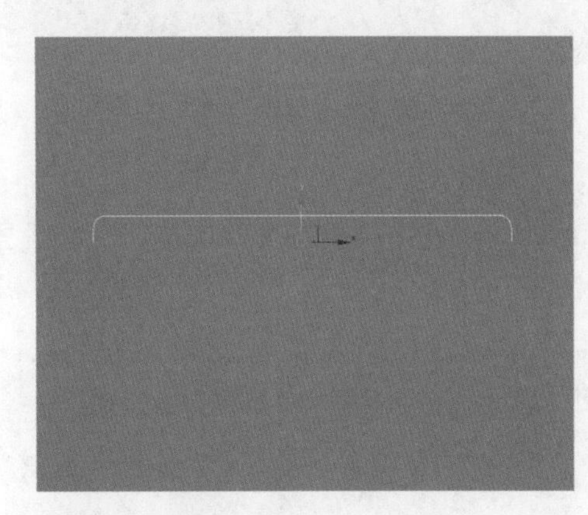

图 3-7 调整样条线效果

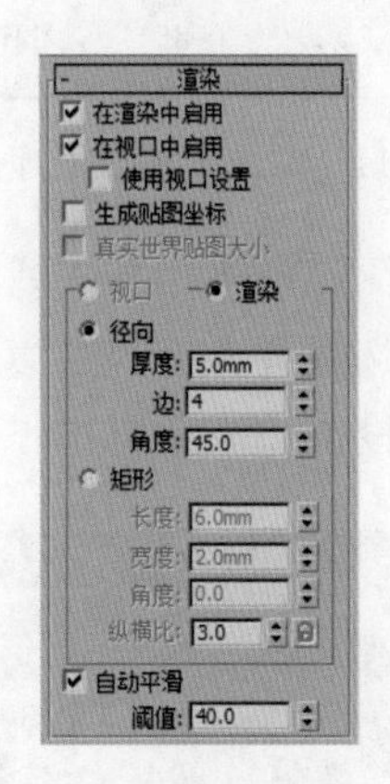

图 3-8 设置渲染参数

STEP 09 设置完成后，将其移至合适的位置，如图 3-9 所示。

STEP 10 切换至顶视图，选择样条线，按住 Shift 键并向右拖动箭头，进行复制，如图 3-10 所示。

STEP 11 在合适的位置释放 Shift 键和鼠标左键，将弹出“克隆选项”对话框，在该对话框设置复制选项，如图 3-11 所示。

STEP 12 单击“确定”按钮，即可复制图形，如图 3-12 所示。

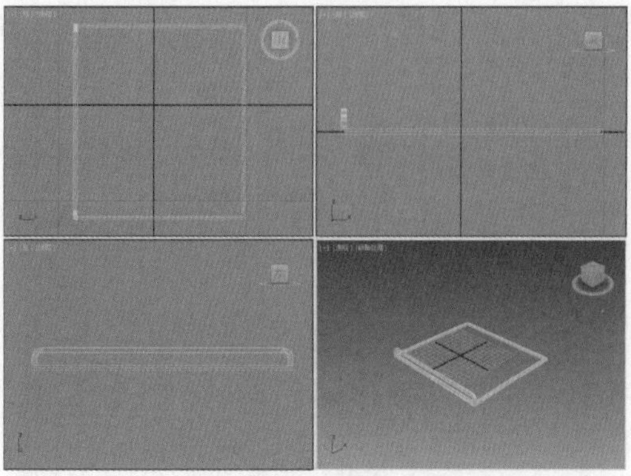

图 3-9 移动样条线

图 3-10 按 Shift 键拖动箭头

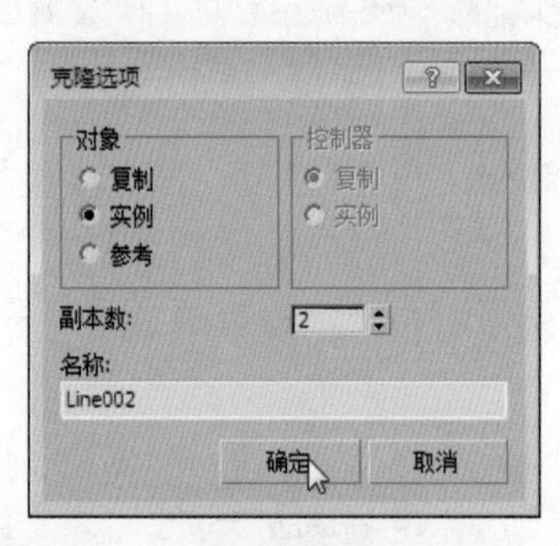

图 3-11 “克隆选项”对话框

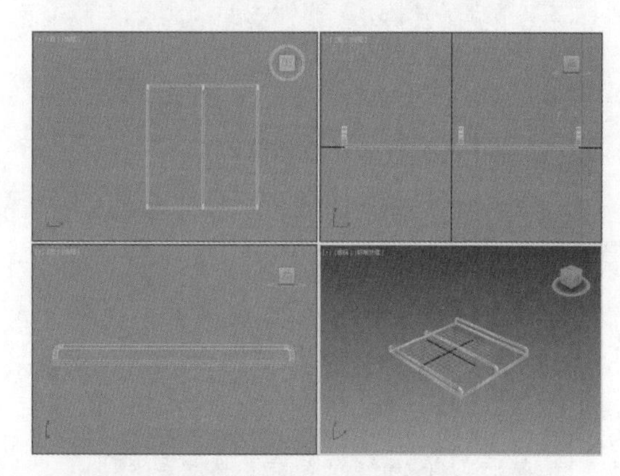

图 3-12 复制效果

STEP 13 在顶视图，利用线命令，创建样条线，如图 3-13 所示。

STEP 14 选择样条线，并复制，在弹出的对话框中，选中“复制”单选按钮，并设置副本数为 1，设置完成后单击“确定”按钮，如图 3-14 所示。

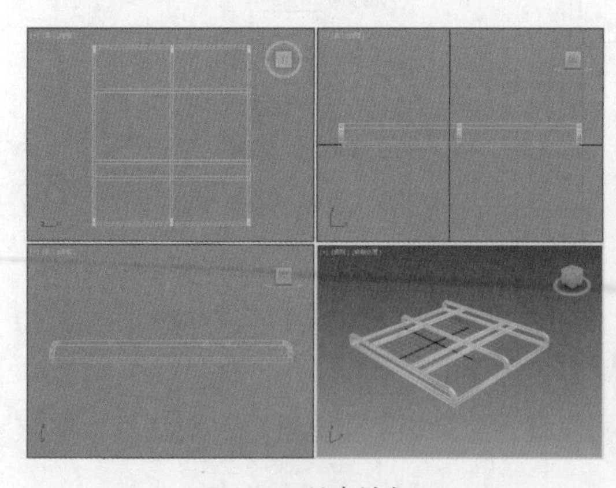

图 3-13 创建样条线

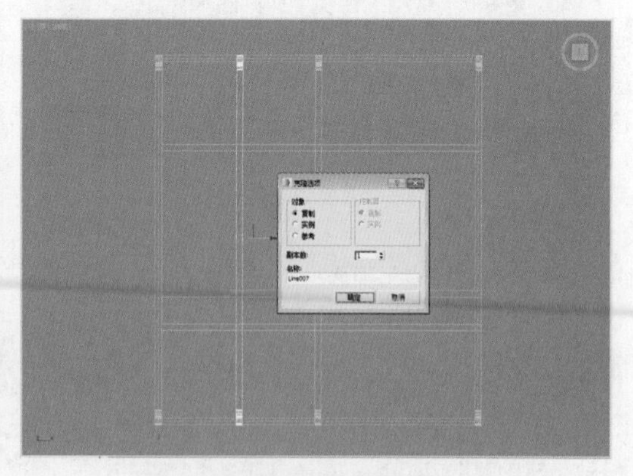

图 3-14 复制并设置副本数

STEP 15 单击按钮，打开“修改”命令面板，在“渲染”卷展栏中取消选中复选框，如图 3-15 所示。

STEP 16 在修改堆栈中展开 LINE 卷展栏，在弹出的列表中单击“顶点”选项，并在下方“几何体”卷展栏中单击“优化”按钮，如图 3-16 所示。

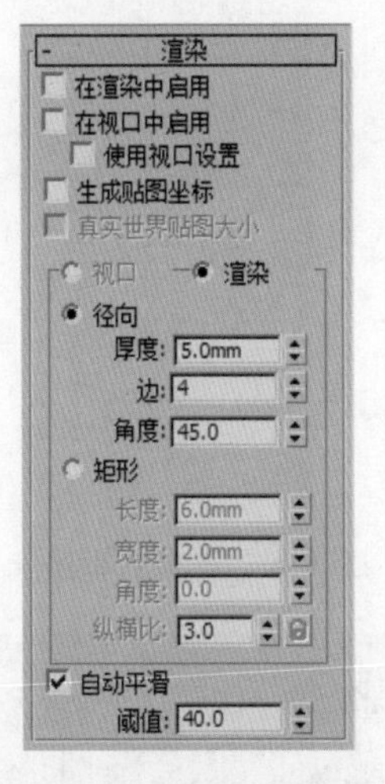

图 3-15　关闭渲染选项

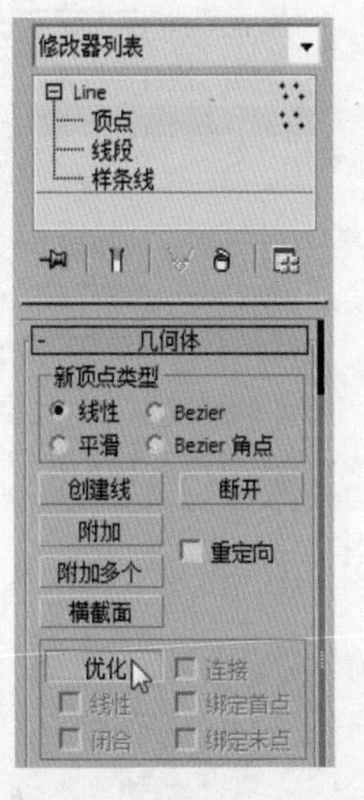

图 3-16　单击“优化”按钮

STEP 17 返回绘图区，在合适位置单击添加节点，如图 3-17 所示。

STEP 18 删除多余的节点，并再次选中“在渲染中启用”和“在视口中启用”复选框，设置完成后，效果如图 3-18 所示。

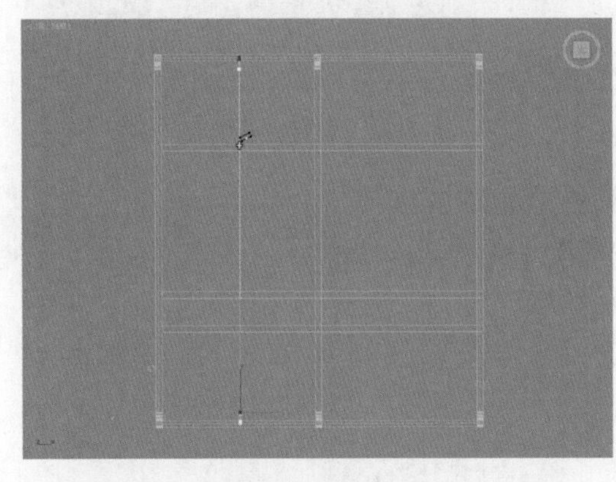

图 3-17　添加节点

图 3-18　渲染效果

STEP 19 复制创建的样条线至合适位置，单击按钮，打开“创建”命令面板，在该面板中单击“圆柱体”按钮 圆柱体，并在前视图创建半径为 2mm，高度为 80mm 的圆柱体，其他设置如图 3-19 所示。

STEP 20 激活前视图，选中创建的圆柱体，按 Alt+Q 组合键进行孤立，单击按钮，打开“修改”命令面板，单击修改器列表的下拉按钮，在弹出的列表框中选择“扭曲”选项。

STEP 21 在“参数”卷展栏中设置扭曲角度，如图 3-20 所示。

STEP 22 重复进行扭曲操作，扭曲角度为 360。设置完成后，效果如图 3-21 所示。

STEP 23 将柱子移至合适的位置并进行复制，如图 3-22 所示。

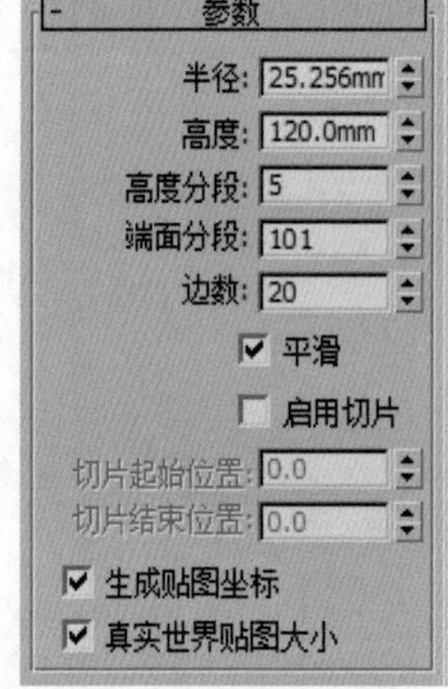

图 3-19　创建圆柱体参数

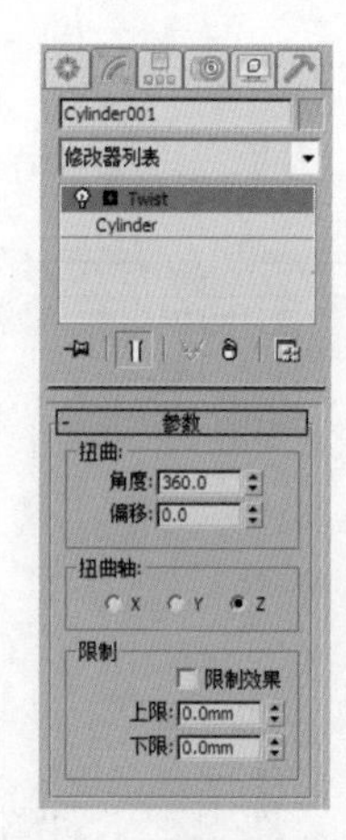

图 3-20　设置扭曲参数

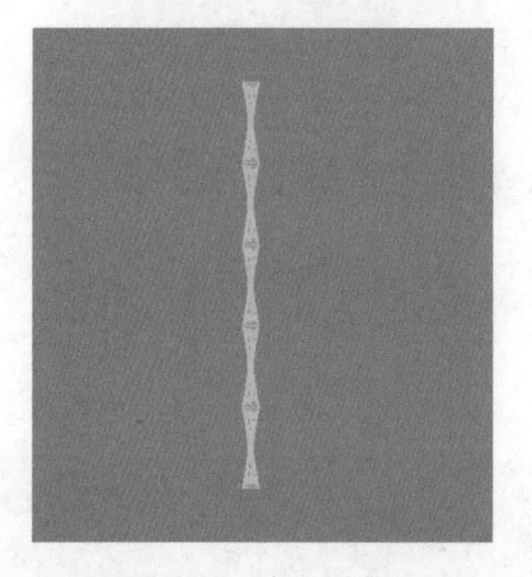

图 3-21　扭曲效果

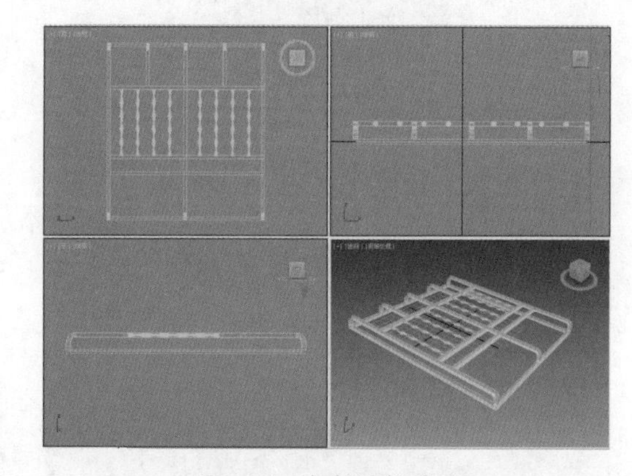

图 3-22　复制圆柱效果

STEP 24 利用“线”和“矩形”命令绘制装饰，如图 3-23 所示。

STEP 25 复制并移动装饰至合适位置，如图 3-24 所示。

图 3-23　绘制装饰

图 3-24　移动装饰

STEP 26 再创建其他物体，完成后移至合适的位置，效果如图 3-25 所示。

STEP 27 添加材质后，透视视图效果如图 3-26 所示。

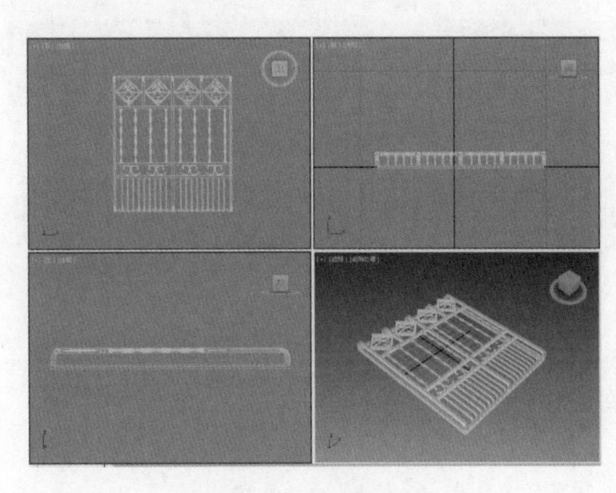

图 3-25 创建窗护栏

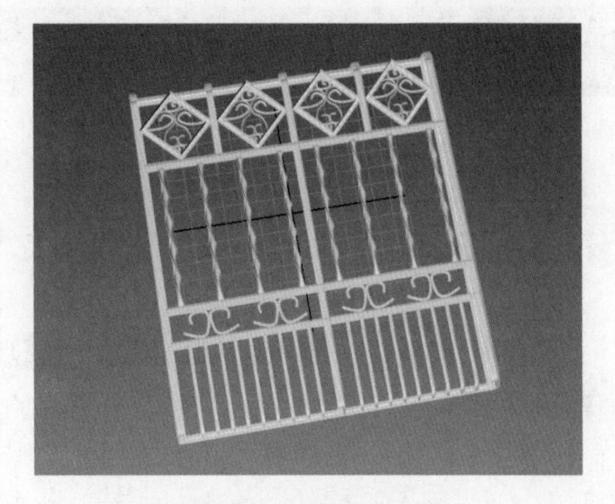

图 3-26 添加材质效果

【听我讲】

3.1 样条线

样条线包括线、矩形、圆、椭圆和圆环、多边形和星形等。利用样条线可以创建三维建模实体，所以掌握样条线的创建是非常必要的。

3.1.1 线

线在样条线中也比较特殊，没有可编辑的参数，只有利用节点、线段和样条线等，在子对象层级中进行编辑。

在“图形”命令面板中单击“线”按钮，如图 3-27 所示。在视图区中合适的位置依次单击即可创建线，如图 3-28 所示。

图 3-27 单击“线”按钮

图 3-28 创建线

建模技能

在绘制直线时，一直按住 Shift 键，即可创建出直角的线。

3.1.2 矩形

利用矩形样条线可创建许多模型，下面以创建角半径为 1mm 的矩形为例，具体介绍创建矩形样条线的方法：

STEP 01 在“图形”命令面板中单击“矩形”按钮，如图 3-29 所示。

STEP 02 在顶视图拖动鼠标即可创建矩形样条线，如图 3-30 所示。

STEP 03 打开“修改”命令面板，如图 3-31 所示。

STEP 04 在“参数”卷展栏中可以设置样条线的参数，如图 3-32 所示。

图 3-29　单击“矩形”按钮

图 3-30　创建矩形样条线

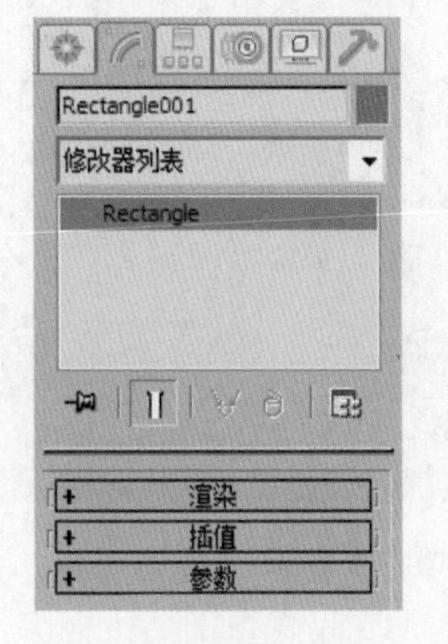

图 3-31　“修改”命令面板

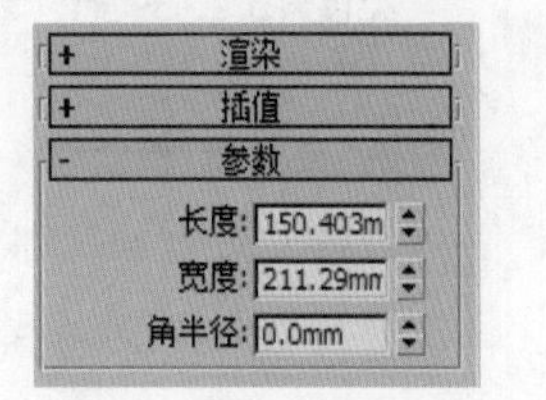

图 3-32　“参数”卷展栏

参数卷展栏包括长度、宽度和角半径 3 个选项，其中各选项的含义如下：

- 长度：设置矩形的长度。
- 宽度：设置矩形的宽度。
- 角半径：设置角半径的大小。

3.1.3　圆

在“图形”命令面板中单击“圆”按钮。在任意视图中单击并拖动鼠标即可创建圆，如图 3-33 所示。选择样条线，在命令面板的下方可以设置圆的半径大小，如图 3-34 所示。

图 3-33　创建圆

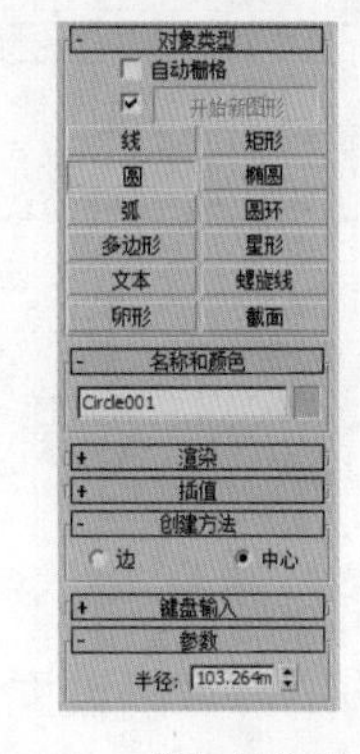

图 3-34　“参数”卷展栏

3.1.4 椭圆

椭圆工具可以创建出椭圆形和圆形的样条线，与圆形工具不同的是，椭圆有两个半径参数。在命令面板中单击“椭圆”按钮后，在命令面板的下方将弹出“参数”卷展栏，如图 3-35 所示。

在视图中单击确定圆心，向水平方向移动确定横向宽度半径，再向垂直方向移动确定纵向长度半径，即可创建出椭圆图形，如图 3-36 所示。

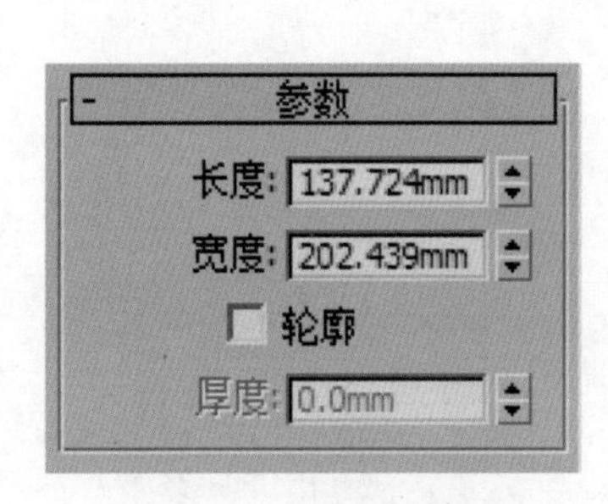

图 3-35 “参数”卷展栏

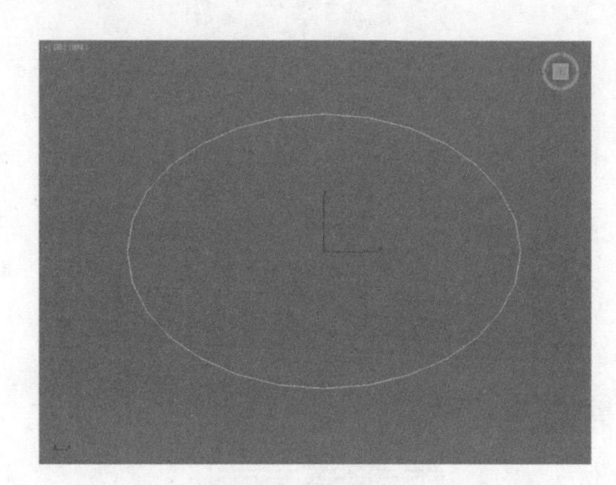

图 3-36 创建椭圆

3.1.5 弧

利用“弧”样条线可以创建圆弧和扇形，创建的弧形状可以通过修改器生成带有平滑圆角的图形。

在“图形”命令面板上单击“弧”按钮，如图 3-37 所示，在绘图区单击并拖动鼠标创建线段，释放鼠标左键后上下拖动鼠标或者左右拖动鼠标可显示弧线，再次单击确认，完成弧的创建，效果如图 3-38 所示。

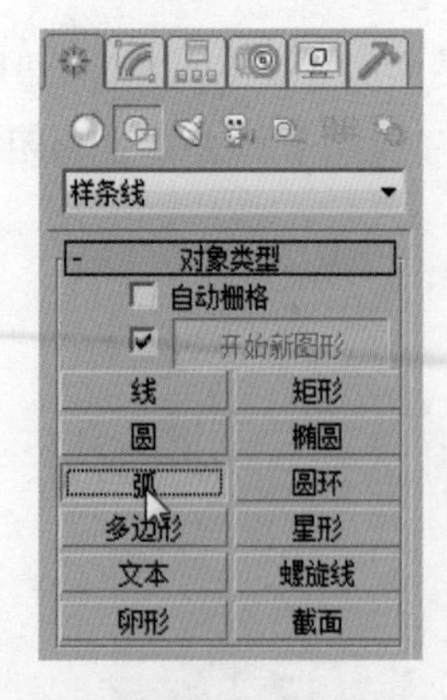

图 3-37 单击“弧”按钮

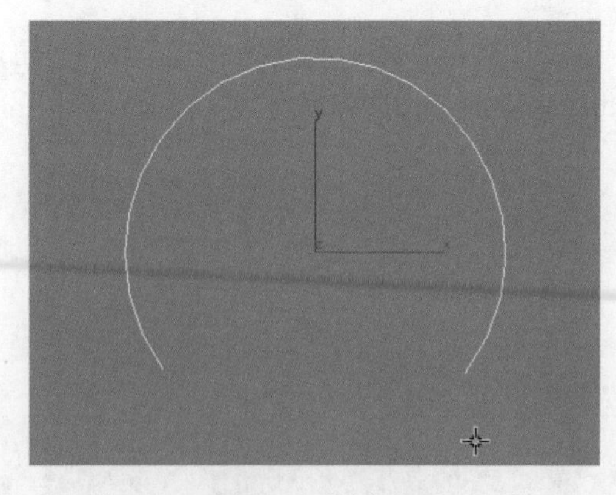

图 3-38 创建弧

命令面板的下方可以设置样条线的创建方式，在“参数”卷展栏中可以设置弧样条线的各参数，如图 3-39 所示。

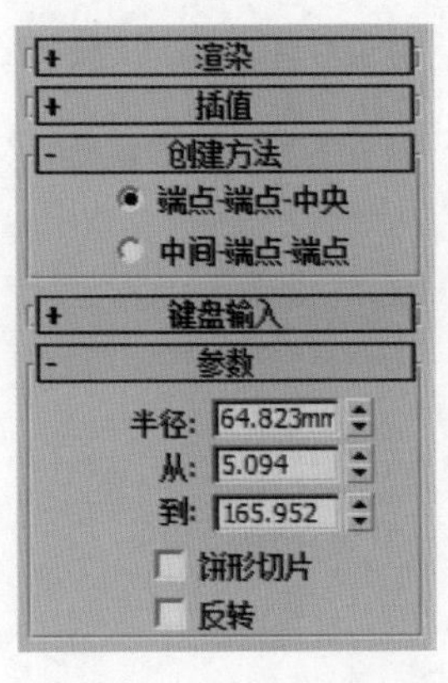

图 3-39 “参数”卷展栏

下面具体介绍各选项的含义：

- 端点 – 端点 – 中央：设置“弧”样条线以端点 – 端点 – 中央的方式进行创建。
- 中央 – 端点 – 端点：设置“弧”样条线以中央 – 端点 – 端点的方式进行创建。
- 半径：设置弧形的半径。
- 从：设置弧形样条线的起始角度。
- 到：设置弧形样条线的终止角度。
- 饼形切片：选中该复选框，创建的弧形样条线会更改成封闭的扇形。
- 反转：选中该复选框，即可反转弧形，生成弧形所属圆周另一半的弧形。

3.1.6 圆环

利用圆环工具可以创建同心圆形状的封闭图形。在单击“圆环”按钮后，将弹出“参数”卷展栏，如图 3-40 所示。创建的圆环效果如图 3-41 所示。

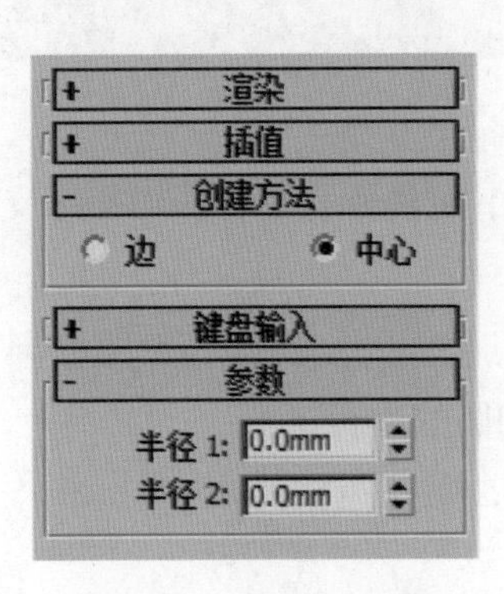

图 3-40 “参数”卷展栏

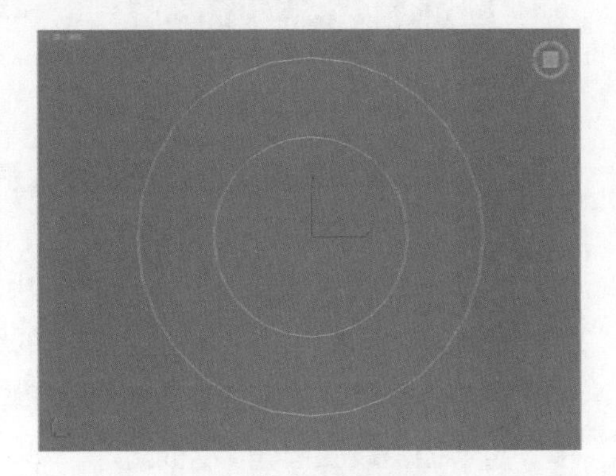

图 3-41 创建的圆环

3.1.7 多边形

多边形属于多线段的样条线图形，通过边数和点数可以设置样条线的形状，创建出对称的多边形物体。下面以创建五边形和十边形为例展开介绍。

STEP 01 在“图形”命令面板中单击“圆环”按钮，此时，命令面板下方会出现一系列卷展栏。

STEP 02 在“边数”列表框中可以设置边数，如图3-42和图3-43所示。

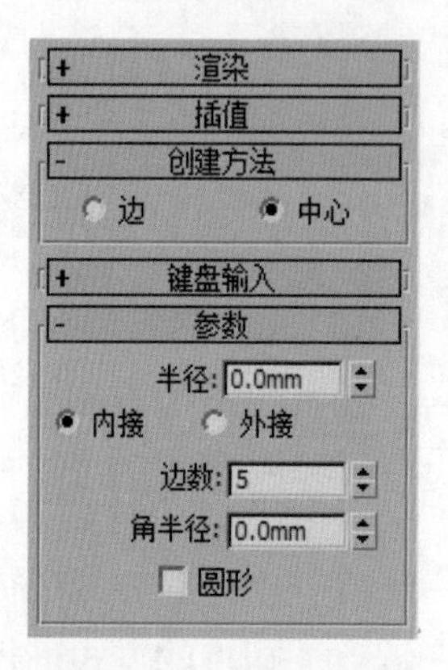

图 3-42　设置边数为 5

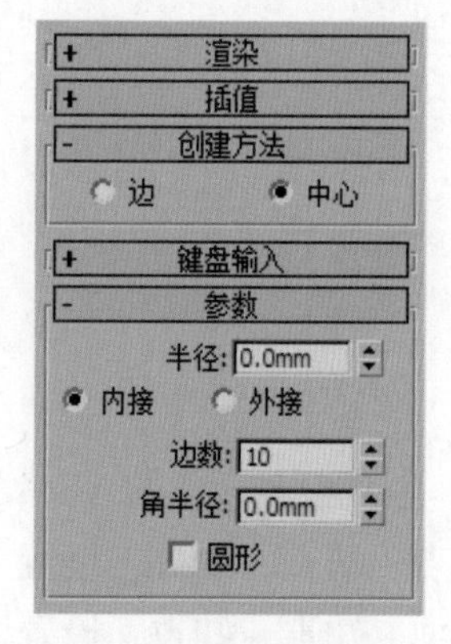

图 3-43　设置边数为 10

STEP 03 单击并拖动鼠标即可创建出多边形，图3-44所示为五边形，图3-45所示为十边形。

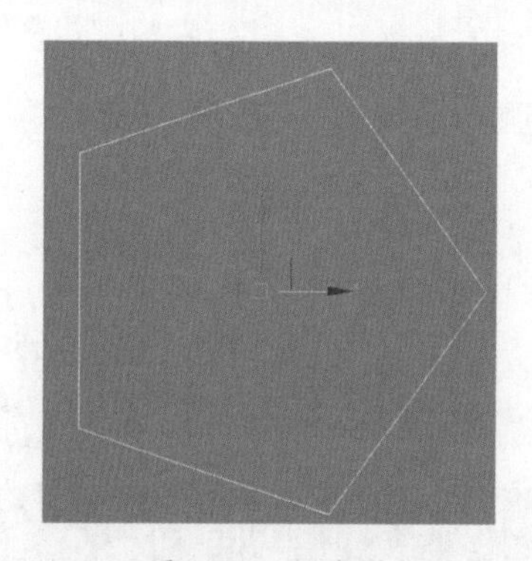

图 3-44　五边形

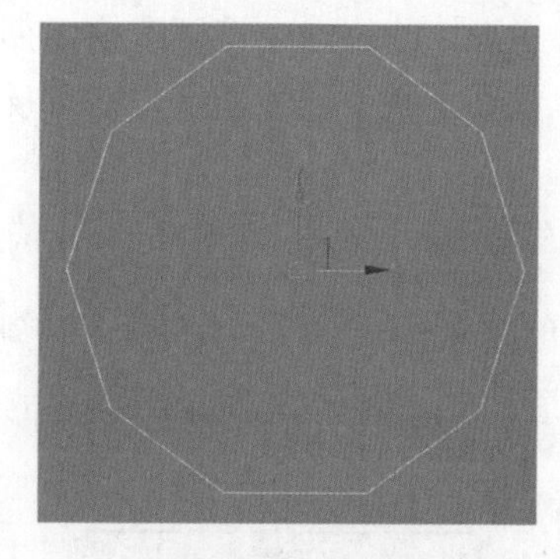

图 3-45　十边形

在“参数”卷展栏中有许多设置多边形的选项，下面具体介绍各选项的含义：

- 半径：设置多边形半径的大小。
- 内接和外接：内接是指多边形的中心点到角点之间的距离为内切圆的半径，外接是指多边形的中心点到角点之间的距离为外切圆的半径。
- 边数：设置多边形边数。数值范围为3～100，默认边数为5。
- 角半径：设置圆角半径大小。
- 圆形：选中该复选框，多边形即可变成圆形。

3.1.8　星形

星形工具可以创建各种形状的星形图案和齿轮，还可以利用扭曲命令将图形进行扭曲操作。下面将创建一个星形样条线，其中扭曲为90，圆角半径为10。

STEP 01 在“图形”命令面板中单击“星形”按钮，在视口中单击并拖动鼠标指定星形的半径1，释放鼠标左键，指定星形的半径2，创建的星形如图3-46所示。

STEP 02 可在参数卷展栏中设置扭曲数值，如图3-47所示。

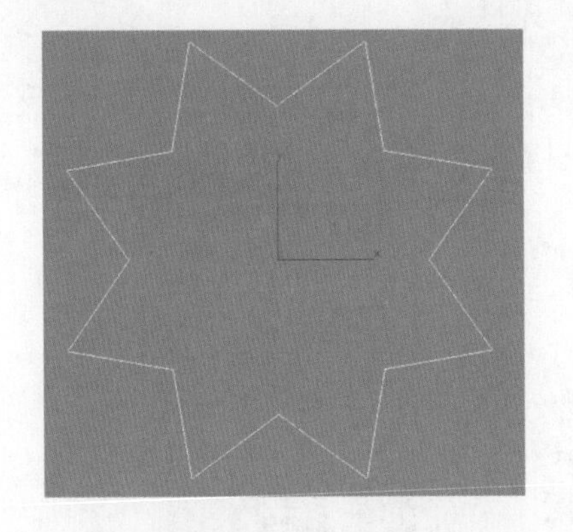

图3-46　创建星形

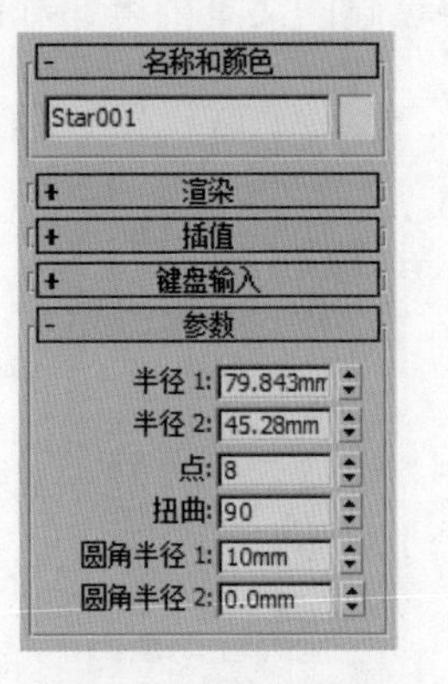

图3-47　设置扭曲数值

STEP 03 设置完成后，星形将被扭曲90度，如图3-48所示。

STEP 04 在“参数”卷展栏中设置“圆角半径1”为10，效果如图3-49所示。

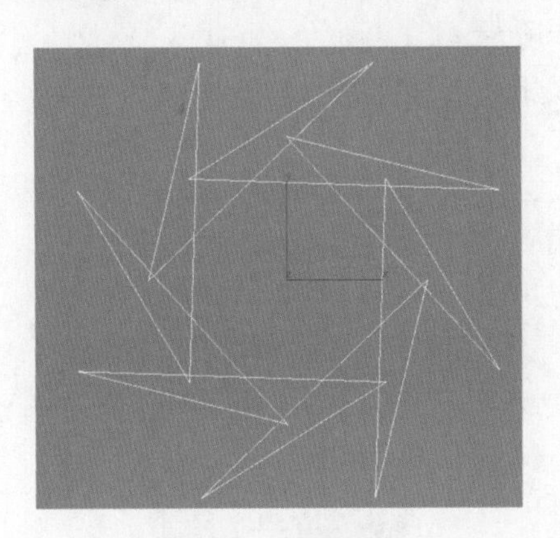

图3-48　扭曲90°

图3-49　“圆角半径1”为10

由图3-47可知，设置星形的选项由半径1、半径2、点、扭曲等组成。下面具体介绍各选项的含义：

- 半径1和半径2：设置星形的内、外半径。
- 点：设置星形的顶点数目，默认情况下，创建星形的点数目为6。数值范围为3～100。
- 扭曲：设置星形的扭曲程度。
- 圆角半径1和圆角半径2：设置星形内、外圆环上的圆角半径大小。

3.1.9　文本

在设计过程中，许多时候都需要创建文本，比如店面名称、商品的品牌等。

【例 3-1】运用创建文本的方法创建服装店名。

STEP 01 在“图形”命令面板中单击“文本”按钮，如图 3-50 所示。

STEP 02 此时将会在“参数”卷展栏中显示创建文本的参数选项，在“文本”文本框内输入需要创建的文本内容，如图 3-51 所示。

图 3-50 单击“文本”按钮

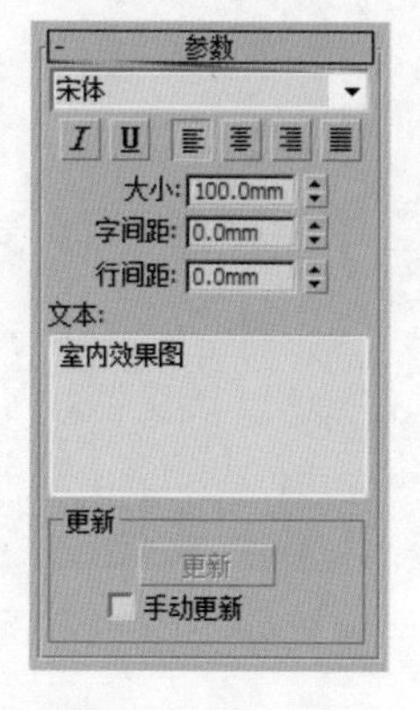

图 3-51 输入文本

STEP 03 在绘图区的合适位置单击即可创建文本，若创建的图形太小，不容易显示，按快捷键 Z 即可最大化显示文本对象，如图 3-52 所示。

STEP 04 再创建一个文本，重新输入文本内容并设置文本大小，如图 3-53 所示。

图 3-52 最大化显示文本对象

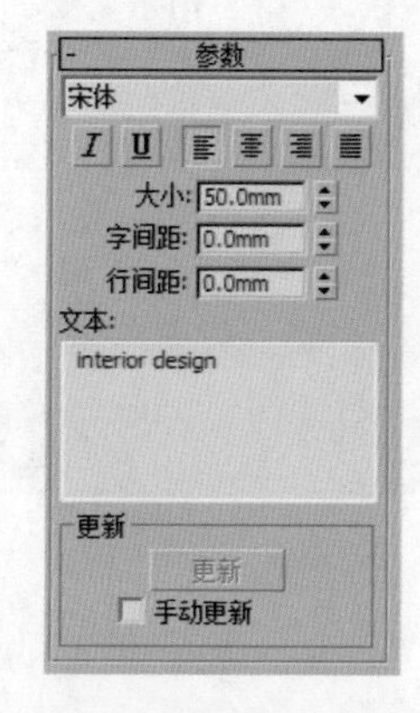

图 3-53 输入新的文本

STEP 05 文本效果如图 3-54 所示。

STEP 06 选择第一个文本，在“修改”命令面板中的“参数”卷展栏中设置文本的字体为“华文新魏”，字体大小为 120，字间距为 20，如图 3-55 所示。

STEP 07 设置后的文本效果如图 3-56 所示。

STEP 08 再选择第二个文本，在“参数”卷展栏中设置如图 3-57 所示。

STEP 09 设置完成的最终效果如图 3-58 所示。

图 3-54　文本效果

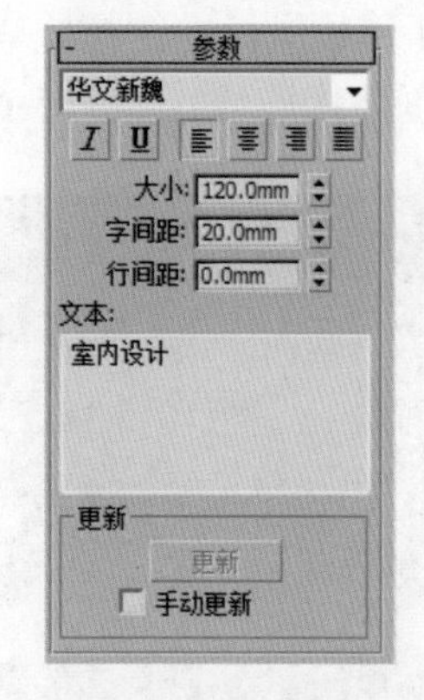

图 3-55　设置文本参数

图 3-56　文本效果

图 3-57　设置文本参数

图 3-58　文本效果

3.1.10　螺旋线

利用螺旋线图形工具可以创建弹簧及旋转楼梯扶手等不规则的圆弧形状。

【例 3-2】运用创建螺旋线的方法创建弹簧。

STEP 01 单击“螺旋线”按钮，在透视视图中单击并拖动，指定半径大小，如图 3-59 所示。

STEP 02 释放鼠标左键指定螺旋线高度，再上下拖动鼠标指定另一个半径大小，设置完成后即可创建螺旋线，如图 3-60 所示。

图 3-59　设置螺旋线半径

图 3-60　创建螺旋线

STEP 03 在“参数”卷展栏中的“圈数”微调框中输入数值，如图 3-61 所示。

STEP 04 设置完成后，效果如图 3-62 所示。

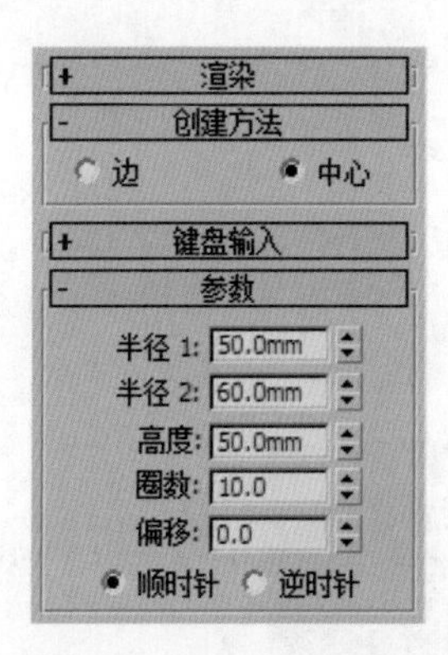

图 3-61　设置“圈数”

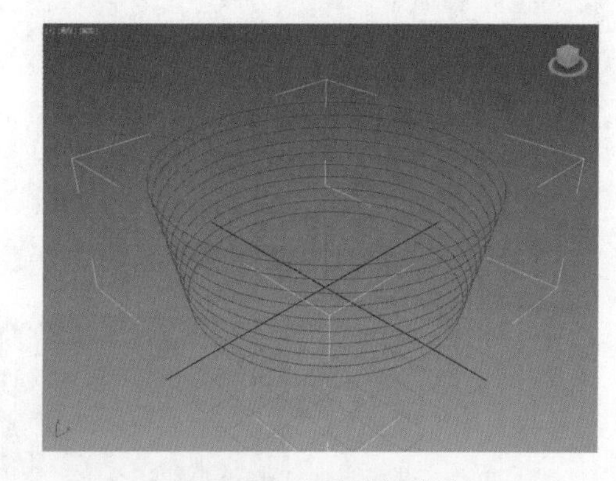

图 3-62　设置圈数效果

STEP 05 在“偏移”微调框内输入偏移距离，如图 3-63 所示。

STEP 06 设置完成后，效果如图 3-64 所示。

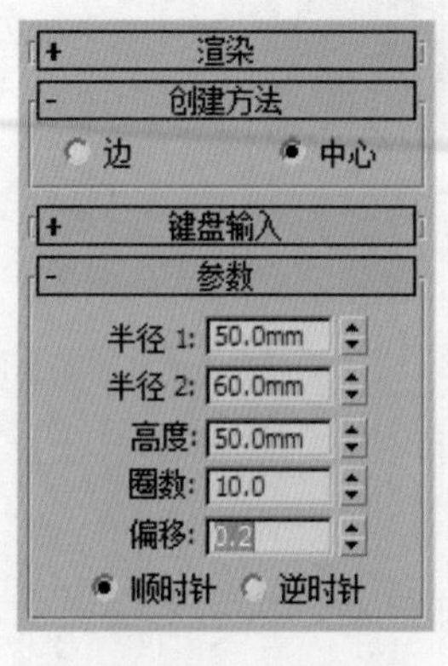

图 3-63　设置偏移距离

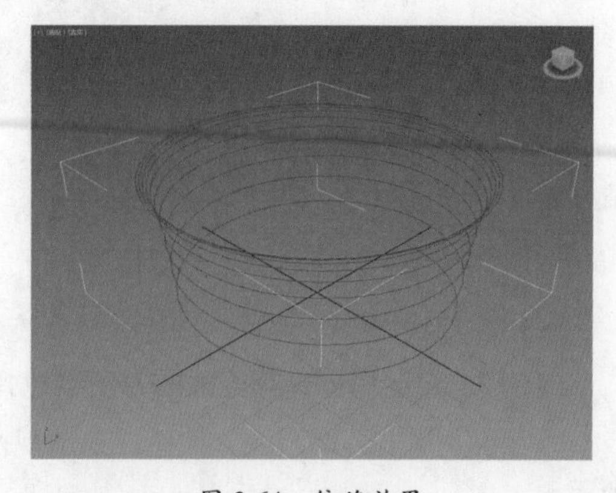

图 3-64　偏移效果

螺旋线可以通过半径1、半径2、高度、圈数、偏移、顺时针和逆时针等选项进行设置。下面具体介绍各选项的含义：

- 半径1和半径2：设置螺旋线的半径。
- 高度：设置螺旋线在起始圆环和结束圆之间的高度。
- 圈数：设置螺旋线的圈数。
- 偏移：设置螺旋线段偏移距离。
- 顺时针和逆时针：设置螺旋线的旋转方向。

3.2 扩展样条线

扩展样条线是相对使用频率较低的样条线类型，共有5种类型，分别是墙矩形、通道、角度、T形和宽法兰，命令面板如图3-65所示。

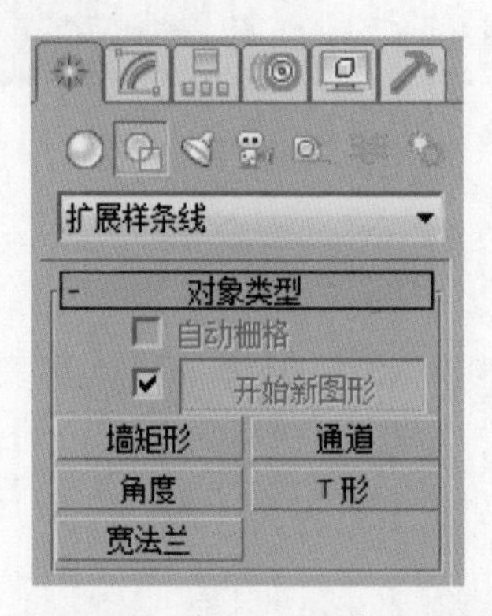

图3-65 扩展样条线命令面板

3.2.1 墙矩形

墙矩形工具可以通过两个同心矩形创建封闭的形状。每个矩形都由四个顶点组成。其“参数”卷展栏如图3-66所示，效果如图3-67所示。

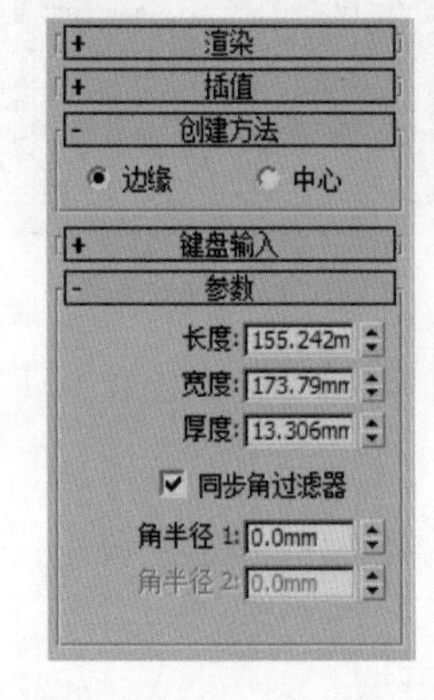

图3-66 墙矩形“参数”卷展栏

图3-67 墙矩形效果

3.2.2 通道

通道工具可以创建一个闭合形状为C的样条线，“参数”卷展栏如图3-68所示，效果如图3-69所示。

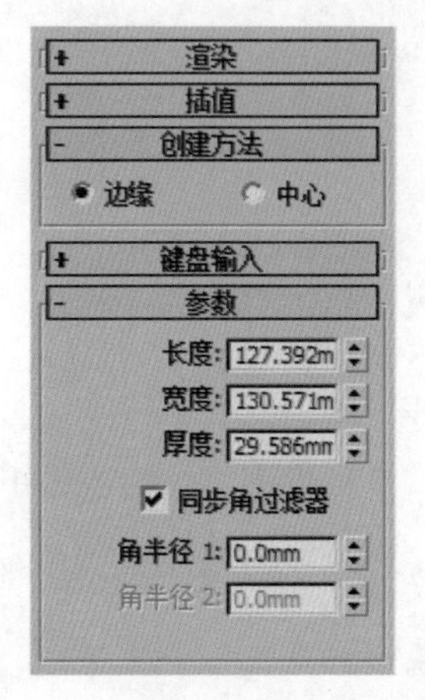

图3-68 通道“参数”卷展栏

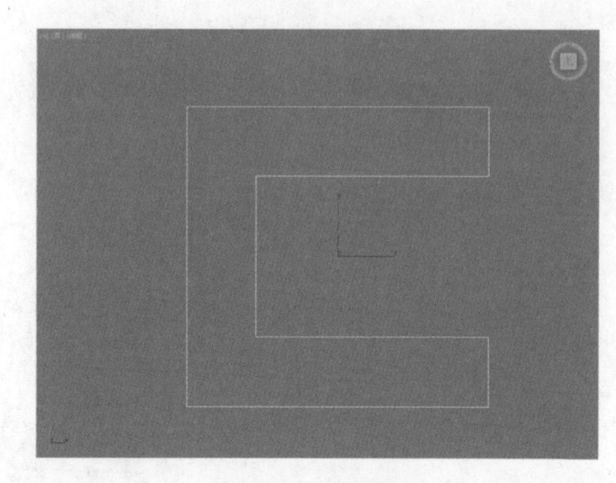

图3-69 通道效果

3.2.3 角度

角度工具可以创建一个闭合形状为L的样条线，其“参数”卷展栏如图3-70所示，效果如图3-71所示。

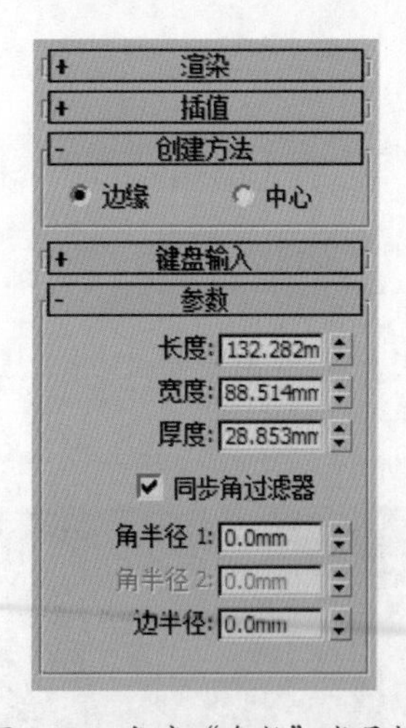

图3-70 角度“参数”卷展栏

图3-71 角度效果

3.2.4 T形

T形工具可以创建一个闭合形状为T的样条线，其“参数”卷展栏如图3-72所示，效果如图3-73所示。

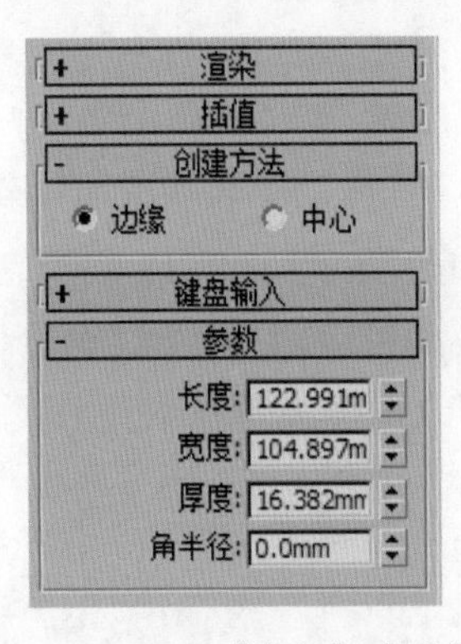

图 3-72 T形“参数”卷展栏

图 3-73 T形效果

3.2.5 宽法兰

宽法兰工具可以创建一个闭合形状为I的样条线。其“参数”卷展栏如图 3-74 所示，效果如图 3-75 所示。

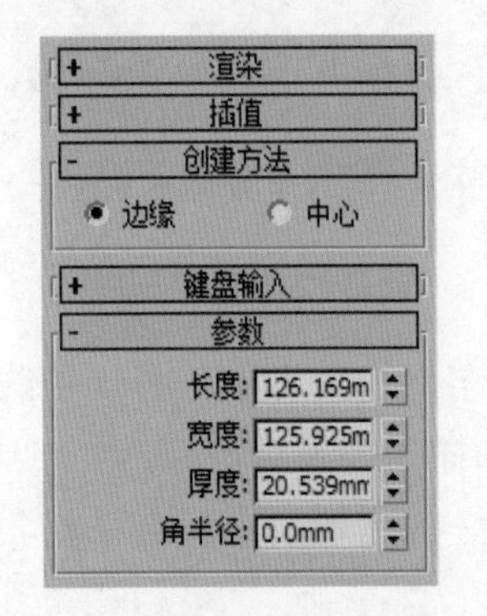

图 3-74 宽法兰“参数”卷展栏

图 3-75 宽法兰效果

3.3 样条线的编辑与修改

创建样条线之后，若不满足用户的需要，可以编辑和修改创建的样条线，在 3ds Max 2016 中除了可以通过“节点”“线段”和“样条线”等编辑样条线外，还可以在参数卷展栏中更改数值来编辑样条线。

3.3.1 样条线的组成部分

样条线包括节点、线段、切线手柄、步数等部分，利用样条线的组成部分可以不断地调整其状态和形状。

节点就是组成样条线上任意一段的端点，线段是指两端点之间的距离，右击，在弹出的快捷菜单中选择 Bezier 角点，顶点上就显示切线手柄，调整手柄的方向和位置，可以更改样条线的形状。

3.3.2 可编辑样条线

如果需要对创建的样条线的节点、线段等进行修改，首先需要转换成可编辑样条线，才可以进行编辑操作。

选择样条线并右击，在弹出的快捷菜单中选择“转换为可编辑样条线”命令，如图3-76所示，此时将转换为可编辑样条线，在修改器堆栈栏中可以选择编辑样条线方式，如图3-77所示。

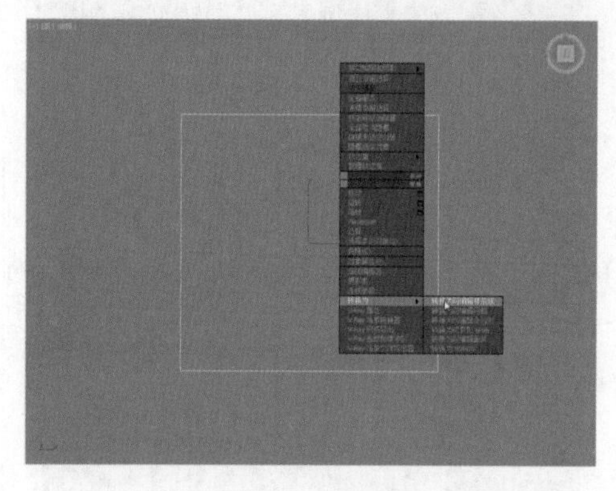

图 3-76 选择“转换为可编辑样条线”命令

图 3-77 设置编辑样条线方式

1. 顶点子对象

在顶点和线段之间创建的样条线，这些元素称为样条线子对象，将样条线转换为可编辑样条线之后，可以编辑顶点子对象、线段子对象和样条线子对象等。

在进行编辑顶点子对象之前，首先要把可编辑的样条线切换成顶点子对象，用户可以通过以下方式切换顶点子对象。

- 在可编辑样条线上右击，在弹出的快捷菜单中选择“顶点”命令，如图3-78所示。
- 在“修改”命令面板修改器堆栈栏中展开“可编辑样条线”卷展栏，在弹出的列表中选择“顶点”选项，如图3-79所示。

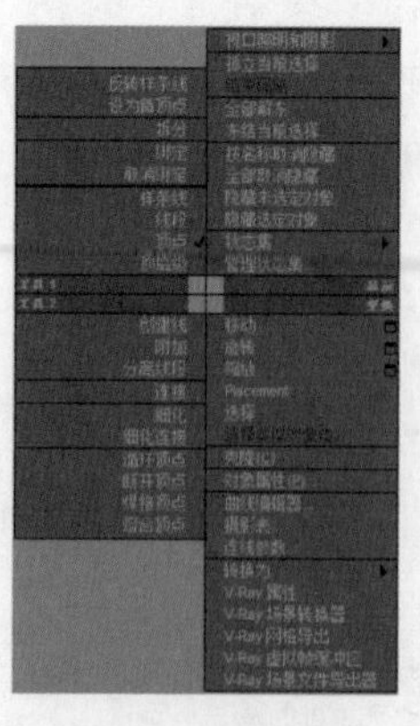

图 3-78 快捷菜单

图 3-79 选择“顶点”选项

在激活顶点子对象后，命令面板的下方会出现许多修改顶点子对象的选项，下面具体介绍各常用选项的含义。

- 优化：单击该按钮，在样条线上可以创建多个顶点。
- 切角：设置样条线切角。
- 删除：删除选定的样条线顶点。

2. 线段子对象

激活线段子对象，即可进行编辑线段子对象的操作，和编辑顶点子对象相同，激活线段子对象后，在命令面板的下方将会出现编辑线段的各选项，下面具体介绍各常用选项的含义。

- 附加：单击该按钮，选择附加线段，则附加过的线段将合并为一体。
- 附加多个：在“附加多个”对话框中可以择附加多个样条线线段。
- 横截面：可以在合适的位置创建横截面。
- 优化：创建多个样条线顶点。
- 隐藏：隐藏指定的样条线。
- 全部取消隐藏：取消隐藏选项。
- 删除：删除指定的样条线段。
- 分离：将指定的线段与样条线分离。

3. 样条线子对象

将创建的样条线转换成可编辑样条线之后，激活样条线子对象，在命令面板的下方也会相应地显示编辑样条线子对象的各选项，下面具体介绍各常用选项的含义。

- 附加：单击该按钮，选择附加的样条线，则附加过的样条线将合并为一体。
- 附加多个：在“附加多个”对话框中可以择附加多个样条线。
- 轮廓：在轮廓列表框中输入轮廓值即可创建样条线轮廓。
- 布尔：单击相应的“布尔值”按钮，然后再执行布尔运算，即可显示布尔运算后的状态。
- 镜像：单击相应的镜像方式，然后再执行镜像命令，即可镜像样条线，选中下方的“复制”复选框，可以执行复制并镜像样条线命令，选中“以轴为中心”复选框，可以设置镜像中心方式。
- 修剪：单击该按钮，即可添加修剪样条线的顶点。
- 延伸：将添加的修改顶点，进行延伸操作。

【例 3-3】使用附加功能将矩形和星形合并成为一个整体。

STEP 01 在顶视图创建矩形和星形，矩形参数设置如图 3-80 所示，星形参数设置如图 3-81 所示。

STEP 02 创建完成后的效果如图 3-80 所示。

STEP 03 保持选中星形，右击，在弹出的快捷菜单中选择“转换为可编辑多边形”命令，如图 3-83 所示。

STEP 04 在“几何体”卷展栏下单击“附加”按钮，如图 3-84 所示。

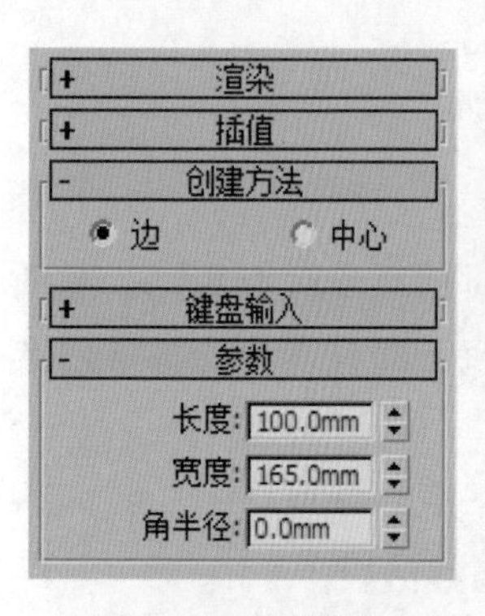

图 3-80 矩形参数

图 3-81 星形参数

图 3-82 创建样条线

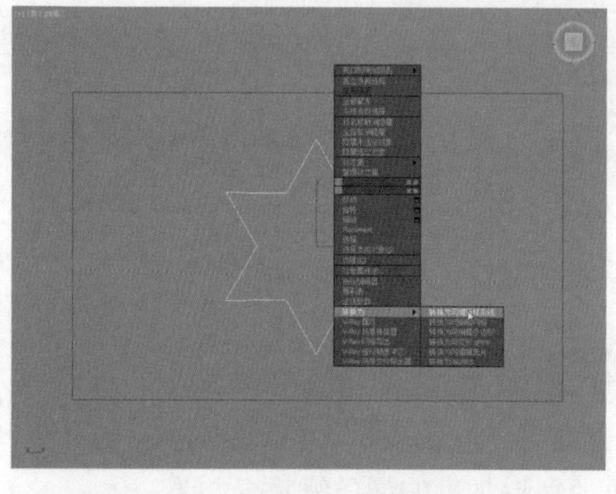

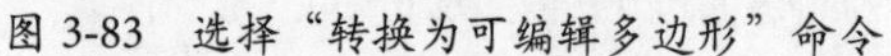

图 3-83 选择“转换为可编辑多边形”命令

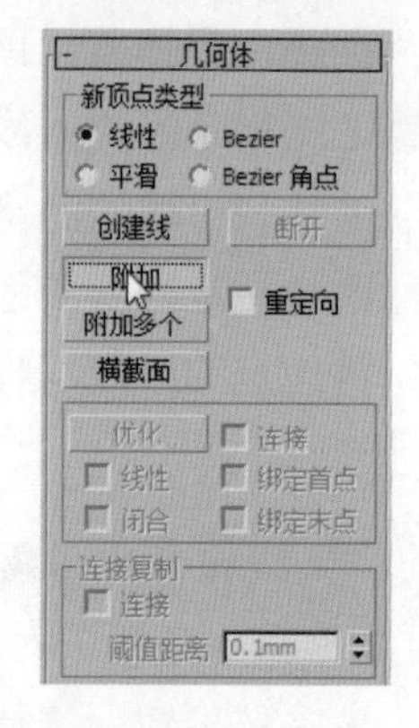

图 3-84 单击“附加”按钮

STEP 05 在视图中单击选择矩形进行附加操作，如图 3-85 所示。

STEP 06 操作完毕后，选择图形，可以看到星形和矩形已经成为一个整体，如图 3-86 所示。

图 3-85 附加选择矩形

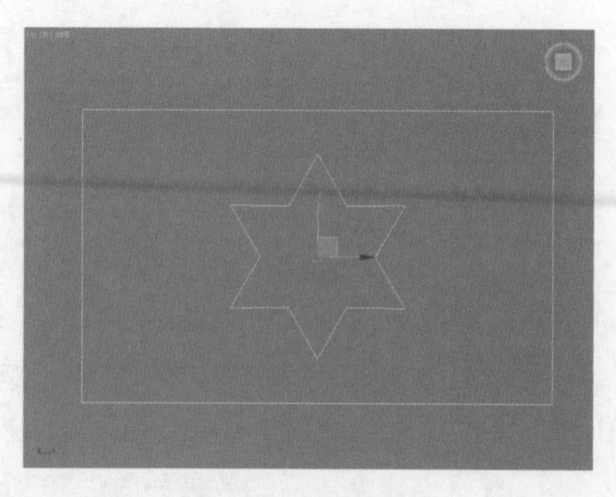

图 3-86 附加效果

【自己练】

项目练习 1：创建楼梯扶手模型

图纸展示（见图 3-87）

图 3-87 楼梯扶手模型效果

操作要领

(1) 执行“螺旋线”命令，绘制扶手轮廓线。

(2) 设置螺旋线的渲染参数。

(2) 转换并编辑样条线。

项目练习 2：创建灯具模型

图纸展示（见图 3-88）

图 3-88 设置视口布局类型

绘图要领

(1) 绘制圆形并进行实例复制，设置渲染参数。

(2) 绘制圆角矩形并进行环形阵列复制，设置渲染参数。

(3) 创建切角圆柱体和球体模型，组成灯泡模型。

第4章

创建台灯模型
——修改器的应用详解

本章概述：

无论是建模还是制作动画，都经常需要利用修改器对模型进行修改。本章主要介绍三维模型的常用修改器，它包括挤出修改器、倒角修改器、车削修改器、弯曲修改器、扭曲修改器、晶格修改器、FFD 修改器等。

要点难点：

添加修改器 ★☆☆
认识修改器类型 ★★☆
掌握修改器的应用 ★★☆

案例预览

台灯模型

【跟我学】创建卧室台灯模型

案例描述

本案例中将利用所学习的知识创建一个台灯模型，这里将会运用到样条线知识、几何体建模知识以及修改器知识。下面具体介绍台灯模型的制作方法。

制作过程

STEP 01 在“创建”命令面板中单击“线”按钮，绘制一条样条线作为灯罩的轮廓，如图 4-1 所示。

STEP 02 在修改器列表中进入“样条线”子层级，设置样条线轮廓值为 2mm，如图 4-2 所示。

图 4-1　绘制样条线

图 4-2　设置轮廓

STEP 03 在“创建”命令面板中单击“圆”按钮，绘制一个半径为 90mm 的圆形，如图 4-3 所示。

STEP 04 选择样条线，在“复合对象”面板中单击“放样”按钮，在下面的“创建方法”卷展栏中单击“获取路径”按钮，接着在视口中单击圆，如图 4-4 所示。

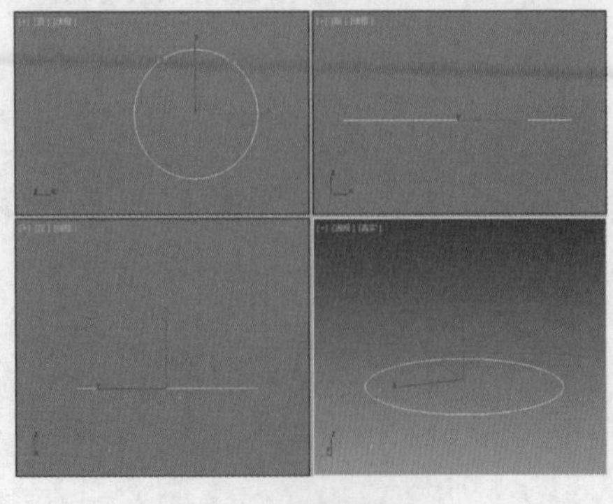

图 4-3　绘制圆

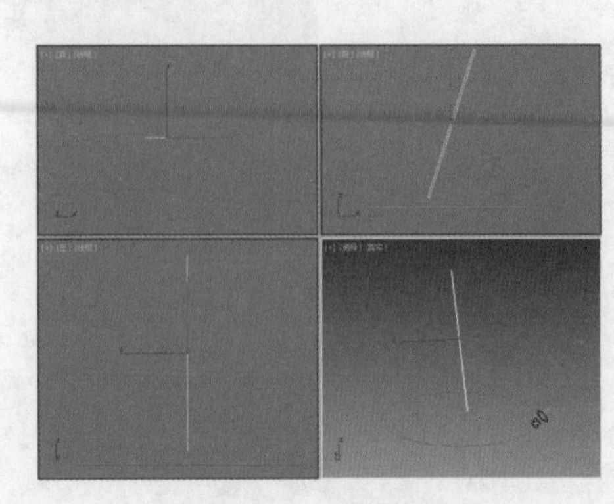

图 4-4　获取路径

STEP 05 单击确定选择，即可创建出灯罩造型，如图4-5所示。

STEP 06 在“创建”命令面板中单击“圆”按钮，分别创建半径为65mm和半径为113mm的圆，并在“渲染”卷展栏中设置其参数，调整到合适位置，如图4-6所示。

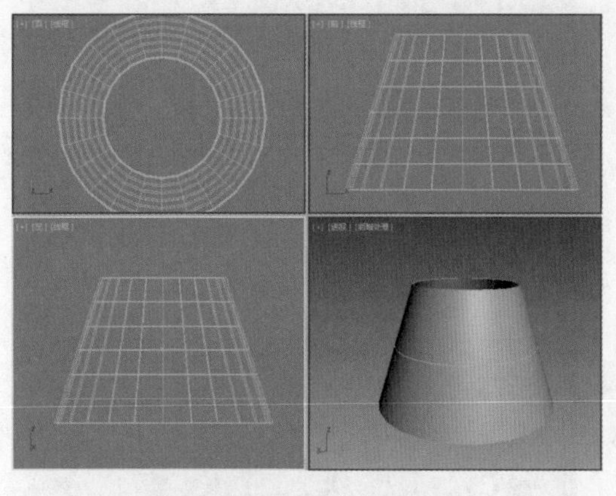

图4-5　创建灯罩

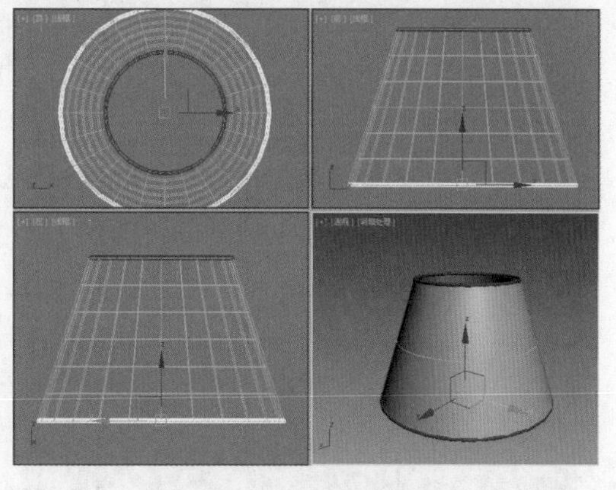

图4-6　绘制并设置圆

STEP 07 在“创建”命令面板中单击“圆柱体”按钮，创建4个参数相同的圆柱体，调整位置及角度，如图4-7所示。

STEP 08 在“创建”命令面板中单击“球体”按钮，创建一个半径为12mm的球体，调整位置，作为灯罩的顶珠，即可完成灯罩的创建，如图4-8所示。

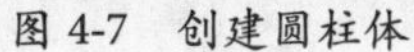

图4-7　创建圆柱体

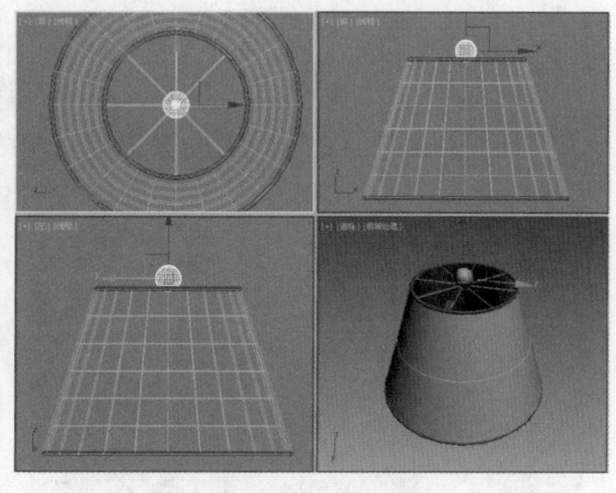

图4-8　创建球体

STEP 09 在“创建”命令面板中单击“线”按钮，在前视图中创建一个样条线，如图4-9所示。

STEP 10 进入“顶点”子层级，调整顶点平滑及角度等，如图4-10所示。

STEP 11 在“创建”命令面板中单击“圆”按钮，绘制一个半径为18mm的圆，如图4-11所示。

STEP 12 选择圆，在“复合对象”面板中单击“放样”按钮，然后在“创建方法”卷展栏中单击“获取图形”按钮，在视口中选择灯柱轮廓样条线，如图4-12所示。

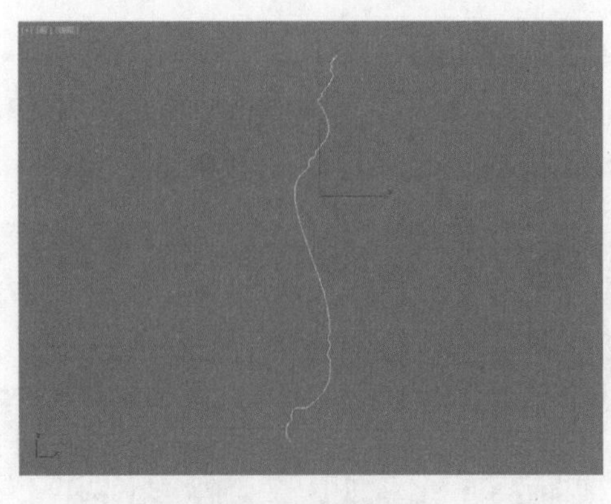

图 4-9　绘制样条线

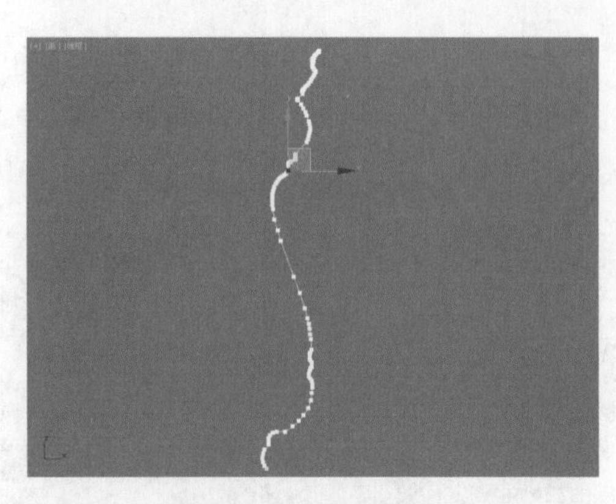

图 4-10　调整顶点

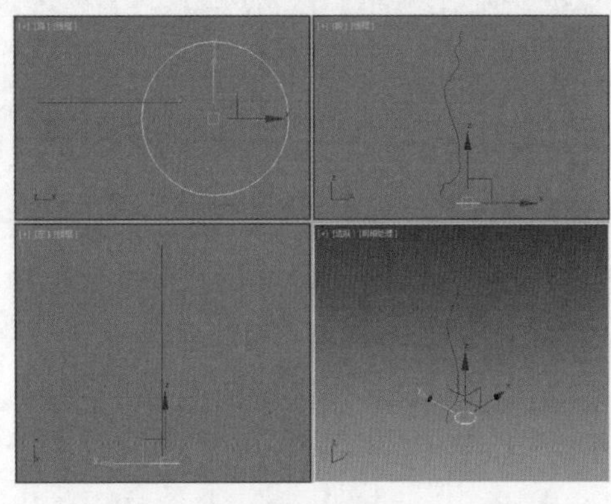

图 4-11　绘制圆

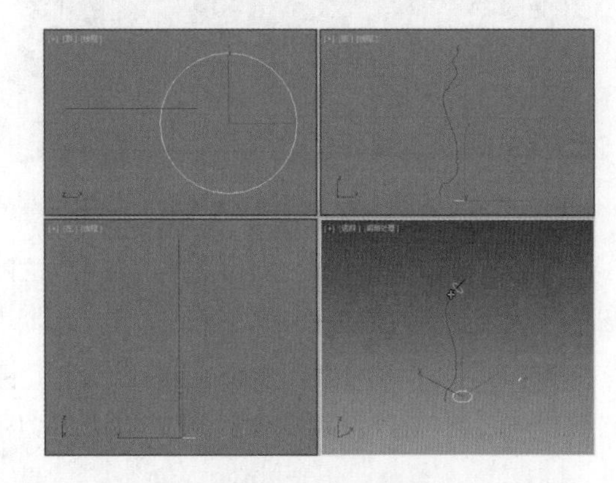

图 4-12　获取图形

STEP 13 单击鼠标确定，即可完成放样操作，制作出灯柱造型，如图 4-13 所示。

STEP 14 在“创建”命令面板中单击“线”按钮，绘制一条直线，如图 4-14 所示。

图 4-13　创建灯柱

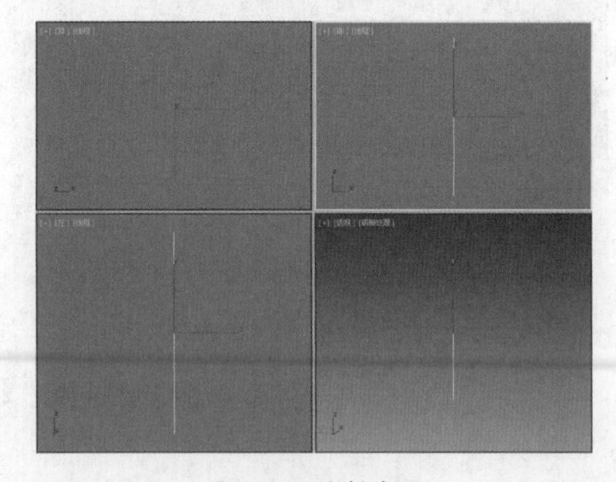

图 4-14　绘制直线

STEP 15 在“创建”命令面板中单击“多边形”按钮，绘制一个半径为 10mm，边数为 20mm，并勾选圆形选项的多边形，如图 4-15 所示。

STEP 16 右击，在弹出的快捷菜中选择“将其转换为可编辑样条线”命令，如图 4-16 所示。

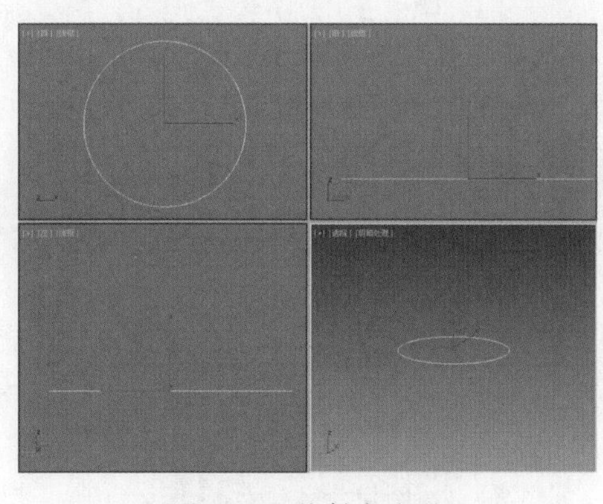

图 4-15 绘制多边形

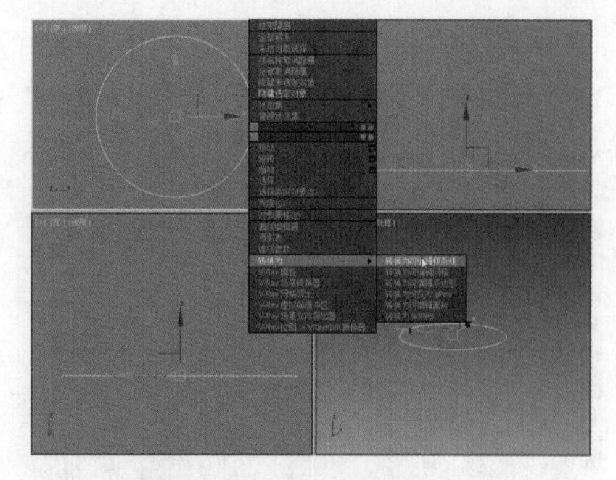

图 4-16 转换为可编辑样条线

STEP 17 进入“顶点”层级，选择图 4-17 所示的顶点。

STEP 18 单击“选择并缩放”按钮，并单击“使用选择中心”按钮，调整顶点位置，如图 4-18 所示。

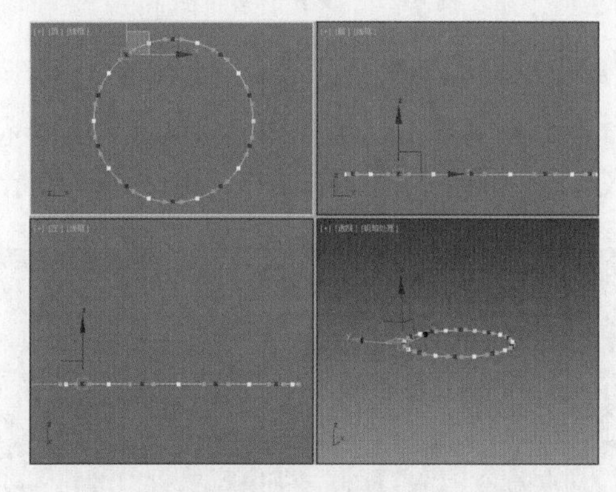

图 4-17 选择顶点

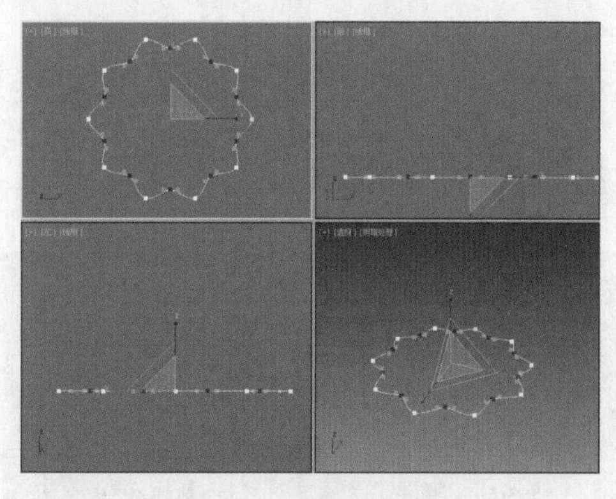

图 4-18 缩放顶点位置

STEP 19 进入“样条线”层级，设置样条线轮廓为 0.5mm，制作出样条线宽度，如图 4-19 所示。

STEP 20 在“复合对象”面板中单击“放样”按钮，在“创建方法”卷展栏中单击“获取路径”按钮，再选择之前创建的直线，如图 4-20 所示。

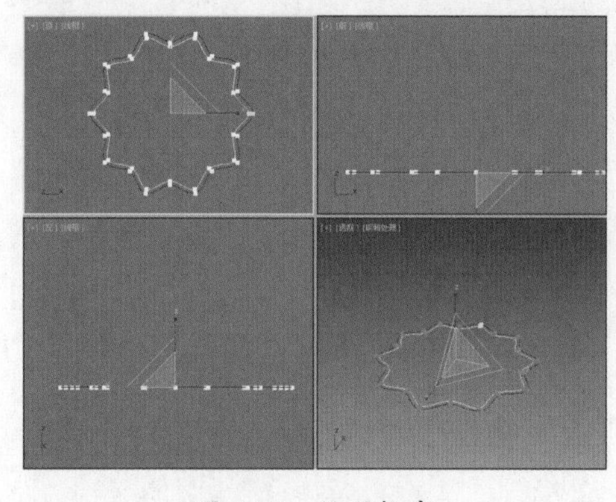

图 4-19 设置轮廓

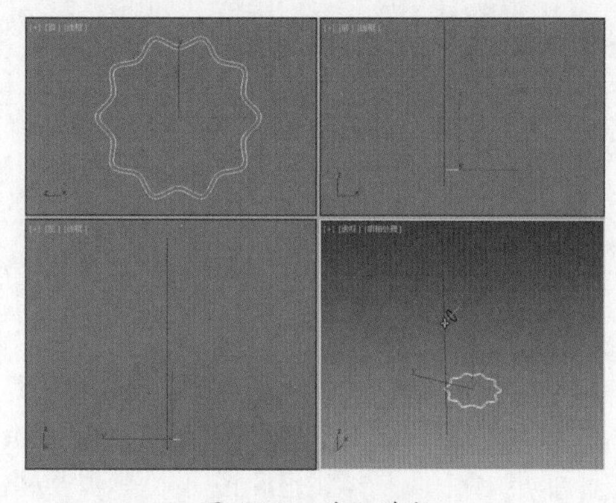

图 4-20 获取路径

STEP 21 单击鼠标确定，即可完成放样操作，制作出模型，如图 4-21 所示。

STEP 22 在修改器列表中选择“扭曲”选项，为模型添加扭曲修改器，在“参数”卷展栏中设置扭曲角度为 360°，选择扭曲轴为 Y 轴，如图 4-22 所示。

图 4-21　制作灯柱

图 4-22　设置扭曲参数

STEP 23 调整完毕即可将其关闭，可以看到制作出的模型发生了变化，如图 4-23 所示。

STEP 24 将模型组合到一起，在“创建”命令面板中单击“圆柱体”按钮，绘制半径为 60、高度为 15 的圆柱体，调整位置作为台灯底座，完成台灯模型的制作，如图 4-24 所示。

图 4-23　扭曲效果

图 4-24　组合模型

【听我讲】

4.1 修改器的应用

3ds Max 建模方式有很多种，其中几何体建模和样条线建模是较为基础的建模方式，而修改器建模则是建立在这两种建模方式之上的。配合这两种建模方式再使用修改器，可以达到很多建模方式达不到的模型效果。

4.1.1 修改器简介

修改器就是附加到二维图形、三维模型或者其他对象上，可以使它们产生变化的工具。通常将修改器应用于建模中。修改器可以让模型的外观产生很大的变化，例如扭曲的模型、弯曲的模型、晶格装的模型等都适合使用修改器进行制作。

4.1.2 修改器堆栈

修改器堆栈是“修改”命令面板上的列表，可以理解成是修改的历史记录，这里可以清楚地看到对物体修改的流程，如图 4-25 所示，要进入哪个修改器，直接单击目录即可进入相关卷展栏进行参数的更改。

在修改器堆栈卷展栏下方法有一排工具行按钮，使用它们可以管理堆栈：

图 4-25 修改器堆栈

- 锁定堆栈：将堆栈和修改器面板上所有控件锁定到选定对象的堆栈。即使选择了视口中的另一个对象，也可以继续对锁定堆栈的对象进行编辑。
- 显示最终结果：启用此选项后，会在选定的对象上显示整个堆栈的效果。禁用此选项后，仅会显示到当前高亮修改器堆栈的效果。
- 使唯一：使实例化对象唯一，或者使实例化修改器对于选定的对象唯一。
- 从堆栈中移除修改器：从堆栈中删除当前的修改器，从而消除由该修改器引起的所有更改。
- 配置修改器集：单击将显示一个弹出菜单，通过该菜单，用户可以配置如何在修改面板中显示和选择修改器。

CHAPTER 01
CHAPTER 02
CHAPTER 03
CHAPTER 04
CHAPTER 05

4.1.3 修改器列表

在修改器列表下放置了3ds Max可用于修改模型对象的所有修改器。在该列表中选择一个修改器，即可将选取的修改器添加到当前选定的模型对象，此时对象上将显示添加的修改器。修改器的类型很多，有几十余种，若安装了部分插件，修改器可能还会相应增加。这些修改器被放置在几个不同类型的修改器集合中，分别为“选择修改器”“世界空间修改器”和“对象空间修改器”。

选择二维图形对象，再打开修改器列表，可以看到很多关于编辑二维图形的修改。选择三维模型对象，再打开修改器列表，也会看到有很多修改器。修改器列表如图4-26所示。但是我们会发现这两者是有不同的，这是因为二维图形和三维模型有各自相对应的修改器。

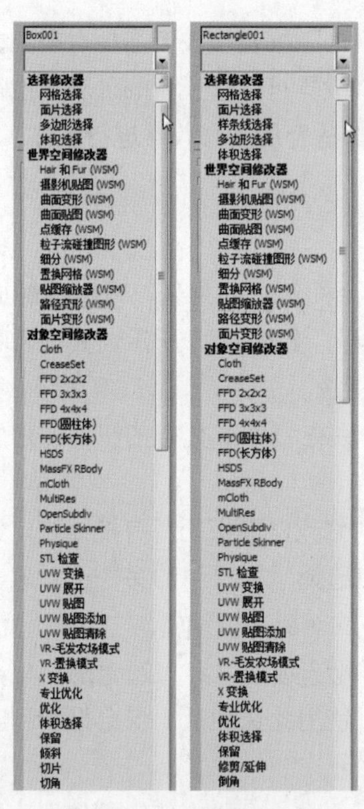

图 4-26 修改器列表

1. 选择修改器

- 网格选择：该修改器可以在堆栈中为后续修改器向上传递一个子对象选择。可以选择顶点、边、面、多边形或者元素。
- 面片选择：该修改器可以在堆栈中为后续修改器向上传递一个子对象选择。
- 样条线选择：该修改器可以将图形的子对象选择传到堆栈，传给随后的修改器。
- 多边形选择：该修改器可以在堆栈中为后续修改器向上传递一个子对象选择。
- 体积选择：该修改器可以对顶点或面进行子对象选择，沿着堆栈向上传给其他修改器。

2. 世界空间修改器

- Hair 和 Fur(WSM)：用于为物体添加毛发。
- 点缓存 (WSM)：使用该修改器可将修改器动画存储到磁盘中，然后使用磁盘文件中的信息来播放动画。
- 路径变形 (WSM)：可根据图形、样条线或 NURBS 曲线路径将对象进行变形。
- 面片变形 (WSM)：可根据面片将对象进行变形。
- 曲面变形 (WSM)：其工作方式与路径变形修改器相同，只是它使用 NURBS 点或 CV 曲面来进行变形。
- 曲面贴图 (WSM)：将贴图指定给 NURBS 曲面，并将其投射到修改的对象上。
- 摄影机贴图 (WSM)：使摄影机将 UVW 贴图坐标应用于对象。
- 贴图缩放器 (WSM)：用于调整贴图的大小并保持贴图的比例。
- 细分 (WSM)：提供用于光能传递创建网格的一种算法，光能传递的对象要尽可能接近等边三角形。
- 置换网格 (WSM)：用于查看置换贴图的效果。

4.1.4 编辑修改器

为二维图形或者三维模型添加修改器后，在修改器堆栈上右击，会弹出一个快捷菜单，该菜单中的命令就可以用来编辑修改器，如图 4-27 所示。

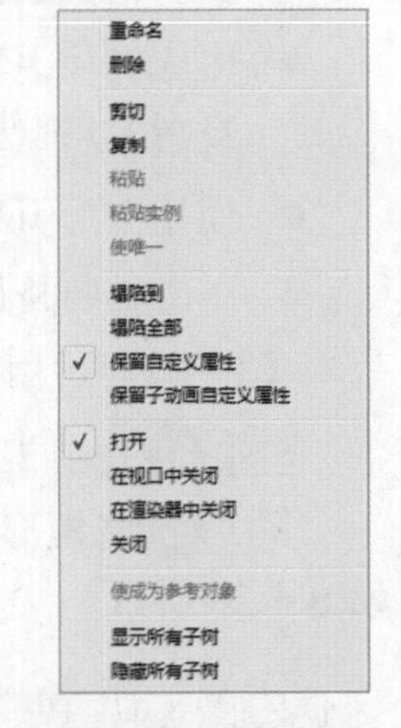

图 4-27 快捷菜单

4.2 常用修改器类型

3ds Max 中有很多修改器，有些修改器可以作用于二维图形上，有些修改器可以作用于三维模型上。因此选择二维图形或者三维模型，并为其添加修改器时会发现修改器并不是完全相同的。本节将着重对常用的几个修改器进行讲解。

4.2.1 挤出修改器

挤出修改器可以将绘制的二维样条线挤出厚度，从而产生三维实体，如果绘制的线段为封闭的，即可挤出带有底面面积的三维实体，若绘制的线段不是封闭的，那么挤出的实体则是片状的。在 3ds Max 2016 中，挤出修改器的应用十分广泛，许多图形都可以先绘制线，然后再挤出图形，最后形成三维实体。添加挤出修改器后，命令面板的下方将弹出“参数”卷展栏，如图 4-28 所示。

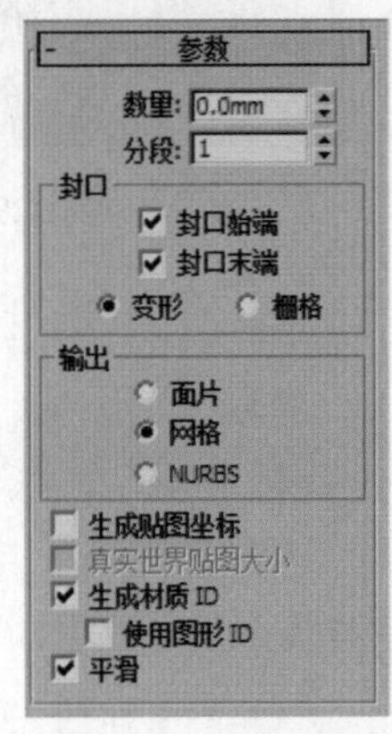

图 4-28 挤出修改器的“参数”卷展栏

下面具体介绍“参数”卷展栏中各选项组的含义：

- 数量：设置挤出实体的厚度。
- 分段：设置挤出厚度上的分段数量。
- 封口：该选项组主要设置在挤出实体的顶面和底面上是否封盖实体，“封口始端”在顶端加面封盖物体。“封口末端”在底端加面封盖物体。
- 变形：用于变形动画的制作，保证点面数恒定不变。
- 栅格：对边界线进行重新排列处理，以最精简的点面数来获取优秀的模型。
- 输出：设置挤出的实体输出模型的类型。
- 生成贴图坐标：为挤出的三维实体生成贴图材质坐标。选中其复选框，将激活“真实世界贴图大小”复选框。
- 真实世界贴图大小：贴图大小由绝对坐标尺寸决定，与对象相对尺寸无关。
- 生成材质 ID：自动生成材质 ID，设置顶面材质 ID 为 1，底面材质 ID 为 2，侧面材质 ID 则为 3。
- 使用图形 ID：选中该复选框，将使用线形的材质 ID。
- 平滑：将挤出的实体平滑显示。

【例 4-1】运用挤出修改器创建书籍。

STEP 01 在前视图中绘制一个长度 210mm、宽度 40mm 的矩形，如图 4-29 所示。

STEP 02 将矩形转换为可编辑样条线，进入“线段”子层级，在视图中选择一条线段，如图 4-30 所示。

图 4-29 绘制矩形

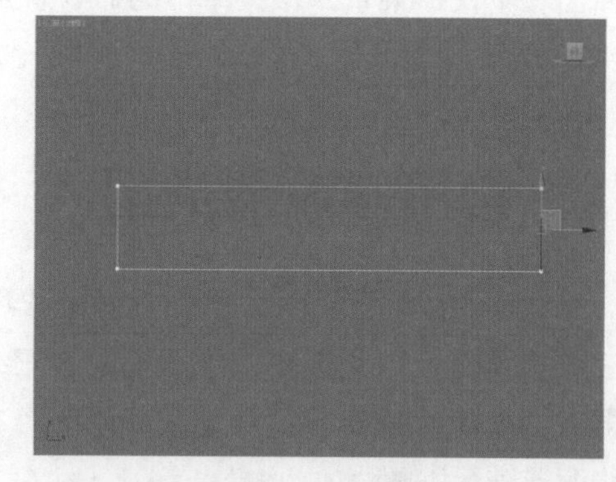

图 4-30 选择线段

STEP 03 在键盘上按 Delete 键删除该线段，如图 4-31 所示。

STEP 04 进入“样条线”子层级，在“几何体”卷展栏中设置轮廓值为 5mm，按 Enter 键即可为样条线添加厚度，如图 4-32 所示。

STEP 05 进入“顶点”子层级，选择右侧的四个顶点，在“几何体”卷展栏中设置圆角值为 2.5，再按 Enter 键，效果如图 4-33 所示。

STEP 06 在修改器列表中选择“挤出”选项，为样条线添加挤出修改器，在“参数”卷展栏中设置挤出数量值为 290，如图 4-34 所示。

图 4-31 删除线段

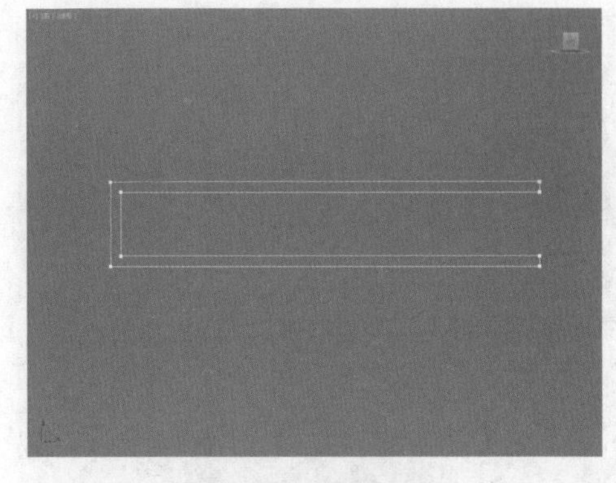

图 4-32 轮廓效果

图 4-33 圆角操作

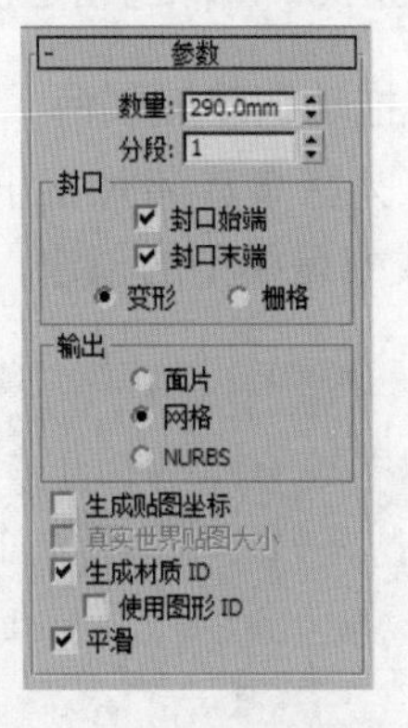

图 4-34 设置挤出数量

STEP 07 挤出后的效果如图 4-35 所示。

STEP 08 右击捕捉开关按钮，在打开的“栅格和捕捉设置”对话框中勾选“顶点”复选框，再关闭该对话框，如图 4-36 所示。

图 4-35 挤出效果

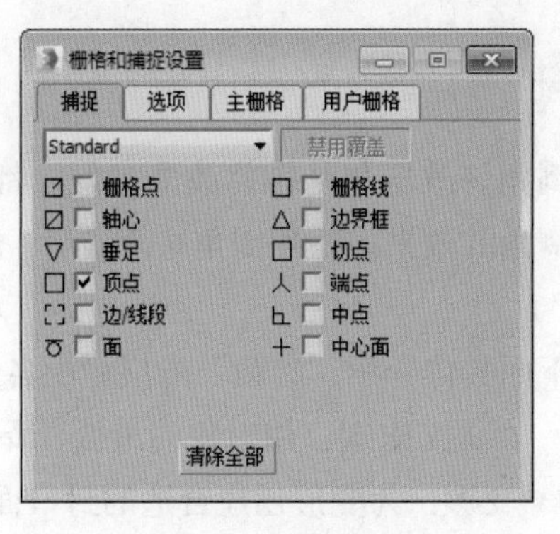

图 4-36 捕捉设置

STEP 09 在左视图中捕捉绘制矩形，如图 4-37 所示。

STEP 10 右击，在弹出的快捷菜单中选择“将其转换为可编辑样条线”命令，进入“顶点”子层级，选择两个顶点，如图 4-38 所示。

图 4-37　捕捉绘制矩形

图 4-38　选择顶点

STEP 11 拖动调整控制柄，如图 4-39 所示。

STEP 12 为样条线添加挤出修改器，设置挤出值为 270mm，调整模型位置与颜色，即可初步完成书籍模型的创建，如图 4-40 所示。

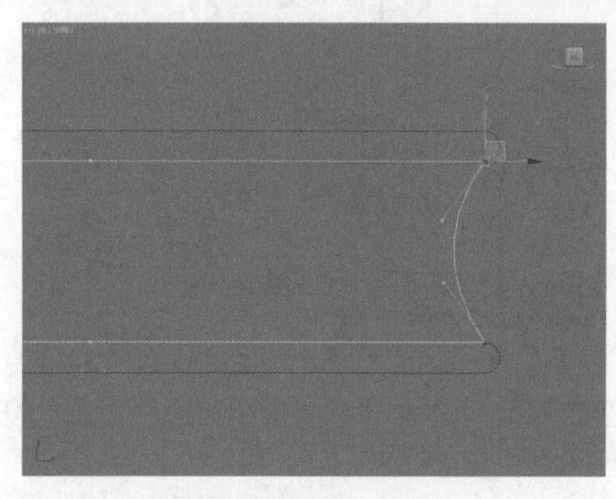

图 4-39　调整样条线

图 4-40　完成制作

4.2.2　倒角修改器

倒角修改器与基础修改器类似，都可以产生三维效果，而且倒角修改器还可以模拟边缘倒角的效果。添加倒角修改器后，命令面板的下方将弹出“参数”卷展栏，如图 4-41 所示。

下面具体介绍“参数”卷展栏中各选项组的含义。

- 始端 / 末端：用对象的最低 / 最高局部 Z 值对末端进行封口。
- 变形：为变形创建合适的封口面。
- 栅格：在栅格图案中创建封口面。封装类型的变形和渲染要比渐进变形封装效果好。
- 线性侧面：激活此项后，级别之间的分段插值会沿着一条直线。
- 曲线侧面：激活此项后，级别之间的分段插值会沿着一条 Bezier 曲线。对于可见曲率，会将多个分段与曲线侧面搭配使用。

- 分段：在每个几个级别之间设置中级分段的数量。
- 级间平滑：控制是否将平滑组应用于倒角对象侧面。封口会使用与侧面不同的平滑组。
- 避免线相交：防止轮廓彼此相交。它通过在轮廓中插入额外的顶点并用一条平直的线段覆盖锐角来实现。
- 分离：设置边之间所保持的距离，最小值为0.01。
- 起始轮廓：设置轮廓从原始图形的偏移距离。非零设置会改变原始图形的大小。
- 级别1：包含两个参数，它们表示起始级别的改变。
- 高度：设置级别1在起始级别之上的距离。
- 轮廓：设置级别1的轮廓到起始轮廓的偏移距离。

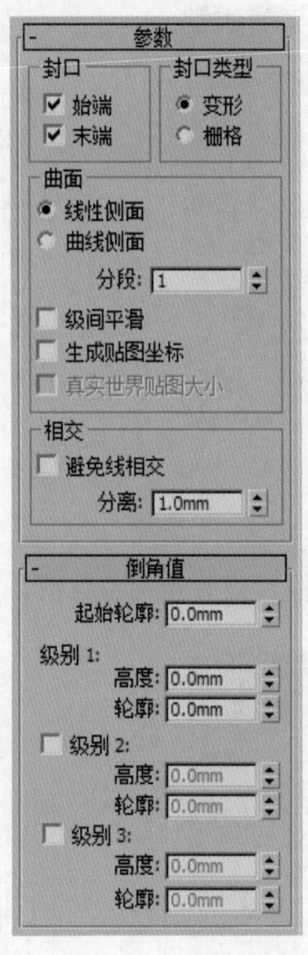

图 4-41　倒角修改器的“参数”卷展栏

【例4-2】使用车削修改器。

STEP 01 绘制一个半径为60mm的圆形，如图4-42所示。

STEP 02 在修改器列表中选择添加倒角修改器，在“倒角值”卷展栏中设置起始轮廓为20mm，级别1的高度为50mm，如图4-43所示。

STEP 03 视口中的圆会变成一个圆柱形状，如图4-44所示。

STEP 04 选中“级别2”复选框，设置级别2的高度和轮廓值，如图4-45所示。

图 4-42　绘制圆形

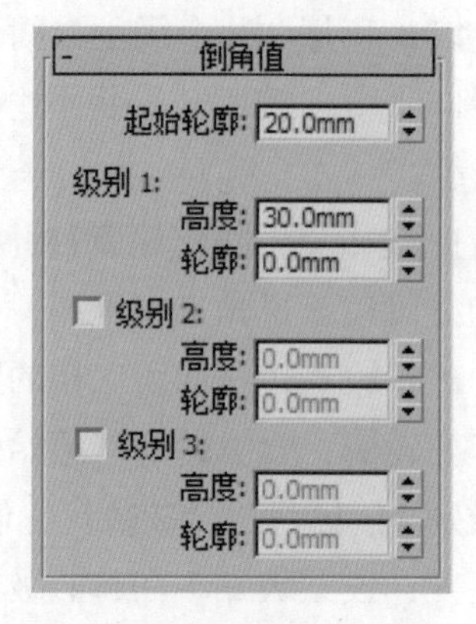

图 4-43　设置起始轮廓和级别 1 的高度

图 4-44　设置效果 1

图 4-45　设置级别 2 的高度和轮廓

STEP 05 视图中的效果如图 4-46 所示。

STEP 06 选中“级别 3”复选框，设置相关参数值，如图 4-47 所示。

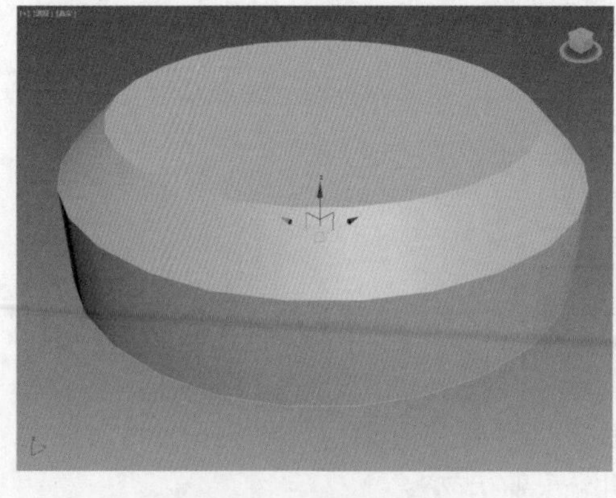

图 4-46　设置效果 2

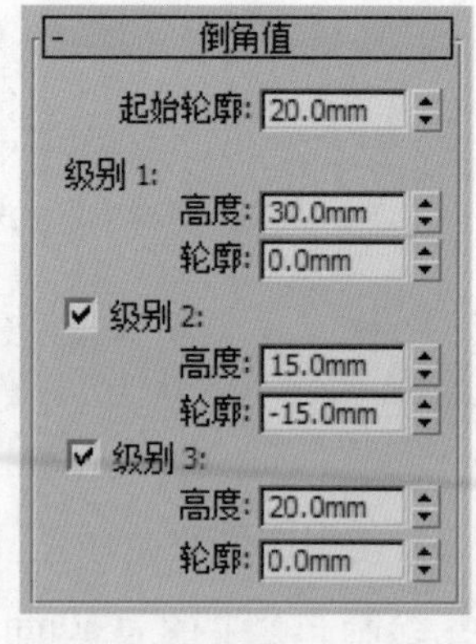

图 4-47　设置级别 3 的高度

STEP 07 最后的效果如图 4-48 所示。

图 4-48　最终效果

4.2.3　车削修改器

车削修改器通过旋转绘制的二维样条线创建三维实体，该修改器用于创建中心放射物体，用户也可以设置旋转的角度，更改实体旋转效果。在使用车削修改器后，命令面板的下方将显示“参数”卷展栏，如图 4-49 所示。

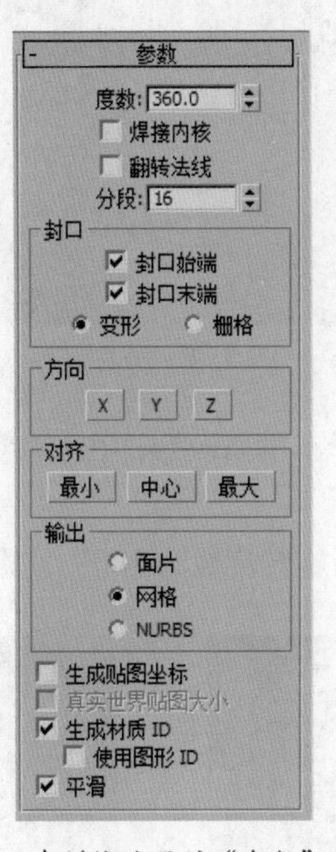

图 4-49　车削修改器的“参数”卷展栏

下面具体介绍“参数”卷展栏中各选项的含义。

- 度数：设置车削实体的旋转度数。
- 焊接内核：将中心轴向上重合的点进行焊接精减，以得到结构相对简单的模型。
- 翻转法线：将模型表面的法线方向反向。
- 分段：设置车削线段后，旋转出的实体上的分段，值越高实体表面越光滑。

- 封口：该选项组主要设置在挤出实体的顶面和底面上是否封盖实体。
- 方向：该选项组主要设置实体进行车削旋转的坐标轴。
- 对齐：此区域用来控制曲线旋转式的对齐方式。
- 输出：设置挤出的实体输出模型的类型。
- 生成材质 ID：自动生成材质 ID，设置顶面材质 ID 为 1，底面材质 ID 为 2，侧面材质 ID 则为 3。
- 使用图形 ID：选中该复选框，将使用线形的材质 ID。
- 平滑：将挤出的实体平滑显示。

【例 4-3】运用“车削”修改器创建花瓶。

STEP 01 在前视图中绘制并编辑样条线，如图 4-50 所示。

STEP 02 进入“样条线”子层级，在“几何体”卷展栏中设置轮廓值为 1mm，效果如图 4-51 所示。

图 4-50 绘制样条线

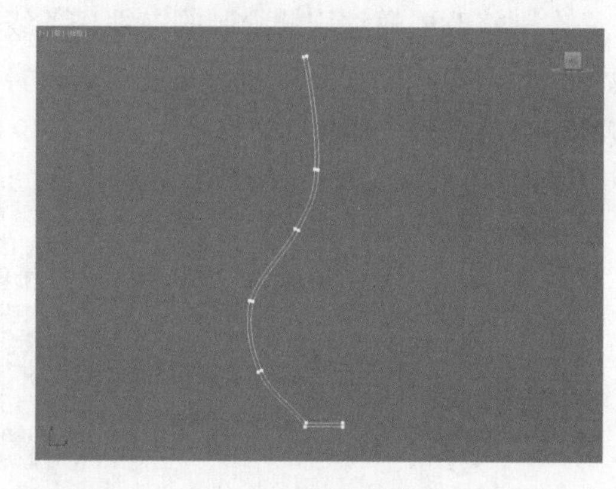

图 4-51 设置轮廓值

STEP 03 在修改器列表中选择车削修改器，在“参数”卷展栏中单击“最大”按钮，效果如图 4-52 所示。

STEP 04 在参数卷展栏中设置旋转度数为 180°，旋转效果如图 4-53 所示。

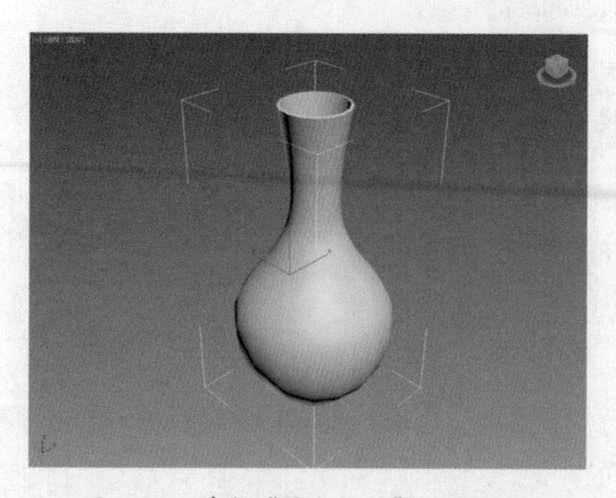

图 4-52 单击“最大按钮”后的效果

图 4-53 旋转 180° 效果

4.2.4 弯曲修改器

弯曲修改器可以使物体弯曲变形，用户也可以设置弯曲角度和方向等，还可以将修改限在指定的范围内。该项修改器常被用于管道变形和人体弯曲等。打开修改器列表框，单击“弯曲”选项，即可调用“弯曲”修改器，命令面板的下方将弹出修改弯曲值的“参数”卷展栏，如图 4-54 所示。

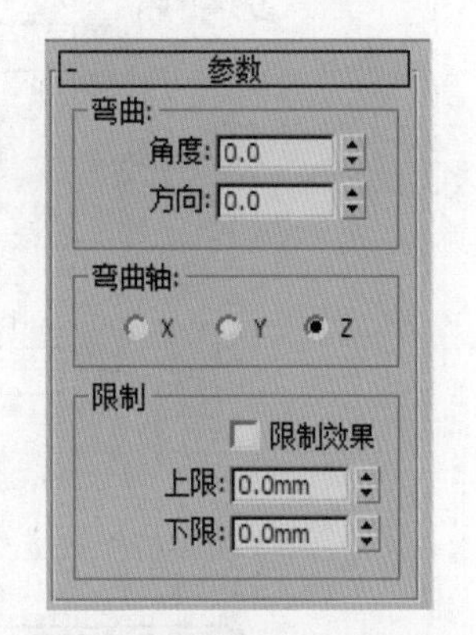

图 4-54　弯曲修改器的“参数”卷展栏

下面具体介绍“参数”卷展栏中各选项区的含义。

- 弯曲：控制实体的角度和方向值。
- 弯曲轴：控制弯曲的坐标轴向。
- 限制：限制实体弯曲的范围。选中“限制效果”复选框，将激活“限制”命令，在“上限”和“下限”选项框中设置限制范围即可完成限制效果。

建模技能

用户可以在堆栈栏中展开“Bend”卷展栏，在弹出的列表中选择“中心”选项，返回视图区，向上或向下拖动鼠标即可更改限制范围。

【例 4-4】运用“弯曲”修改器弯曲圆柱体。

STEP 01 调用“弯曲”修改器，在“参数”卷展栏中设置弯曲角度，如图 4-55 所示。

STEP 02 实体将被弯曲 30°，弯曲效果如图 4-56 所示。

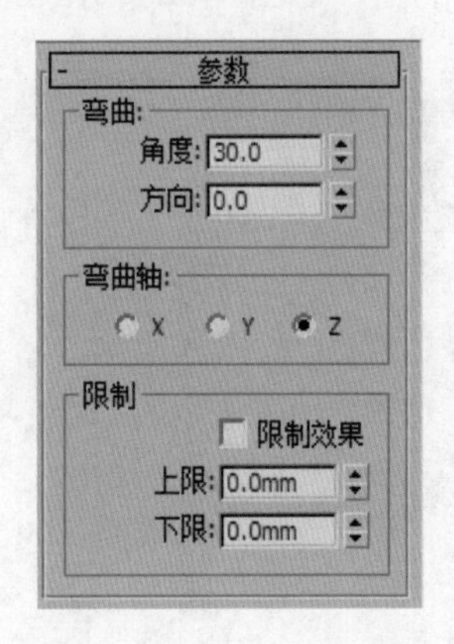

图 4-55　设置“弯曲”角度

图 4-56　弯曲效果

STEP 03 设置弯曲方向，如图 4-57 所示。

STEP 04 实体将更改弯曲方向，如图 4-58 所示。

STEP 05 选中“限制效果”复选框，在“上限”微调框中设置限制范围，如图 4-59 所示。

STEP 06 设置完成后，限制效果如图 4-60 所示。

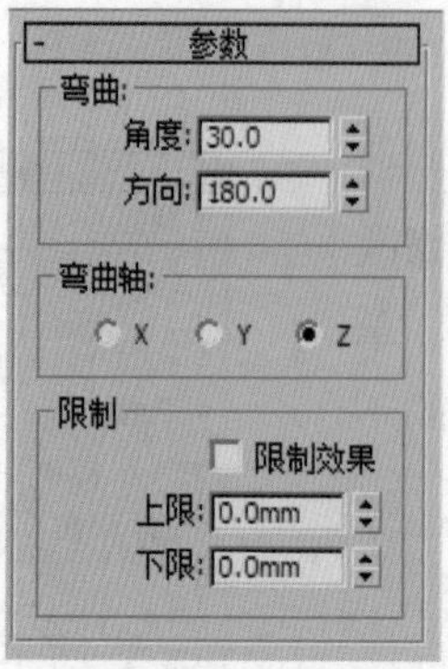

参数
弯曲:
角度: 30.0
方向: 180.0
弯曲轴:
X Y Z
限制
限制效果
上限: 0.0mm
下限: 0.0mm

图 4-57 设置弯曲方向

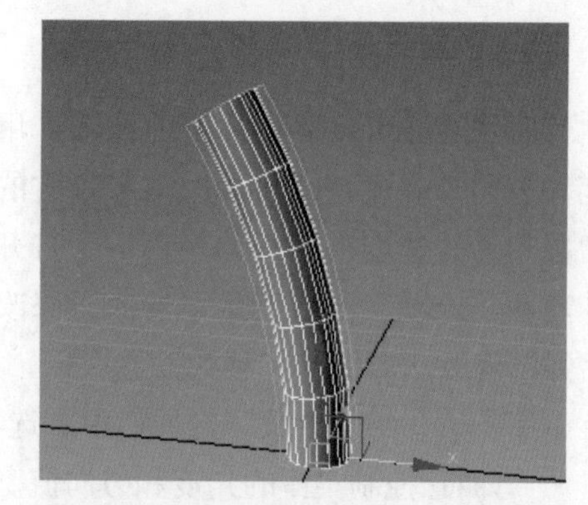

图 4-58 设置弯曲方向效果

参数
弯曲:
角度: 30.0
方向: 180.0
弯曲轴:
X Y Z
限制
限制效果
上限: 70.0mm
下限: 0.0mm

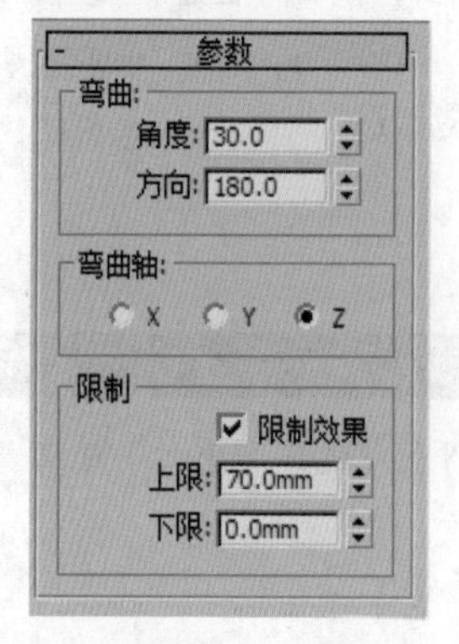

图 4-59 设置限制范围

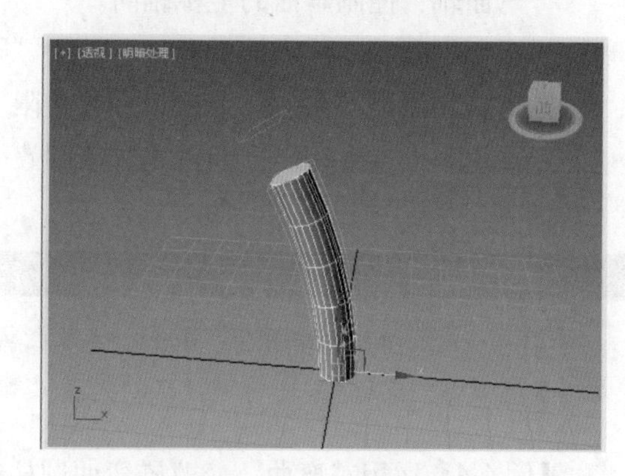

图 4-60 限制效果

STEP 07 在堆栈栏中选择“中心”选项，如图 4-61 所示。

STEP 08 返回绘图区单击并拖动箭头即可更改弯曲范围，如图 4-62 所示。

Rectangle001
修改器列表
Bend
Gizmo
中心
车削
Rectangle

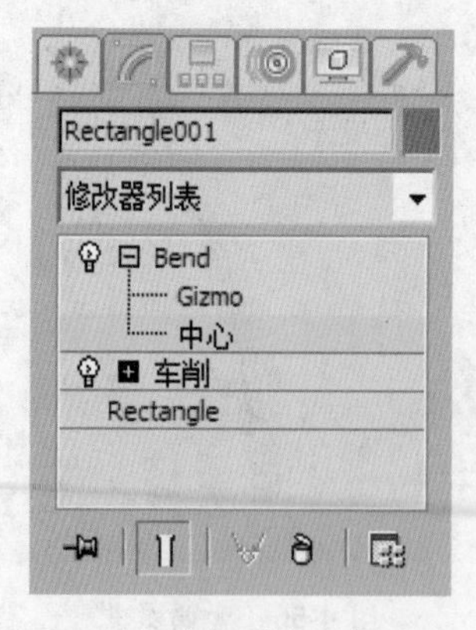

图 4-61 选择“中心”选项

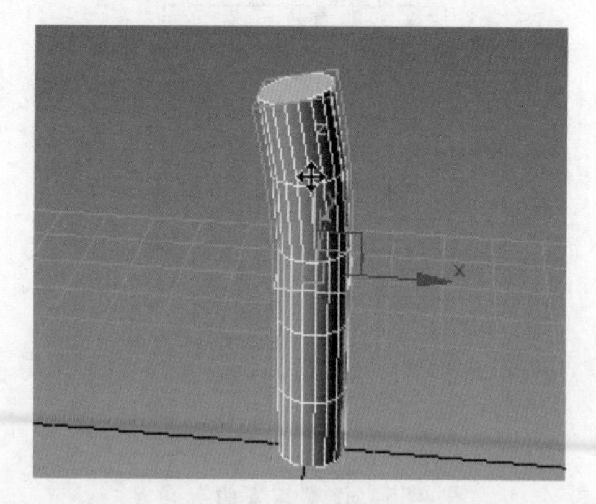

图 4-62 更改弯曲范围

4.2.5 扭曲修改器

扭曲修改器可以使实体呈麻花或螺旋状，它可以按照指定的轴进行扭曲操作，利用该修改器可以制作绳索、冰淇淋，或者带有螺旋形状的立柱等。

在使用扭曲修改器后，命令面板的下方将弹出设置实体扭曲的“参数”卷展栏，如图 4-63 所示。

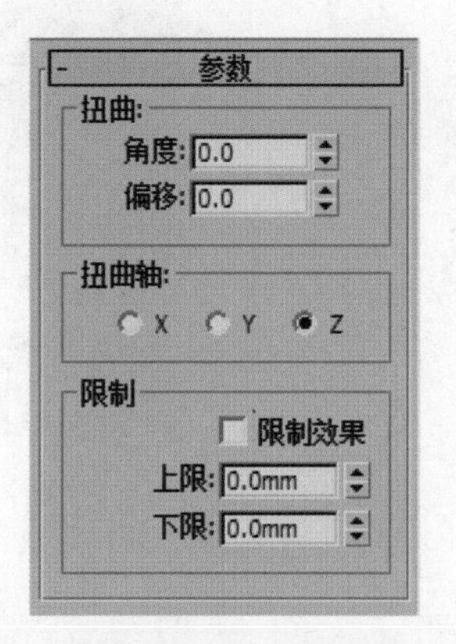

图 4-63　扭曲修改器的“参数”卷展栏

下面具体介绍“扭曲”修改器中“参数”卷展栏中各选项组的含义。

- 扭曲：设置扭曲的角度和偏移距离，“角度”用于设置实体的扭曲角度。“偏移”用于设置扭曲向上或向下的偏向度。
- 扭曲轴：设置实体扭曲的坐标轴。
- 限制：限制实体扭曲范围，选中“限制效果”复选框，将激活“限制”命令，在“上限”和“下限”微调框中设置限制范围即可完成限制效果。

【例 4-5】运用“扭曲”修改器扭曲长方体。

STEP 01 在视图区创建长方体，在“修改”选项卡中单击修改器列表框，在弹出的列表中选择“扭曲”选项。

STEP 02 在“参数”卷展栏中设置扭曲角度，如图 4-64 所示。

STEP 03 设置完成后，效果如图 4-65 所示。

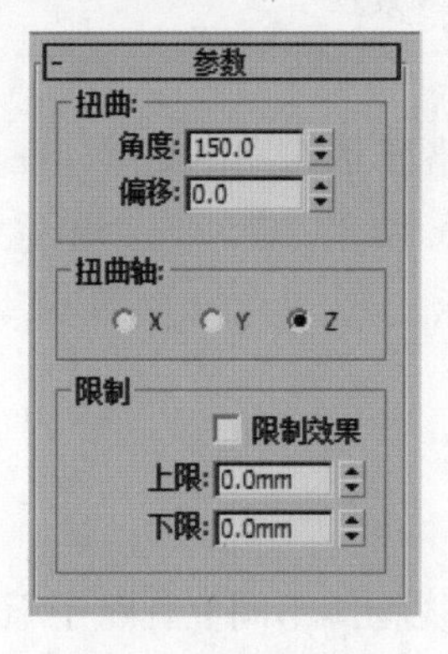

图 4-64　设置扭曲角度

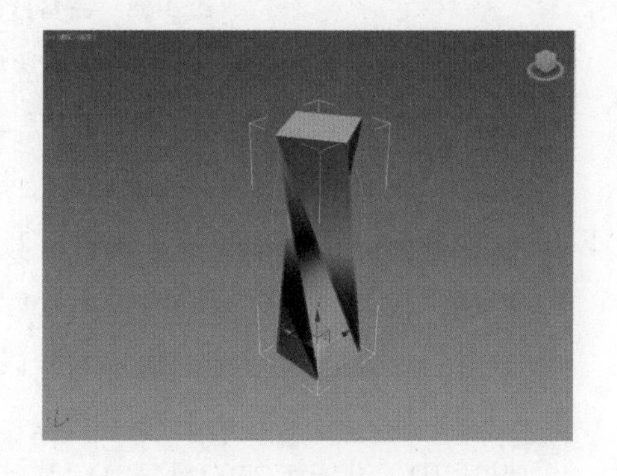

图 4-65　扭曲效果

STEP 04 在“限制”选项组中选中“限制效果”复选框，然后设置限制范围，图 4-66 所示。

STEP 05 设置完成后，效果如图 4-67 所示。

图 4-66　设置限制范围　　图 4-67　限制效果

4.2.6　晶格修改器

晶格修改器可以将创建的实体进行晶格处理，快速编辑创建的框架结构，在使用晶格修改器之后，命令面板的下方将弹出“参数”卷展栏，如图 4-68 所示。

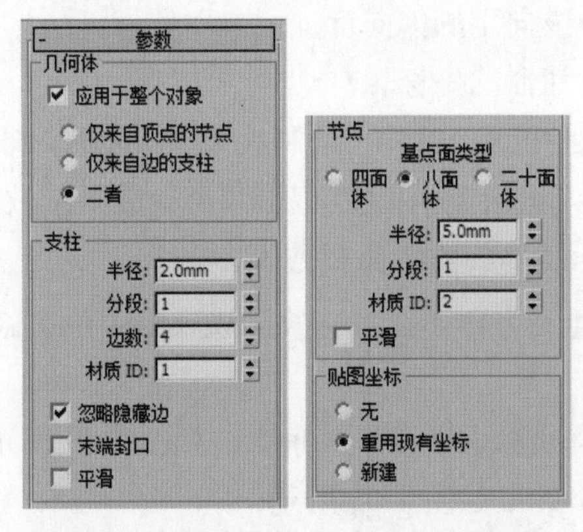

图 4-68　晶格修改器的“参数”卷展栏

下面具体介绍“参数”卷展栏中各常用选项的含义：

- 应用于整个对象：选中该复选框，然后选择晶格显示的物体类型，在该复选框下包含“仅来自顶点的节点”“仅来自边的支柱”和“二者”三个单选按钮，它们分别表示晶格是以顶点、支柱、顶点和支柱显示。
- 半径：设置物体框架的半径大小。
- 分段：设置框架结构上物体的分段数值。
- 边数：设置框架结构上物体的边。
- 材质 ID：设置框架的材质 ID 号，该设置可以实现物体不同位置赋予不同的材质。
- 平滑：使晶格实体后的框架平滑显示。
- 基点面类型：设置节点面的类型。其中包括四面体、八面体和二十面体。
- 半径：设计节点的半径大小。

【例 4-6】使用“晶格”修改器的方法。

STEP 01 在视图中创建圆柱体，并打开“修改”选项卡，在该选项卡中单击修改列表框，在弹出的列表中选择“晶格”选项，此时圆柱体将被晶格化，如图 4-69 所示。

STEP 02 在“几何体”选项组中选中“仅来自顶点的节点”单选按钮，效果如图 4-70 所示。

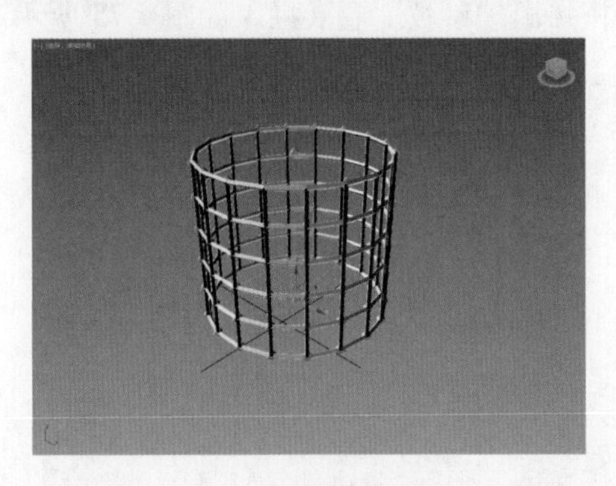

图 4-69 晶格化效果

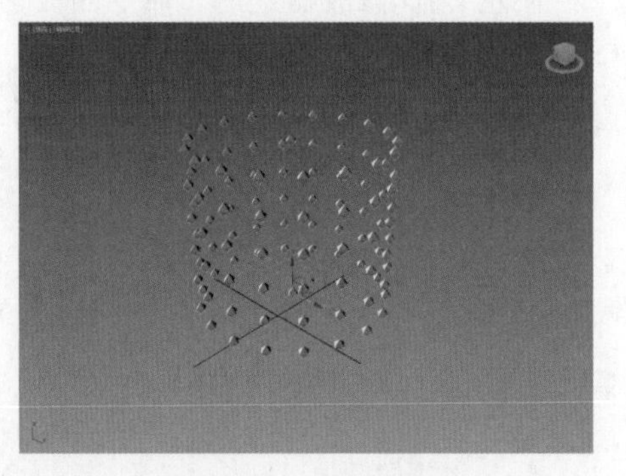

图 4-70 显示顶点效果

STEP 03 选中“仅来自边的支柱”单选按钮，显示效果如图 4-71 所示。

STEP 04 在支柱选项组中设置半径值为 4，效果如图 4-72 所示。

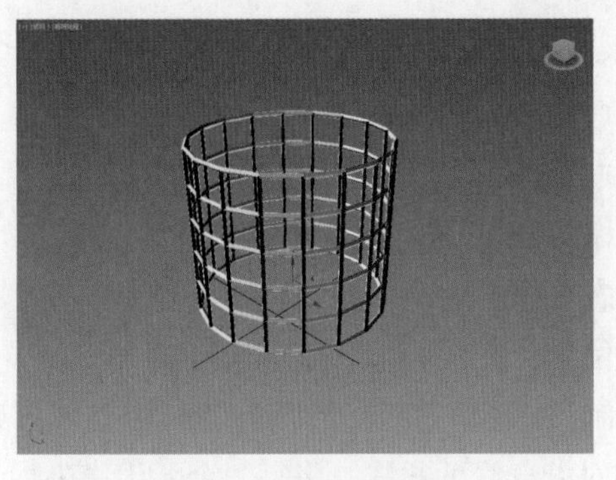

图 4-71 显示支柱效果

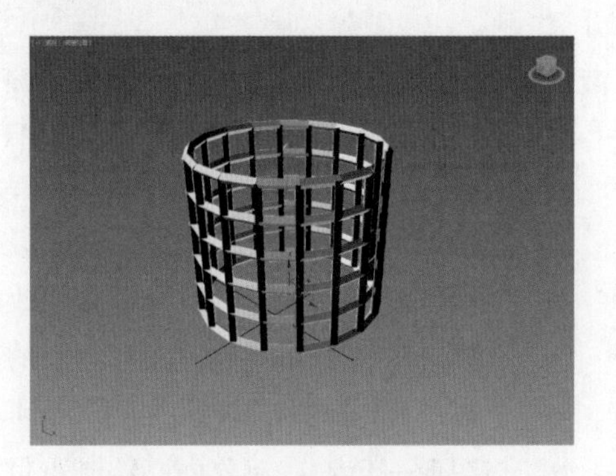

图 4-72 设置实体框架半径

STEP 05 在“支柱”选项组中选中“平滑”复选框，设置完成后，如图 4-73 所示。

STEP 06 在“节点”选项组的“半径”微调框中设置节点半径为 10，如图 4-74 所示。

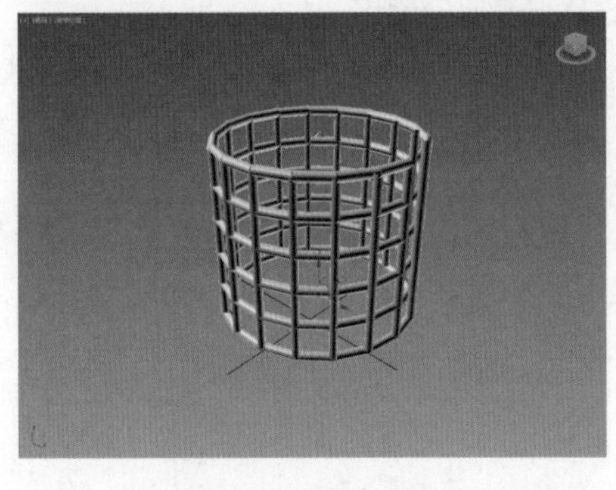

图 4-73 平滑效果

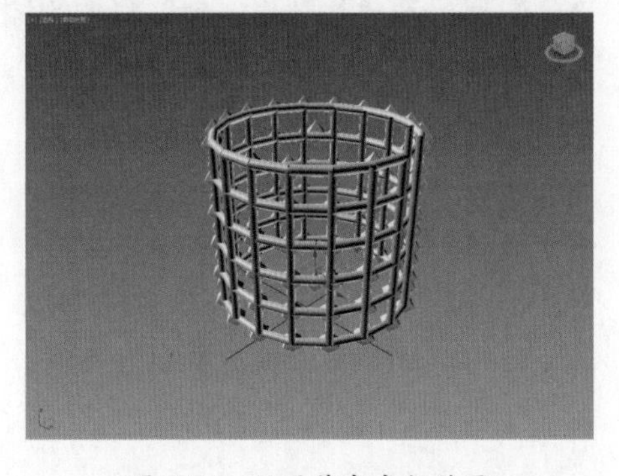

图 4-74 设置节点半径效果

4.2.7 FFD 修改器

为模型添加 FFD 修改器后，模型周围会出现橙色的晶格线框架，通过调整晶格线框架的控制点来调整模型的效果。通常使用该修改器制作模型变形效果。

在使用 FFD 修改器之后，命令面板的下方将弹出“参数”卷展栏，如图 4-75 所示。

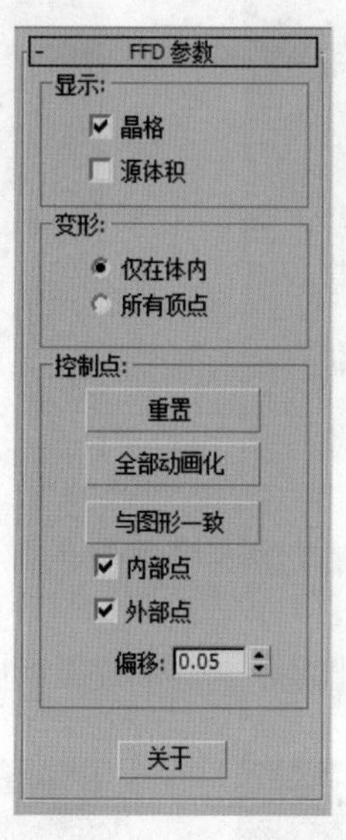

图 4-75 FFD 修改器的“参数”卷展栏

下面具体介绍“参数”卷展栏中各常用选项的含义。

- 晶格：将绘制链接控制点的线条以形成栅格。
- 源体积：控制点和晶格会以未修改的状态显示。
- 重置：将所有控制点返回到它们的原始位置。
- 全部动画：将“点”控制器指定给所有控制点，这样它们在“轨迹视图”中立即可见。
- 与图形一致：在对象中心控制点位置之间沿直线延长线，将每一个 FFD 控制点移到修改器对象的交叉点上，这将增加一个由“偏移”微调器指定的偏移距离。
- 内部点：仅控制受“与图形一致”影响的对象内部点。
- 外部点：仅控制受“与图形一致”影响的对象外部点。
- 偏移：受“与图形一致”影响的控制点偏移对象曲面的距离。

【自己练】

项目练习 1：创建灯泡模型

图纸展示（见图 4–76）

图 4-76 楼梯扶手模型效果

操作要领

(1) 绘制轮廓线，利用车削修改器制作灯泡各个部位。

(2) 利用布尔工具制作灯头内部造型。

(2) 绘制并编辑样条线制作灯丝。

项目练习 2：创建圆桌模型

图纸展示（见图 4–77）

图 4-77 设置视口布局类型

绘图要领

(1) 创建圆柱体制作桌面。

(2) 绘制样条线并利用挤出修改器制作桌腿和镂空造型。

(3) 绘制并编辑样条线制作桌腿装饰。

第5章

创建双人床模型
——多边形建模详解

本章概述：

多边形建模又称为Polygon建模，是目前所有三维软件中最为流行的建模方法。使用多边建模方法创建的模型表面由一个个的多边形组成。这种建模方法常用于室内设计模型、人物角色模型和工业设计模型等。

要点难点：

认识可编辑网格 ★☆☆
认识NURBS对象 ★★☆
掌握多边形建模的操作 ★★☆

案例预览

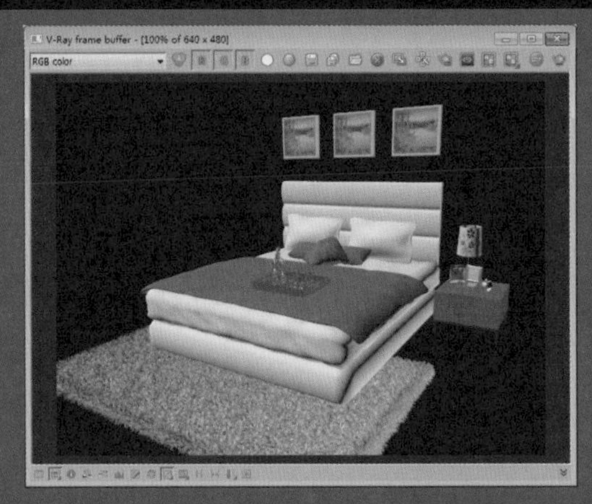

双人床组合

【跟我学】 创建双人床模型

案例描述

本案例中将绘制一个双人床场景，利用多种修改器工具和可编辑多边形对模型进行编辑。下面具体介绍双人床场景的制作方法。

制作过程

STEP 01 制作靠背，在顶视图创建长方体，参数如图 5-1 所示。

STEP 02 将长方体转换为可编辑多边形，在堆栈栏中展开“可编辑多边形”列表框，在列表中选择“顶点”选项，如图 5-2 所示。

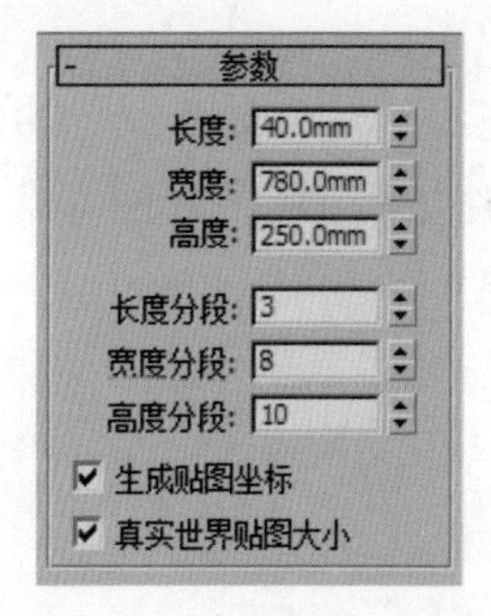

图 5-1　创建长方体参数

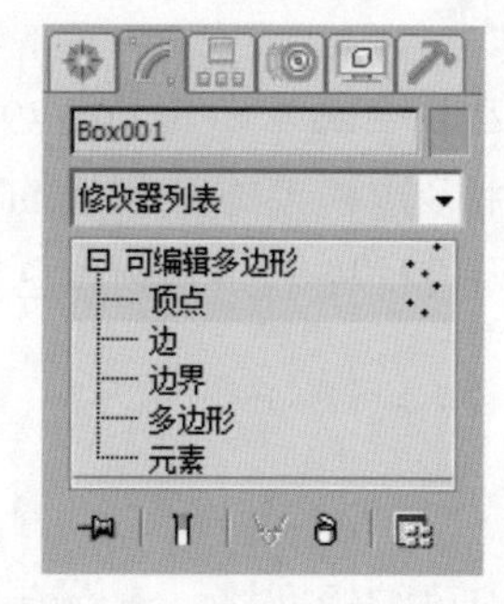

图 5-2　单击“顶点”选项

STEP 03 在左视图调整顶点，如图 5-3 所示。

STEP 04 将编辑后的长方体复制并进行排列，此时靠背就制作完成了，如图 5-4 所示。

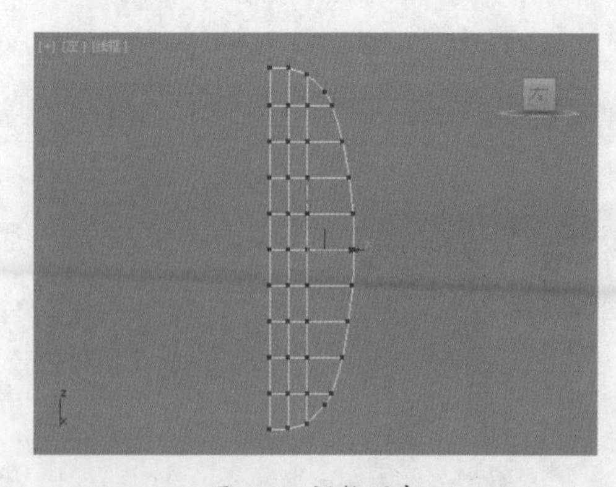

图 5-3　调整顶点

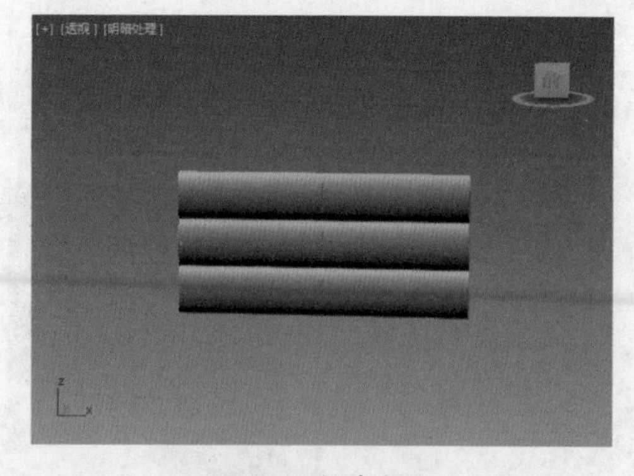

图 5-4　制作靠背

STEP 05 制作床板和床垫，在顶视图创建切角长方体，参数如图 5-5 所示。

STEP 06 复制实体，将其移至床板上方，然后将上方实体添加“噪波”修改器，将床垫设置为装好床垫套的效果，“噪波”参数如图 5-6 所示。

图 5-5　创建切角长方体

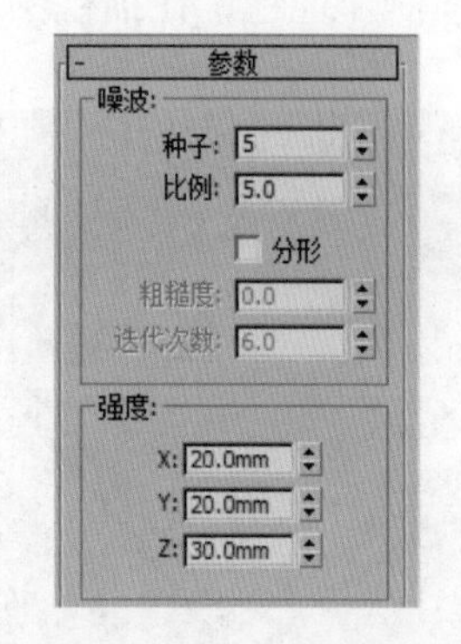

图 5-6　设置“噪波”参数

STEP 07 设置完成后，床板和床垫就制作完成了，如图 5-7 所示。

STEP 08 制作枕头，在顶视图创建长方体，参数如图 5-8 所示。

图 5-7　制作床板和床垫

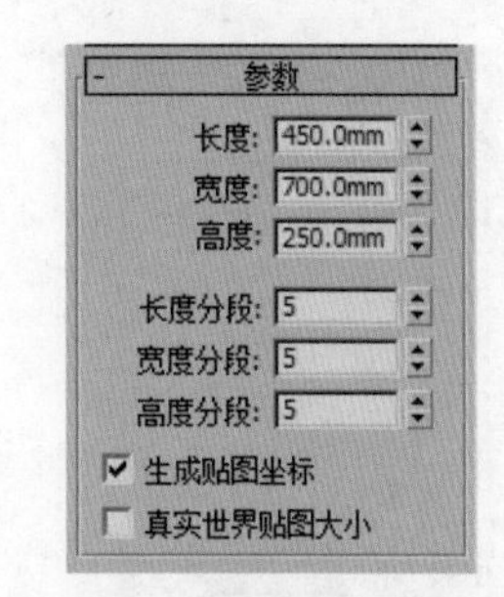

图 5-8　创建长方体参数

STEP 09 将长方体转换为可编辑多边形，然后在各个视图调整顶点，如图 5-9 所示。

STEP 10 在修改器列表中选择“涡轮平滑”选项，并在“涡轮平滑”卷展栏中设置迭代次数为 2，设置完成后，枕头就制作完成了，如图 5-10 所示。

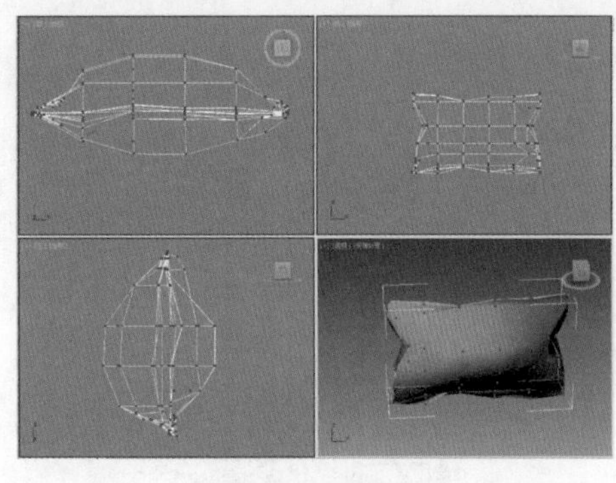

图 5-9　调整顶点

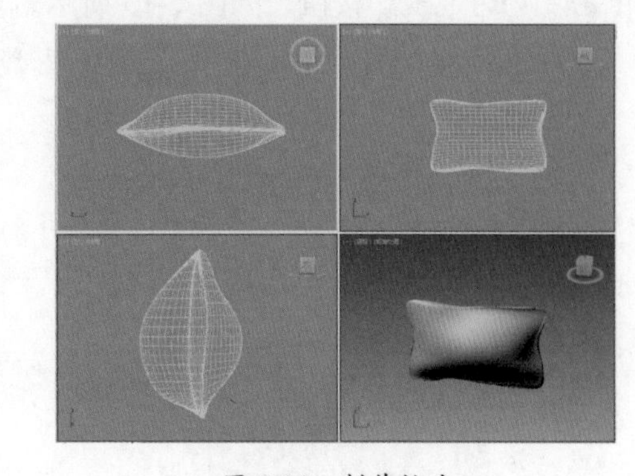

图 5-10　制作枕头

STEP 11 重复以上步骤制作抱枕，制作完成后，将枕头和抱枕放置在合适位置，如图 5-11 所示。

STEP 12 制作地毯，在顶视图创建切角长方体，参数如图 5-12 所示。

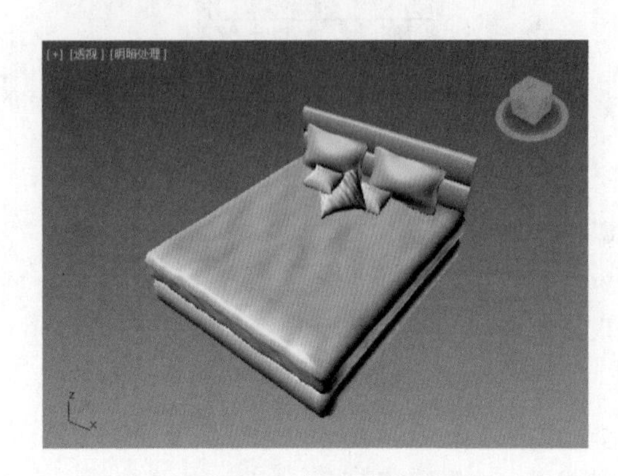

图 5-11　枕头和抱枕

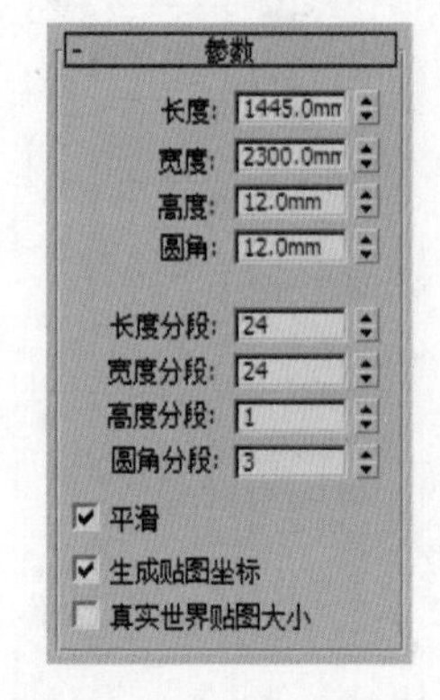

图 5-12　切角长方体参数

STEP 13 在修改器列表中选择“噪波”选项，并设置其参数，如图 5-13 所示。

STEP 14 设置参数后即可完成噪波效果，如图 5-14 所示。

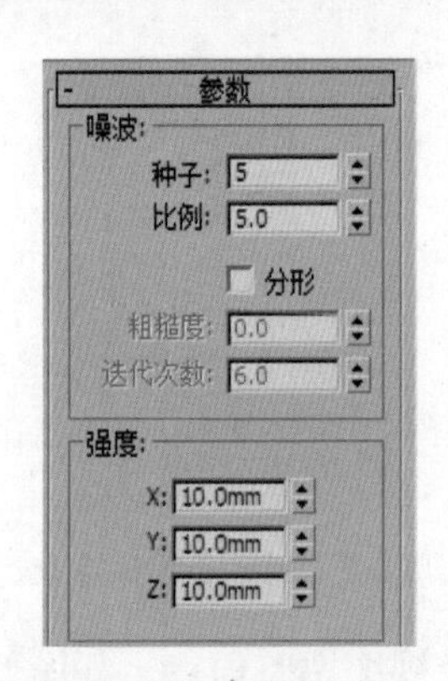

图 5-13　设置噪波参数

图 5-14　噪波效果

STEP 15 在命令面板的“标准基本体”列表框中选择 VRay 选项，在弹出的命令面板中单击“VR-毛皮”按钮，如图 5-15 所示。

STEP 16 在“参数”卷展栏中设置其参数，如图 5-16 所示。

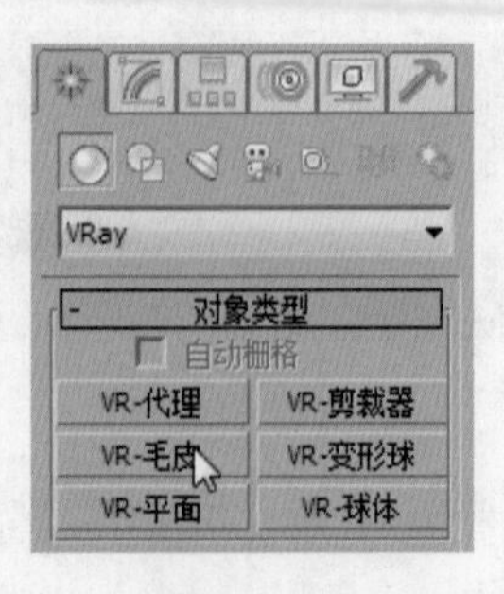

图 5-15　单击“VR-毛皮”按钮

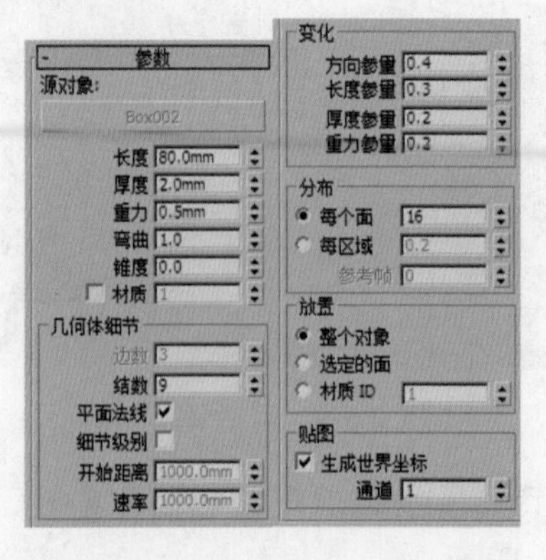

图 5-16　设置“VR-毛皮”参数

STEP 17 设置完成后，选择“VR-毛皮”对象，调整其颜色，即可制作完成地毯，如图 5-17 所示。

STEP 18 制作装饰画，在命令面板中单击按钮，在“样条线”列表框中单击“扩展样条线”选项，在命令面板中选择“墙矩形”按钮，如图 5-18 所示。

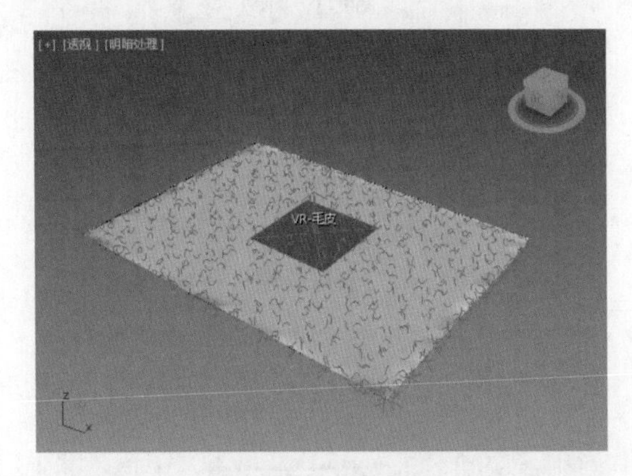

图 5-17　制作地毯

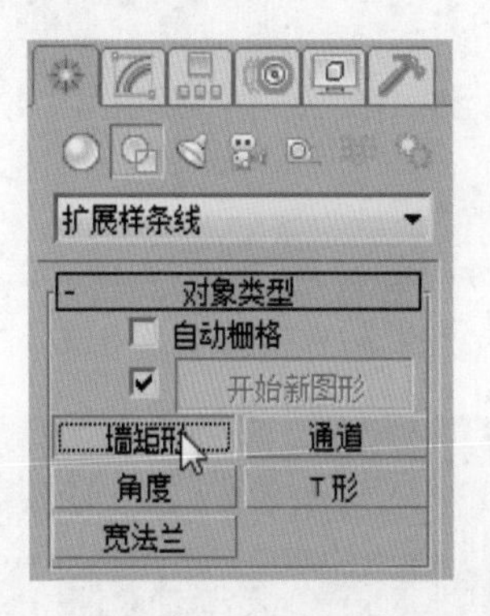

图 5-18　单击“墙矩形”按钮

STEP 19 在前视图创建样条线，样条线长为 413mm，宽为 438mm，厚为 30mm，设置完成后效果如图 5-19 所示。

STEP 20 在修改器列表中选择“挤出”选项，并设置参数，如图 5-20 所示。

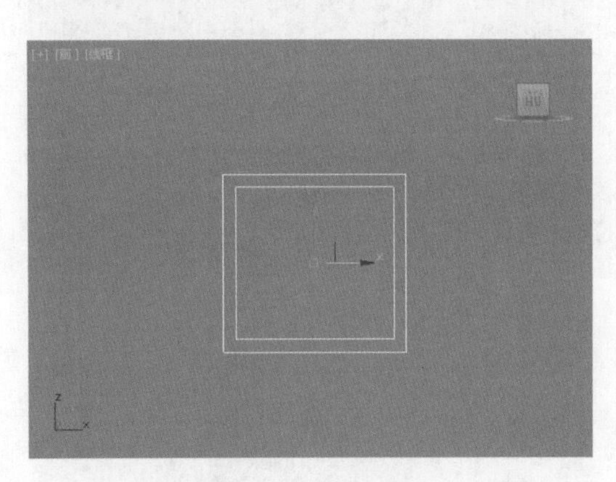

图 5-19　创建样条线

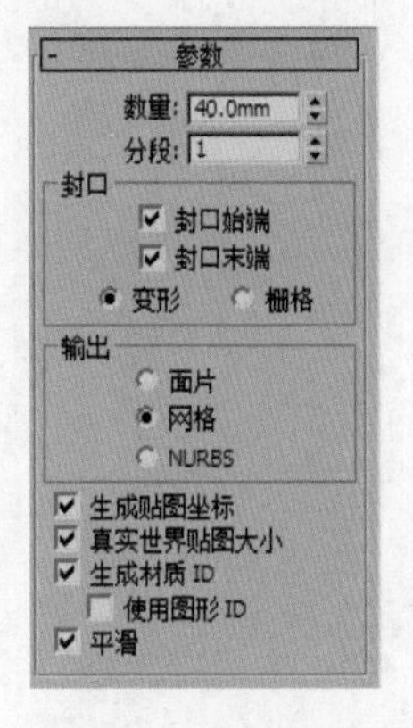

图 5-20　设置挤出数量

STEP 21 设置完成后，样条线将挤出为实体，如图 5-21 所示。

STEP 22 在前视图创建长方体，参数如图 5-22 所示。

STEP 23 添加材质后装饰画就制作完成，如图 5-23 所示。

STEP 24 导入“被子”模型，将装饰画成组并在顶视图平行复制两个，并将其放置在合适位置，如图 5-24 所示。

STEP 25 制作台灯，在前视图绘制样条线，如图 5-25 所示。

STEP 26 在修改器列表中选择“车削”选项，在“对齐”卷展栏中单击“最大”按钮，设置完成后，即可完成车削操作，如图 5-26 所示。

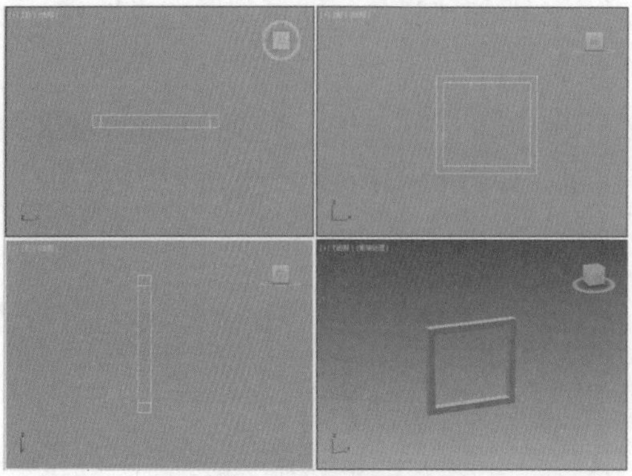

图 5-21　挤出实体效果

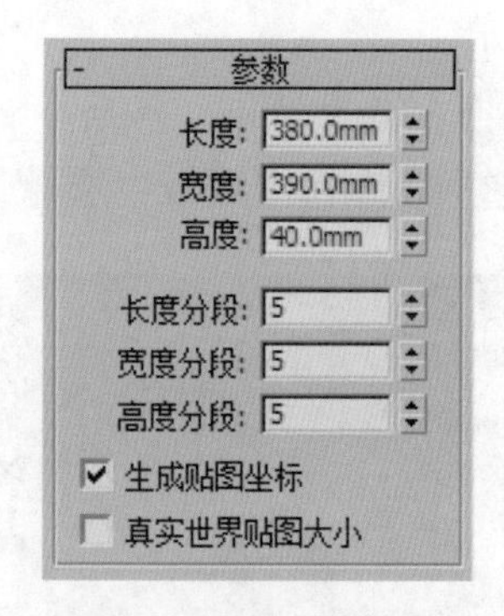

图 5-22　创建长方体参数

图 5-23　制作装饰画

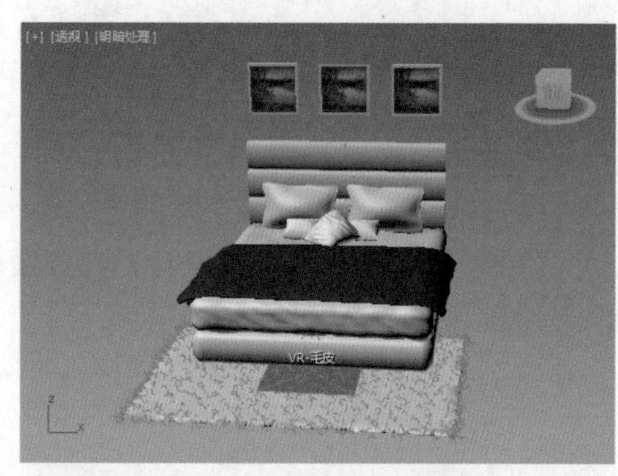

图 5-24　移动装饰画

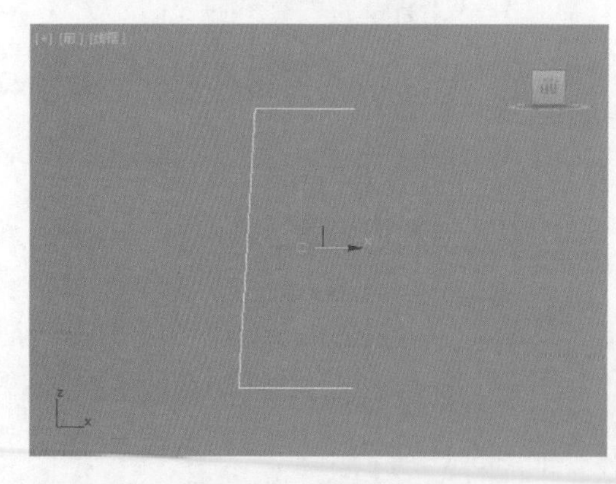

图 5-25　绘制样条线

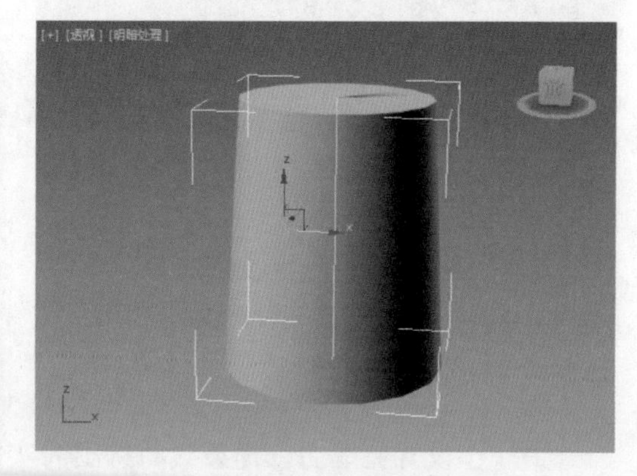

图 5-26　车削效果

STEP 27 将实体转换为可编辑多边形，在堆栈栏中选择“多边形”选项，并返回视图同时选择顶面和底面，如图 5-27 所示。

STEP 28 在修改器列表中选择“壳”选项，并在“参数”卷展栏中设置参数，如图 5-28 所示。

STEP 29 设置参数后，实体将向内添加 3mm 的壳，如图 5-29 所示。

STEP 30 继续创建圆柱体和长方体作为台灯的灯柱和底座，如图 5-30 所示。

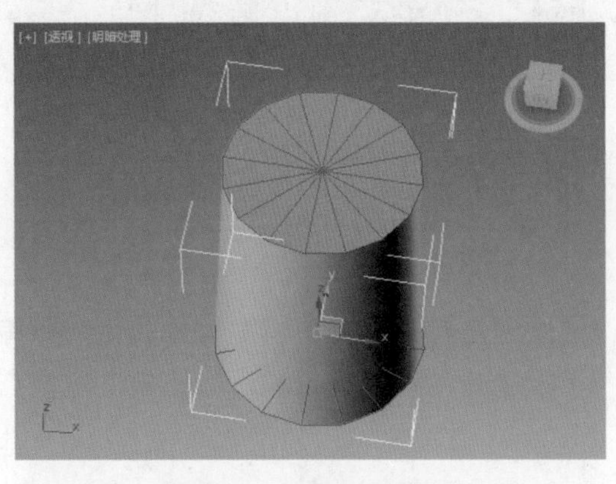

图 5-27 选择顶面和底面

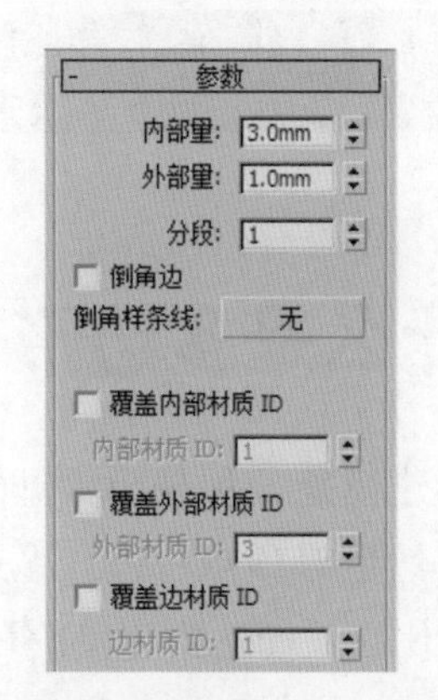

图 5-28 设置“壳”参数

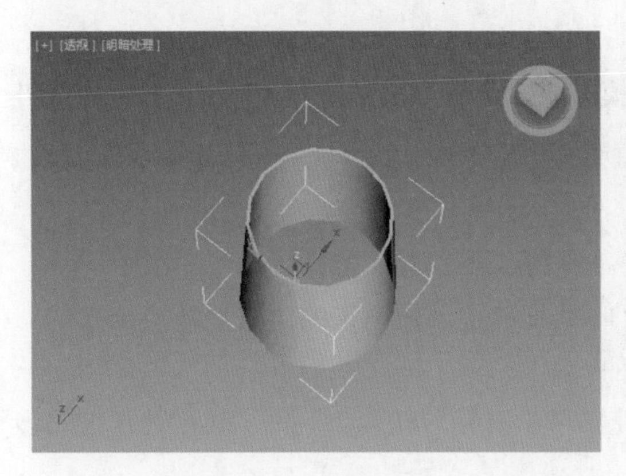

图 5-29 添加壳效果

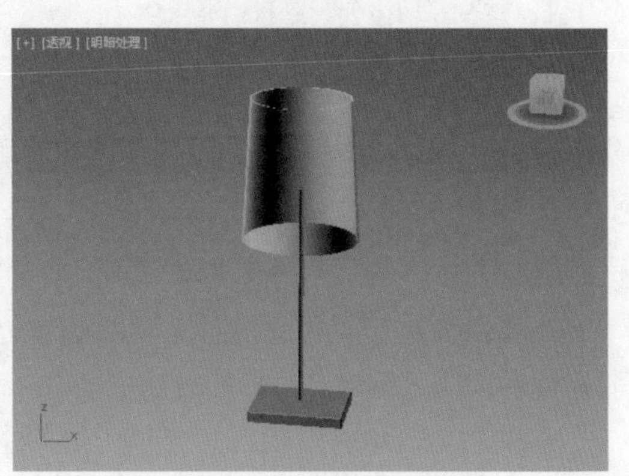

图 5-30 制作台灯

STEP 31 继续导入床头柜和装饰品，然后添加材质，双人床就制作完成了，渲染结果如图 5-31 所示。

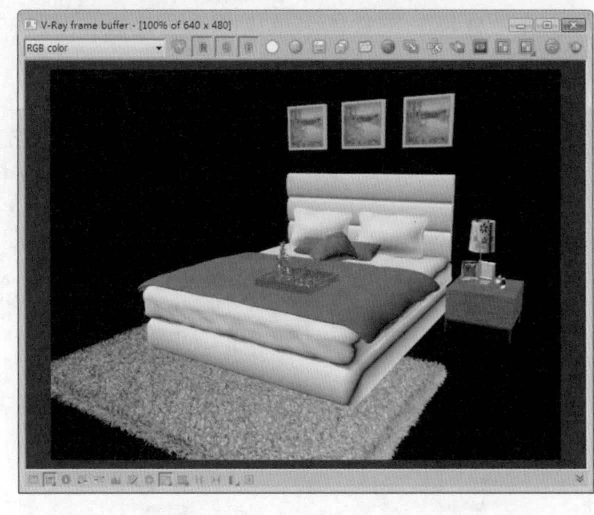

图 5-31 双人床效果

【听我讲】

5.1 什么是多边形建模

多边形建模是一种最为常见的建模方式。其原理是首先将一个模型对象转化为可编辑多边形，然后对顶点、边、多边形、边界、元素这几种级别进行编辑，使模型逐渐产生相应的变化，从而达到建模的目的。

5.1.1 多边形建模概述

多边形建模是 3ds Max 中最为强大的建模方式，几乎可以制作人和模型 (除了极其特殊的模型)，其中包括繁多的工具和传统的建模流程思路。

5.1.2 将模型转换为可编辑多边形

在编辑多边形对象之前首先要明确多边形对象不是创建出来的，而是转换出来的。将物体转换为可编辑多边形的方法主要有 4 种：

方法 1：选择物体，右击，在弹出的快捷菜单中选择“转换为” | “转换为可编辑多边形”命令，如图 5-32 所示。

方法 2：选择物体，在修改器列表中添加“编辑多边形”修改器，如图 5-33 所示。

方法 3：选择物体，在修改器堆栈中选择对象，右击，在弹出的快捷菜单中选择“可编辑多边形”命令，如图 5-34 所示。

方法 4：选择物体，在“建模”工具栏中单击“多边形建模”按钮，在弹出的下拉菜单中选择“转化为多边形”命令，如图 5-35 所示。

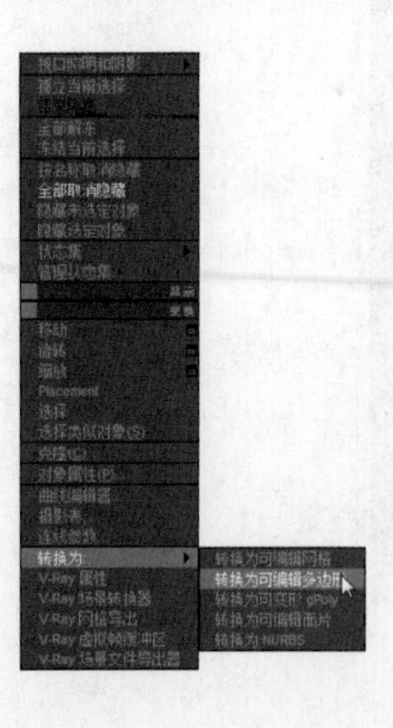

图 5-32 快捷菜单

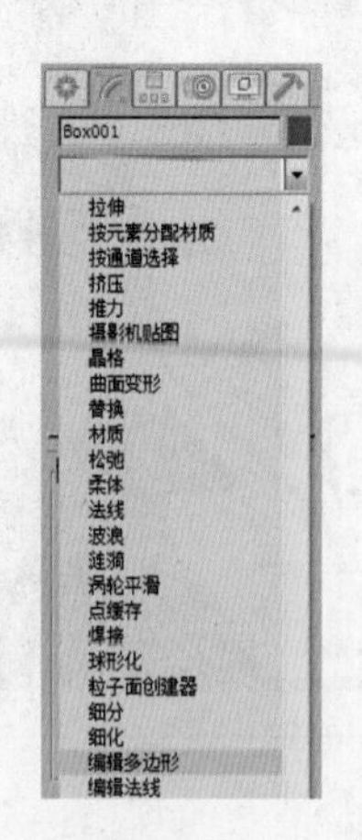

图 5-33 修改器列表

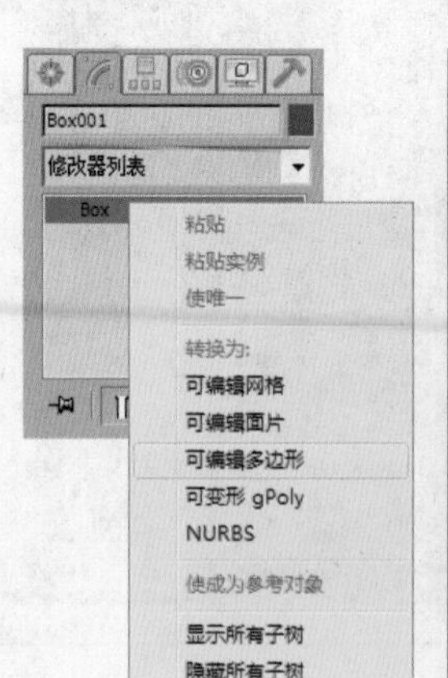

图 5-34 选择：“可编辑多边形”命令

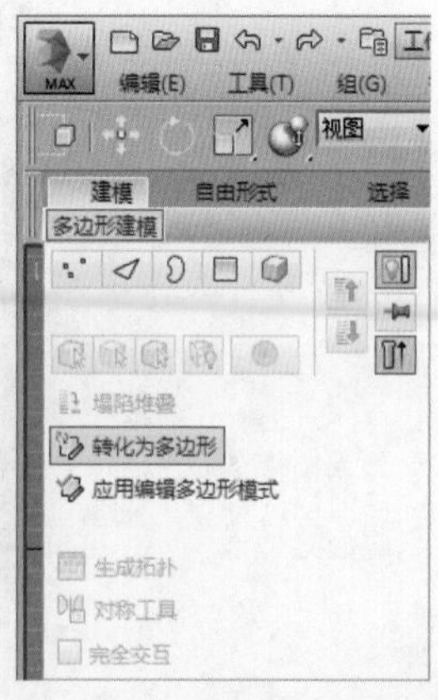

图 5-35 选择：“转化为多边形”命令

5.2 可编辑多边形参数

可编辑多边形是 3d Max 中又一强大的建模工具，可用于生物、人物、植物、机械工业产品的建模，目前已经作为 3d Max 的标准建模工具。

所有的物体都是由点、线段、边界、面、元素组成的，将物体转化为可编辑多边形就是为了操作这些元素从而对物体进行编辑。

5.2.1 “选择”卷展栏

“选择”卷展栏提供了各种工具，用于访问不同的子对象层级和显示设置以及创建与修改选定内容，此外还显示了与选定实体有关的信息，如图 5-36 所示。

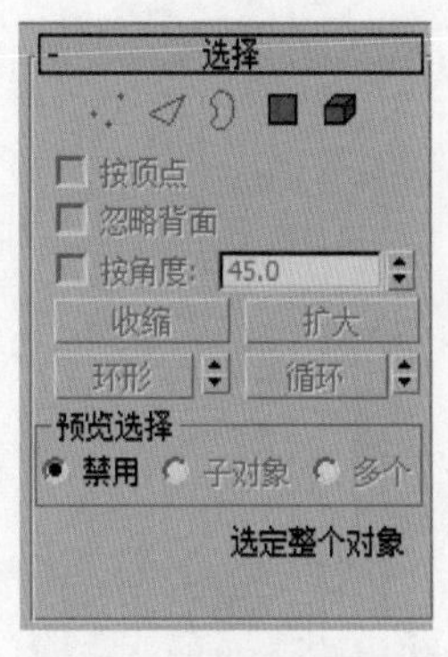

图 5-36 “选择”卷展栏

“选择”卷展栏中各选项含义如下。

- 顶点：访问“顶点”子对象层级，可从中选择光标下的顶点；区域选择将选择区域中的顶点。
- 边：访问“边”子对象层级，可从中选择光标下的多边形的边，区域选择将选择区域中的多条边。
- 边界：访问“边界”子对象层级，可从中选择构成网格中孔洞边框的一系列边。
- 多边形：访问“多边形”子对象层级，可选择光标下的多边形。区域选择选中区域中的多个多边形。
- 元素：访问“元素”子对象层级，通过它可以选择对象中所有相邻的多边形。区域选择用于选择多个元素。
- 按顶点：启用时，只有通过选择所用的顶点，才能选择子对象。
- 忽略背面：启用后，选择子对象将只影响朝向用户的那些对象。
- 按角度：启用时，选择一个多边形也会基于复选框右侧的数字“角度”设置选择相邻多边形。该值可以确定要选择的邻近多边形之间的最大角度。
- 收缩：通过取消选择最外部的子对象缩小子对象的选择区域。如果不再减少选择大小，则可以取消选择其余的子对象。

- 扩大：朝所有可用方向外侧扩展选择区域。在该功能中，将边界看作一种边选择。
- 环形：通过选择所有平行于选中边的边来扩展边选择。环形只应用于边和边界选择。
- 循环：在与所选边对齐的同时，尽可能远地扩展边选定范围。

5.2.2 “软选择”卷展栏

“软选择”卷展栏控件允许部分地、显式选择邻接处中的子对象。这将会使显式选择的行为就像被磁场包围了一样。在对子对象选择进行变换时，在场中被部分选定的子对象就会平滑地进行绘制；这种效果随着距离或部分选择的“强度”而衰减。“软选择”卷展栏如图 5-37 所示。

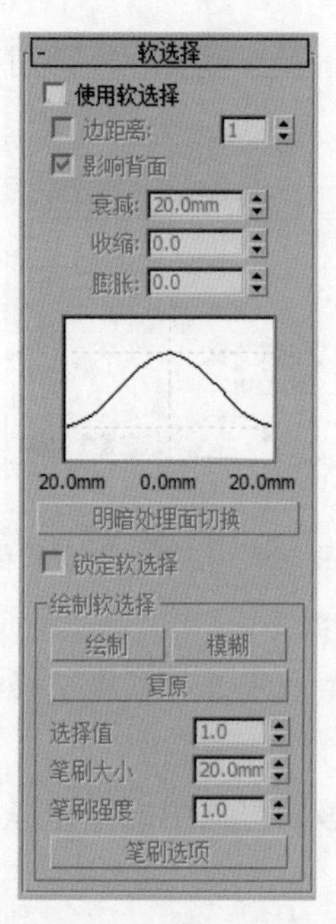

图 5-37 “软选择”卷展栏

“软选择”卷展栏中各选项含义如下。

- 使用软选择：在可编辑对象或“编辑”修改器的子对象层级上影响“移动”“旋转”和“缩放”功能的操作，如果在子对象选择上操作变形修改器，那么也会影响应用到对象上的变形修改器的操作(后者也可以应用到“选择”修改器)。
- 边距离：启用该选项后，将软选择限制到指定的面数，该选择在进行选择的区域和软选择的最大范围之间。影响区域根据“边距离”空间沿着曲面进行测量，而不是真实空间。
- 影响背面：启用该选项后，那些法线方向与选定子对象平均法线方向相反的、取消选择的面就会受到软选择的影响。
- 衰减：用以定义影响区域的距离，它是用当前单位表示的从中心到球体的边的距离。

- 收缩：沿着垂直轴提高并降低曲线的顶点。
- 膨胀：沿着垂直轴展开和收缩曲线。
- 软选择曲线：以图形的方式显示软选择是如何进行工作的。
- 绘制：在使用当前设置的活动对象上绘制软选择。
- 模糊：绘制以软化现有绘制的软选择的轮廓。
- 复原：使用当前设置还原对活动对象的软选择。
- 选择值：软选择的最大相对选择值。
- 笔刷大小：选择的圆形笔刷的半径。
- 笔刷强度：软选择将绘制的子对象设置成最大值的速率。
- 笔刷选项：可以打开“绘制选项”对话框，在该对话框中可设置笔刷的相关属性。

5.2.3 “编辑几何体”卷展栏

“编辑几何体”卷展栏提供了用于在顶(对象)层级或子对象层级更改多边形对象几何体的全局控件，如图5-38所示。

图5-38 “编辑几何体”卷展栏

“编辑几何体”卷展栏中各选项含义介绍如下。

- 重复上一个：重复最近使用的命令。
- 约束：可以使用现有的几何体约束子对象的变换。
- 保持UV：启用此选项后，可以编辑子对象，而不影响对象的UV贴图。可选择是否保持对象的任意贴图通道。默认设置为禁用状态。

- 创建：创建新的几何体。
- 塌陷：通过将其顶点与选择中心的顶点焊接，使连续选定子对象的组产生塌陷。
- 附加：使场景中的其他对象属于选定的多边形对象。
- 分离：将选定的子对象和关联的多边形分隔为新对象或元素(仅限于子对象层级)。
- 切片平面：为切片平面创建 Gizmo，可以定位和旋转它，来指定切片位置。
- 重置平面：将切片平面恢复到默认位置和方向(仅限子对象层级)。
- 快速切片：可以将对象快速切片，而不操纵 Gizmo。
- 切割：用于创建一个多边形到另一个多边形的边，或在多边形内创建边。
- 网格平滑：使用当前设置平滑对象。
- 细化：根据喜欢设置细分对象中的所有多边形。
- 平面化：强制所有选定的子对象成为共面。
- X/Y/Z：平面化选定的所有子对象，并使该平面与对象的局部坐标系中的相应平面对齐。
- 视图对齐：使对象中的所有顶点与活动视口所在的平面对齐。
- 栅格对齐：将选定对象中的所有顶点与当前视图的构造平面对齐，并将其移动到该平面上。或者在子对象层级，只影响选定的子对象。
- 松弛：可以规格化网格空间，工作方式与“松弛”修改器相同。

5.2.4 “细分曲面”卷展栏

将细分应用于采用网格平滑格式的对象，以便可以对分辨率较低的“框架”网格进行操作，同时查看更为平滑的细分结果。该卷展栏既可以在所有子对象层级使用，也可以在对象层级使用，如图 5-39 所示。

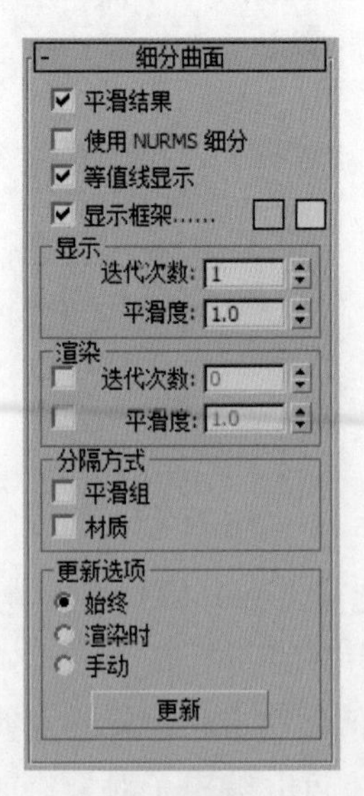

图 5-39 “细分曲面”卷展栏

卷展栏中各选项含义如下。

- 平滑结果：对所有的多边形应用相同的平滑组。
- 使用 NURBS 细分：通过 NURBS 方法应用平滑。
- 等值线显示：启用该选项后，3ds Max 仅显示等值线，即对象在进行光滑处理之前的原始边缘。
- 显示框架：在修改或细分之前，切换显示可编辑多边形对象的两种颜色线框的显示。
- 迭代次数：用于另外选择一个要在渲染时应用于对象的平滑迭代次数。
- 平滑度：用于另外选择一个要在渲染时应用于对象的平滑度值。
- 平滑组：防止在面间的边处创建新的多边形。
- 材质：为不共享“材质 ID”的面间的边创建新多边形。

5.2.5 “细分置换”卷展栏

指定用于细分可编辑多边形对象的曲面近似设置。这些控件的工作方式与 NURBS 曲面的曲面近似设置相同，对可编辑多边形对象应用置换贴图时会使用这些控件，“细分置换”卷展栏如图 5-40 所示。

图 5-40 “细分置换”卷展栏

“细分置换”卷展栏中各选项含义如下。

- 细分置换：启用时，可以使用在“细分预设”和“细分方法”组中指定的方法和设置，将多边形进行细分以精确地置换多边形对象。
- 分割网格：影响位移多边形对象的接缝，也会影响纹理贴图。启用时，会将多边形对象分割为各个多边形，然后使其发生位移。
- 细分预设：用于选择低、中或高质量的预设曲面近似值。
- 细分方法：如果已经选择上述“视口”，该组中的控件会影响多边形在视口中的显示。

- 依赖于视图：(仅限“渲染器”)启用时，要在计算细化期间考虑对象到摄影机的距离，从而可以通过对渲染场景距离范围内的对象不生成纹理细密的细化来缩短渲染时间。

5.2.6 “绘制变形”卷展栏

该卷展栏可以推、拉或者在对象曲面上拖动鼠标指针来影响顶点。在对象层级上，该卷展栏可以影响选定对象中的所有顶点；在子对象层级上，它仅会影响选定顶点(或属于选定子对象的顶点)以及识别软选择，“绘制变形”卷展栏如图 5-41 所示。通常使用该工具模拟山脉模型、布纹理模型、凹凸质感模型等。

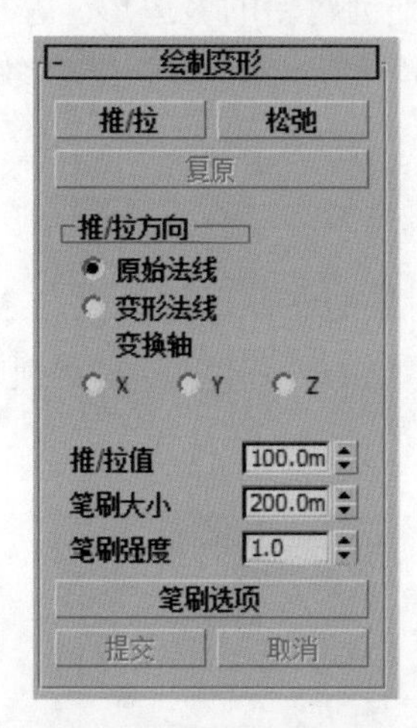

图 5-41 “绘制变形”卷展栏

卷展栏中各选项含义如下：

- 推 / 拉：将顶点移入对象曲面内(推)或移出曲面外(拉)。推拉的方向和范围由“推 / 拉值”设置所确定。
- 松弛：将每个顶点按移到由它的临近顶点平均位置所计算出来的位置上，来规格化顶点之间的距离。
- 复原：通过绘制可以逐渐擦除或者反转“推拉”或“松弛”的效果。
- 推 / 拉方向：此设置用于指定对顶点的推或拉是根据原始法线、变形法线进行，还是沿着指定轴进行。
- 推 / 拉值：确定单个推拉操作应用的方向和最大范围。
- 笔刷大小：设置圆形笔刷的半径。
- 笔刷强度：设置笔刷应用推拉值的速率。
- 笔刷选项：单击此按钮以打开“绘制选项”对话框，在该对话框中可以设置各种笔刷相关的参数。
- 提交：使变形的更改永久化，将它们烘焙到对象几何体中。
- 取消：取消自最初应用绘制变形以来的所有更改，或取消最近的提交操作。

5.3 可编辑多边形子层级参数

在多边形建模时，可以针对某一个级别的对象进行调整。比如顶点、边、多边形、边界或元素。当选择某一子层级时，参数面板也会发生相应的变化。

5.3.1 编辑顶点

顶点是空间中的点，它们定义组成多边形对象的其他子对象（边和多边形）的结构。移动或编辑顶点时，也会影响连接的几何体。选择“顶点”子层级后，即可打开“编辑顶点”卷展栏，其中提供了特定于顶点的编辑命令，如图5-42所示。

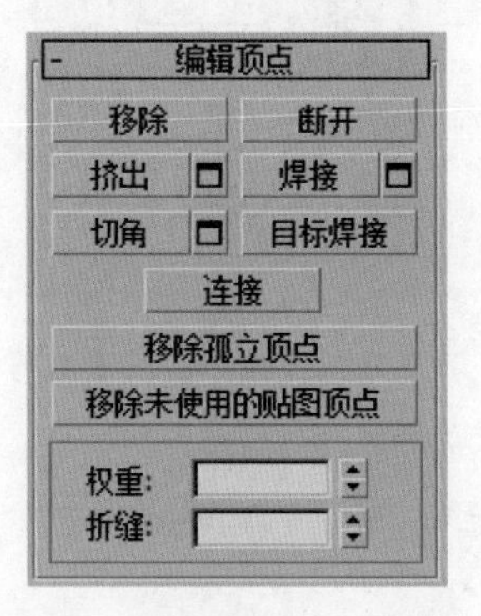

图5-42 “编辑顶点”卷展栏

“编辑顶点”卷展栏中各选项含义如下。

- 移除：删除选定的顶点，并结合使用它们的多边形。
- 断开：在与选定顶点相连的每个多边形上，都创建一个新顶点，这可以使多边形的转角相互分开，使它们不再相连于原来的顶点上。
- 挤出：挤出顶点时，它会沿法线方向移动，并且创建新的多边形，形成挤出的面，将顶点与对象相连。
- 焊接：对焊接助手中指定的公差范围内选定的连续顶点进行合并。
- 切角：单击该按钮，然后在活动对象中拖动顶点。
- 目标焊接：可以选择一个顶点，并将它焊接到相邻目标顶点。目标焊接只焊接成对的连续顶点，也就是说，顶点有一个边相连。
- 连接：在选中的顶点对之间创建新的边。
- 移除孤立顶点：将不属于任何多边形的所有顶点删除。
- 移除未使用的贴图顶点：某些建模操作会留下未使用的贴图顶点，它们会显示在“展开UVW”编辑器中，但是不能用于贴图。
- 权重：设置选定顶点的权重。
- 折缝：设置选定顶点的折缝值。

5.3.2 编辑边

边是连接两个顶点的直线，它可以形成多边形的边。选择“边”子层级后，即可打开“编辑边”卷展栏，该卷展栏包括特定于编辑边的命令，如图 5-43 所示。

图 5-43 “编辑边”卷展栏

“编辑边”卷展栏中各选项含义如下。

- 插入顶点：用于手动细分可视的边。激活该命令后单击某条边即可在该位置处添加顶点。
- 移除：删除选定边并组合使用这些边的多边形。
- 分割：沿着选定边分割网格。
- 挤出：直接在视口中操纵时，可以手动挤出边。
- 焊接：对焊接助手中指定的阈值范围内的选定边进行合并。
- 切角：边切角可以砍掉选定边，从而为每个切角边创建两个或更多新的边。
- 目标焊接：用于选择边并将其焊接到目标边。
- 桥：使用多边形的“桥”连接对象的边。
- 连接：使用当前的“连接边”在选定边对之间创建新边。
- 利用所选内容创建图形：选择一个或多个边后，单击该按钮，以便通过选定的边创建样条线形状。
- 硬：导致显示选定边并将其渲染为未平滑的边。
- 平滑：通过在相邻的面之间自动共享平滑组，设置选定边以将其显示为平滑边。
- 显示硬边：启用该选项后，所有硬边都使用通过临近色样定义的硬边颜色显示在视口中。

5.3.3 编辑边界

边界是网格的线性部分，通常可以描述为孔洞的边缘。选择“边界”子层级后，即可打开“编辑边界”卷展栏，如图 5-44 所示。

图 5-44 “编辑边界”卷展栏

“编辑边界”卷展栏中各选项含义如下。

- 挤出：通过直接在视口中操纵对边界进行手动挤出处理。
- 插入顶点：用于手动细分边界边。
- 切角：单击该按钮，然后拖动活动对象中的边界。
- 封口：使用单个多边形封住整个边界环。
- 桥：用“桥”连接多边形对象上的边界对。
- 连接：在选定边界边对之间创建新的边，这些边通过其中点相连。

5.3.4 编辑多边形 / 元素

多边形是通过曲面连接的三条或多条边的封闭序列，它提供了可渲染的可编辑多边形对象曲面。“多边形”与“元素”子层级兼容，在二者之间切换，将保留所有现有选择。在“编辑元素”卷展栏中包含常见的多边形和元素命令，而在“编辑多边形”卷展栏中包含“编辑元素”卷展栏中的这些命令以及多边形特有的多个命令。“编辑多边形”卷展栏和“编辑元素”卷展栏，如图 5-45 和图 5-46 所示。

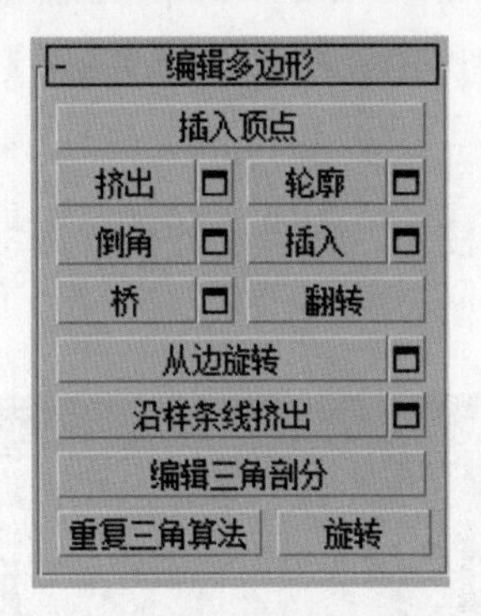

图 5-45 “编辑多边形”卷展栏

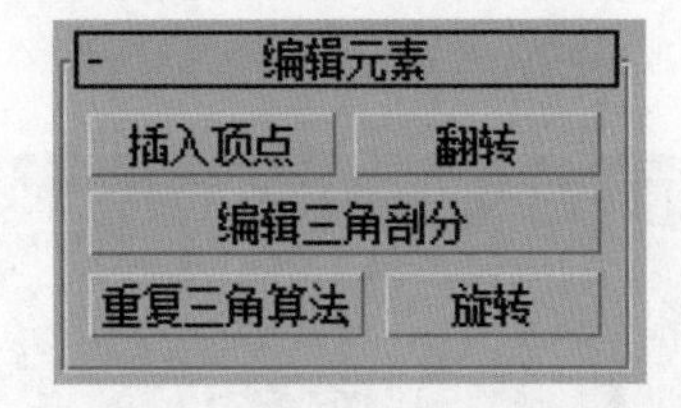

图 5-46 “编辑元素”卷展栏

“编辑多边形”卷展栏中各选项含义如下。

- 插入顶点：用于手动细分多边形，单击多边形即可在该位置处添加顶点。
- 挤出：直接在视口中操纵时，可以执行手动挤出操作。
- 轮廓：用于增加或减小每组连续的选定多边形的外边。

- 倒角：通过直接在视口中操纵执行手动倒角操作。
- 插入：执行没有高度的倒角操作，即在选定多边形的平面内执行该操作。
- 桥：使用多边形的“桥”连接对象上的两个多边形或选定多边形。
- 翻转：反转选定多边形的法线方向，从而使其面向读者。
- 从边旋转：通过在视口中直接操纵执行手动旋转操作。
- 沿样条线挤出：沿样条线挤出当前的选定内容。
- 编辑三角剖分：使用户可以通过绘制内边修改多边形细分为三角形的方式。
- 重复三角算法：允许 3ds Max 对当前选定的多边形自动执行最佳的三角剖分操作。
- 旋转：用于通过单击对角线修改多边形细分为三角形的方式。

【例 5-1】利用多边形建模创建电视机模型。

本案例利用长方体、切角长方体和编辑多边形命令来完成模型的创建，制作电视机的操作步骤介绍如下。

STEP 01 在创建命令面板中单击“长方体”按钮，在前视图中创建长 1 040mm，宽 585mm，高度 55mm 的长方体，如图 5-47 所示。

STEP 02 切换到透视视图，右击，选择将长方体转换为可编辑多边形，如图 5-48 所示。

图 5-47　创建长方体

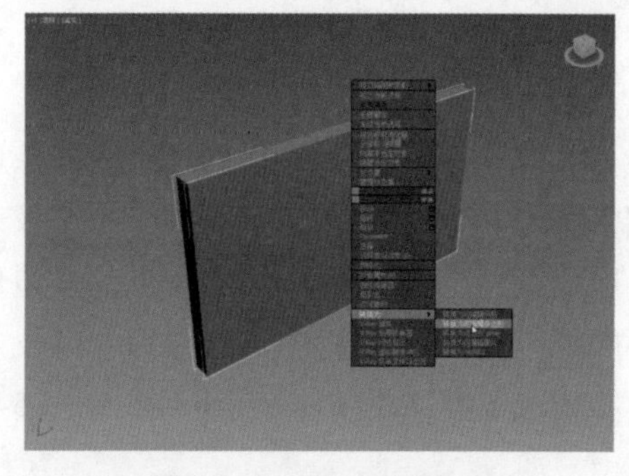

图 5-48　转换为可编辑多边形

STEP 03 进入“多边形”子层级，选择多边形，如图 5-49 所示。

STEP 04 在“编辑多边形”卷展栏中单击“插入”按钮，在弹出的设置面板中设置插入数量为 5mm，视图中可以看到插入效果，如图 5-50 所示。

图 5-49　选择多边形

图 5-50　插入效果

STEP 05 切换到前视图，再进入“顶点”子层级，选择如图 5-51 所示的顶点。

STEP 06 移动顶点位置，将其沿 Y 轴向上移动 20mm，如图 5-52 所示。

图 5-51　选择顶点

图 5-52　移动顶点

STEP 07 在“编辑多边形”卷展栏中单击“挤出”按钮，设置挤出值为 –5mm，视图效果如图 5-53 所示。

STEP 08 进入“边”子层级，选择如图 5-54 所示的边。

图 5-53　挤出多边形

图 5-54　选择边

STEP 09 在“编辑多边形”卷展栏中单击“切角”按钮，设置切角量为 2mm，视图中可以预览到效果，如图 5-55 所示。

STEP 10 设置完毕，再次单击“切角”按钮，设置切角量为 0.5mm，效果如图 5-56 所示。

图 5-55　切角边

图 5-56　再次切角边

STEP 11 按照如此操作步骤再切角其他位置的边，如图 5-57 所示。

STEP 12 创建一个切角长方体，设置长度 180mm，宽度 80mm，高度 40mm，圆角 5mm，长度分段为 2，移动到合适的位置，如图 5-58 所示。

图 5-57 继续操作

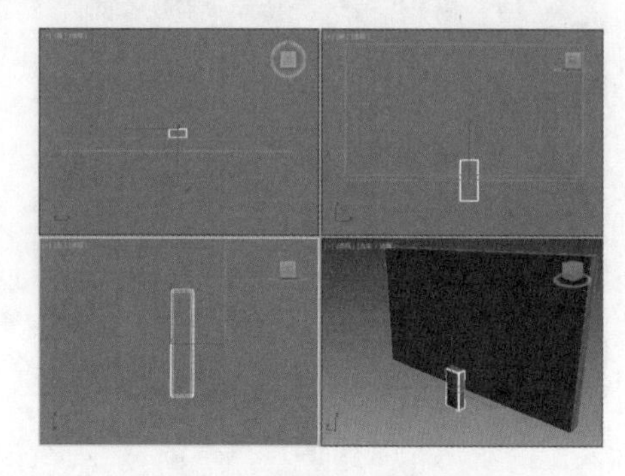

图 5-58 创建切角长方体

STEP 13 将其转换为可编辑多边形，进入“顶点”子层级，在左视图中调整顶点位置，如图 5-59 所示。

STEP 14 在创建命令面板中单击“矩形”按钮，在顶视图中绘制长 250mm，宽 500mm，圆角半径为 10mm 的矩形，如图 5-60 所示。

图 5-59 调整顶点位置

图 5-60 绘制圆角矩形

STEP 15 为矩形添加挤出修改器，设置挤出值为 15mm，如图 5-61 所示。

STEP 16 将其转换为可编辑多边形，进入“边”子层级，选择如图 5-62 所示的边。

图 5-61 设置挤出

图 5-62 选择边

CHAPTER 01
CHAPTER 02
CHAPTER 03
CHAPTER 04
CHAPTER 05

STEP 17 重复步骤 09 和步骤 10 的操作，完成电视机模型的创建，如图 5-63 所示。

图 5-63 完成模型的创建

5.4 网格编辑

“可编辑网格”与“可编辑多边形”有些相似，但是它具有好多“可编辑多边形”不具有的命令与功能。

可编辑网格是一种可变形对象，是一个 trimesh，即它使用三角多边形。可编辑网格适用于创建简单、少边的对象或用于网格平滑和 HSDS 建模的控制网格。用户可以将 NURBS 或面片曲面转换为可编辑网格。可编辑网格只需要很少的内存，并且是使用多边形对象进行建模的首选方法。

5.4.1 转换为可编辑网格

像“编辑网格”修改器一样，在三种子对象层级上像操纵普通对象那样，它提供由三角面组成的网格对象的操纵控制：顶点、边和面。可以将 3ds Max 中的大多数对象转化为可编辑网格，但是对于开放样条线对象，只有顶点可用，因为在被转化为网格时开放样条线没有面和边。转换为可编辑网格的方法大致有以下三种：

方法 1：选择物体，右击，在弹出的快捷菜单中选择“转换为” | “转换为可编辑网格”命令，如图 5-64 所示。

方法 2：选择物体，在修改器列表中添加“编辑网格”修改器，如图 5-65 所示。

方法 3：选择物体，在修改器堆栈中选择对象，右击，在弹出的快捷菜单中选择“可编辑网格”命令，如图 5-66 所示。

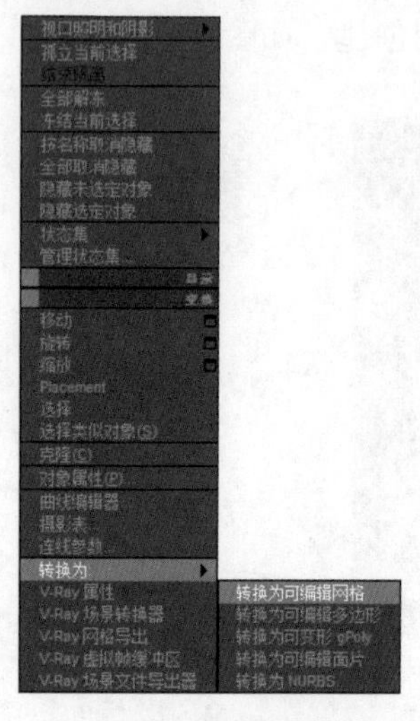

图 5-64 快捷菜单

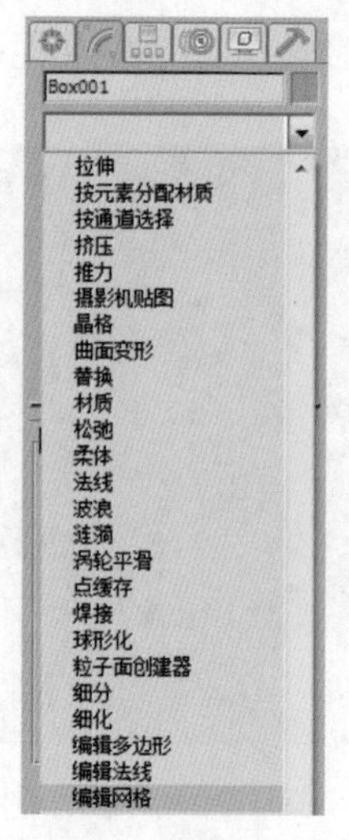

图 5-65 修改器列表

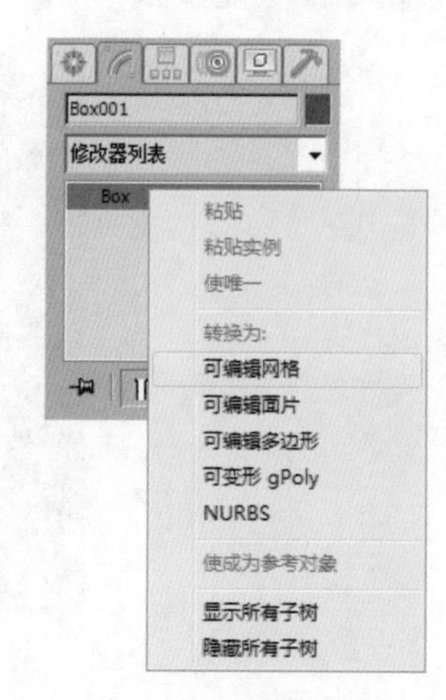

图 5-66 堆栈菜单

5.4.2 可编辑网格参数面板

将模型转换为可编辑网格后，可以看到其子层级分别为顶点、边、面、多边形和元素，与多边形建模的子层级有所不同。网格对象的参数面板共有四个卷展栏，分别是“选择”“软选择”“编辑几何体”以及“曲面属性”，如图 5-67~ 图 5-70 所示。

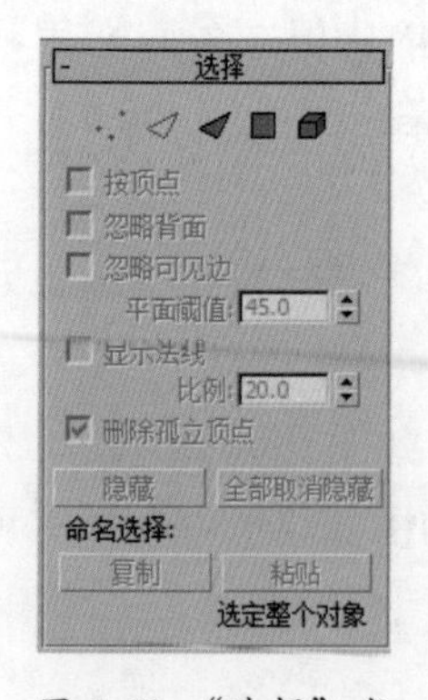

图 5-67 “选择”卷展栏

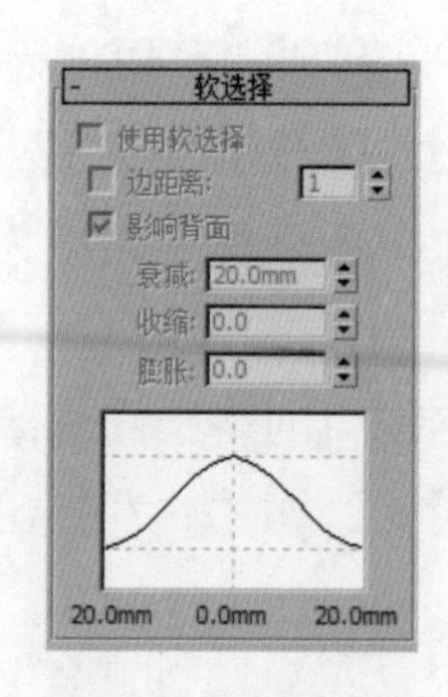

图 5-68 “软选择”卷展栏

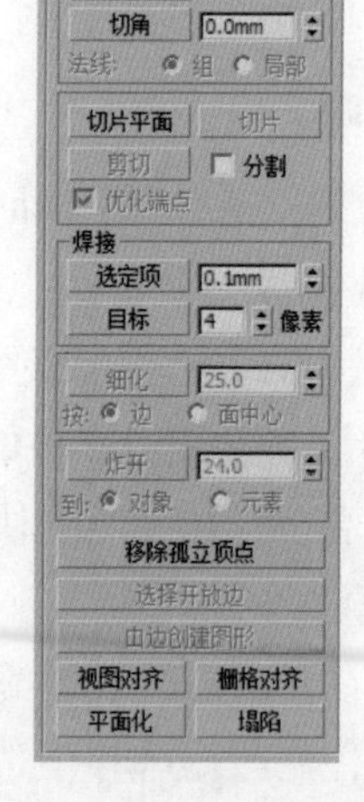

图 5-69 “编辑几何体”卷展栏

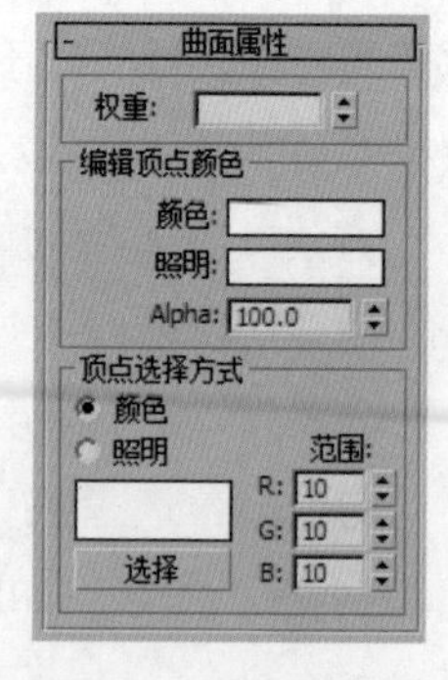

图 5-70 “曲面属性”卷展栏

5.5 NURBS 建模

在 3ds Max 中建模的方式之一是使用 NURBS 曲面和曲线。NURBS 表示非均匀有理数 B 样条线，是设计和建模曲面的行业标准。它特别适合于为含有复杂曲线的曲面建模，因为这些对象很容易交互操纵，且创建它们的算法效率高，计算稳定性好。

5.5.1 NURBS 对象

NURBS 对象包含曲线和曲面两种，如图 5-71 和图 5-72 所示，NURBS 建模也就是创建 NURBS 曲线和 NURBS 曲面的过程，使用它可以使以前实体建模难以达到的圆滑曲面的构建变得简单方便。

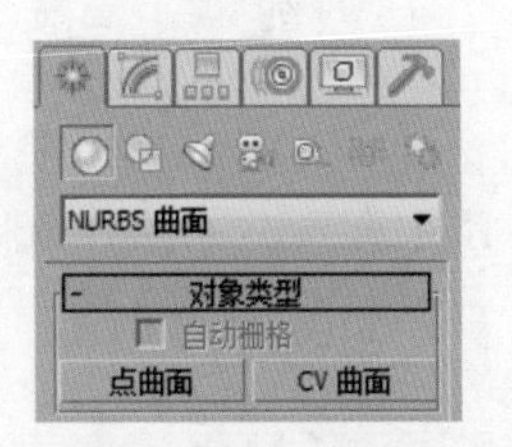

图 5-71 NURBS 曲面面板

图 5-72 NURBS 曲线面板

1. NURBS 曲面

NURBS 曲面包含点曲面和 CV 曲面两种，含义介绍如下。

- 点曲面：由点来控制模型的形状，每个点始终位于曲面的表面上。
- CV 曲面：由控制顶点来控制模型的形状，CV 形成围绕曲面的控制晶格，而不是位于曲面上。

2. NURBS 曲线

NURBS 曲线包含点曲线和 CV 曲线两种，含义介绍如下。

- 点曲线：由点来控制曲线的形状，每个点始终位于曲线上。
- CV 曲线：由控制顶点来控制曲线的形状，这些控制顶点不必位于曲线上。

建模技能

NURBS 造型系统由点、曲线和曲面 3 种元素构成，曲线和曲面又分为标准和 CV 型，创建它们既可以在创建命令面板内完成，也可以在一个 NURBS 造型内部完成。

5.5.2 编辑 NURBS 对象

在 NURBS 对象的参数面板中共有 7 个卷展栏，分别是“常规”“显示线参数”“曲面近似”“曲线近似”“创建点”“创建曲线”和“创建曲面”卷展栏，如图 5-73 所示。

而在选择“曲线 CV”或者“曲线”子层级时，又会分别出现不同的参数卷展栏，如下图 5-74 和图 5-75 所示。

图 5-73　NURBS 曲面参数面板

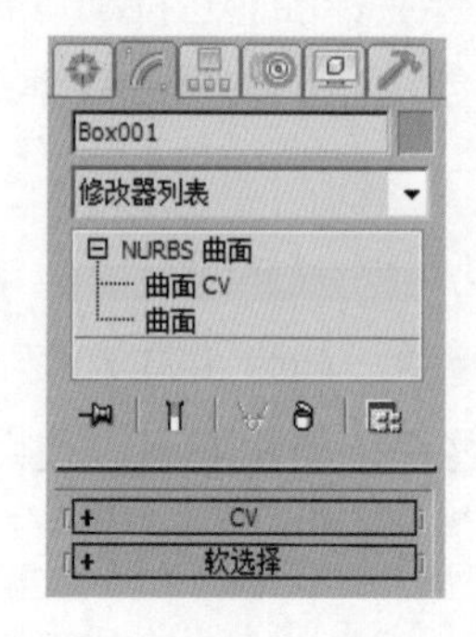

图 5-74　曲面 CV 参数面板

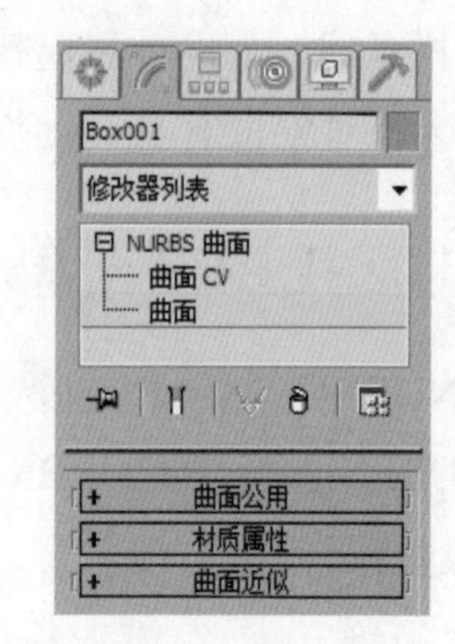

图 5-75　曲面参数面板

1. 常规

“常规”卷展栏中包含了附加、导入以及 NURBD 工具箱等，如图 5-76 所示。单击“NURBS 创建工具箱”按钮，即可打开 NURBS 工具箱，如图 5-77 所示。

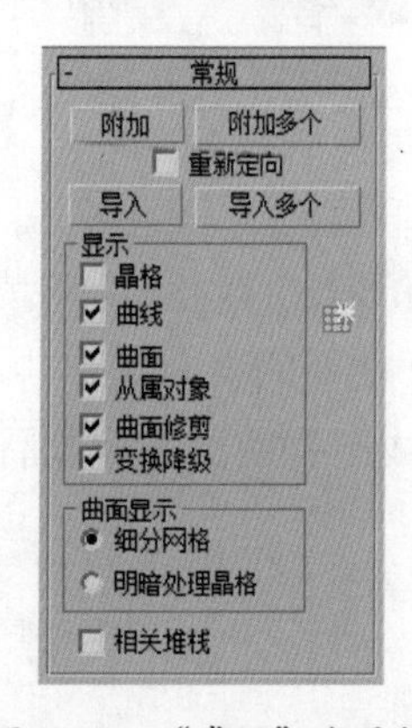

图 5-76　“常规”卷展栏

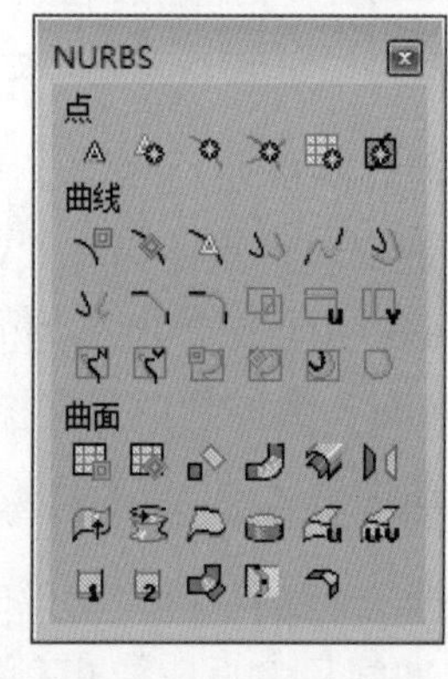

图 5-77　NURBS 工具箱

表 5-1 所示为各个编辑工具的作用。

表 5-1　各编辑工具的作用

编辑工具	作　用
创建点	创建一个独立自由的顶点
创建偏移点	在距离选定点一定的偏移位置创建一个顶点
创建曲线点	创建一个依附在曲线上的顶点
创建曲线 - 曲线点	在两条曲线交叉处创建一个顶点
创建曲面点	创建一个依附在曲面上的顶点
创建曲面 - 曲线点	在曲面和曲线的交叉处创建一个顶点
创建 CV 曲线	创建可控曲线，与创建面板中按钮功能相同
创建点曲线	创建点曲线

续表

编辑工具	作 用
创建拟合曲线	即可以使一条曲线通过曲线的顶点、独立顶点，曲线的位置与顶点相关联
创建变换曲线	创建一条曲线的备份，并使备份与原始曲线相关联
创建混合曲线	在一条曲线的端点与另一条曲线的端点之间创建过渡曲线
创建偏移曲线	创建一条曲线的备份，当拖动鼠标改变曲线与原始曲线之间的距离时，随着距离的改变，其大小也随之改变
创建镜像曲线	创建镜像曲线
创建切角曲线	创建切角曲线
创建圆角曲线	创建圆角曲线
创建曲面 - 曲面相交曲线	创建曲面与曲面的交叉曲线
创建 U 向等参曲线	偏移沿着曲面的法线方向，大小随着偏移量而改变
创建 V 向等参曲线	在曲线上创建水平和垂直的 ISO 曲线
创建法向投影曲线	以一条原始曲线为基础，在曲线所组成的曲面法线方向上曲面投影
创建向量投影曲线	它与创建标准投影曲线相似，只是投影方向不同，矢量投影时在曲面的法线方向上向曲面投影，而标准投影是在曲线所组成的曲面方向上曲面投影
创建曲面上的 CV 曲线	这与可控曲线非常相似，只是曲面上的可控曲线与曲面关联
创建曲面上点曲线	创建曲面上的点曲线
创建曲面偏移曲线	创建曲面上的偏移曲线
创建曲面边曲线	创建曲面上的边曲线
创建 CV 曲面	创建可控曲面
创建点曲面	创建点曲面
创建变换曲面	所创建的变换曲面是原始曲面的一个备份
创建混合曲面	在两个曲面的边界之间创建一个光滑曲面
创建偏移曲面	创建与原始曲面相关联且在原始曲面的法线方向指定距离的曲面
创建镜像曲面	创建镜像曲面
创建挤出曲面	将一条曲线拉伸为一个与曲线相关联的曲面
创建车削曲面	即旋转一条曲线生成一个曲面
创建规则曲面	在两条曲线之间创建一个曲面
创建封口曲面	在一条封闭曲线上加上一个盖子
创建 U 向放样曲面	在水平方向上创建一个横穿多条 NURBS 曲线的曲面，这些曲线会形成曲面水平轴上的轮廓
创建 UV 放样曲面	创建水平垂直放样曲面，与水平放样曲面类似，不仅可以在水平方向上放置曲线，还可以在垂直方向上放置曲线，因此可以更精确地控制曲面的形状
创建单轨扫描	这需要至少两条曲线，一条作路径，一条作曲面的交叉界面
创建双轨扫描	这需要至少三条曲线，其中两条作路径，其他曲线作为曲面的交叉界面
创建多边混合曲面	在两个或两个以上的边之间创建融合曲面
创建多重曲线修剪曲面	在两个或两个以上的边之间创建剪切曲面
创建圆角曲面	在两个交叉曲面结合的地方建立一个光滑的过渡曲面

2. 曲面近似

为了渲染和显示视口，可以使用“曲面近似”卷展栏控制 NURBS 模型中的曲面子对象的近似值求解方式。“曲面近似”卷展栏如图 5-78 所示。

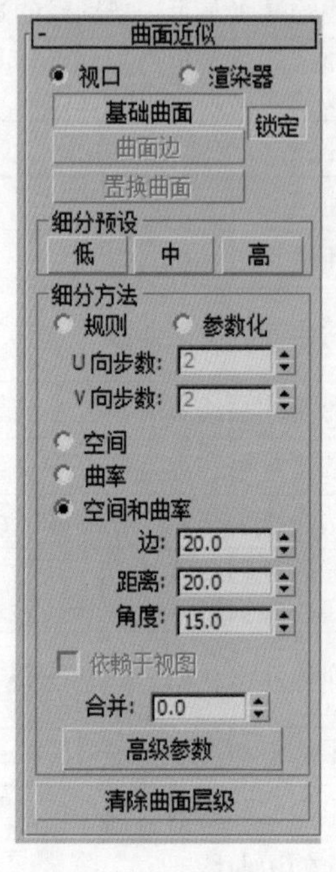

图 5-78 “曲面近似”卷展栏

各参数含义介绍如下。

- 基础曲面：启用此选项后，设置将影响选择集中的整个曲面。
- 曲面边：启用该选项后，设置影响由修剪曲线定义的曲面边的细分。
- 置换曲面：只有在选中“渲染器”的时候才启用。
- 细分预设：用于选择低、中、高质量层级的预设曲面近似值。
- 细分方法：如果已经选择视口，该组中的控件会影响 MURBS 曲面在视口中的显示。如果选择“渲染器”，这些控件还会影响渲染器显示曲面的方式。
- 规则：根据 U 向步数、V 向步数在整个曲面内生成固定的细化。
- 参数化：根据 U 向步数、V 向步数生成自适应细化。
- 空间：生成由三角形面组成的统一细化。
- 曲率：根据曲面的曲率生成可变的细化。
- 空间和曲率：通过所有三个值使空间方法和曲率方法完美结合。
- 高级参数：单击可以显示“高级曲面近似”对话框。

3. 曲线近似

在模型级别上，近似空间影响模型中的所有曲线子对象。“曲线近似”卷展栏如图 5-79 所示，各参数含义介绍如下：

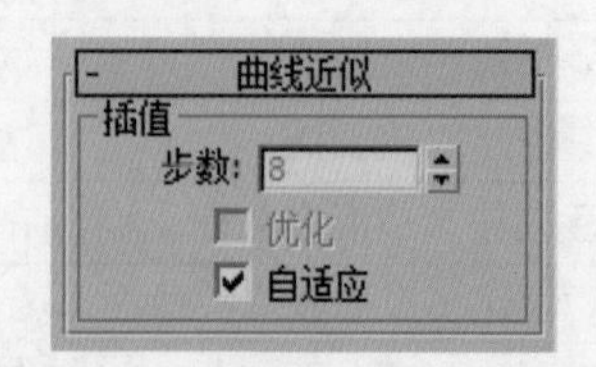

图 5-79 “曲线近似”卷展栏

- 步数：用于近似每个曲线段的最大线段数。

- 优化：启用此复选框可以优化曲线。
- 自适应：基于曲率自适应分割曲线。

4. 创建点 / 曲线 / 曲面

这三个卷展栏中的工具与 NURBS 工具箱中的工具相对应，主要用来创建点、曲线、曲面对象，如图 5-80~ 图 5-82 所示。

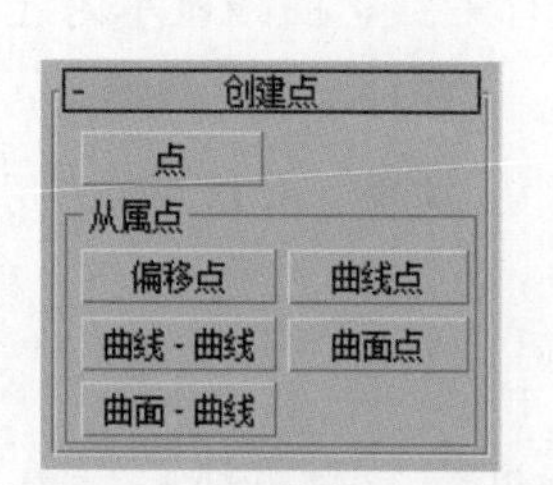

图 5-80 “创建点”卷展栏　　图 5-81 “创建曲线”卷展栏　　图 5-82 “创建曲面”卷展栏

【例 5-2】利用 NURBS 创建藤艺造型。

下面将利用 NURBS 创建工具箱中的“创建曲面上的点曲线”命令来制作藤艺灯。

STEP 01 在创建命令面板中单击“球体”按钮，创建一个半径 200mm 的球体，如图 5-83 所示。

STEP 02 右击，在弹出的快捷菜单中选择将其转换为 NURBS，如图 5-84 所示。

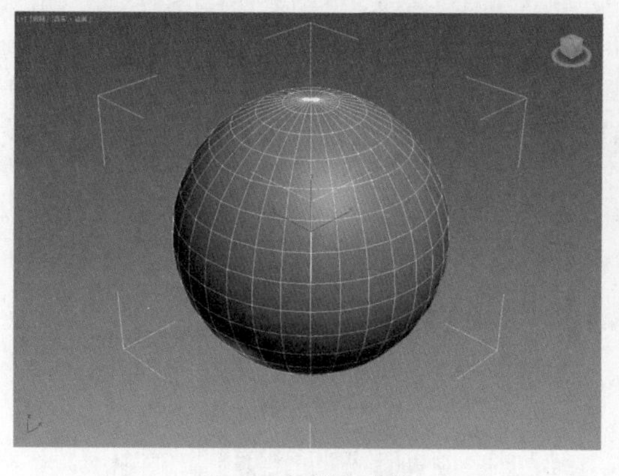

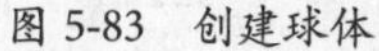

图 5-83 创建球体

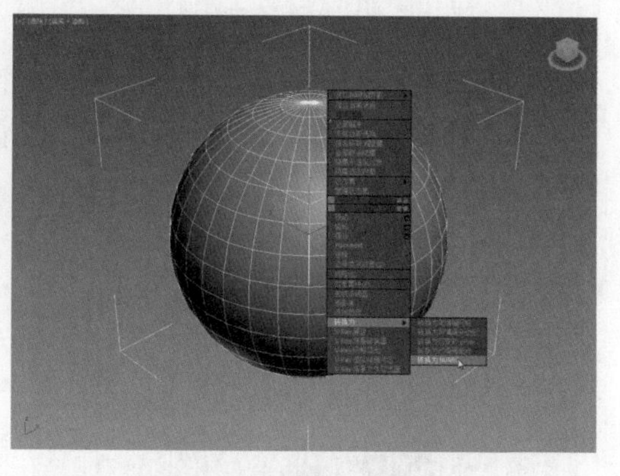

图 5-84 转换为 NURBS

STEP 03 在“常规”卷展栏中单击 NURBS 创建工具箱按钮，打开 NURBS 创建工具箱，如图 5-85 所示。

STEP 04 在工具箱中单击“创建曲面上的点曲线”按钮，在球体表面创建曲线，造型可随意，如图 5-86 所示。

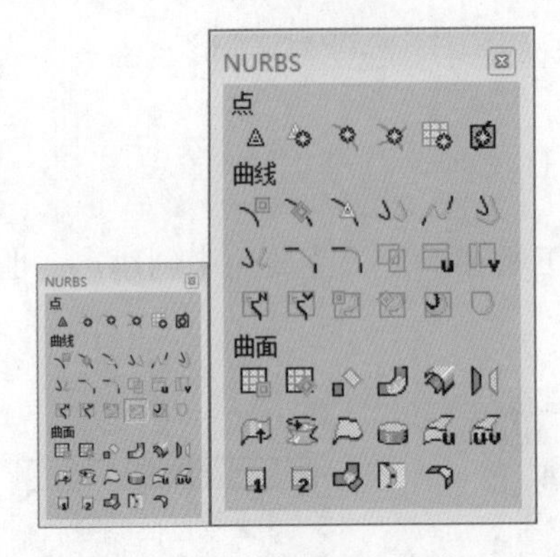

图 5-85　NURBS 工具箱

图 5-86　创建曲线

STEP 05 进入 NURBS 曲面的“曲线”子层级，在视口中选择曲线，曲线显示为红色，如图 5-87 所示。

STEP 06 在“曲线公用”卷展栏中单击“分离”按钮，打开“分离”对话框，取消选中“相关”复选框，单击“确定”按钮，如图 5-88 所示。

图 5-87　选择曲线

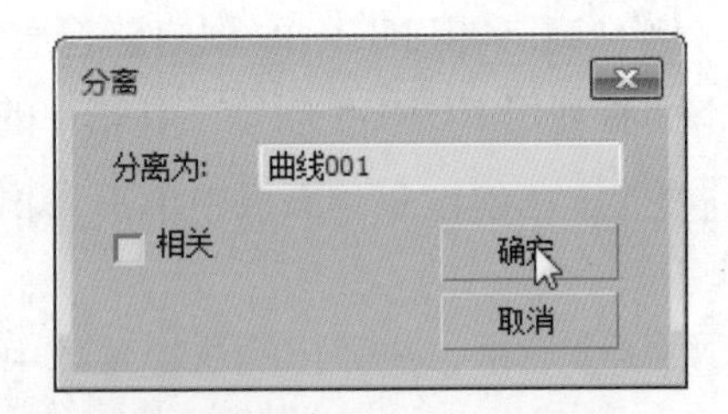

图 5-88　“分离”对话框

STEP 07 如此即可将曲线分离出来，如图 5-89 所示。

STEP 08 在“渲染”卷展栏中选中“在渲染中启用”及“在视口中启用”复选框，设置径向厚度为 2.5mm，如图 5-90 所示。

图 5-89　分离曲线

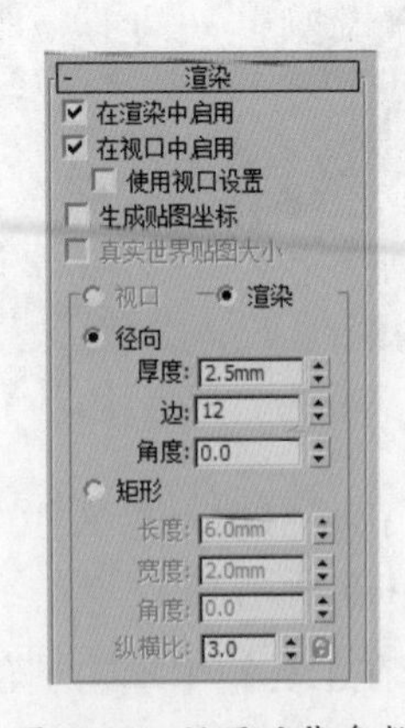

图 5-90　设置渲染参数

STEP 09 渲染场景，效果如图 5-91 所示。

STEP 10 选择“移动并旋转”命令，按住 Shift 键旋转复制曲线并向各个方向进行调整，删除球体，再渲染摄影机视口，效果如图 5-92 所示。

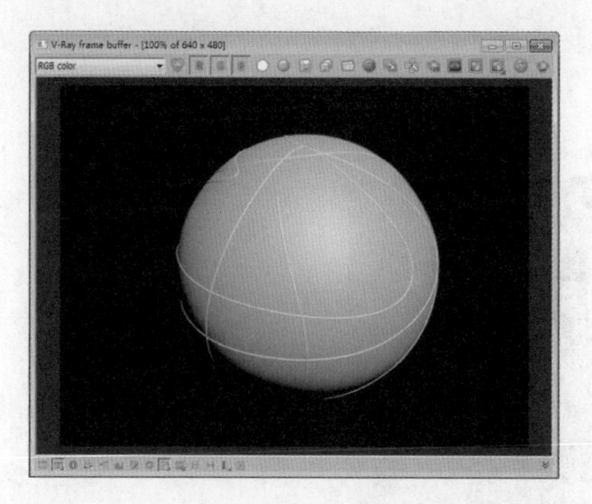

图 5-91　渲染曲线

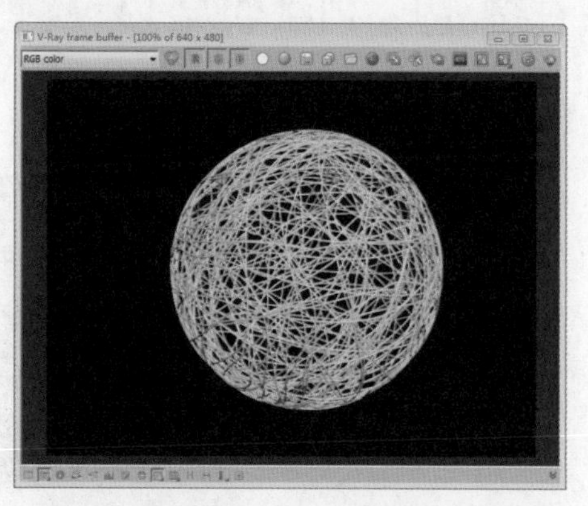

图 5-92　最终渲染效果

【自己练】

项目练习 1：创建单人沙发模型

图纸展示（见图 5–93）

图 5-93　单人沙发模型

操作要领

(1) 创建长方体并转换为可编辑多边形，编辑模型制作出沙发主体模型。

(2) 添加网格平滑修改器，使模型棱角变得光滑。

(3) 绘制并编辑样条线制作沙发腿。

项目练习 2：创建长椅模型

图纸展示（见图 5–94）

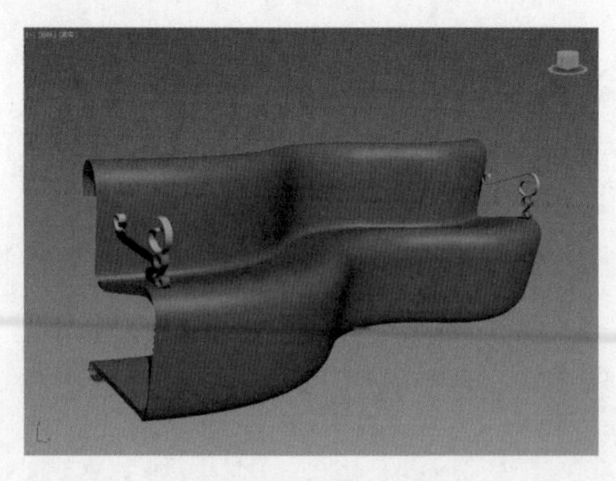

图 5-94　曲面长椅模型

绘图要领

(1) 绘制并复制样条线造型，使用 NURBS 曲线建模工具。

(2) 为模型添加壳修改器制作出模型厚度。

(3) 绘制与编辑样条线，添加挤出修改器制作扶手造型。

第6章

创建 VRay 摄影机
——摄影机应用详解

本章概述：

本章将对 3ds Max 2016 摄影机的应用进行讲解，其中目标摄影机以及 VR 物理摄影机的使用是本章讲解的重点，在详细讲解参数的同时，配合小型实例讲解摄影机在场景中的具体使用技巧和方法。

要点难点：

添加修改器 ★☆☆
认识修改器类型 ★★☆
掌握修改器的应用 ★★☆

案例预览

场景效果

【跟我学】为场景添加 VR 物理摄影机

案例描述

本案例中已有一个目标摄影机，重新创建一个 VR 物理摄影机，制作出新的效果。下面具体介绍 VR 物理摄影机的设置方法。

制作过程

STEP 01 打开素材场景，可以看到场景中已经创建了目标摄影机，如图 6-1 所示。

STEP 02 渲染摄影机视口，效果如图 6-2 所示。

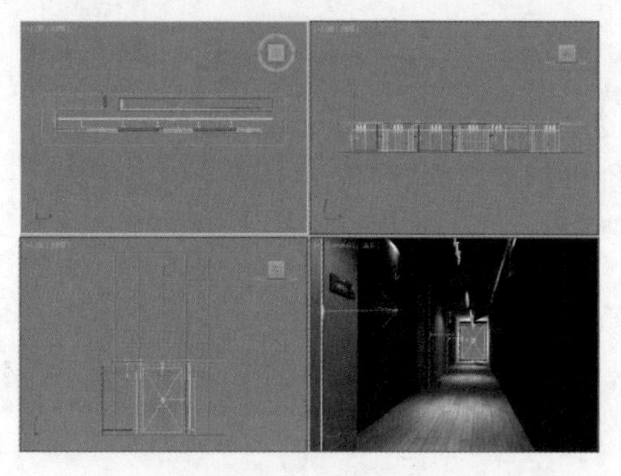

图 6-1 打开场景

图 6-2 渲染效果

STEP 03 新创建一个 VR 物理摄影机，调整到合适的位置和角度，如图 6-3 所示。

STEP 04 在摄影机视口按 C 键，即可弹出“选择摄影机”对话框，从中选择新建的 VRayCam001，单击“确定”按钮，如图 6-4 所示。

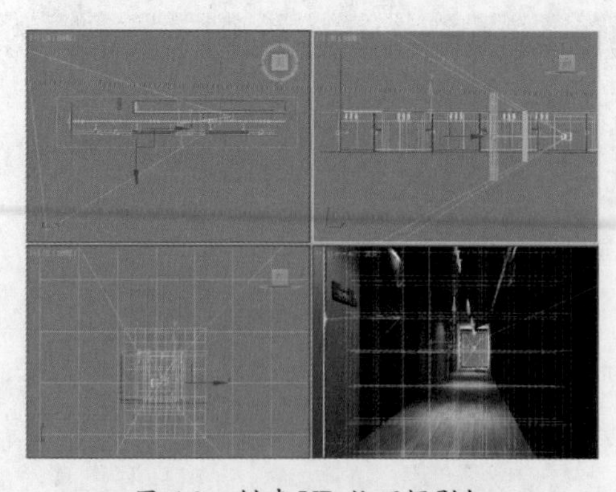

图 6-3 创建 VR 物理摄影机

图 6-4 “选择摄影机”对话框

STEP 05 接下来该视图会切换到新的相机视图，如图 6-5 所示。

STEP 06 单击视口标签，在弹出的菜单中选择“显示安全框”选项，如图 6-6 所示。

图 6-5 切换相机视图

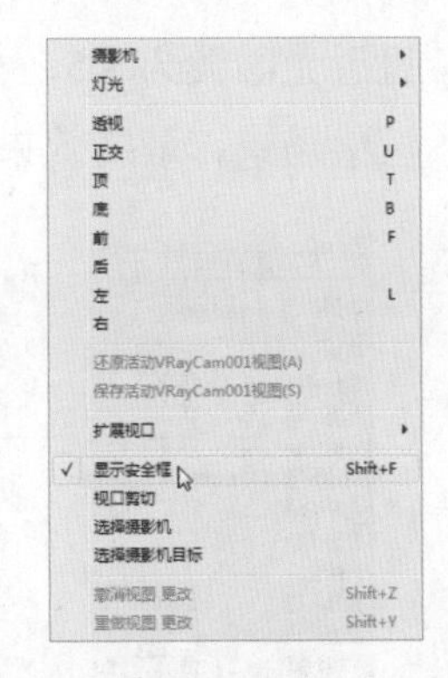

图 6-6 选择“显示安全框”

STEP 07 显示安全框的效果如图 6-7 所示。

STEP 08 渲染场景，效果如图 6-8 所示，整个场景漆黑一片，只能隐约看到灯带轮廓。

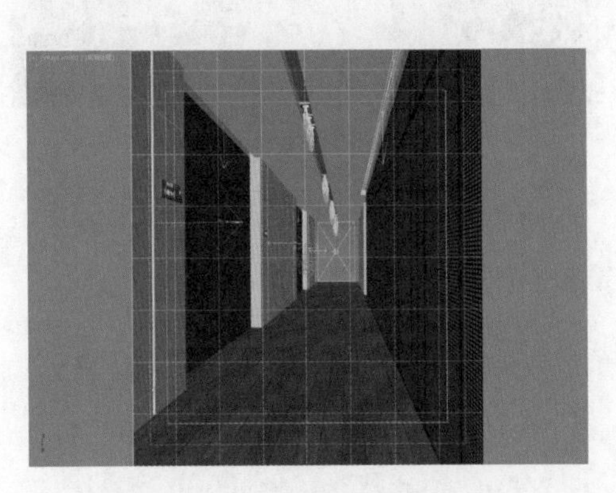

图 6-7 显示安全框的相机视图

图 6-8 渲染效果 1

STEP 09 设置 VR 物理摄影机基本参数，设置快门速度为 50，胶片速度为 200，如图 6-9 所示。

STEP 10 渲染场景，效果如图 6-10 所示，场景变亮一些。

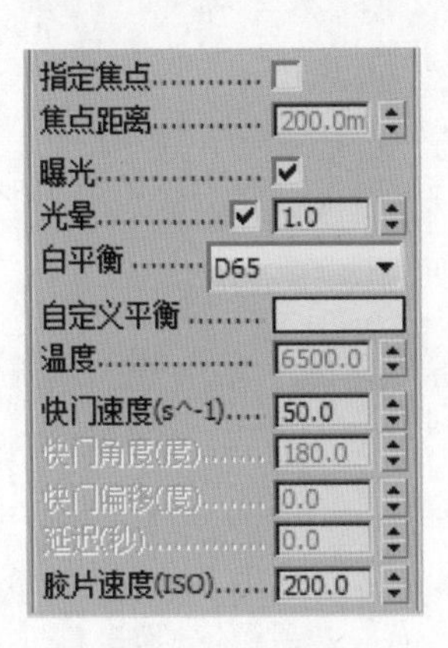

图 6-9 设置参数

图 6-10 渲染效果 2

STEP 11 设置光圈数为 3.5，再调整快门速度为 30，如图 6-11 所示。

STEP 12 渲染场景，最终效果如图 6-12 所示。

图 6-11 设置参数

图 6-12 最终效果

【听我讲】

6.1 摄影机理论

在学习 3ds Max 的具体类型和参数之前，首先需要了解一下摄影机的相关理论。摄影机是通过光学成像原理形成影像并使用底片记录影像的设备，其主要作用是记录画面。

6.1.1 摄影机原理

真实世界中的摄影机是使用镜头将环境反射的灯光聚焦到具有灯光敏感性曲面的焦点平面，3ds Max 2016 中摄影机相关的参数主要包括焦距和视野。

1. 焦距

焦距是指镜头和灯光敏感性曲面的焦点平面间的距离。焦距影响成像对象在图片上的清晰度。焦距越小，图片中包含的场景越多。焦距越大，图片中包含的场景越少，但会显示远距离成像对象的更多细节。

2. 视野

视野控制摄影机可见场景的数量，以水平线度数进行测量。视野与镜头的焦距直接相关，例如 35mm 的镜头显示水平线约为 54°，焦距越大则视野越窄，焦距越小则视野越宽。

6.1.2 构图原理

构图无论是在摄影，还是在设计的创作中都是尤为重要的。构图的合理与否会直接影响整个作品的冲击力、作品情感。

1. 聚焦构图

聚集构图即指多个物体聚焦在一点的构图方式。会产生刺激、冲击的画面效果。

2. 对角线构图

水平线给人一个静态的、平静的感觉，而倾斜的对角线构图给人一种戏剧的感觉，有运动或不确定性。

3. 曲线构图

曲线构图是指画面中的主体物以曲线的位置分别，可以让画面产生唯美的效果。

4. 对称构图

该构图是最常见的构图方式，是指画面的上下对称或左右对称，会产生较为平衡的画面效果。

5. 黄金分割构图

黄金比又称黄金律，是指事物各部分间一定的数学比例关系，即将整体一分为二。较大部分与较小部分之比等于整体与较大部分之比，其比值约为 1：0.618。

6. 三角形构图

三角形构图即指以三个视觉中心为景物的主要位置，形成一个稳定的三角形。会产生安定、均衡、不失灵活的特点。

6.2 标准摄影机

摄影机可以从特定的观察点来表现场景，模拟真实世界中的静止图像、运动图像或视频，并能够制作某些特殊的效果，如景深和运动模糊等。3ds Max 2016 共提供了三种摄影机类型，包括物理摄影机、目标摄影机和自由摄影机三种。本节主要介绍摄影机的相关基本知识与实际应用操作等。

6.2.1 物理摄影机

物理摄影机可模拟用户熟悉的真实摄影机设置，例如快门速度、光圈、景深和曝光。借助增强的控件和额外的视口内反馈，让创建逼真的图像和动画变得更加容易。它将场景的帧设置与曝光控制和其他效果集成在一起，是用于基于物理的真实照片级渲染的最佳摄影机类型。

1. 摄影机参数面板

(1) 基本参数。

“基本”参数卷展栏如图 6-13 所示。

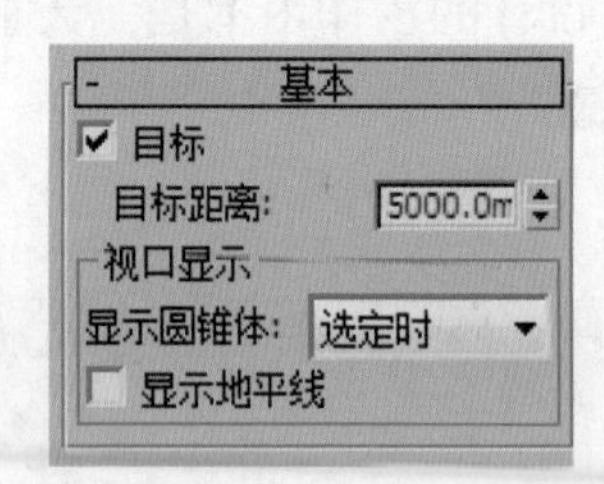

图 6-13 “基本”参数卷展栏

各个参数的含义如下。

- 目标：启用该选项后，摄影机包括目标对象，并与目标摄影机的行为相似。
- 目标距离：设置目标与焦平面之间的距离，会影响聚焦、景深等。
- 显示圆锥体：在显示摄影机圆锥体时选择“选定时”“始终”或“从不”。
- 显示地平线：启用该选项后，地平线在摄影机视口中显示为水平线（假设摄影机帧包括地平线）。

(2) 物理摄影机参数。

“物理摄影机”卷展栏如图 6-14 所示。

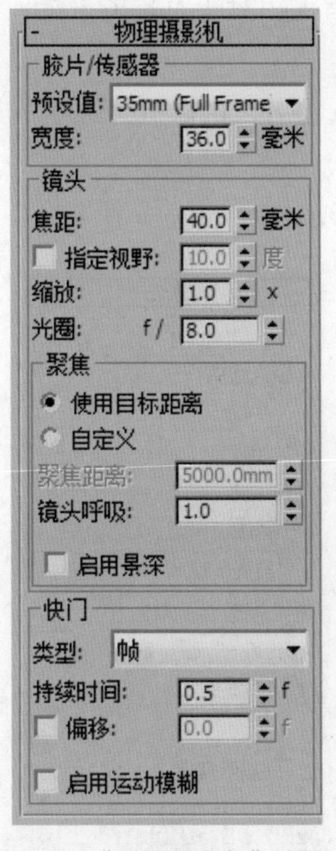

图 6-14 “物理摄影机”卷展栏

各个参数的含义如下。

- 预设值：选择胶片模型或电荷耦合传感器。选项包括 35mm(全画幅) 胶片 (默认设置)，以及多种行业标准设置。每个设置都有其默认宽度值。“自定义”选项用于选择任意宽度。
- 宽度：可以手动调整帧的宽度。
- 焦距：设置镜头的焦距，默认值为 40mm。
- 指定视野：启用该选项时，可以设置新的视野值。默认的视野值取决于所选的胶片 / 传感器预设值。
- 缩放：在不更改摄影机位置的情况下缩放镜头。
- 光圈：将光圈设置为光圈数，或“F 制光圈”。此值将影响曝光和景深。光圈值越低，光圈越大并且景深越窄。
- 镜头呼吸：通过将镜头向焦距方向移动或远离焦距方向来调整视野。镜头呼吸值为 0.0 表示禁用此效果。默认值为 1.0。
- 启用景深：启用该选项时，摄影机在不等于焦距的距离上生成模糊效果。景深效果的强度基于光圈设置。
- 类型：选择测量快门速度使用的单位：帧 (默认设置)，通常用于计算机图形；分或分秒，通常用于静态摄影；度，通常用于电影摄影。

- 持续时间：根据所选的单位类型设置快门速度。该值可能影响曝光、景深和运动模糊。
- 偏移：启用该选项时，指定相对于每帧的开始时间的快门打开时间，更改此值会影响运动模糊。
- 启用运动模糊：启用该选项后，摄影机可以生成运动模糊效果。

(3) 曝光参数。

"曝光"卷展栏如图 6-15 所示。

图 6-15 "曝光"卷展栏

各个参数的含义如下。

- 曝光控制已安装：单击以使物理摄影机曝光控制处于活动状态。
- 手动：通过 ISO 值设置曝光增益。当此选项处于活动状态时，通过此值、快门速度和光圈设置计算曝光。该数值越高，曝光时间越长。
- 目标：设置与三个摄影曝光值的组合相对应的单个曝光值。每次增加或降低EV值，对应的也会分别减少或增加有效的曝光，如快门速度值中所做的更改表示的一样。因此，值越高，生成的图像越暗，值越低，生成的图像越亮。默认设置为6.0。
- 光源：按照标准光源设置色彩平衡。
- 温度：以色温形式设置色彩平衡，以开尔文度表示。
- 自定义：用于设置任意色彩平衡。单击色样以打开"颜色选择器"，可以从中设置希望使用的颜色。
- 启用渐晕：启用时，渲染模拟出现在胶片平面边缘的变暗效果。
- 数量：增加此数量以增加渐晕效果。

(4) 散景 (景深) 参数。

"散景 (景深)"卷展栏如图 6-16 所示。各个参数的含义如下。

- 圆形：散景效果基于圆形光圈。

- 叶片式：散景效果使用带有边的光圈。使用“叶片”值设置每个模糊圈的边数，使用“旋转”值设置每个模糊圈旋转的角度。
- 自定义纹理：使用贴图来用图案替换每种模糊圈。(如果贴图为填充黑色背景的白色圈，则等效于标准模糊圈。)将纹理映射到与镜头纵横比相匹配的矩形，会忽略纹理的初始纵横比。
- 中心偏移(光环效果)：使光圈透明度向中心(负值)或边(正值)偏移。正值会增加光圈区域的模糊量，而负值会减小模糊量。
- 光学渐晕(CAT 眼睛)：通过模拟猫眼效果使帧呈现渐晕效果。
- 各向异性(失真镜头)：通过垂直(负值)或水平(正值)拉伸光圈模拟失真镜头。

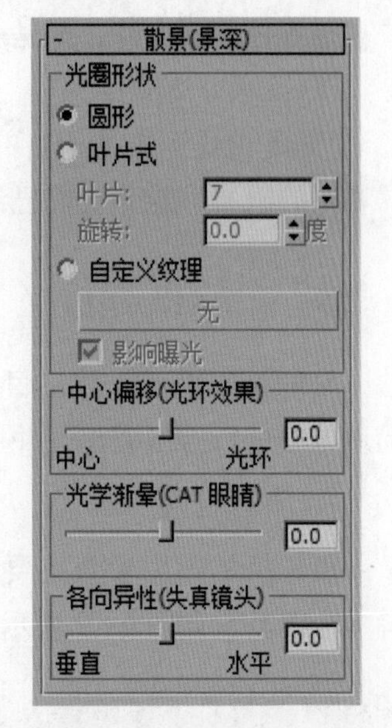

图 6-16　“散景(景深)”卷展栏

2. 摄影机支持级别

物理摄影机功能的支持级别取决于所使用的渲染器，具体介绍如下。

(1) 默认扫描线渲染器。

支持以下项以外的物理摄影机设置：

- 扭曲。
- 景深。
- 运动模糊。

透视控制受支持，但是一些设置可能与某些场景不对应。

(2) Mental ray 渲染器。

支持所有物理摄影机设置。

(3) iray 渲染器。

支持以下项以外的物理摄影机设置：

- 扭曲。
- 景深。
- 透视控制＞倾斜校正。
- 近距 / 远距剪切平面。
- 环境范围。

(4) Quicksilver 硬件渲染器。

支持以下项以外的物理摄影机设置：

- 扭曲。
- 运动模糊。
- 散景＞光圈形状。

透视控制受支持，但是一些设置可能与某些场景不对应。

(5) 第三方渲染器。

VRay 渲染器支持所有的物理摄影机设置，其他第三方渲染器具有与默认扫描线渲染器相同的限制，除非它们已经明确编码来支持物理摄影机。

6.2.2 目标摄影机

目标摄影机用于观察目标点附近的场景内容，它有摄影机、目标两部分，可以很容易地单独进行控制调整，并分别设置动画。

1. 常用参数

摄影机的常用参数主要包括镜头的选择、视野的设置、大气范围和裁剪范围的控制等多个参数，如图 6-17 所示为摄影机对象与相应的参数。

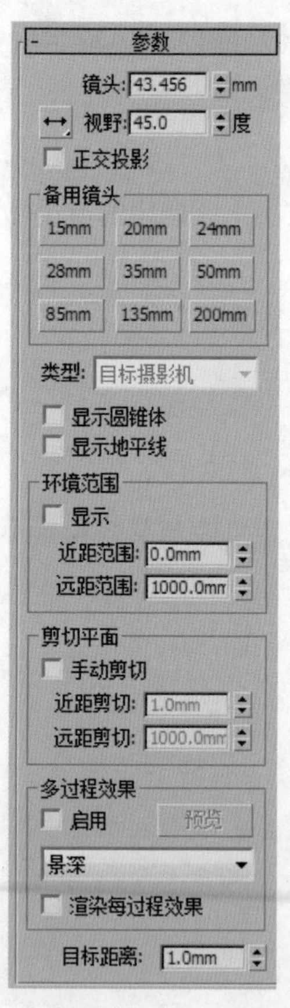

图 6-17 摄影机对象“参数”卷展栏

各个参数的含义如下：

- 镜头：以毫米为单位设置摄影机的焦距。
- 视野：用于决定摄影机查看区域的宽度，可以通过水平、垂直或对角线这 3 种方式测量应用。

- 正交投影：启用该选项后，摄影机视图为用户视图；关闭该选项后，摄影机视图为标准的透视图。
- 备用镜头：该选项组用于选择各种常用预置镜头。
- 类型：切换摄影机的类型，包含目标摄影机和自由摄影机两种。
- 显示圆锥体：显示摄影机视野定义的锥形光线。
- 显示地平线：在摄影机中的地平线上显示一条深灰色的线条。
- 显示：显示出在摄影机锥形光线内的矩形。
- 近距 / 远距范围：设置大气效果的近距范围和远距范围。
- 手动剪切：启用该选项可以定义剪切的平面。
- 近距 / 远距剪切：设置近距和远距平面。
- 多过程效果：该选项组中的参数主要用来设置摄影机的景深和运动模糊效果。
- 目标距离：当使用目标摄影机时，设置摄影机与其目标之间的距离。

2. 景深参数

景深是多重过滤效果，通过模糊到摄影机焦点某距离处的帧的区域，使图像焦点之外的区域产生模糊效果。景深的启用和控制，主要在摄影机参数面板的“多过程效果”选项组和“景深参数”卷展栏（如图 6-18 所示）中进行设置。

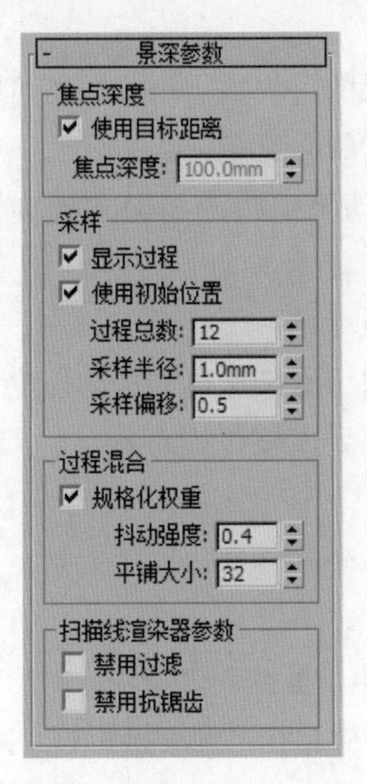

图 6-18 “景深参数”卷展栏

“景深参数”卷展栏各个参数的含义如下。

- 使用目标距离：启用该选项后，系统会将摄影机的目标距离用作每个过程偏移摄影机的点。
- 焦点深度：关闭“使用目标距离”选项后，该选项可以用来设置摄影机的偏移深度。
- 显示过程：启用该选项后，“渲染帧窗口”对话框中将显示多个渲染通道。
- 使用初始位置：启用该选项后，第一个渲染过程将位于摄影机的初始位置。

- 过程总数：设置生成景深效果的过程数。增大该值可以提高效果的真实度，但是会增加渲染时间。
- 采样半径：设置生成的模糊半径。数值越大，模糊越明显。
- 采样偏移：设置模糊靠近或远离“采样半径”的权重。增加该值将增加景深模糊的数量级，从而得到更加均匀的景深效果。
- 规格化权重：启用该选项后可以产生平滑的效果。
- 抖动强度：设置应用于渲染通道的抖动程度。
- 平铺大小：设置图案的大小。
- 禁用过滤：启用该选项后，系统将禁用过滤的整个过程。
- 禁用抗锯齿：启用该选项后，可以禁用抗锯齿功能。

3. 运动模糊参数

运动模糊可以通过模拟实际摄影机的工作方式，增强渲染动画的真实感。摄影机有快门速度，如果在打开快门时物体出现明显的移动情况，胶片上的图像将变模糊。

在摄影机的参数面板中选择“运动模糊”选项时，会打开相应的参数卷展栏，用于控制运动模糊效果，如图 6-19 所示，各个选项的含义如下。

- 显示过程：启用该选项后，“渲染帧窗口”对话框中将显示多个渲染通道。
- 过程总数：用于生成效果的过程数。增加此值可以增加效果的精确性，但渲染时间会更长。
- 持续时间：用于设置在动画中将应用运动模糊效果的帧数。
- 偏移：设置模糊的偏移距离。
- 抖动强度：用于控制应用于渲染通道的抖动程度，增加此值会增加抖动量，并且生成颗粒状效果，尤其在对象的边缘上。
- 瓷砖大小：设置图案的大小。

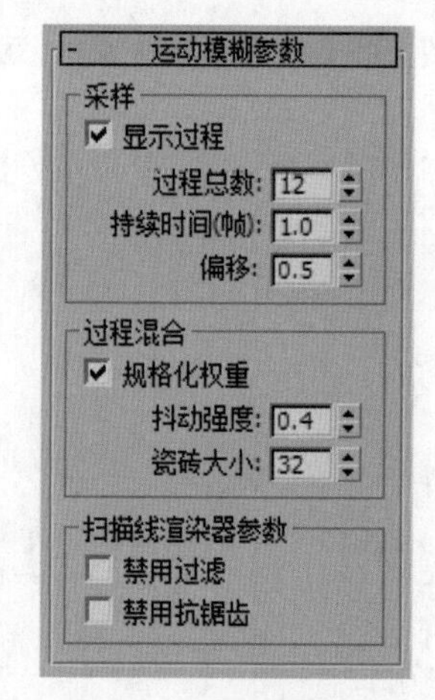

图 6-19 “运动模糊参数”卷展栏

【例 6-1】设置景深效果。

STEP 01 打开配套的场景文件，如图 6-20 所示。

STEP 02 在“创建”命令面板中单击“标准摄影机”按钮，创建一盏摄影机，如图 6-21 所示。

STEP 03 调整摄影机位置及角度，其他参数默认，按 C 键，将透视视图转为摄影机视图，如图 6-22 所示。

STEP 04 渲染摄影机视口，效果如图 6-23 所示。

STEP 05 按 F10 键打开“渲染设置”对话框，在“摄影机”卷展栏中选中“景深”复选框，再选中“从摄影机获得焦点距离”复选框，设置光圈数为 0.5mm，焦点距离为 30mm，如图 6-24 所示。

STEP 06 再次渲染摄影机视口，效果如图 6-25 所示。

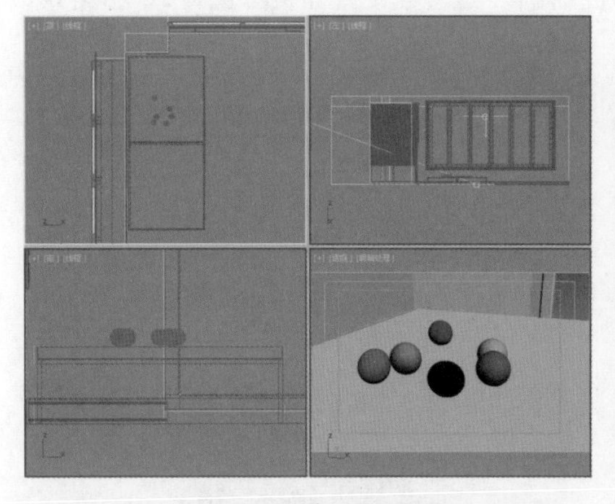

图 6-20 打开场景

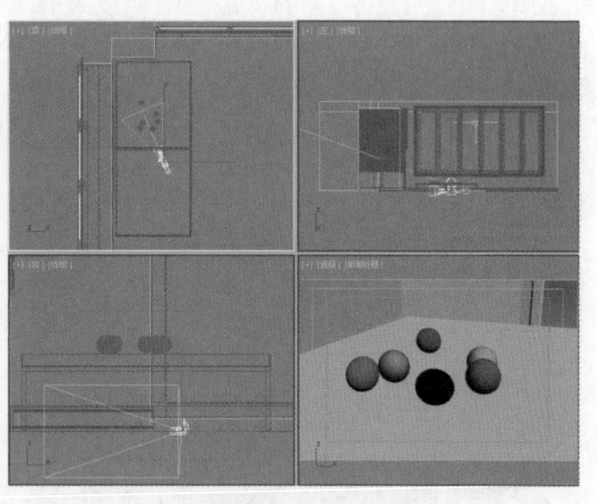

图 6-21 创建摄影机

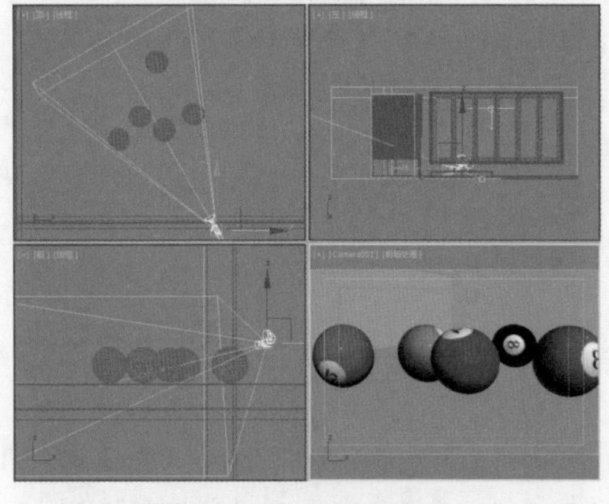

图 6-22 摄影机视图

图 6-23 渲染效果 1

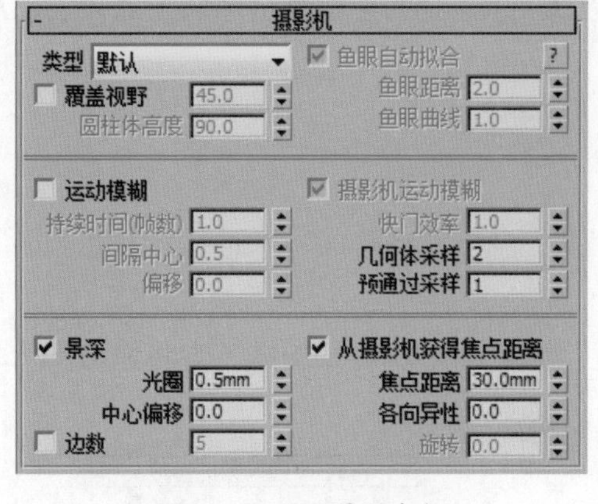

图 6-24 设置景深参数

图 6-25 渲染效果 2

6.2.3 自由摄影机

自由摄影机在摄影机指向的方向查看区域，与目标摄影机非常相似，就像目标聚光灯和自由聚光灯的区别。不同的是自由摄影机比目标摄影机少了一个目标点，自由摄影机由单个图标表示，可以更轻松地设置摄影机动画。其参数设置面板如图 6-26 和图 6-27 所示。

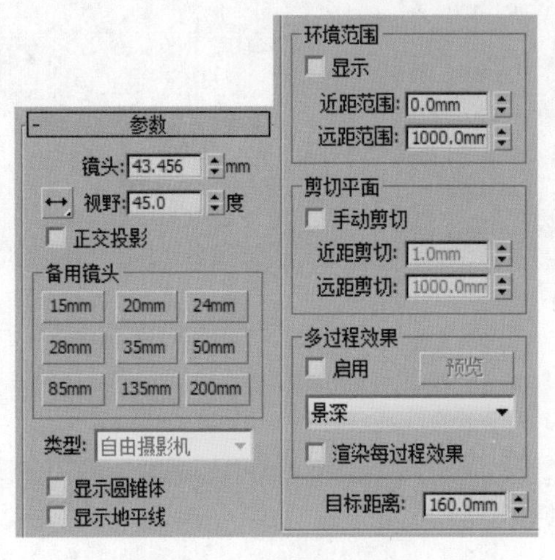

图 6-26 “参数”卷展栏

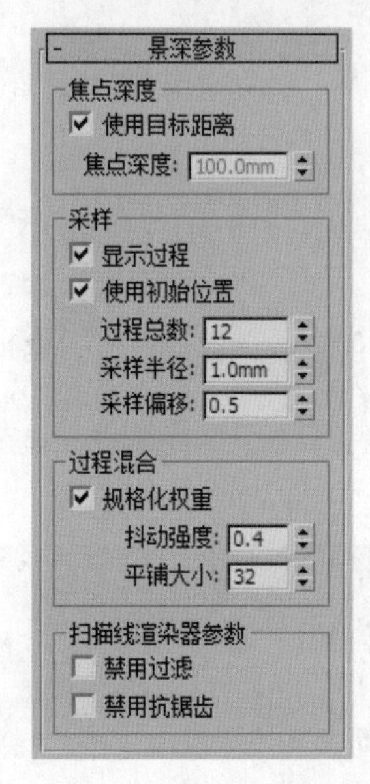

图 6-27 “景深参数”卷展栏

6.3 VRay 摄影机

安装 VRay 渲染器之后，3ds Max 软件中就增加了 VRay 摄影机类型。VRay 摄影机是由 VR 穹顶摄影机和 VR 物理摄影机两种类型组成，和 3ds Max 自带的摄影机相比，VRay 摄影机可以模拟真实成像，轻松地调节透视关系，还可以渲染半球圆顶效果，使用起来非常方便。

6.3.1 VR 穹顶摄影机

VR 穹顶摄影机主要用于渲染半球圆顶的效果，通过“翻转 X”“翻转 Y”和“fov”选项可以设置摄影机参数。

创建并确定摄影机为选中状态，打开“修改”选项卡，在命令面板的下方将弹出“VRay 穹顶摄影机参数”卷展栏如图 6-28 所示。

各选项的含义如下：

- 翻转 X：使渲染图像在 X 坐标轴上翻转。
- 翻转 Y：使渲染图像在 Y 坐标轴上翻转。
- fov：设置摄影机的视角大小。

图 6-28 “VRay 穹顶摄影机参数”卷展栏

6.3.2 VR 物理摄影机

VR 物理摄影机可以模拟真实成像，轻松调节透视关系，利用该摄影机可以调节灯光缓存大小提高渲染质量。创建并确定摄影机为选中状态，在命令面板的下方将弹出设置 VR 摄影机的各卷展栏。下面具体介绍各卷展栏中常用选项的含义。

1. 基本参数

VR 物理摄影机的“基本参数”卷展栏如图 6-29 所示。

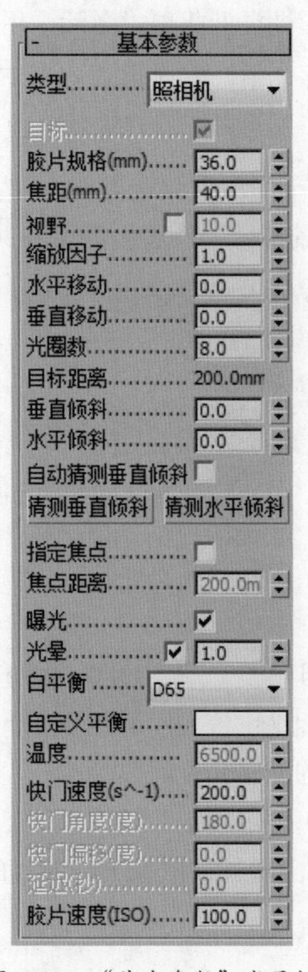

图 6-29 “基本参数”卷展栏

- 类型：VR 物理摄影机内置了 3 种类型的摄影机，用户可以在这里进行选择。
- 目标：勾选此选项，摄影机的目标点将放在焦平面上。
- 胶片规格：控制摄影机看到的范围，数值越大，看到的范围也就越大。
- 焦距：控制摄影机的焦距。
- 缩放因子：控制摄影机视口的缩放。
- 光圈数：用于设置摄影机光圈的大小。数值越小，渲染图片亮度越高。
- 目标距离：摄影机到目标点的距离，默认情况下此选项不可用。
- 指定焦点：开启该选项后，可以手动控制焦点。

- 焦点距离：控制焦距的大小。
- 曝光：选中该选项后，光圈、快门速度和胶片感光度设置才会起作用。
- 光晕：模拟真实摄影机的渐晕效果。
- 白平衡：控制渲染图片的色偏。
- 快门速度：控制进光时间，数值越小，进光时间越长，渲染图片越亮。
- 快门角度：只有选择电影摄影机类型此项才激活，用于控制图片的明暗。
- 快门偏移：只有选择电影摄影机类型此项才激活，用于控制快门角度的偏移。
- 延迟：只有选择视频摄影机类型此项才激活，用于控制图片的明暗。
- 胶片速度：控制渲染图片亮暗。数值越大，表示感光系数越大，图片也就越暗。

2. 散景特效

散景特效常产生于夜晚，由于画面背景是灯光，可产生一个个彩色的光斑效果，同时还伴随一定的模糊效果。“散景特效”卷展栏如图 6-30 所示。

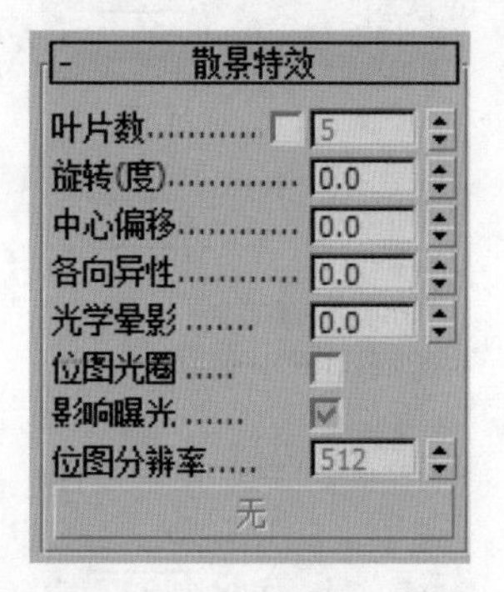

图 6-30 “散景特效”卷展栏

- 叶片数：控制散景产生的小圆圈的边，默认值为 5，表示散景的小圆圈为正五边形。
- 旋转（度）：散景小圆圈的旋转角度。
- 中心偏移：散景偏移源物体的距离。
- 各向异性：控制散景的各向异性，值越大，散景的小圆圈拉得越长，即变成椭圆。

【自己练】

项目练习 1：创建目标摄影机

图纸展示（见图 6–31）

图 6-31　创建目标摄影机

操作要领

(1) 创建目标摄影机，调整摄影机角度位置。

(2) 设置摄影机参数。

项目练习 2：创建 VR 物理摄影机并渲染

图纸展示（见图 6–32）

图 6-32　VR 物理摄影机渲染效果

绘图要领

(1) 创建 VR 物理摄影机。

(2) 设置摄影机参数。

(3) 渲染场景效果。

第7章

创建静物材质
——材质应用详解

本章概述：

材质是描述对象如何反射或透射灯光的属性，并模拟真实纹理，通过设置材质，可以将三维模型的质地、颜色等效果与现实生活的物体质感相对应，达到逼真的效果。本章具体介绍材质的应用，并通过本章学习使用户掌握一些常用材质的设置方法。

要点难点：

认识材质编辑器　★☆☆
了解标准材质和VRay材质　★★☆
常用材质的创建　★★☆

案例预览

饮品组合

【跟我学】 创建饮品组合材质

案例描述

本案例中将利用 VRayMtl 材质来制作一组饮品组合的效果，主要是制作金属材质、透明玻璃材质、酒瓶玻璃材质、饮品材质以及冰材质。下面具体介绍材质的创建方法。

制作过程

STEP 01 打开素材文件，如图 7-1 所示。

STEP 02 制作不锈钢材质。按 M 键打开材质编辑器，选择一个空白材质球，设置为 VRayMtl 材质，设置漫反射颜色与反射颜色，并设置反射参数，如图 7-2 所示。

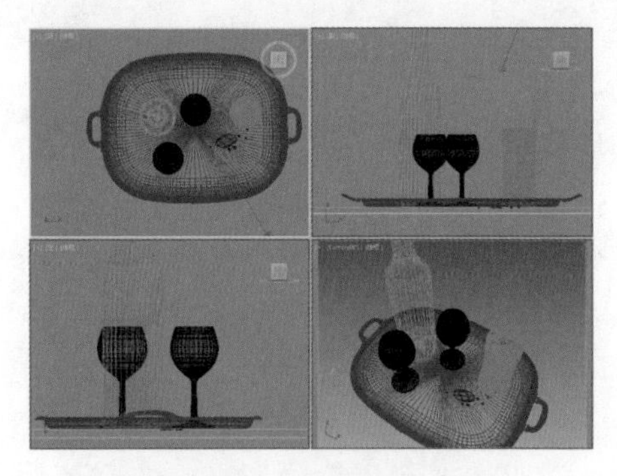

图 7-1 打开素材文件

图 7-2 设置基本参数

STEP 03 漫反射颜色与反射颜色设置如图 7-3 所示。

STEP 04 创建好的不锈钢材质示例窗效果如图 7-4 所示。

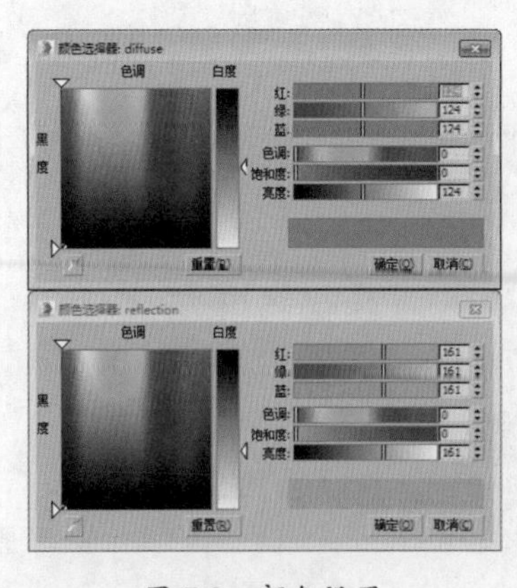

图 7-3 颜色设置

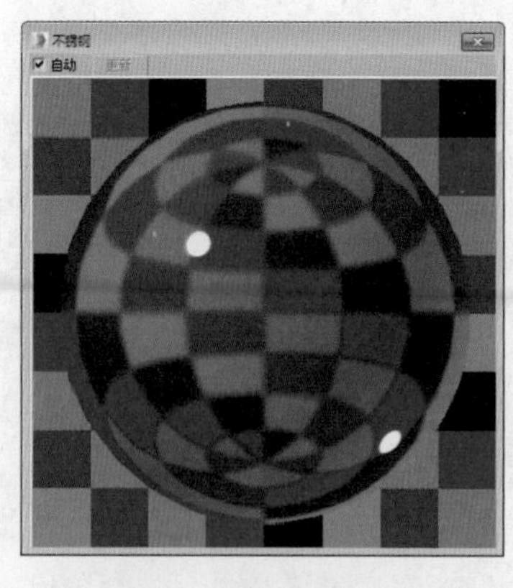

图 7-4 不锈钢材质球

STEP 05 制作玻璃材质。选择一个空白材质球，设置为 VRayMtl 材质，设置漫反射颜色与折射颜色，为反射通道添加衰减贴图并设置反射参数，再设置折射参数，如图 7-5 所示。

STEP 06 漫反射颜色与折射颜色设置如图 7-6 所示。

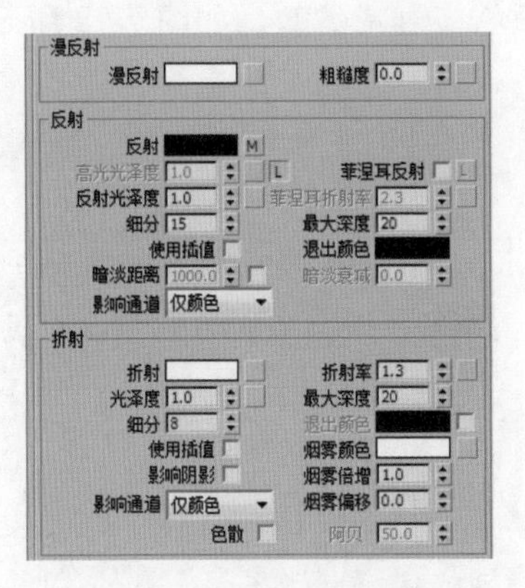

图 7-5　设置基本参数

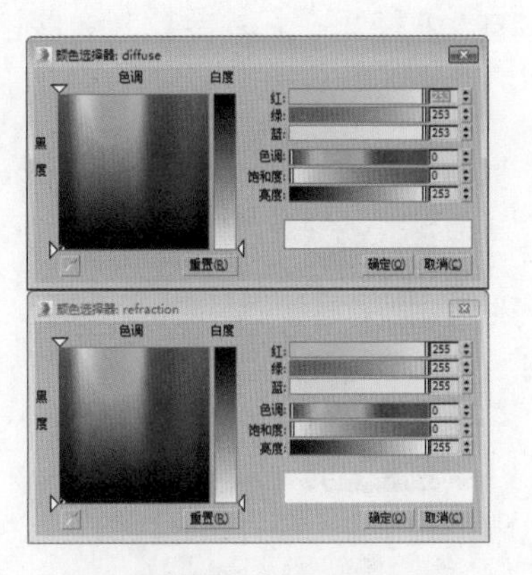

图 7-6　颜色设置

STEP 07 打开“衰减参数”卷展栏，设置衰减颜色与衰减类型，如图 7-7 所示。

STEP 08 衰减颜色设置如图 7-8 所示。

图 7-7　衰减参数设置

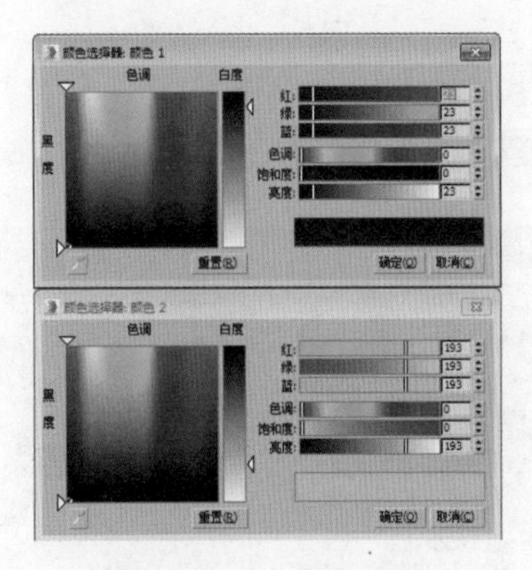

图 7-8　衰减颜色设置

STEP 09 创建好的玻璃材质示例窗效果如图 7-9 所示。

STEP 10 制作红酒材质。选择一个空白材质球，设置为 VRayMtl 材质，设置漫反射颜色、折射颜色及烟雾颜色，为反射通道添加衰减贴图，再设置相关参数，如图 7-10 所示。

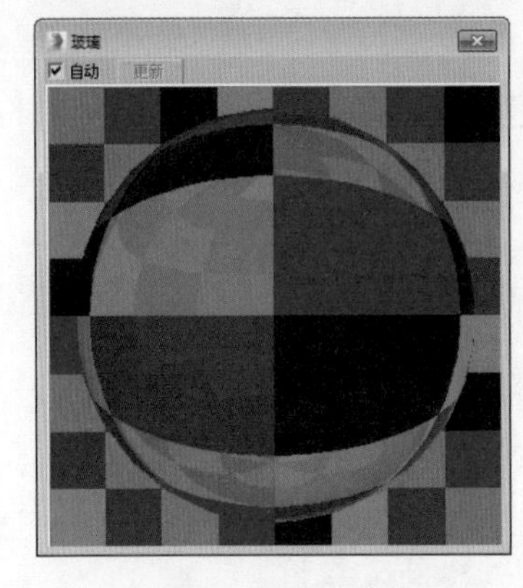

图 7-9　玻璃材质球

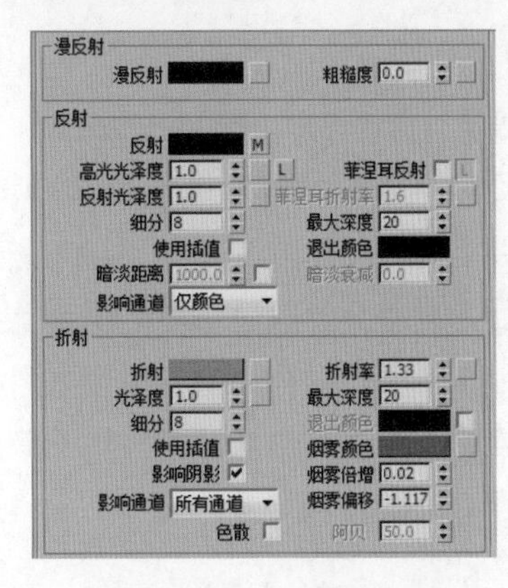

图 7-10　基本参数设置

STEP 11 漫反射颜色、折射颜色及烟雾颜色设置如图 7-11 所示。

STEP 12 打开“衰减参数”卷展栏，设置衰减颜色与衰减类型，如图 7-12 所示。

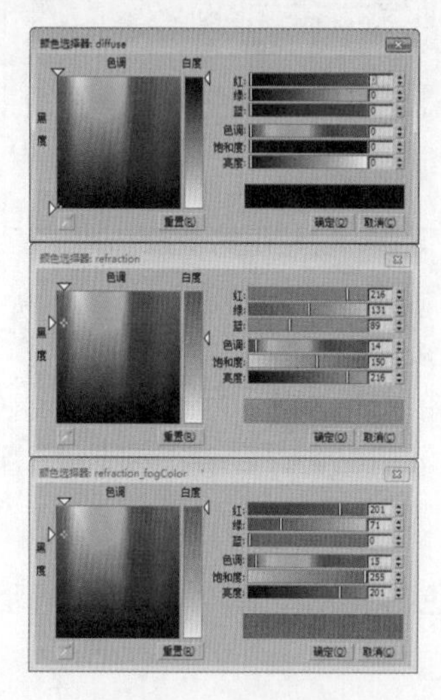

图 7-11 颜色设置

图 7-12 衰减参数设置

STEP 13 衰减颜色设置如图 7-13 所示。

STEP 14 创建好的液体材质示例窗效果如图 7-14 所示。

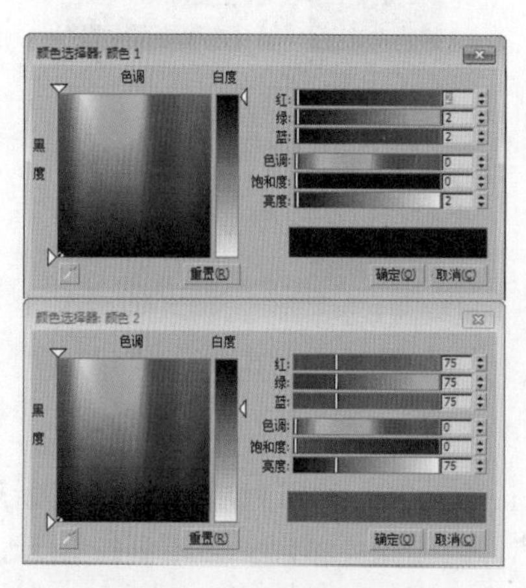

图 7-13 衰减颜色设置

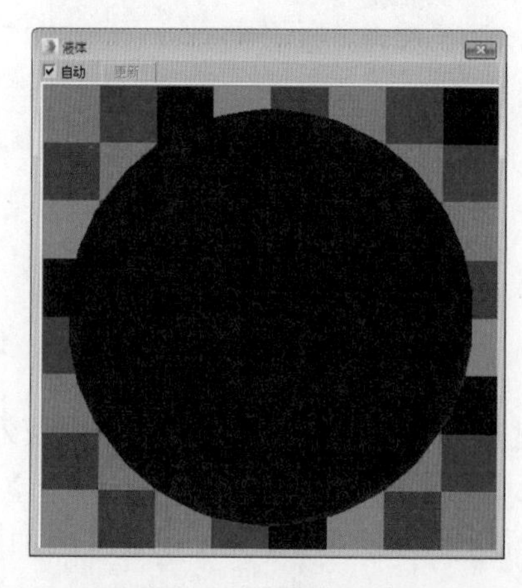

图 7-14 液体材质球

STEP 15 制作冰材质。选择一个空白材质球，设置为 VRayMtl 材质，为反射通道和折射通道分别添加衰减贴图，为凹凸通道添加法线凹凸贴图，如图 7-15 所示。

STEP 16 反射通道的衰减贴图参数设置如图 7-16 所示。

STEP 17 为折射通道添加的衰减贴图参数设置如图 7-17 所示。

STEP 18 在“混合曲线”卷展栏中调整曲线形状，如图 7-18 所示。

STEP 19 进入法线凹凸的“参数”卷展栏，设置如图 7-19 所示。

STEP 20 返回到“基本参数”卷展栏，设置漫反射颜色为白色，再设置反射参数与折射参数，如图 7-20 所示。

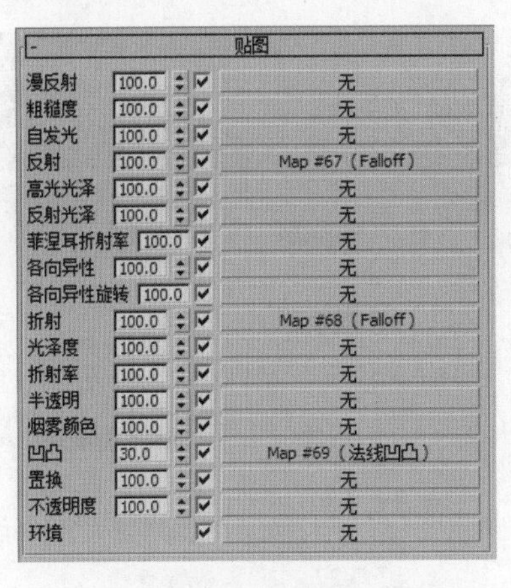

图 7-15　添加贴图

图 7-16　反射通道衰减参数设置

图 7-17　折射通道衰减参数设置

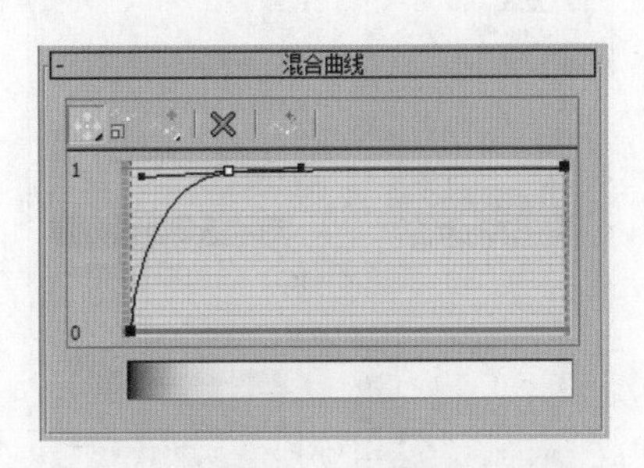

图 7-18　曲线调整

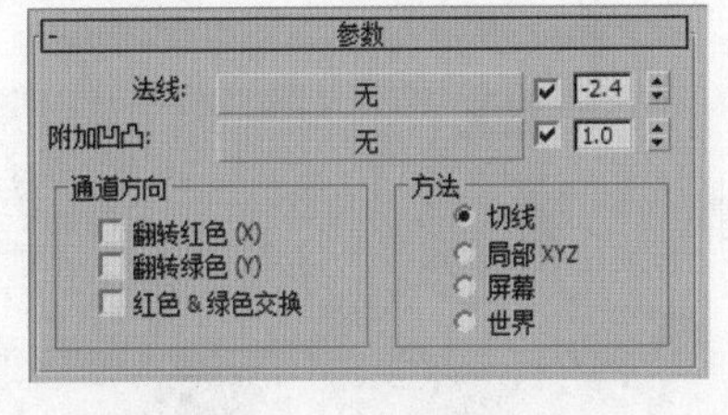

图 7-19　法线凹凸参数设置

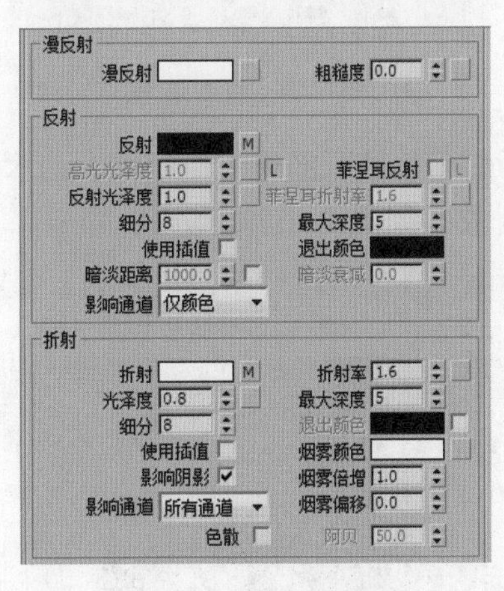

图 7-20　基本参数设置

STEP 21 设置好的冰材质示例窗效果如图 7-21 所示。

STEP 22 创建酒瓶玻璃材质。选择一个空白材质球，设置为 VRayMtl 材质，设置漫反射颜色及反射颜色，再设置反射参数，如图 7-22 所示。

图 7-21　冰材质球

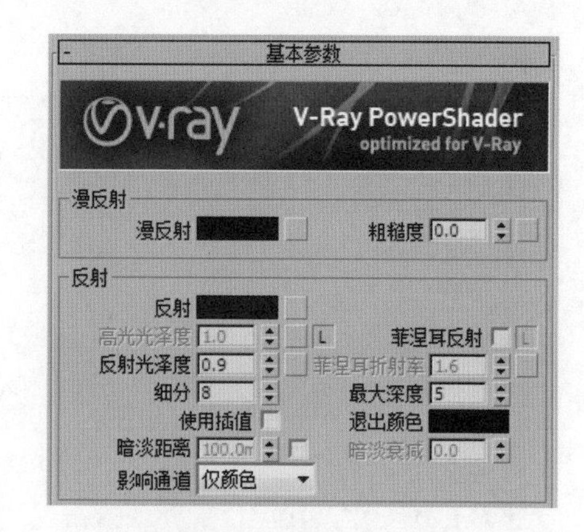

图 7-22　基本参数设置

STEP 23 漫反射颜色与反射颜色参数设置如图 7-23 所示。

STEP 24 设置好的酒瓶材质示例窗效果如图 7-24 所示。

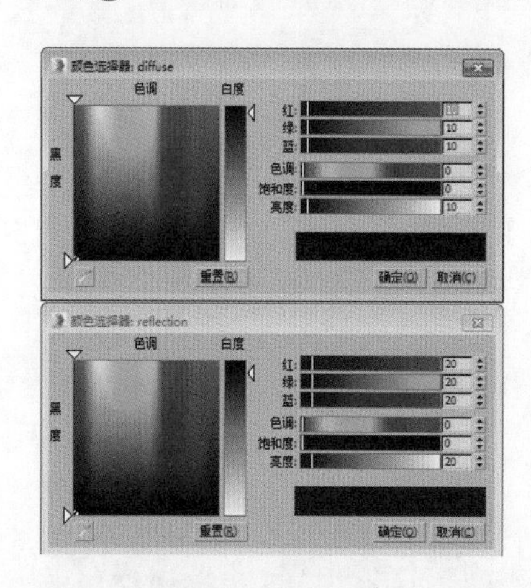

图 7-23　颜色设置

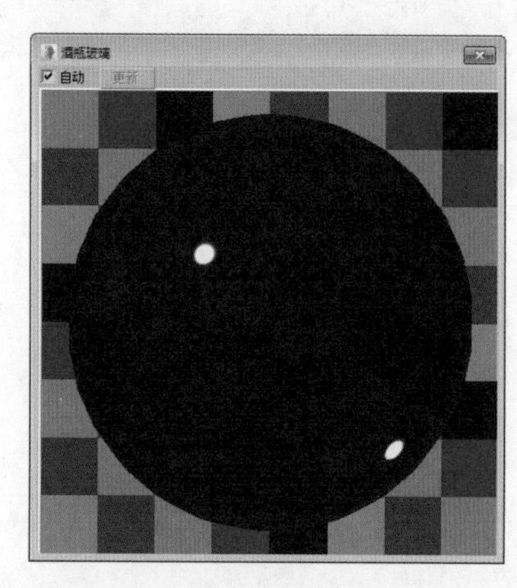

图 7-24　酒瓶材质球

STEP 25 最后创建其他材质，如木地板、酒瓶标签、金箔等，并将材质指定给相应的模型对象，如图 7-25 所示。

STEP 26 最后渲染摄影机视口，最终效果如图 7-26 所示。

图 7-25　赋予材质

图 7-26　最终渲染效果

【听我讲】

7.1 材质编辑器

材质编辑器是一个独立的窗口，通过材质编辑器可以将材质赋予3ds Max的场景对象。材质编辑器可以通过单击主工具栏中的按钮，或通过“渲染”菜单中的命令打开，图7-27所示为材质编辑器。

1. 示例窗

使用示例窗可以预览材质和贴图，每个窗口可以预览单个材质或贴图。将材质从示例窗拖动到视口中的对象，可以将材质赋予场景对象。

示例窗中样本材质的状态主要有3种。其中：实心三角形表示已应用于场景对象且该对象被选中；空心三角形则表示应用于场景对象但对象未被选中；无三角形表示未被应用的材质。材质示例窗如图7-28所示。

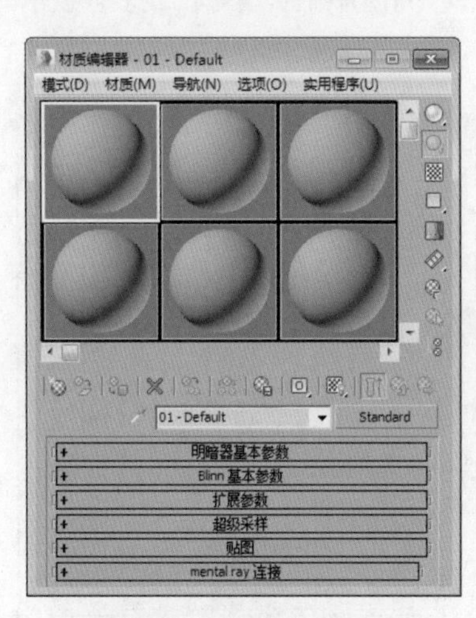

图7-27 材质编辑器

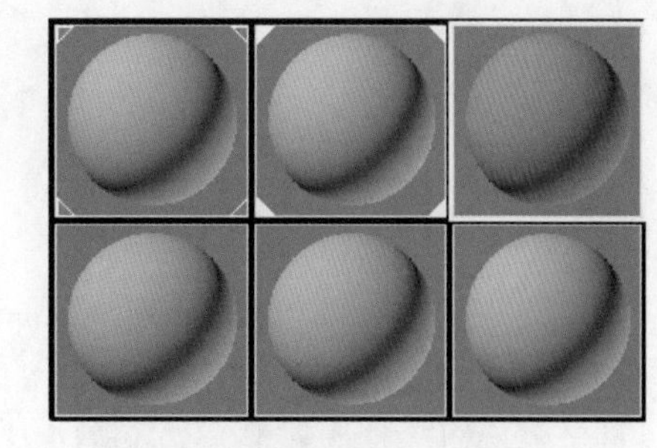

图7-28 材质示例窗

2. 工具

位于“材质编辑器”示例窗右侧和下方的是用于管理和更改贴图及材质的按钮和其他控件。其中，位于右侧的工具栏主要用于对示例窗中的样本材质球进行控制，如显示背景或检查颜色等。位于下方的工具主要用于材质与场景对象的交互操作，如将材质指定给对象、显示贴图应用等。

下面对右侧工具的应用方法进行介绍。

STEP 01 在材质编辑器中选择一个样本材质球，然后为“漫反射”选项指定“平铺”程序贴图，如图7-29所示。

STEP 02 按住“采样类型”按钮不放，在弹出的面板中单击柱体按钮，示例窗中的样本材质球将显示为柱体，如图 7-30 所示。

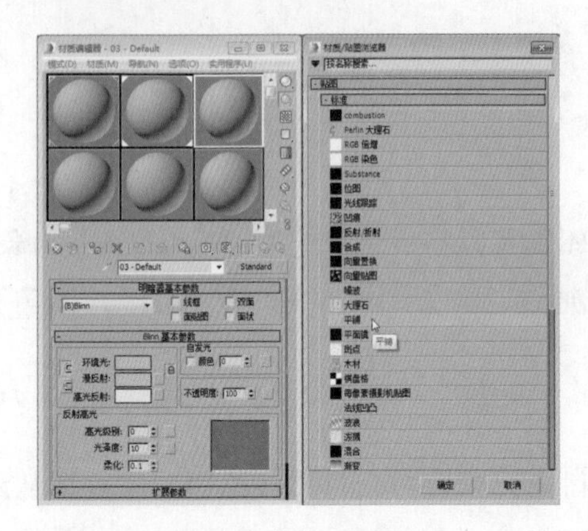

图 7-29　选择平铺贴图

图 7-30　柱体材质球

STEP 03 如果选择方形的“采样类型”按钮，样本材质球也会相应变为方形，如图 7-31 所示。

STEP 04 单击“背光”按钮，取消其激活状态，示例窗中的样本材质将不显示背光效果，如图 7-32 所示。

图 7-31　方形材质球

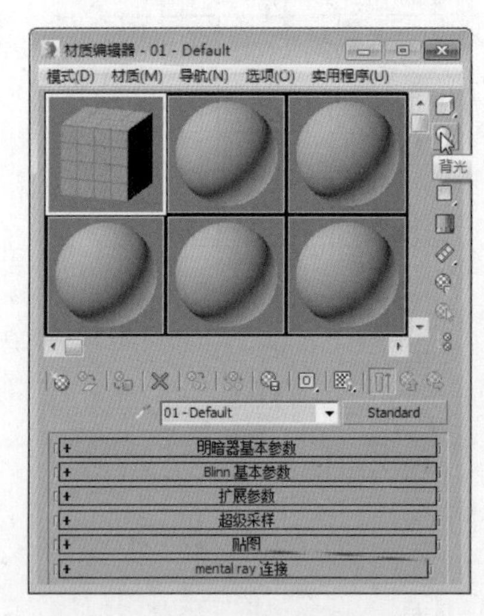

图 7-32　取消背光效果

STEP 05 如果材质的“不透明度”参数值小于 100，单击“背景”按钮，可透过样本材质查看到示例窗中的背景，如图 7-33 所示。

STEP 06 在右侧工具栏中单击“采样 UV 平铺”的 2 × 2 按钮，贴图将平铺 2 次，如图 7-34 所示。

STEP 07 如果单击“采样 UV 平铺”的 4 × 4 按钮，贴图将平铺 4 次，如图 7-35 所示。

STEP 08 在右侧工具栏中单击“材质 / 贴图导航器”按钮，可打开相应的对话框，显示当前选择样本材质的层级，效果如图 7-36 所示。

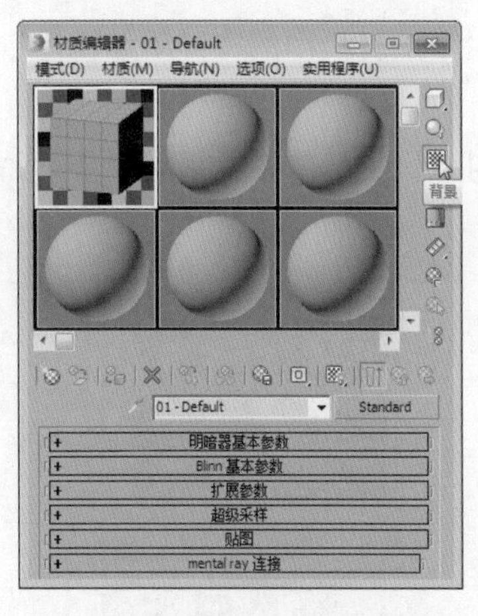

图 7-33 激活背景效果

图 7-34 2×2 平铺样式

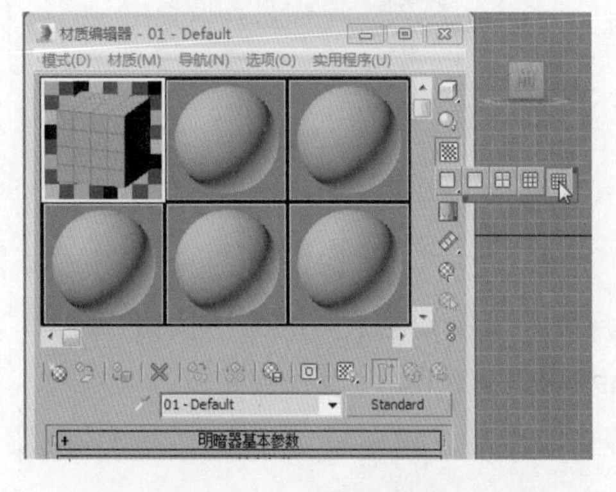

图 7-35 4×4 平铺样式

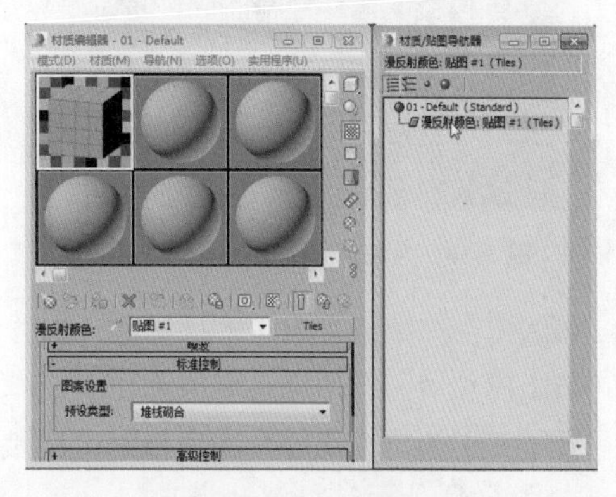

图 7-36 材质 / 贴图导航器

建模技能

移除材质颜色并设置灰色阴影，将光泽度、不透明度等重置为其默认值。移除指定材质的贴图，如果处于贴图级别，该按钮重置贴图为默认值。

3. 参数卷展栏

在示例窗的下方是材质参数卷展栏，不同的材质类型具有不同的参数卷展栏。在各种贴图层级中，也会出现相应的卷展栏，这些卷展栏可以调整顺序。图 7-37 所示为标准材质类型的卷展栏。

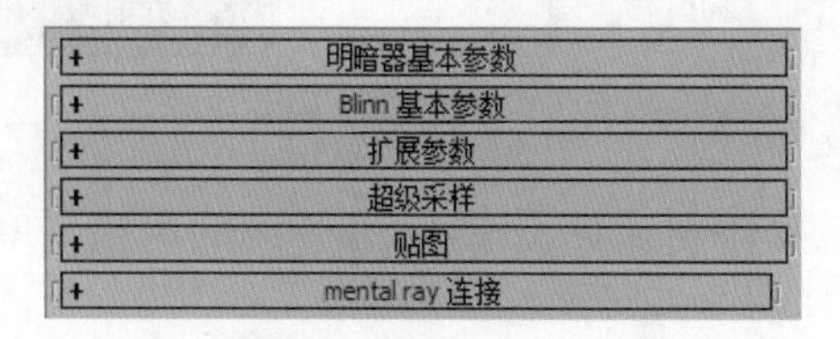

图 7-37 标准材质类型的参数卷展栏

下面通过具体的操作来介绍示例窗的编辑方法。

STEP 01 打开 3ds Max 2016 应用程序，然后单击主工具栏中的“材质编辑器”按钮，如图 7-38 所示。

STEP 02 打开“材质编辑器”窗口，在该窗口中可以设置场景中的所有材质，如图 7-39 所示。

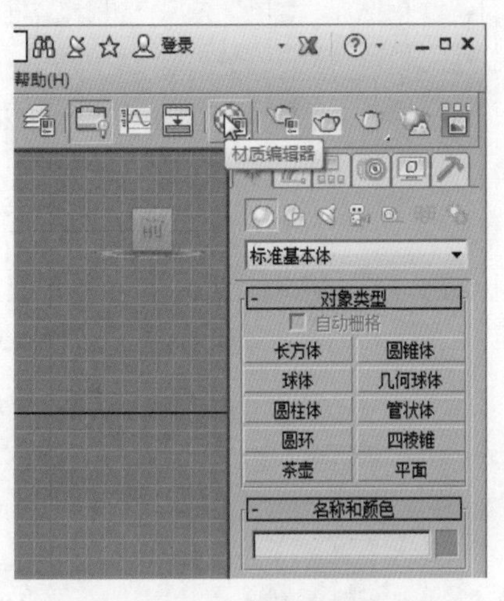

图 7-38 单击“材质编辑器”按钮

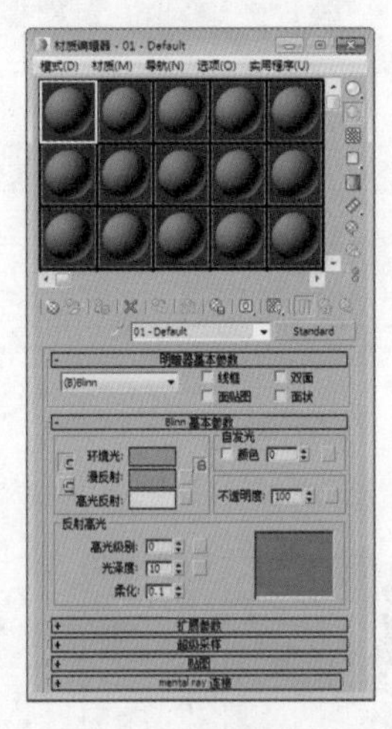

图 7-39 “材质编辑器”窗口

STEP 03 选择第一个样本材质球，单击“漫反射”选项颜色条后的方形按钮，打开“材质 / 贴图浏览器”对话框，这里选择“泼溅”程序贴图，如图 7-40 所示。

STEP 04 为“漫反射”选项指定“泼溅”程序贴图后，样本材质球将显示出该贴图效果，如图 7-41 所示。

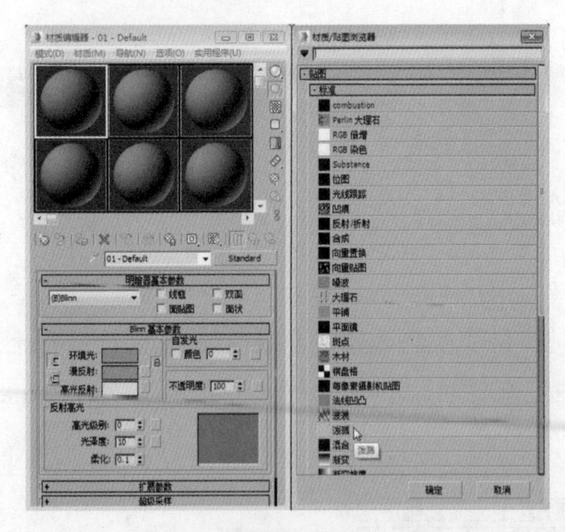

图 7-40 选择“泼溅”贴图

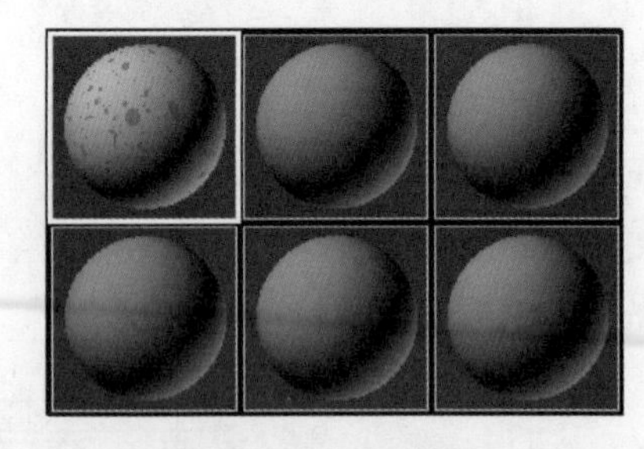

图 7-41 贴图效果

STEP 05 在示例窗中的样本材质球上右击，在弹出的快捷菜单中可以看到“拖动 / 复制”命令是处于被选中状态，如图 7-42 所示。

STEP 06 按住鼠标左键即可将第一个样本材质球拖动到第二个样本材质球上，即对材质进行复制，将鼠标指针放置在材质球上，会发现材质球的名称也被复制，如图 7-43 所示。

图 7-42　选择“拖动 / 复制”命令

图 7-43　复制材质球

STEP 07 继续在示例窗中的样本材质球上右击，在弹出的快捷菜单中选择“拖动/旋转”命令，如图 7-44 所示。

STEP 08 在示例窗中按住鼠标左键并拖动，即可旋转相应的样本材质球，如图 7-45 所示。

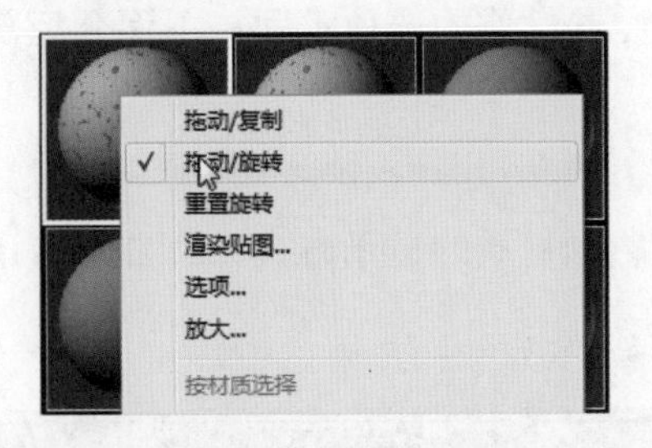

图 7-44　选择“拖动 / 旋转”命令

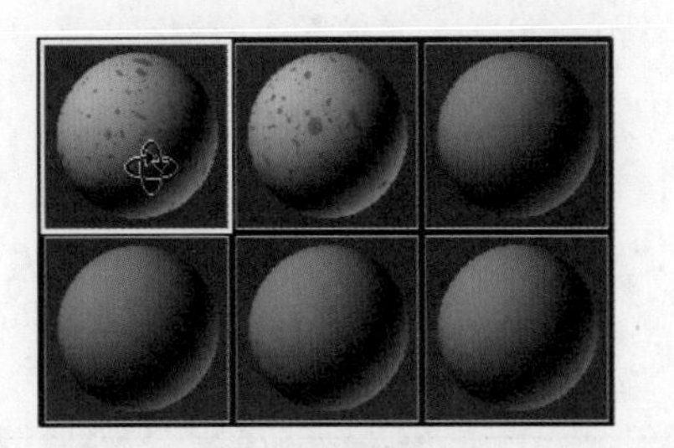
图 7-45　旋转材质球

建模技能

如果先按住 Shift 键，然后在中间拖动，那么旋转就限制在水平或垂直轴上，方向取决于初始拖动的方向。

STEP 09 在示例窗中的样本材质球上右击，在弹出的快捷菜单中选择“6×4 示例窗”命令，如图 7-46 所示。

STEP 10 在“材质编辑器”窗口的示例窗中将显示所有 24 个样本材质球，如图 7-47 所示。

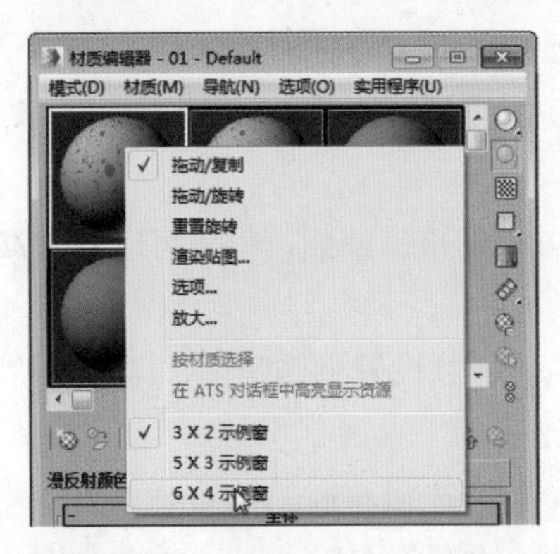

图 7-46　切换样本材质球数量

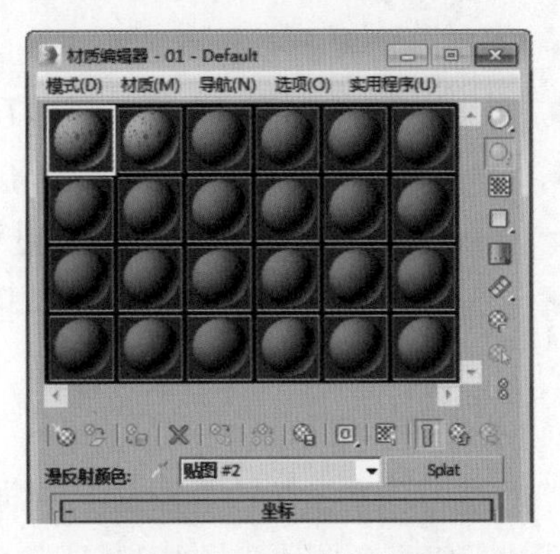

图 7-47　6×4 样本材质球

7.2 标准材质类型

在“材质/贴图浏览器”对话框中展开“标准”卷展栏后，会弹出15个标准材质类型，其中包括INK' nPaint、光线跟踪、双面、变形器、合成、壳材质等。下面具体介绍几个常用材质类型。

7.2.1 标准材质

标准材质是3ds Max最常用的材质，它可以模拟物体的表面颜色，或者通过添加贴图改变物体纹理。在参数面板中可以设置各种明暗器，并设置相应的选项，设置材质状态。

在标准材质参数面板中包含明暗器基本参数、Blinn基本参数、扩展参数、超级采样、贴图、mental ray连接等5个卷展栏，每个卷展栏设置材质的选项不同。下面介绍部分卷展栏中各选项的含义。

1) 明暗器基本参数

“明暗器基本参数”卷展栏用于设置材质的质感和材质的显示方式，如图7-48所示，该卷展栏中可以设置8个明暗器类型，如图7-49所示。

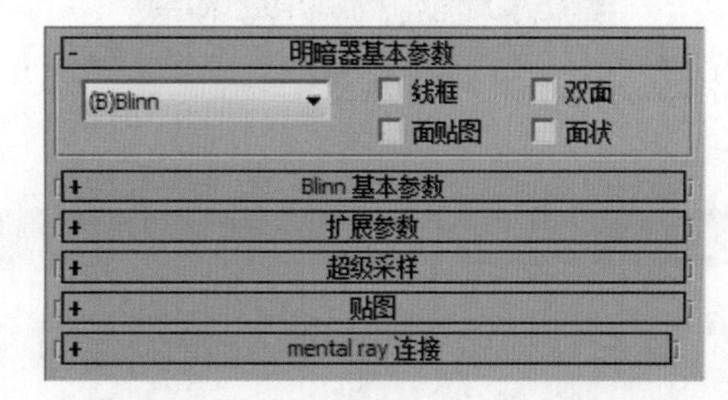

图7-48 “明暗器基本参数”卷展栏

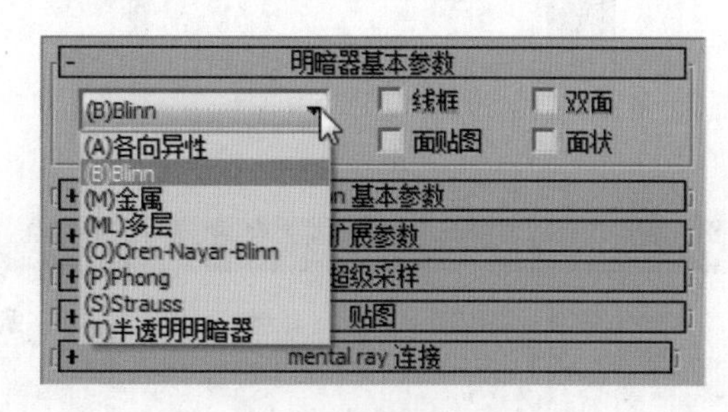

图7-49 明暗器类型

下面具体介绍各明暗器类型的含义。

- 各向异性：设置带有方向非圆的高光曲面，该明暗器适合做人物头发、玻璃和金属等。
- Blinn：会产生带有发光效果的平滑曲面，在标准材质中属于默认明暗类型。
- 金属：设置金属材质效果，也可以设置金属颜色等。
- 多层：通过设置两个高光反射层，创建更复杂的高光效果。
- Oren-Nayar-Blinn：产生平滑的无光曲面。
- Phong：和Blinn相同，可以设置带有发光效果的平滑曲面，但不可以处理高光。
- Staruss：主要用于模拟金属和非金属曲面。
- 半透明明暗器：可以设置玻璃、塑料等材质，通过设置半透明度，调节透明效果。

2) Blinn基本参数

“明暗器基本参数”卷展栏会根据明暗基本参数中选择不同的明暗类型发生更改，在默认情况下，会自动选择Blinn明暗类型，所以下方会显示“Blinn基本参数”卷展栏，在其中可以设置漫反射和高光的颜色，还可以设置反射的高光值、光泽度等，如图 7-50 所示。

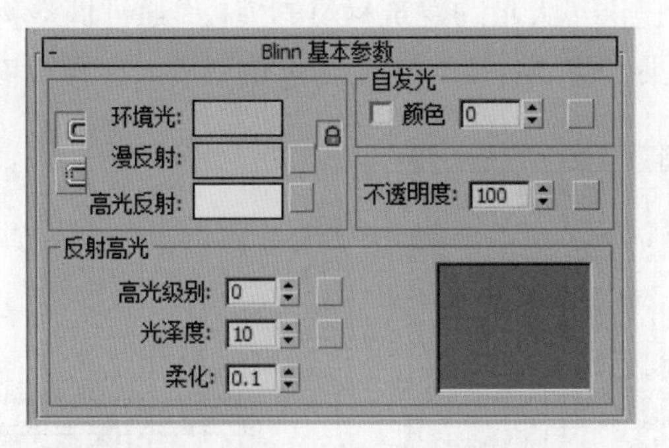

图 7-50 “Blnn 基本参数”卷展栏

下面具体介绍卷展栏中常用选项的含义。

- 环境光：设置对象在阴影中的颜色。
- 漫反射：设置物体表面的颜色。
- 高光反射：设置物体中高亮显示的颜色。
- 高光级别：设置高光反射的大小，数值越大，高光越明显。
- 光泽度：设置高光的光泽度，数值越大，高光越亮，反射率越高。
- 柔化：设置高光和环境光之间的过渡，数值越大，过渡越自然。

3) 扩展参数

“扩展参数”卷展栏通过设置透明、反射等制作更真实的透明材质，该卷展栏包含高级透明、线框和反射暗淡 3 个选项组，如图 7-51 所示。

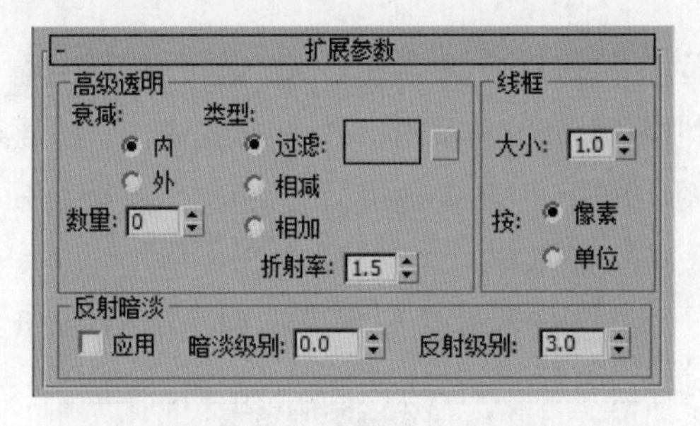

图 7-51 “扩展参数”卷展栏

下面具体介绍各选项组的含义。

- 高级透明：控制材质的不透明度、衰减等效果。
- 线框：设置线框的大小和单位类型。
- 反射暗淡：选中“应用”复选框，设置暗淡值和反射值，可以使阴影中的反射贴图进行暗淡处理。

4) 贴图

在“贴图”卷展栏中可以对相应选项设置贴图，部分组件还会以实用贴图代替原有的材质颜色，如图 7-52 所示。

7.2.2 建筑材质

在 3ds Max 2015 中提供了大量的建筑材质的模板，通过调整物理性质和灯光的配合，使材质达到更逼真的效果，将“材质”更改为建筑材质后，参数面板如图 7-53 所示。

贴图	数量	贴图类型
环境光颜色	100	无
漫反射颜色	100	无
高光颜色	100	无
高光级别	100	无
光泽度	100	无
自发光	100	无
不透明度	100	无
过滤色	100	无
凹凸	30	无
反射	100	无
折射	100	无
置换	100	无

图 7-52 “贴图”卷展栏

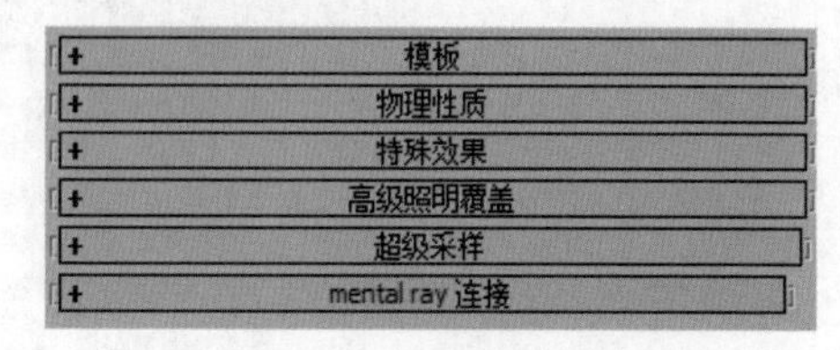

图 7-53 “建筑材质”参数面板

下面具体介绍参数面板中常用卷展栏的含义。

- 模板：单击用户定义列表框，在弹出的列表中选择材质名称设置当前建筑材质。
- 物理特性：对建筑材质整体进行设置，更改材质显示效果。
- 特殊效果：设置凹凸、置换、轻度、裁切等特殊效果值或添加相应贴图。
- 高级照明覆盖：通过该卷展栏可以调整材质在光能传递解决方案中的行为方式。

7.2.3 混合材质

混合材质可以将两种不同的材质融合在一起，控制材质的显示程度，还可以制作成材质变形的动画。混合材质由 2 个子材质和 1 个遮罩组成，子材质可以是任何材质的类型，遮罩则可以访问任意贴图中的组件或者是设置位图等。混合材质常被用于制作刻花镜、带有花样的抱枕和部分锈迹的金属等。

在使用混合材质后，“混合基本参数”卷展栏如图 7-54 所示。

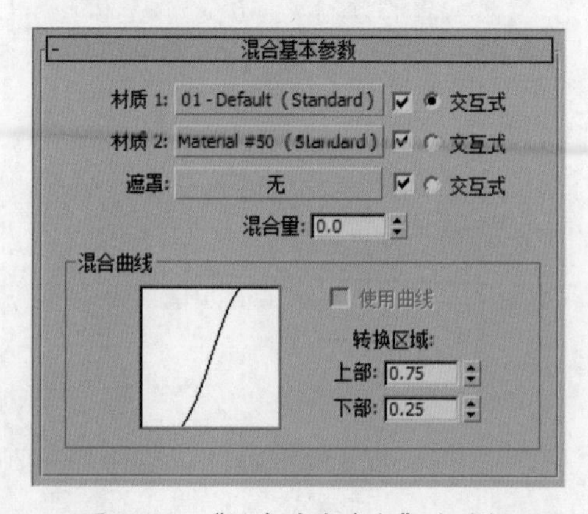

图 7-54 “混合基本参数”卷展栏

下面具体介绍卷展栏中各常用选项的含义。

- 材质1和材质2：设置各种类型的材质。默认材质为标准材质，单击后方的选项框，在弹出材质面板中可以更换材质。
- 遮罩：使用各种程序贴图或位图设置遮罩。遮罩中较黑的区域对应材质1，较亮较白的区域对应材质2。
- 混合量：决定两种材质混合的百分比，当参数为0时，将完全显示第一种材质，当参数为100时，将完全显示第二种材质。
- 混合曲线：影响进行混合的两种颜色之间变换的渐变或尖锐程度，只有制定遮罩贴图后，才会影响混合。

7.2.4 多维/子材质

多维/子对象材质是将多个材质组合到一个材质当中，将物体设置不同的ID材质后，使材质根据对应的ID号赋予到指定物体区域上。该材质常被用于包含许多贴图的复杂物体上。在使用多维/子对象后，卷展栏如图7-55所示。

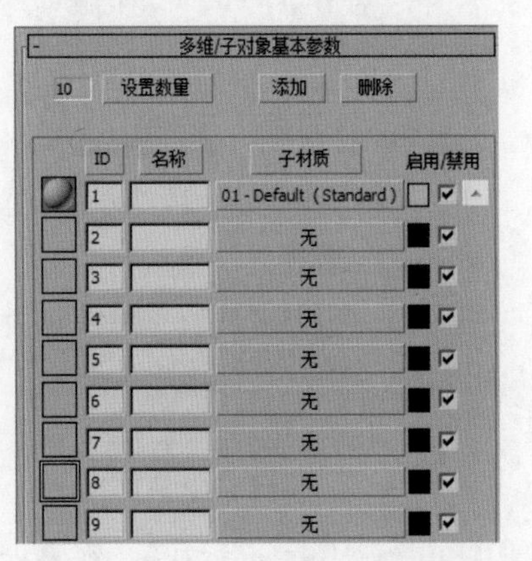

图7-55 “多维/子对象基本参数”卷展栏

下面具体介绍卷展栏中按钮的含义。

- 设置数量：用于设置子材质的参数，单击该按钮，即可打开“设置材质数量”对话框，在其中可以设置材质数量。
- 添加：用于添加材质，单击该按钮，在子材质下方将默认添加一个标准材质。
- 删除：用于删除子材质，单击该按钮，将从下向上逐一删除子材质。

7.3 VRay材质

VRay材质类型是专门配合VRay渲染器使用的材质，使用VRay渲染器的时候，这个材质会比3ds Max的标准材质在渲染速度和质量上高很多。VRay的材质类型包括VR-Mat-材质、VR-凹凸材质、VR-散布体积、VR-材质包裹器、VR-模拟有机材质、VR-

毛发材质等 19 种材质。

7.3.1 VRayMtl 材质

VRay 渲染器提供了一种特殊的材质——VrayMtl，在场景中使用该材质能够获得更加准确的物理照明、更快的渲染、反射和折射参数的调节更加方便。使用 VRayMtl，用户可以应用不同的纹理贴图、控制器反射和折射，增加凹凸贴图和置换贴图，强制直接进行全局照明计算，选择用于材质的 BRDF。

1. 基本参数

在选择 VRayMtl 材质之后，材质编辑器上的基本参数界面也会随之变换为 VRay 基本参数界面，如图 7-56 所示。

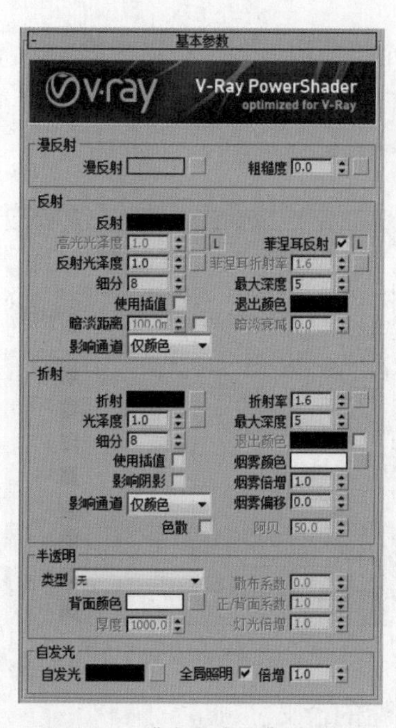

图 7-56　“基本参数”卷展栏

下面将对 VRayMtl 材质基本参数界面上的一些重要参数进行介绍。

- 漫反射：用于设置材质漫反射颜色。单击色样可以打开颜色选择器，还可以为漫反射通道指定一张纹理贴图，以此来替代漫反射颜色。
- 粗糙度：用于设置材质表面的粗糙程度。
- 反射：单击选项后的色块可以设置反射颜色，纯黑色表示没有反射，纯白色表示完全反射。颜色越浅，反射越强。如果设置反射颜色，那么反射效果将带有一定的颜色趋向，单击右边的灰色色块按钮，可以使用贴图的灰度来控制反射的强弱。
- 高光光泽度：用于设置材质的光泽度大小。值为 0.0 时，将会得到非常模糊的反射效果。值为 1.0 时，将会关掉高光光泽度。打开高光光泽度将会增加渲染时间。
- 反射光泽度：由于设置反射的锐利效果。值为 1.0 时，物体呈现出完美的镜面反射效果，值越小反射就越显模糊。

- 细分：控制光线的数量，做出有光泽的反射估算。当光泽度值为 1.0 时，VRay 不会发射光线去估算光泽度。
- 菲涅耳反射：选中该复选框并单击弹起 L 按钮，此选项会被激活，反射将具有真实世界的玻璃反射。值为 1 时，光线还未产生反射即消失，则材质不会产生反射。参数大于 1.0 的情况下，值越大，反射衰减得越弱，当达到一个较大值的时候，相当于关闭了菲涅耳反射。
- 最大深度：用于设置光线跟踪贴图的最大深度，控制光线的最大反射次数。光线跟踪更大的深度时贴图将返回黑色。
- 折射：一个折射倍增器。通过调整颜色的明度来控制折射的透明度。颜色越亮对象越透明，反之则越不透明。调整颜色的色相也可以影响折射的颜色，还可以为折射通道指定一张纹理贴图，以此来替代折射颜色。
- 光泽度：设置材质的光泽度大小。值为 0.0 意味着得到非常模糊的折射效果。值为 1.0 时，将关掉光泽度，VRay 将产生非常明显的完全折射效果。
- 细分：控制光线的数量，为光泽的折射进行估算。当光泽度值为 1.0 时，这个细分值会失去作用，VRay 不会发射光线去估算光泽度。
- 折射率：用于设置材质的折射率。值越大折射效果越锐利，随着值的降低，折射的效果会变得越来越模糊。
- 烟雾颜色：即利用雾来填充折射的物体，雾的颜色将作为折射颜色。
- 烟雾倍增：雾的颜色倍增器。值越小产生的雾越透明，反之雾越厚。

该参数组设置材质的半透明性，此时 VRay 将使用雾的颜色来决定通过该材质里面的光线数量。

- 厚度：用于设置半透明层的厚度。当光线跟踪深度达到这个值时，VRay 不会跟踪光线更下面的面。
- 灯光倍增：用于设置灯光分布的倍增器，计算经过材质内部被反射和折射的光线数量。
- 散布系数：用于控制置于半透明对象表面下散射光线的方向。值为 0.0 时，在表面下的光线将向各个方向上散射；值为 1.0 时，光线跟初始光线的方向一致。
- 前 / 后分配比：用于控制置于半透明物体表面下的散射光线中初始光线的数量，向前或向后散射并穿过这个物体。值为 1.0 意味着所有的光线将向前传播；值为 0.0 时，所有的光线将向后传播；值为 0.5 时，光线在向前 / 向后方向上分配各为一半。

建模技能

做效果图常用的几种折射率，真空折射率为 1.0，水的折射率为 1.33，玻璃的折射率为 1.5，水晶的折射率为 2.0，钻石的折射率为 2.4。

2. 双向反射分布函数

该卷展栏主要用于控制物体表面的反射特性。当反射里的颜色不为黑色和反射模糊不为 1 时，这个功能才有效果，其卷展栏如图 7-57 所示。

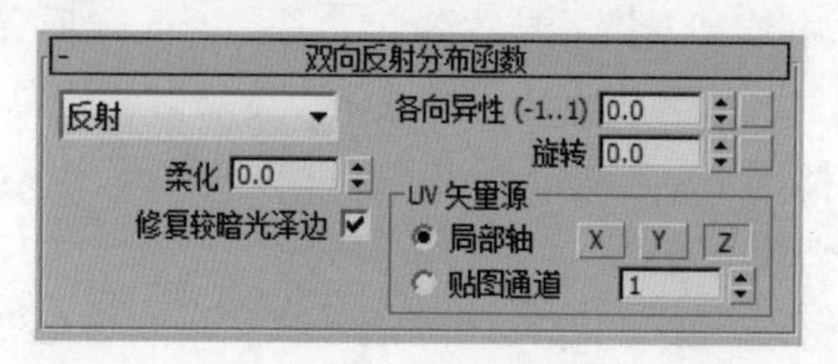

图 7-57 “双向反射分布函数”卷展栏

- 类型：VRayMtl 提供了 3 种双向反射分布类型，分别是多面、反射、沃德。
- 各向异性：控制高光区域的形状。
- 旋转：控制高光形状的角度。
- UV 矢量源：控制高光形状的轴线，也可以通过贴图通道来设置。

关于双向反射分布现象，在物理世界中到处可见。我们可以看到不锈钢锅底的高光形状是呈两个锥形的，这是因为不锈钢表面是一个有规律的均匀凹槽，也就是常见的拉丝效果，当光照射到这样的表面上就会产生双向反射分布现象。

3. 选项

“选项”卷展栏如图 7-58 所示。

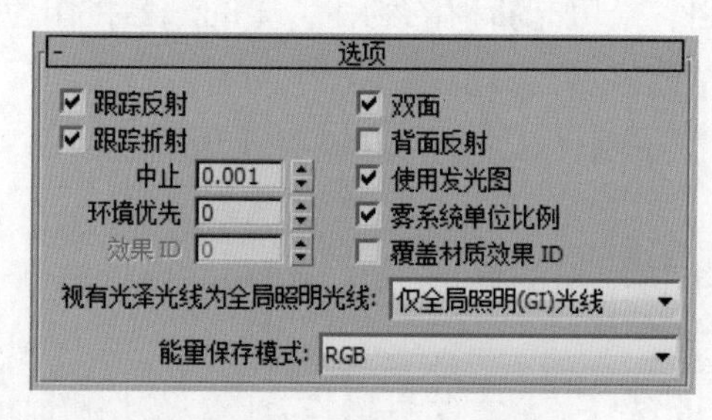

图 7-58 “选项”卷展栏

下面具体介绍相关参数的含义。

- 跟踪反射：控制光线是否追踪反射。不勾选该项，VRay 将不渲染反射效果。
- 跟踪折射：控制光线是否追踪折射。不勾选该项，VRay 将不渲染折射效果。
- 双面：控制 VRay 渲染的面为双面。
- 背面反射：勾选该项时，强制 VRay 计算反射物体的背面反射效果。

7.3.2 VR- 灯光材质

VR- 灯光材质是 VRay 渲染器提供的一种特殊材质，可以模拟物体发光发亮的效果，并且这种自发光效果可以对场景中的物体也产生影响，常用来制作顶棚灯带、霓虹灯、火焰等材质，这种材质在进行渲染的时候要比 3ds Max 默认的自发光材质快很多。灯光材质包括颜色、倍增、纹理等贴图参数，如图 7-59 所示。

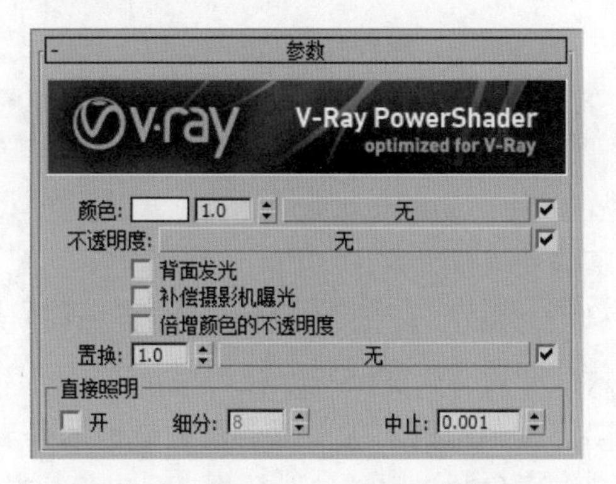

图 7-59　VR- 灯光“参数”卷展栏

下面具体介绍参数面板中各常用选项的含义。

- 颜色：主要用于设置自发光材质的颜色，默认为白色。可单击色样打开颜色选择器，以选择所需的颜色。不同的灯光颜色对周围对象表面的颜色会有不同的影响，也可以为颜色后的通道添加适合的贴图，使之更加符合场景需求。
- 倍增：控制自发光的强度。默认值为 1.0。值越大，灯光越亮，反之则越暗。
- 不透明度：设置贴图的镂空效果，选中后面的复选框，可以通过一个黑白图片实现镂空效果。
- 背面发光：控制灯光材质实现背面发光。
- 补偿摄影机曝光：控制相机曝光补偿的数值。
- 倍增颜色的不透明度：选中该复选框后，将控制不透明度与颜色相乘。

7.3.3　VR- 材质包裹器

VR- 材质包裹器能包裹在 3ds Max 默认材质的表面上，它的包裹功能主要用于指定每一个材质额外的表面参数，这些参数也可以在“物体设置”对话框中进行设置。不过，在 VR- 材质包裹器中的设置会覆盖掉以前 3ds Max 默认的材质。也就是将默认的材质转换为 VRay 的材质类型。其卷展栏如图 7-60 所示，各参数的作用如下。

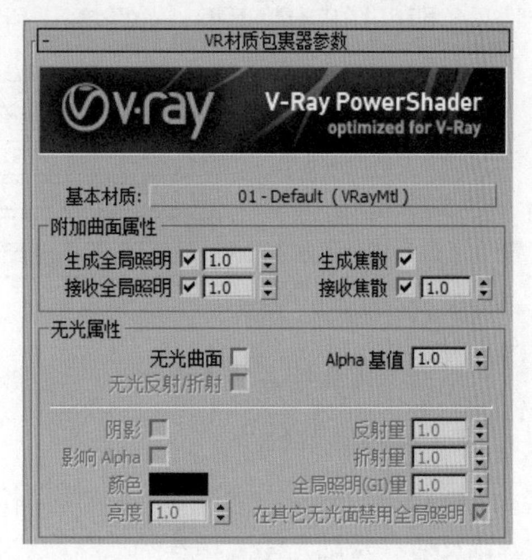

图 7-60　“VR 材质包裹器参数”卷展栏

- 基本材质：可以控制包裹材质中将要使用的基本材质的参数，可以返回到上一层中进行编辑。
- 生成全局照明：控制材质对象是否产生全局照明。选中该复选框后，通过调整后面的强度倍增值可以控制材质产生全局照明的强度。数值越大，对象对周边环境的影响越大，产生的色溢现象将会越严重。

- 接收全局照明：选中该复选框，表示使用这个材质的对象将接收全局照明，同时可以通过设置强度倍增值决定材质对象接收全局照明的强度。数值越大，对象接收全局光照的程度越强，表面将会变得越亮；取消选中该复选框，材质对象将不接收全局照明，仅接受直接光照。
- 生成焦散：控制材质对象视口产生焦散特效。可对具备反射或折射属性的材质进行控制，对于不具备反射或折射的对象此选项无效。
- 接收焦散：对可以产生焦散的对象放置的桌面或地面等表面材质进行控制，选中此复选框后，将会出现焦散，取消勾选后将不会出现焦散，只会出现阴影效果。
- 无光曲面：选中此复选框后，在进行直接观察的时候，将显示背景而不会显示基本材质，这样材质看上去类似 3ds Max 标准的不光滑材质。
- 阴影：控制当前赋予包裹材质的物体是否产生阴影效果。勾选后，物体将产生阴影。
- 影响 Alpha：选中后，渲染出来的阴影将带 Alpha。
- 亮度：控制阴影的亮度。
- 反射量：控制当前赋予包裹材质物体的反射数量。
- 折射量：控制当前赋予包裹材质物体的折射数量。
- 全局照明量：控制当前赋予包裹材质物体的 GI 总量。

7.3.4 VR- 车漆材质

VR- 车漆材质可以模拟金属车漆，它由基础层、雪花层、镀膜层等材质层组成，它允许对每一个层进行参数调整。在“材质 / 贴图浏览器”对话框中双击“VR- 车漆材质”选项，即可打开参数面板，如图 7-61 所示。

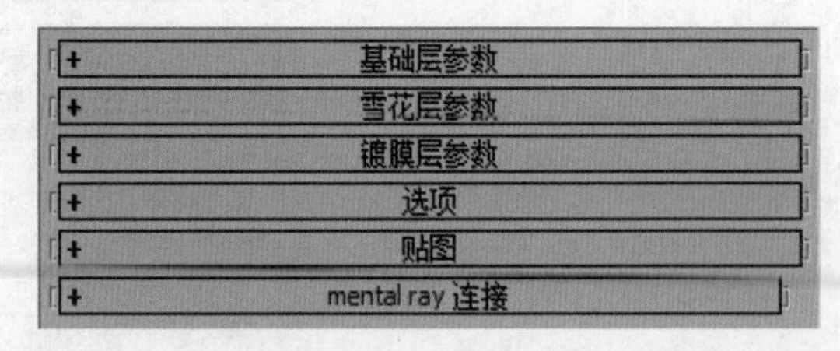

图 7-61 参数面板

下面具体介绍各常用卷展栏中选项的含义。

1. 基础层参数

该卷展栏主要用于设置基础材质层的参数。展开“基础层参数”卷展栏，其由基础颜色、基础反射、基础光泽度和基础跟踪反射等选项组成，如图 7-62 所示。

下面具体介绍卷展栏中各选项的含义。

- 基础颜色：设置材质的漫反射颜色。
- 基础反射：设置基础层的反射率。
- 基础光泽度：设置基础层的反射光泽度。
- 基础跟踪反射：当关闭该选项时，基础层只反射镜面高光，不产生反射光泽度。

2. 雪花层参数

该卷展栏主要利用各选项设置金属薄片的显示效果。展开卷展栏，如图 7-63 所示。

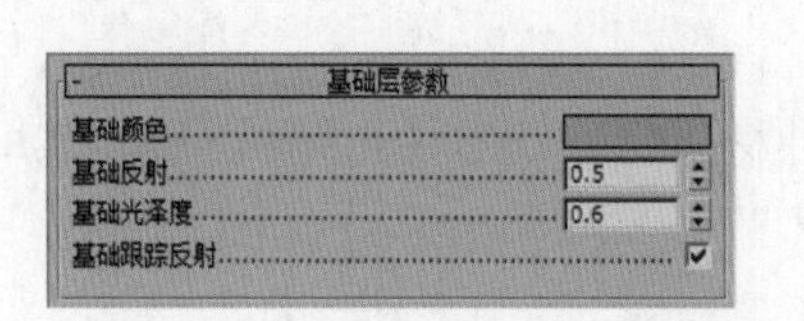

图 7-62 “基础层参数”卷展栏

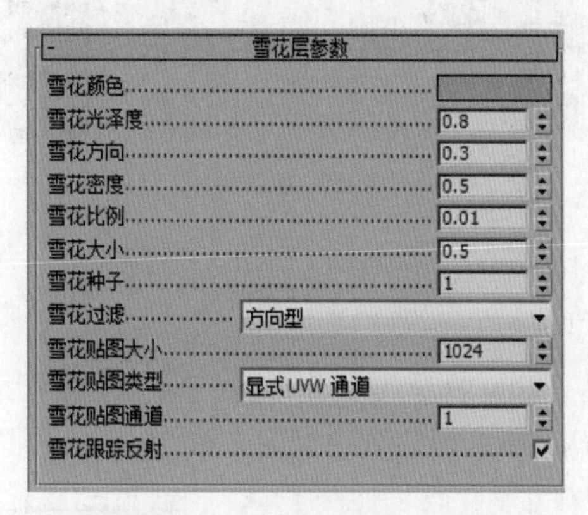

图 7-63 “雪花层参数”卷展栏

下面具体介绍卷展栏中各选项的含义。

- 雪花颜色：设置金属薄片的颜色。
- 雪花光泽度：设置金属薄片的光泽度。
- 雪花方向：设置薄片与建模表面法线的相对方向。
- 雪花密度：设置金属薄片的密度，最高值为 4.0。
- 雪花比例、大小：控制薄片结构的整体比例和大小。数值越大，薄片越大。
- 雪花种子：设置产生薄片的随机种子数量，使薄片随机分布。
- 雪花贴图大小：设置薄片的贴图大小。
- 雪花贴图类型：单击该列表框，在弹出的列表中选择贴图方式。
- 雪花跟踪反射：当关闭该选项时，基础层只反射镜面高光，不产生反射光泽度。

3. 镀膜层参数

镀膜层和基础层的设置方法一致，只是设置的对象不同。在“参数”卷展栏中可以设置镀膜的相应选项。用户可以参考基础层了解选项含义，这里就不具体介绍了。

4. 选项和贴图

“选项”卷展栏用于设置材质的显示方式和其他设置，如图 7-64 所示。“贴图”卷展栏用于设置各材质层的贴图和相应颜色倍增以及凹凸倍增值，如图 7-65 所示。

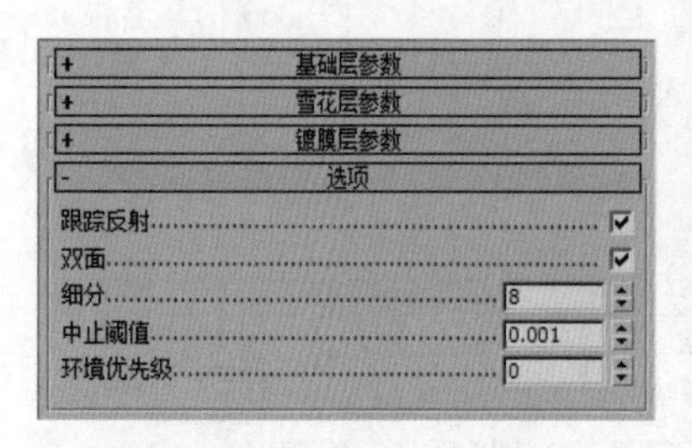

图 7-64 “选项”卷展栏

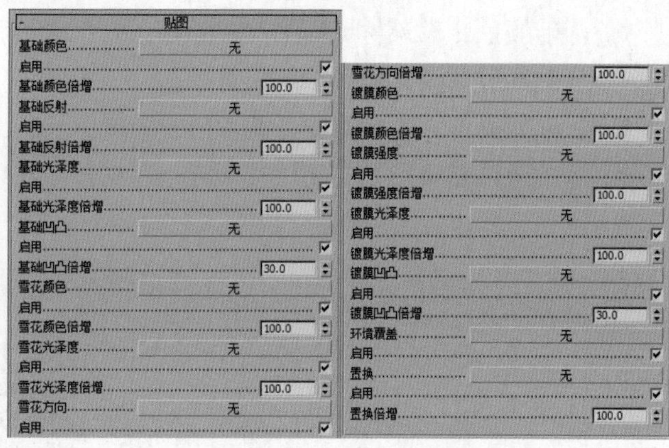

图 7-65 “贴图”卷展栏

7.3.5 VRay 其他材质

VRay 材质类型非常多，除了上面介绍的几种材质外，还有 10 多种材质，这里简单介绍一下，材质列表如图 7-66 所示。

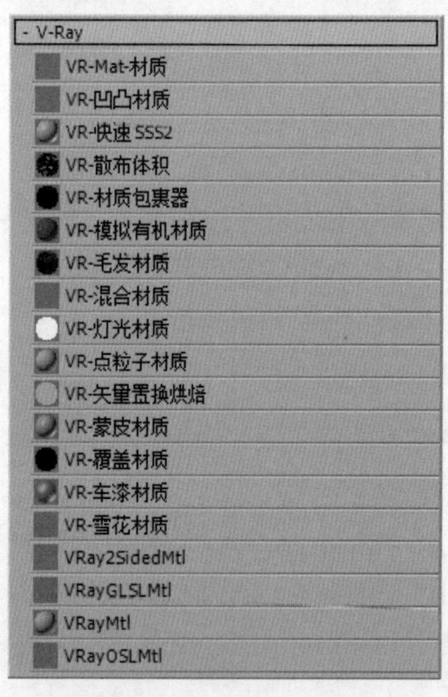

图 7-66 VRay 材质列表

- VR-Mat- 材质：可以控制材质编辑器。
- VR- 凹凸材质：可以控制材质凹凸。
- VR- 快速 SSS2：可以制作半透明的 SSS 物体材质效果，如皮肤。
- VR- 散布体积：用于散布体积的材质效果。
- VR- 材质包裹器：可以有效避免色溢现象。
- VR- 模拟有机材质：可以呈现出 V-Ray 程序的 DarkTree 着色器效果。
- VR- 毛发材质：用于渲染头发和皮毛的材质。

- VR-混合材质：常用来制作两种材质混合在一起的效果，比如带有花纹的玻璃。
- VR-灯光材质：可以制作发光物体的材质效果。
- VR-点粒子材质：用于点粒子的材质效果。
- VR-矢量置换烘焙：可以制作矢量的材质效果。
- VR-蒙皮材质：可以制作蒙皮的材质效果。
- VR-覆盖材质：可以让用户更广泛地控制场景的色彩融合、反射、折射等。
- VR-车漆材质：主要用来模拟金属汽车漆的材质。
- VR-雪花材质：可以模拟制作雪花的材质效果。
- VRay2SidedMtl：可以模拟带有双面属性的材质效果。
- VRayGLSLMtl：可以用来加载 GLSL 着色器。
- VRayMtl：VRayMtl 材质是使用范围最为广泛的一种材质，常用于制作室内外效果图。其中制作反射和折射的材质非常出色。
- VRayOSLMtl：可以控制着色语言的材质效果。

7.3.6 VR-毛皮

VRay 毛皮是一种能模拟真实物理世界中简单的毛发效果的功能，虽然效果简单，但是用途广泛，对制作效果图来说是绰绰有余，常用来表现毛巾、衣服、草地等效果。图 7-67 所示为 VRay 毛皮的参数面板。

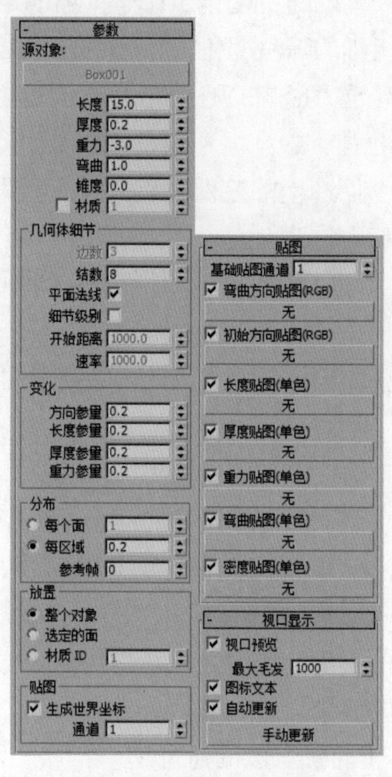

图 7-67 VR-毛皮参数

1.“参数”卷展栏

1)“源对象”选项组

- 源对象：用来选择一个物体产生毛发，单击按钮就可以在场景中选择想要产生毛发的物体。
- 长度：控制毛发的长度，值越大生成的毛就越长。
- 厚度：控制毛发的粗细，值越大生成的毛就越粗。
- 重力：用来模拟毛发受重力影响的情况。正值表示重力方向向上，数字越大，重力效果越强；负值表示重力方向向下，数字越小，重力效果越强；当值为0时，表示不受重力的影响。
- 弯曲：表示毛发的弯曲程度，值越大越弯曲。
- 锥度：控制毛发锥化的程度。

2)“几何体细节”选项组

- 边数：当前这个参数还不可用，在以后的版本中将开发多边形的毛发。
- 结数：用来控制毛发弯曲时的光滑程度。值越大表示段数越多，弯曲的毛发越光滑。
- 平面法线：用来控制毛发的呈现方式。当选中该选项时，毛发将以平面方式呈现；关闭该选项时，毛发将以圆柱体方式呈现。

3)“变化”选项组

- 方向参量：控制毛发方向的随机变化。值越大，表示变化越强烈，0表示不变化。
- 长度参量：控制毛发长度的随机变化。1表示变化强烈，0表示不变化。
- 厚度参量：控制毛发粗细的随机变化。1表示变化强烈，0表示不变化。
- 重力参量：控制毛发受重力影响的随机变化。1表示变化越强烈；0表示不变化。

4)“分布"选项组

- 每个面：用来控制每个面产生的毛发数量，因为物体的每个面不都是均匀的，所以渲染出来的毛发也不均匀。
- 每区域：用来控制每单位面积中的毛发数量，这种方式下渲染出来的毛发比较均匀。
- 参考帧：指定源物体获取到计算面大小的帧，获取的数据将贯穿整个动画过程。

5)“放置”选项组

- 整个对象：启用该选项后，全部的面都将产生毛发。
- 选定的面：启用该选项后，只有被选择的面才能产生毛发。
- 材质ID：启用该选项后，只有指定了材质ID的面才能产生毛发。

6)“贴图”选项组

- 生成世界坐标：所有的UVW贴图坐标都是从基础物体中获取，单击该选项的W坐标可以修改毛发的偏移量。
- 通道：指定在W坐标上将被修改的通道。

2. “贴图”卷展栏

- 基础贴图通道：选择贴图的通道。
- 弯曲方向贴图：用彩色贴图来控制毛发的弯曲方向。
- 初始方向贴图：用彩色贴图来控制毛发的根部生长方向。
- 长度贴图：用灰度贴图来控制毛发的长度。
- 厚度贴图：用灰度贴图来控制毛发的粗细。
- 重力贴图：用灰度贴图来控制毛发受重力的影响。
- 弯曲贴图：用灰度贴图来控制毛发的弯曲程度。
- 密度贴图：用灰度来控制毛发的生长密度。

3. “视口显示”卷展栏

- 视口预览：选中该选项时，可以在视图里预览毛发的大致情况。值越大，毛发生长情况的预览越详细。
- 最大毛发：数值越大，就可以更加清楚地观察毛发的生长情况。
- 图标文本：选中该选项后，可以在视图中显示 VRay 毛皮的图标和文字。

7.4 常见材质的创建

在进行渲染之前，需要创建材质，通过赋予相应的材质，提高渲染效果，利用 VRay 材质可以还原现实生活中的真实材质效果。下面以金属、透明、陶瓷等材质为例，介绍 VRay 中的常用材质。

7.4.1 金属材质

利用 VAayMtl 材质可以设置各种金属材质，金属材质具有一定反光性且光泽度较高，也是受光线影响最大的材质之一，应用也十分广泛。

【例 7-1】运用设置金属材质的方法创建黄金项链材质。

STEP 01 打开素材文件，如图 7-68 所示。

STEP 02 首先来设置钻石材质。按 M 键打开材质编辑器，选择一个空白材质球，在材质 / 贴图浏览器中选择 VRayMtl 材质，如图 7-69 所示。

STEP 03 设置漫反射颜色为黑色，反射颜色与折射颜色为白色，再设置反射参数与折射参数，如图 7-70 所示。

STEP 04 设置好的钻石材质球效果如图 7-71 所示。

STEP 05 设置黄金材质。再选择一个空白材质球，设置为 VRayMtl 材质，在基本参数面板中设置漫反射颜色与反射颜色，再设置反射参数，如图 7-72 所示。

STEP 06 漫反射颜色与反射颜色设置如图 7-73 所示。

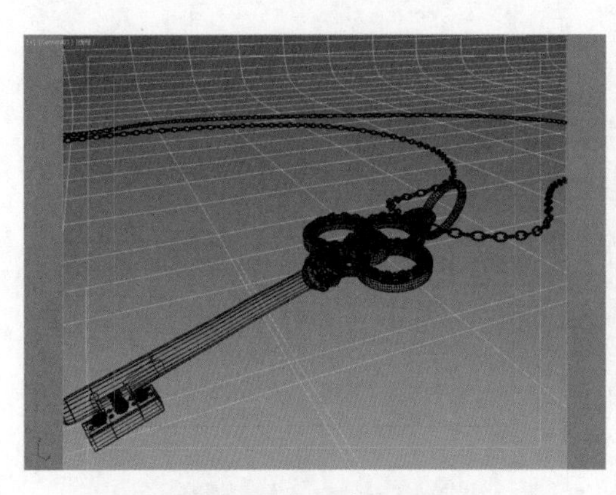

图 7-68　打开素材文件

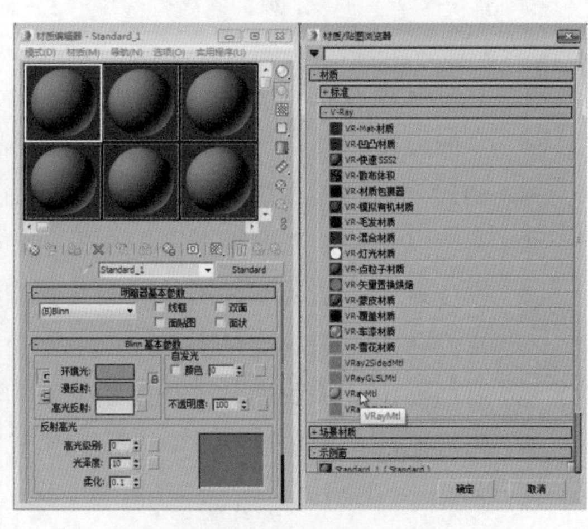

图 7-69　设置材质类型

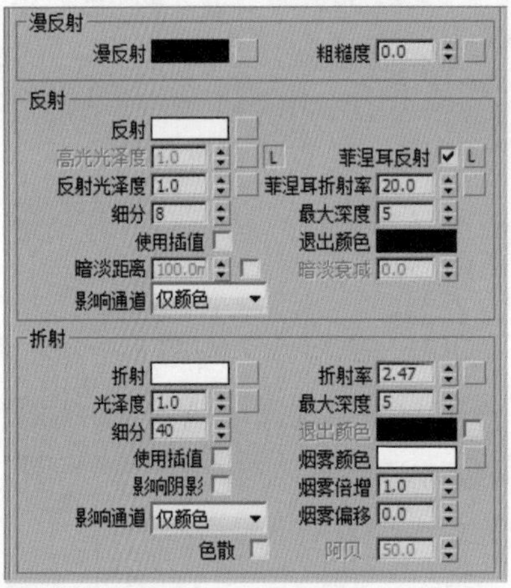

漫反射
漫反射　粗糙度 0.0
反射
反射
高光光泽度 1.0　L　菲涅耳反射 ☑ L
反射光泽度 1.0　菲涅耳折射率 20.0
细分 8　最大深度 5
使用插值　退出颜色
暗淡距离 100.0m　暗淡衰减 0.0
影响通道 仅颜色
折射
折射　折射率 2.47
光泽度 1.0　最大深度 5
细分 40　退出颜色
使用插值　烟雾颜色
影响阴影　烟雾倍增 1.0
影响通道 仅颜色　烟雾偏移 0.0
色散　阿贝 50.0

图 7-70　设置基本参数

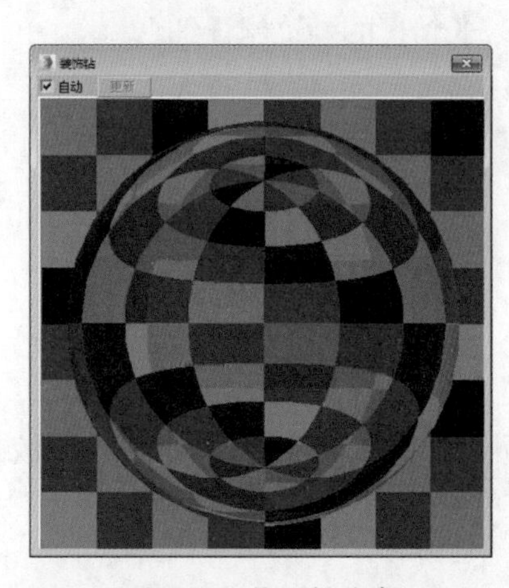

图 7-71　钻石材质球

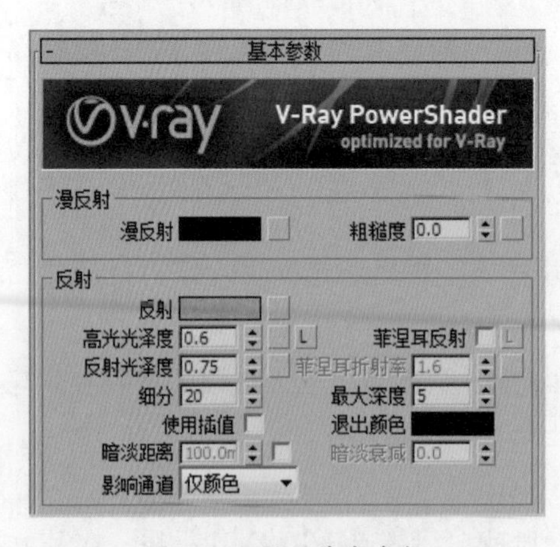

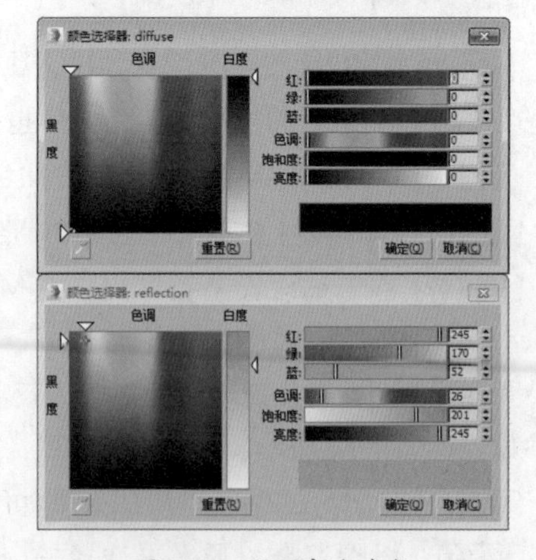

图 7-73　设置颜色参数

图 7-72　设置基本参数

STEP 07 设置好的黄金材质球效果如图 7-74 所示。

STEP 08 将设置好的材质分别赋予模型，渲染效果如图 7-75 所示。

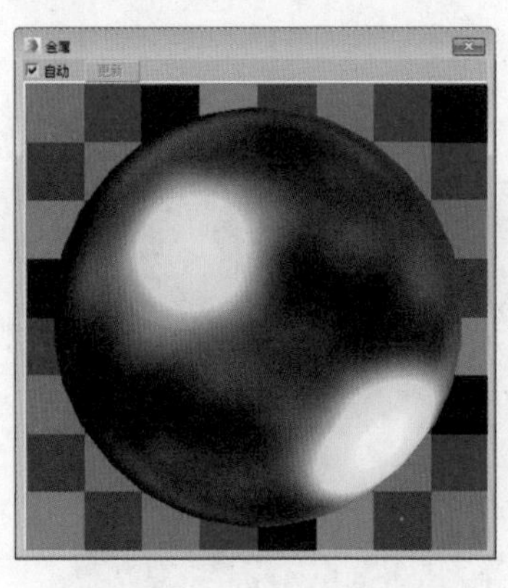

图 7-74 黄金材质球效果

图 7-75 渲染效果

7.4.2 透明材质

在效果图的制作过程中，透明材质的制作是一个难点，除了常见的玻璃材质，还有液体、镜子、塑料等，其通光性、滤色性以及对光线的反射率和折射率都各有不同。

【例 7-2】运用设置玻璃材质和水材质的方法创建饮料瓶和玻璃杯材质。

STEP 01 打开素材文件，如图 7-76 所示。

STEP 02 首先设置玻璃材质。打开材质编辑器，选择一个空白材质球，设置为 VRayMtl 材质，设置漫反射颜色、反射颜色及折射颜色，反射颜色设置为白色，再设置反射参数与折射参数，如图 7-77 所示。

图 7-76 打开素材文件

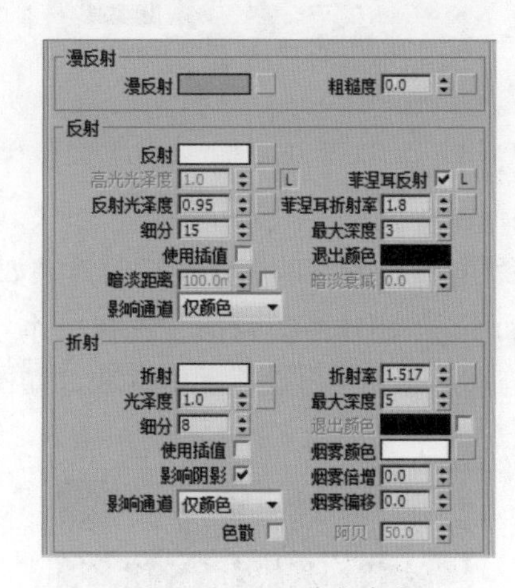

图 7-77 设置基本参数

STEP 03 漫反射颜色与折射颜色设置如图 7-78 所示。

STEP 04 设置好的玻璃材质球效果如图 7-79 所示。

STEP 05 设置酒水材质。选择一个空白材质球，设置为 VRayMtl 材质，设置漫反射颜色为黑色，反射颜色为白色，再设置折射颜色与烟雾颜色，设置反射参数与折射参数，具体参数如图 7-80 所示。

STEP 06 折射颜色与烟雾颜色参数设置如图 7-81 所示。

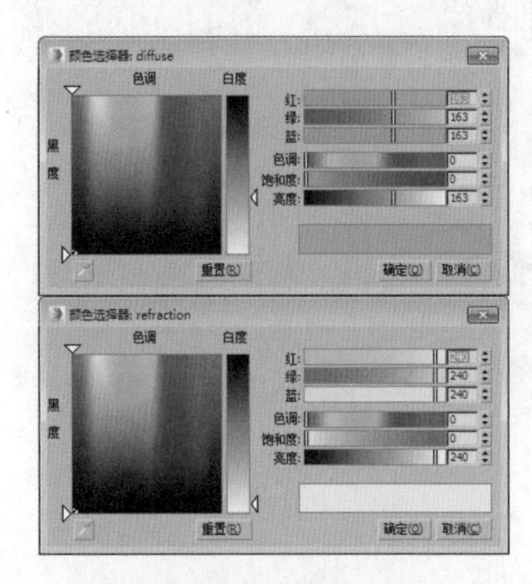

图 7-78 设置颜色参数

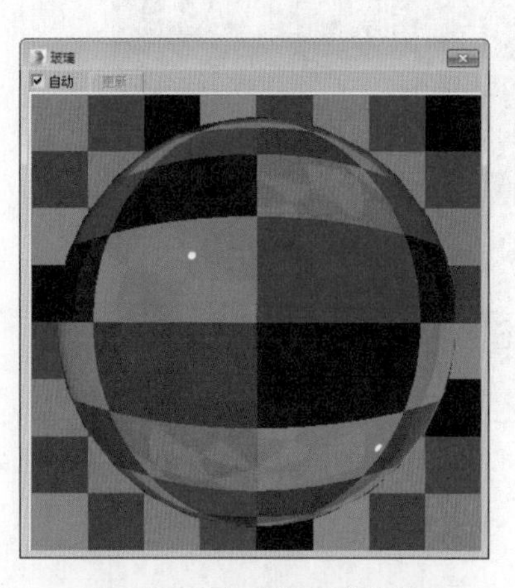

图 7-79 玻璃材质球效果

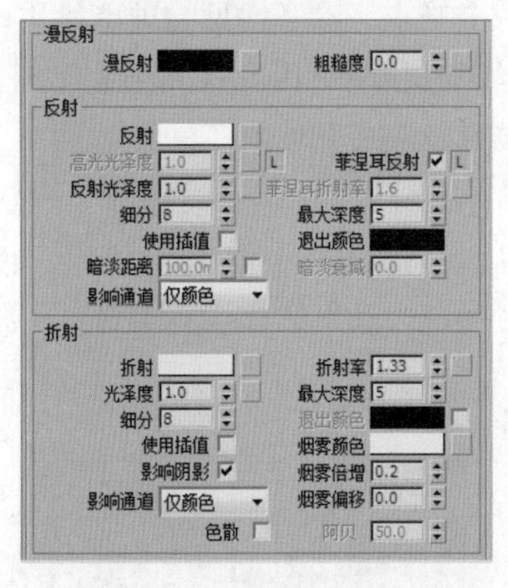

图 7-80 基本参数设置

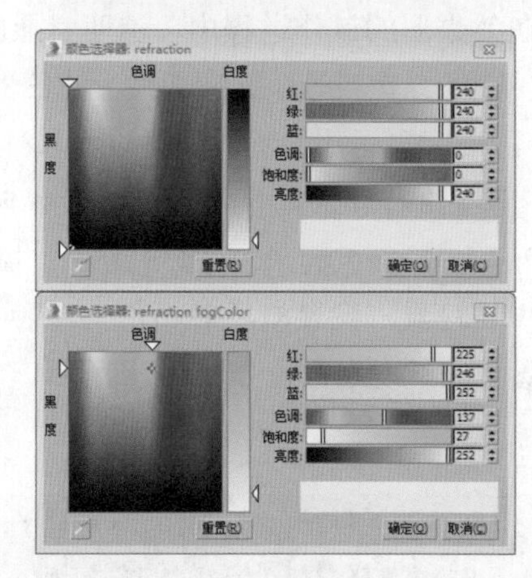

图 7-81 颜色参数设置

STEP 07 设置好的酒水材质球效果如图 7-82 所示。

STEP 08 制作瓶盖材质。选择一个空白材质球，设置为 VRayMtl 材质，设置漫反射颜色与反射颜色，再设置反射参数，如图 7-83 所示。

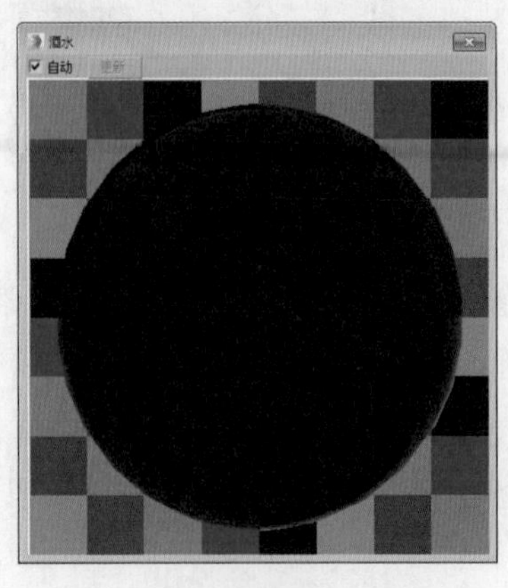

图 7-82 酒水材质球效果

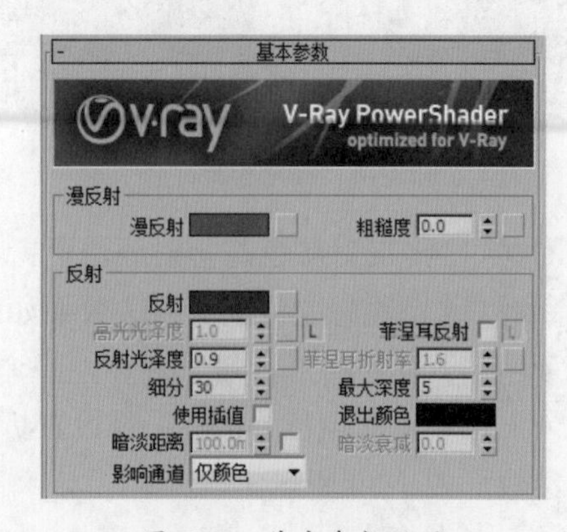

图 7-83 基本参数设置

STEP 09 漫反射颜色与反射颜色参数设置如图 7-84 所示。

STEP 10 设置好的瓶盖材质球效果如图 7-85 所示。

STEP 11 将创建好的材质指定给场景中的物体，渲染效果如图 7-86 所示。

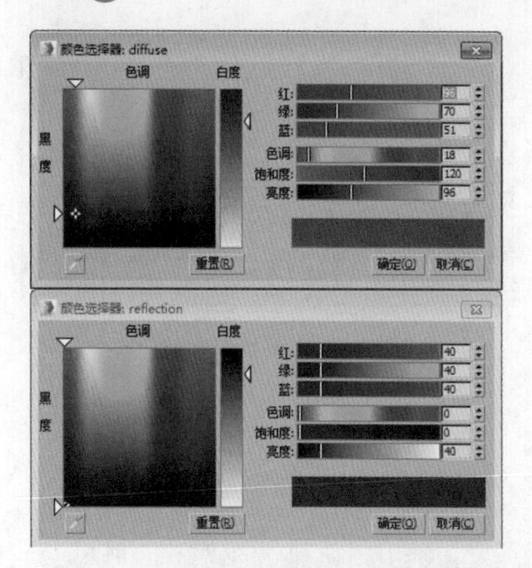

图 7-84 颜色参数设置

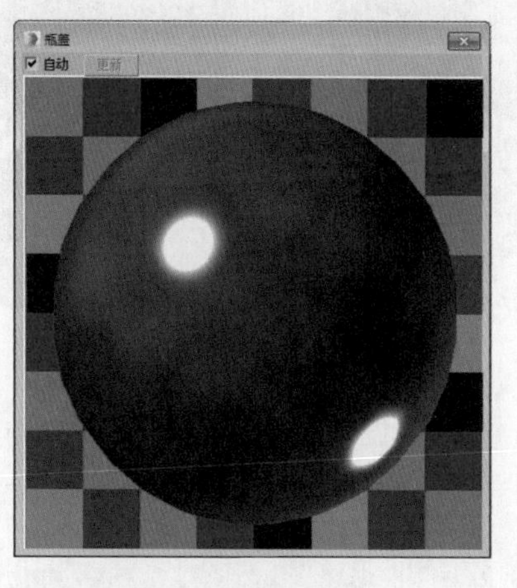

图 7-85 瓶盖材质球效果

图 7-86 渲染效果

7.4.3 陶瓷材质

在现实生活中，陶瓷材质是天然或合成化合物高温烧制而成的一类材料。在 VRay 材质中，它具有一定的光泽度，有些陶瓷工艺品的表面十分光滑。该材质主要应用在装饰瓷器工艺品、花瓶等物体。

【例 7-3】设置陶瓷材质。

STEP 01 打开素材模型文件，如图 7-87 所示。

STEP 02 设置白瓷材质。打开材质编辑器，选择一个空白材质球，设置为 VRayMtl 材质，设置漫反射颜色为白色，再设置反射颜色与反射参数，如图 7-88 所示。

图 7-87　打开素材文件

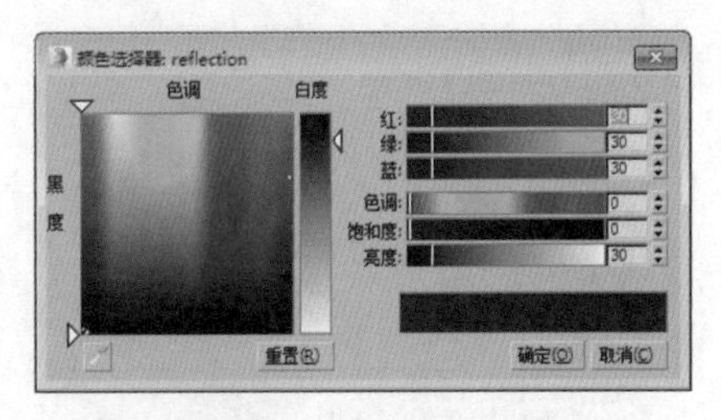

图 7-88　基本参数设置

STEP 03 设置好的白瓷材质球如图 7-89 所示。

STEP 04 按照同样的设置方法设置蓝色的瓷材质，如图 7-90 所示。

图 7-89　白瓷材质球效果

图 7-90　蓝瓷材质球效果

STEP 05 将材质指定给场景中的瓷器模型，渲染效果如图 7-91 所示。

图 7-91　渲染效果

【自己练】

项目练习1：创建餐车材质

图纸展示（见图7–92）

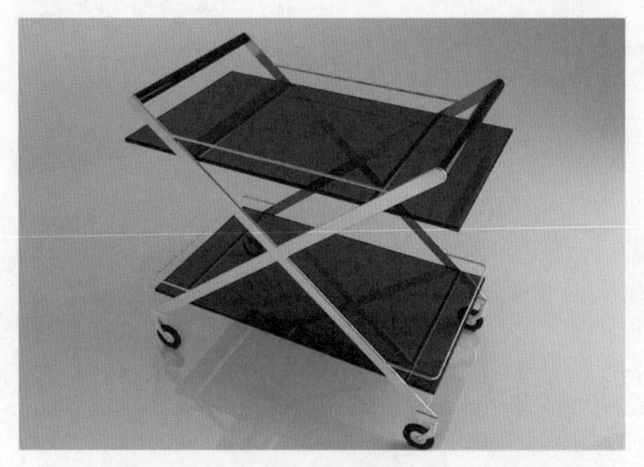

图7-92 餐车效果

操作要领

(1) 利用VRayMtl制作不锈钢材质。

(2) 利用VRayMtl制作黑色烤漆玻璃材质。

(3) 利用VRayMtl制作黑色橡胶轮材质。

项目练习2：创建灯具模型

图纸展示（见图7–93）

图7-93 灯具模型

操作要领

(1) 利用 VRayMtl 制作白色半透明台灯灯罩材质。

(2) 利用 VRayMtl 制作台灯灯柱材质。

(3) 利用 VRayMtl 制作不锈钢台灯底座材质。

第 8 章

为场景添加材质——贴图应用详解

本章概述：

贴图，顾名思义就是指贴上一张图片。当然，在 3ds Max 中的贴图不仅是指图片（位图贴图），也可以是程序贴图，将这些贴图加载在贴图通道上，使材质产生一定的贴图效果。贴图和材质是无法分割的，通常是在一起使用，当然两者也是有区别的。本章主要介绍常用贴图的知识以及一些常见贴图材质的制作。

要点难点：

认识贴图　★☆☆

掌握几种常见材质的创建　★★☆

案例预览

卧室场景

【跟我学】为卧室场景添加材质

案例描述

本案例中将对卧室场景中的物体逐一创建材质。下面具体介绍材质的创建方法。

制作过程

STEP 01 打开素材模型，在“显示”面板中选中“图形”复选框，隐藏图形类别，在顶视图中创建一架 VR- 物理摄影机，如图 8-1 所示。

STEP 02 调整摄影机参数以及位置角度，如图 8-2 所示。

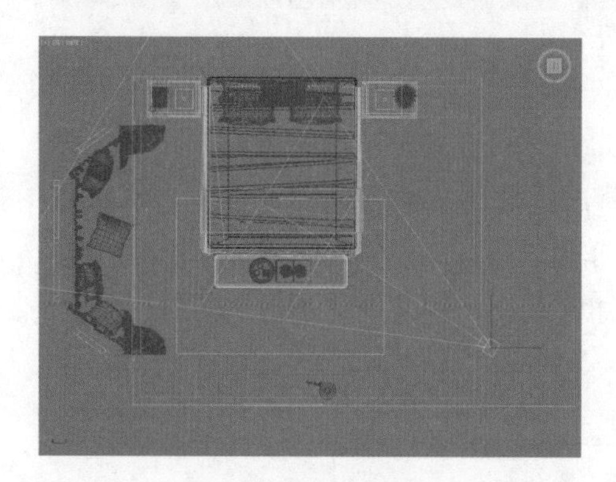

图 8-1　创建摄影机

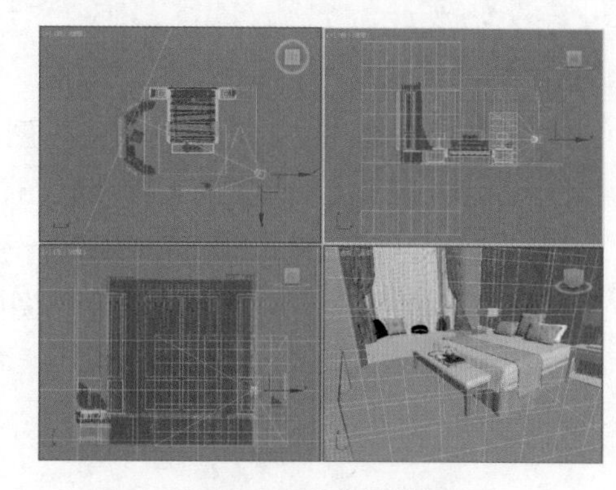

图 8-2　调整摄影机

STEP 03 在透视图视口按 C 键进入摄影机视口，如图 8-3 所示。

STEP 04 创建乳胶漆材质。按 M 键打开材质编辑器，选择一个空白材质球，将其设置为 VrayMtl 材质，设置漫反射颜色为白色，如图 8-4 所示。

图 8-3　摄影机视口

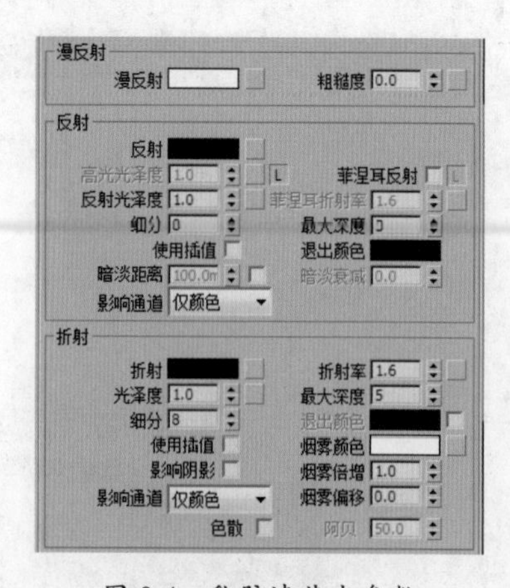

图 8-4　乳胶漆基本参数

STEP 05 创建好的白色乳胶漆材质示例窗效果如图 8-5 所示。

STEP 06 创建墙纸材质。选择一个空白材质球，将其设置为 VrayMtl 材质，为漫反射通道及凹凸通道添加位图贴图，取消菲涅耳反射，如图 8-6 所示。

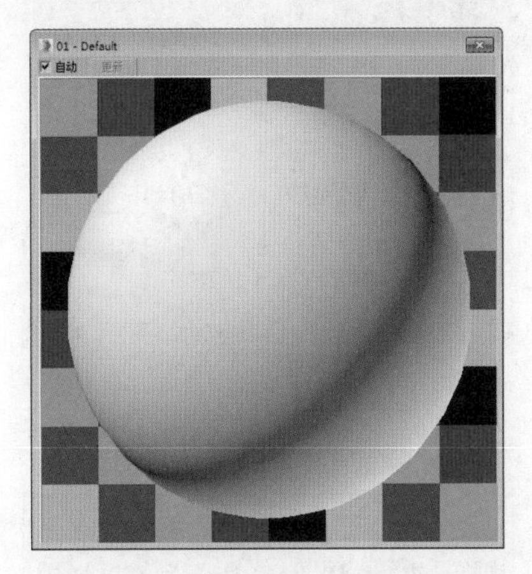

图 8-5　乳胶漆材质球

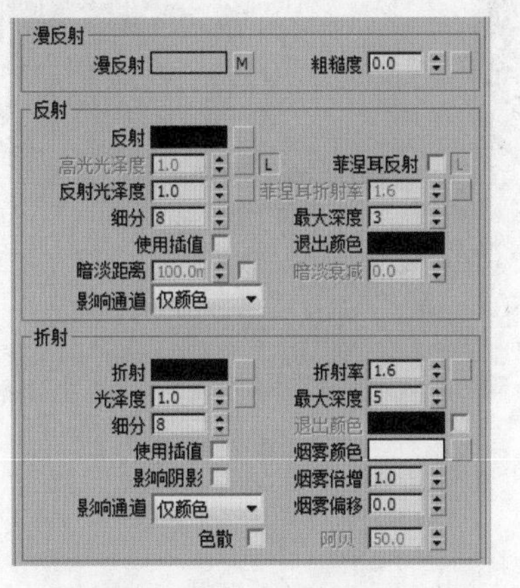

图 8-6　墙纸基本参数

STEP 07 在“贴图”卷展栏中设置凹凸值，如图 8-7 所示。

STEP 08 创建好的墙纸材质示例窗效果如图 8-8 所示。

图 8-7　设置凹凸值

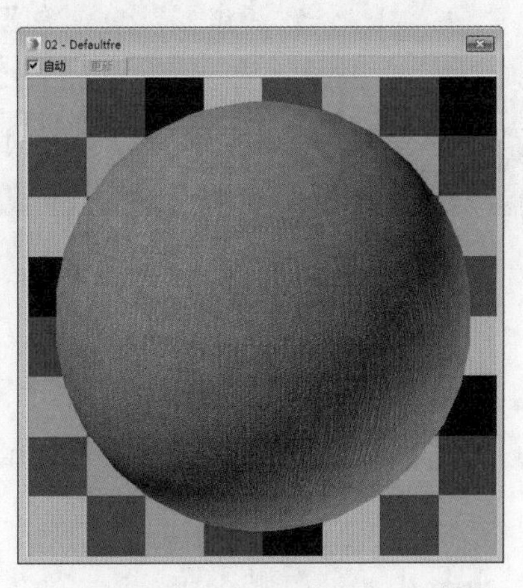

图 8-8　墙纸材质球

STEP 09 将创建好的乳胶漆材质以及墙纸材质指定给场景中的对象，并为墙纸模型添加 UVW 贴图，视图效果如图 8-9 所示。

STEP 10 创建地板材质。选择一个空白材质球，将其设置为 VrayMtl 材质，设置漫反射颜色为黑色，再设置反射颜色，再设置反射参数，如图 8-10 所示。

STEP 11 反射颜色设置如图 8-11 所示。

STEP 12 在“贴图”卷展栏中为漫反射通道及凹凸通道添加位图贴图，设置凹凸值，再为反射通道添加衰减贴图，如图 8-12 所示。

图 8-9　摄影机视图效果

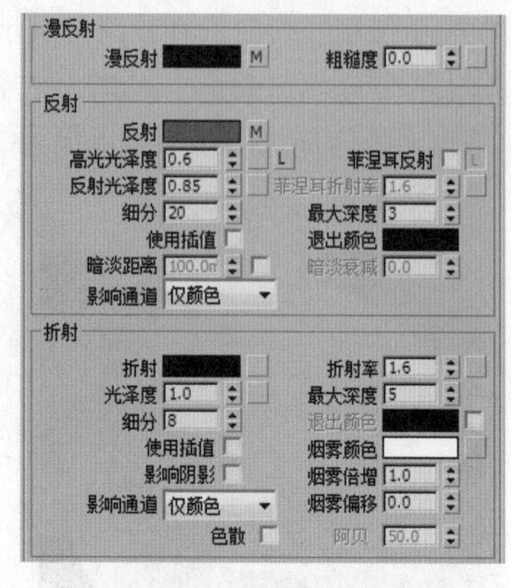

图 8-10　地板基本参数

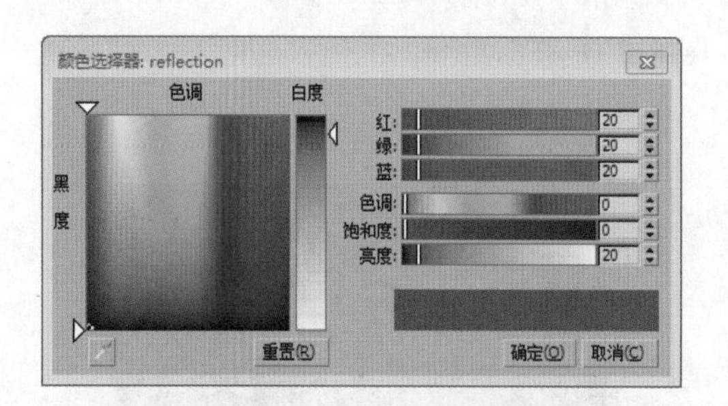

图 8-11　设置反射颜色

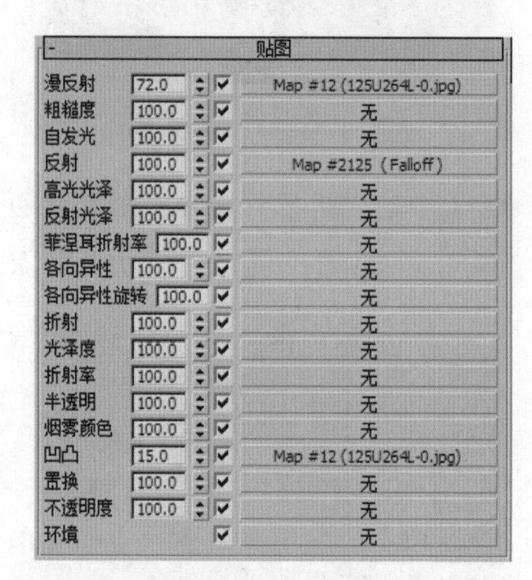

图 8-12　添加贴图

STEP 13 在衰减参数设置面板中设置衰减颜色，如图 8-13 所示。

STEP 14 衰减颜色设置如图 8-14 所示。

图 8-13　设置衰减参数

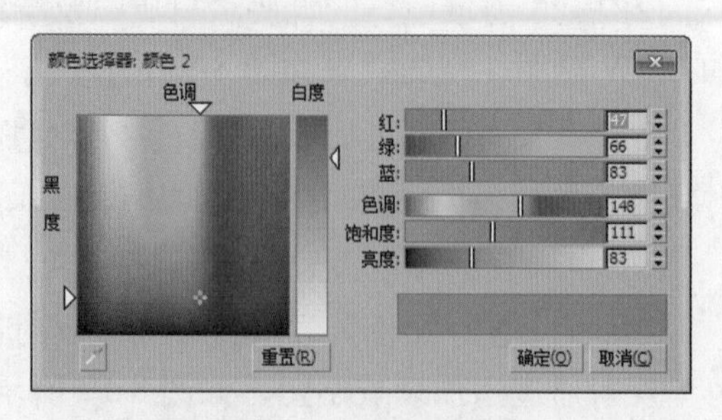

图 8-14　设置衰减颜色

STEP 15 创建好的地板材质示例窗效果如图 8-15 所示。

STEP 16 选择房屋多边形，进入“多边形”子层级，选择地面多边形，单击“分离”按钮，效果如图 8-16 所示。

图 8-15　地板材质球

图 8-16　分离多边形

STEP 17 将创建好的地板材质指定给场景中的地面模型，并为其添加 UVW 贴图，视图效果如图 8-17 所示。

STEP 18 创建地毯材质。选择一个空白材质球，将其设置为 VrayMtl 材质，为漫反射通道及凹凸通道添加位图贴图，如图 8-18 所示。

图 8-17　视图效果

贴图			
漫反射	100.0	☑	Map #1543 (水墨5.jpg)
粗糙度	100.0	☑	无
自发光	100.0	☑	无
反射	100.0	☑	无
高光光泽	100.0	☑	无
反射光泽	100.0	☑	无
菲涅耳折射率	100.0	☑	无
各向异性	100.0	☑	无
各向异性旋转	100.0	☑	无
折射	100.0	☑	无
光泽度	100.0	☑	无
折射率	100.0	☑	无
半透明	100.0	☑	无
烟雾颜色	100.0	☑	无
凹凸	30.0	☑	Map #1543 (水墨5.jpg)
置换	3.0	☑	无
不透明度	100.0	☑	无
环境		☑	无

图 8-18　添加贴图

STEP 19 创建好的地毯材质示例窗效果如图 8-19 所示。

STEP 20 将材质指定给场景中的地毯模型，并为其添加 UVW 贴图，视图效果如图 8-20 所示。

STEP 21 创建黑漆材质。选择一个空白材质球，将其设置为 VrayMtl 材质，为漫反射添加位图贴图，为反射通道添加衰减贴图，设置反射参数，如图 8-21 所示。

STEP 22 在衰减参数面板中设置衰减颜色，如图 8-22 所示。

图 8-19　地毯材质球

图 8-20　视图效果

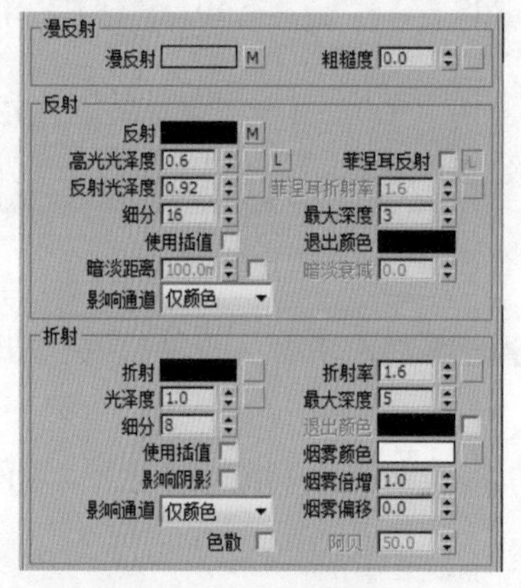

图 8-21　黑漆基本参数

图 8-22　设置衰减参数

STEP 23 衰减颜色设置如图 8-23 所示。

STEP 24 创建好的黑漆材质示例窗效果如图 8-24 所示。

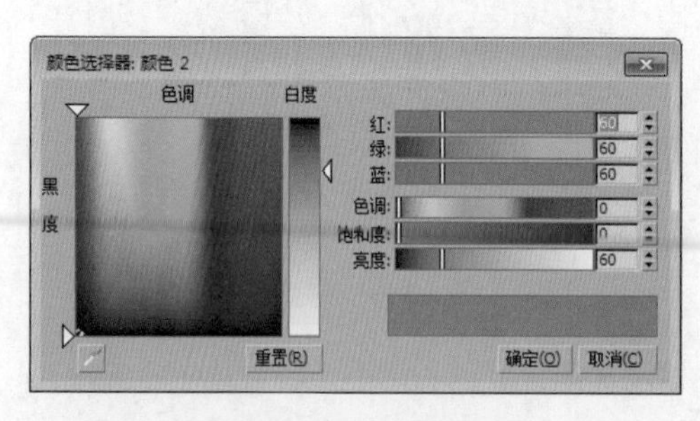

图 8-23　设置衰减颜色

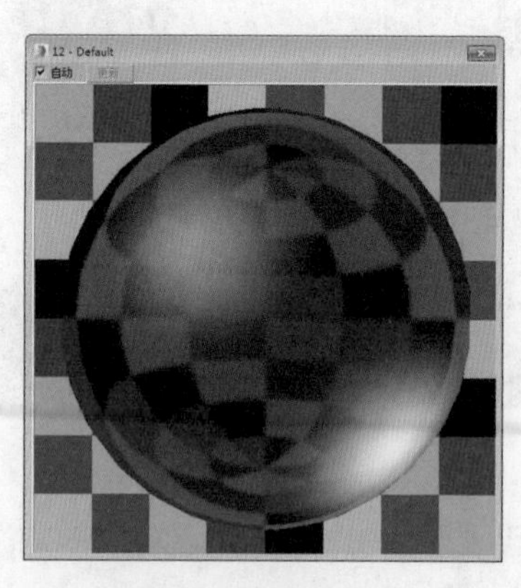

图 8-24　黑漆材质球

STEP 25 将材质指定给场景中家具及背景墙造型等模型，如图 8-25 所示。

STEP 26 创建床罩材质。选择一个空白材质球，将其设置为 VrayMtl 材质，为漫反射通道添加衰减贴图，设置反射颜色及反射参数，如图 8-26 所示。

图 8-25 视图效果

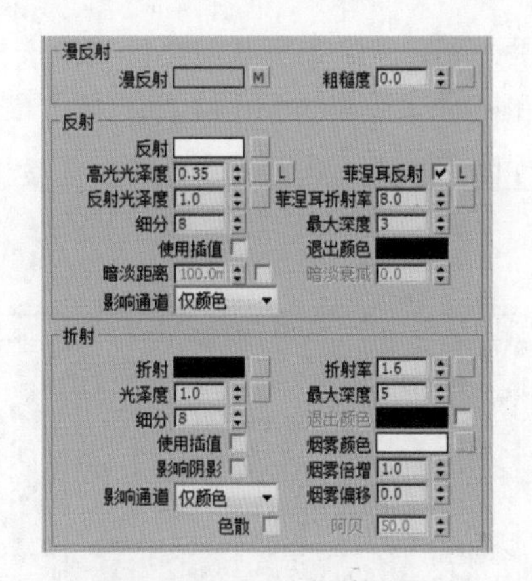

图 8-26 床罩基本参数

STEP 27 在衰减参数面板中为其添加位图贴图，如图 8-27 所示。

STEP 28 创建好的床罩材质示例窗效果如图 8-28 所示。

图 8-27 衰减参数设置

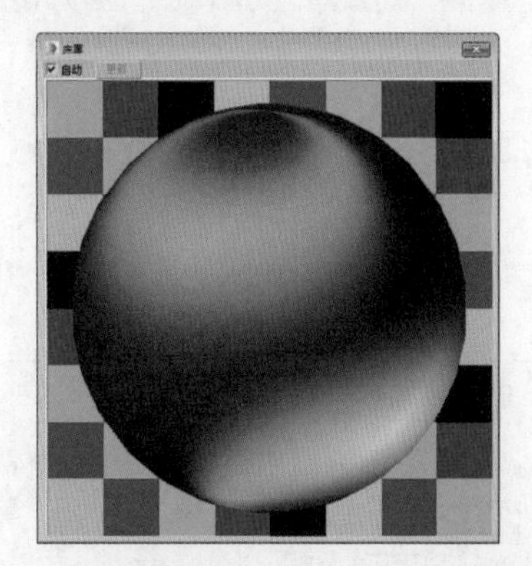

图 8-28 床罩材质球

STEP 29 创建布料 1 材质。选择一个空白材质球，将其设置为 VrayMtl 材质，为漫反射通道添加位图贴图，其余设置默认，如图 8-29 所示。

STEP 30 创建好的布料材质 1 示例窗效果如图 8-30 所示。

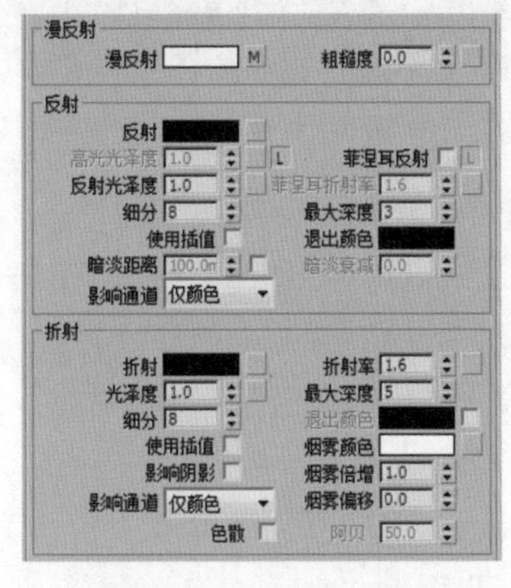

图 8-29 布料基本参数

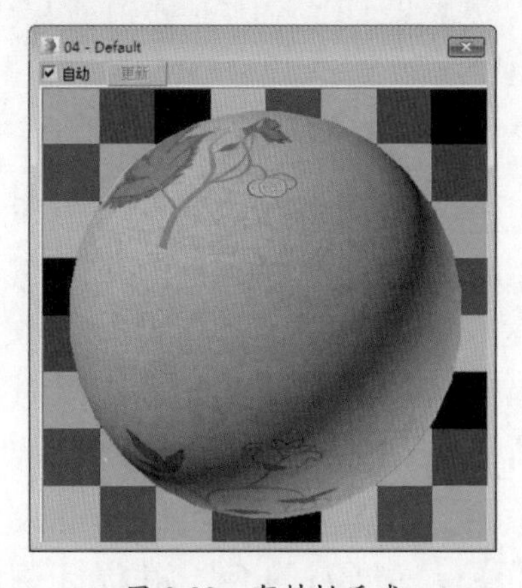

图 8-30 布料材质球

STEP 31 创建床头凳坐垫材质。选择一个空白材质球，将其设置为混合材质，设置材质 1 和材质 2 为 VrayMtl 材质，为遮罩通道添加位图贴图，如图 8-31 所示。

STEP 32 打开材质 1 设置面板，设置反射颜色及反射参数，如图 8-32 所示。

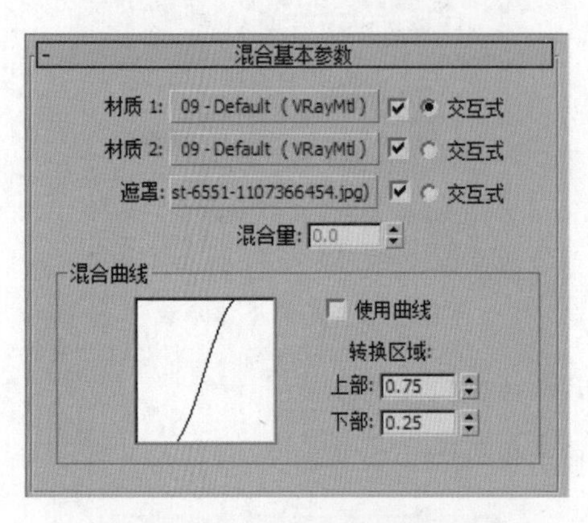

图 8-31　混合参数面板

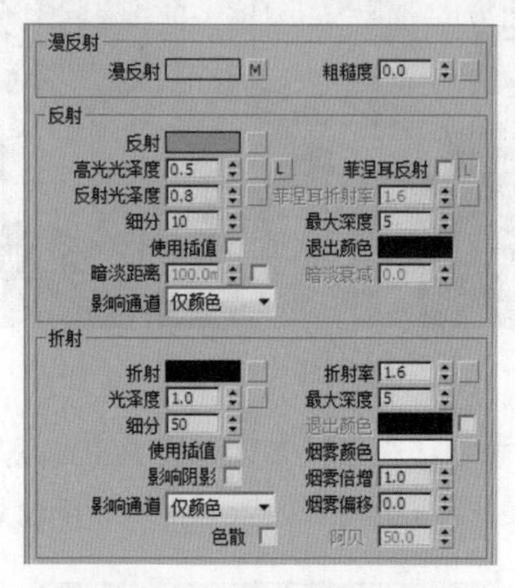

图 8-32　材质 1 参数面板

STEP 33 在“贴图”卷展栏中为漫反射通道及凹凸通道添加位图贴图，并设置凹凸值，如图 8-33 所示。

STEP 34 打开材质 2 设置面板，为漫反射通道添加位图贴图，如图 8-34 所示。

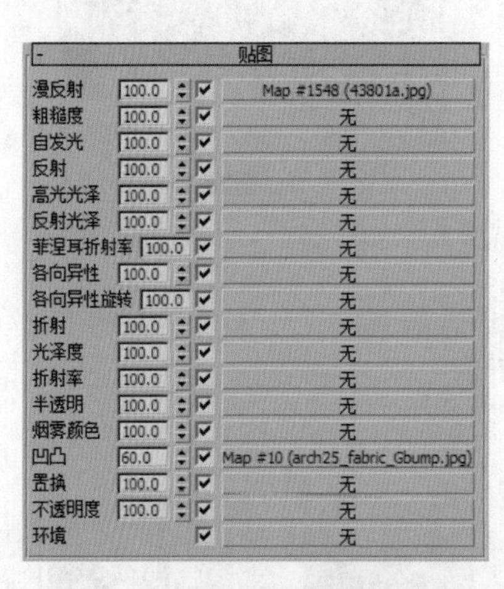

图 8-33　添加贴图

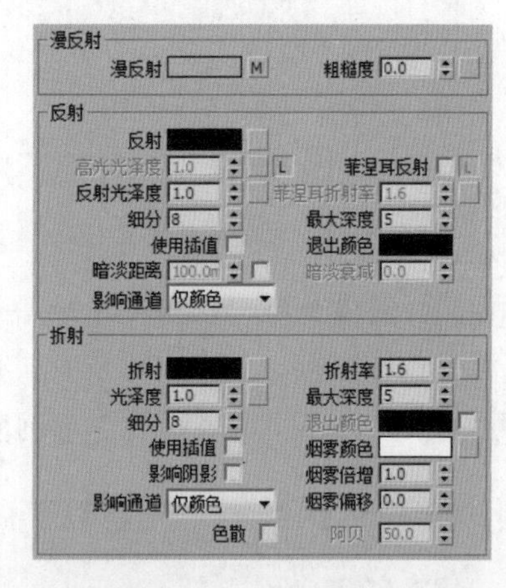

图 8-34　材质 2 参数面板

STEP 35 创建好的床头灯坐垫材质示例窗效果如图 8-35 所示。

STEP 36 将乳胶漆材质指定给被罩模型，再将创建好的材质指定给床头灯坐垫模型，为其添加 UVW 贴图，设置参数，如图 8-36 所示。

STEP 37 创建不锈钢材质。选择一个空白材质球，将其设置为 VrayMtl 材质，设置漫反射颜色及反射颜色，再设置反射参数，如图 8-37 所示。

STEP 38 漫反射颜色及反射颜色设置如图 8-38 所示。

STEP 39 创建好的不锈钢材质示例窗效果如图 8-39 所示。

STEP 40 创建灯罩材质。选择一个空白材质球，将其设置为 VrayMtl 材质，设置漫反射颜色及折射颜色，再设置折射参数，如图 8-40 所示。

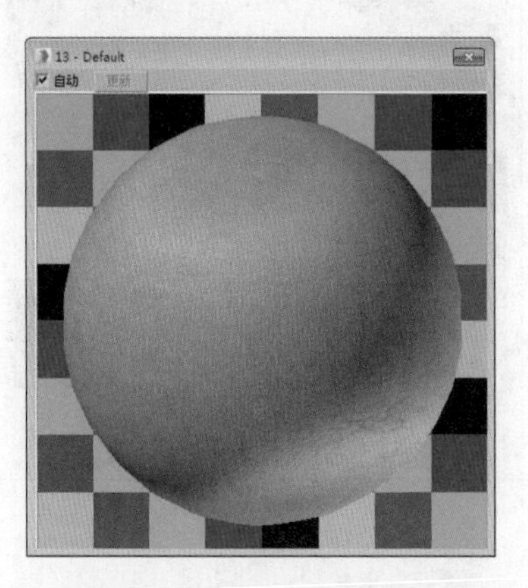

图 8-35　坐垫材质球

图 8-36　视图效果

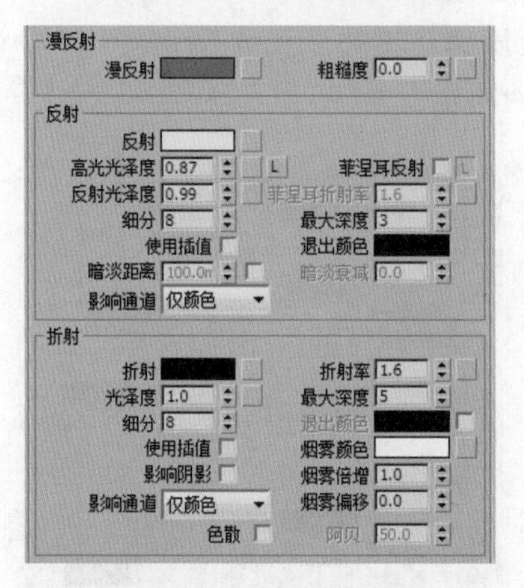

图 8-37　不锈钢基本参数

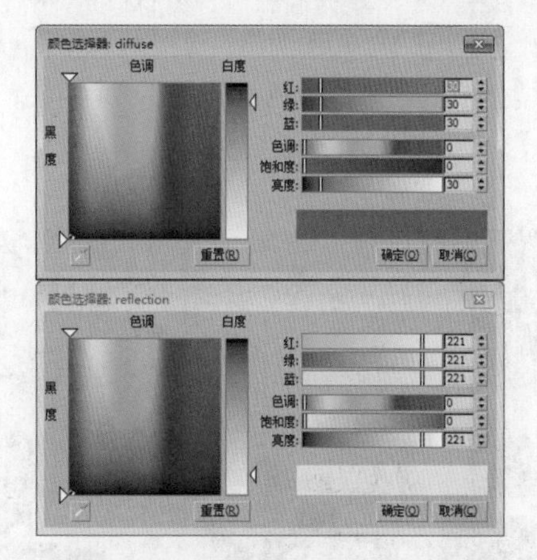

图 8-38　设置颜色

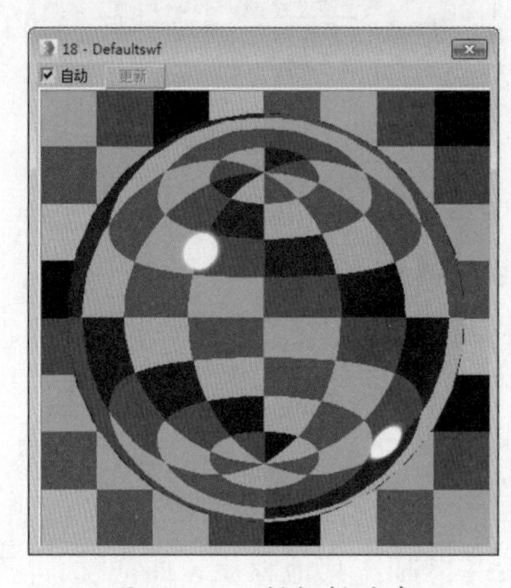

图 8-39　不锈钢材质球

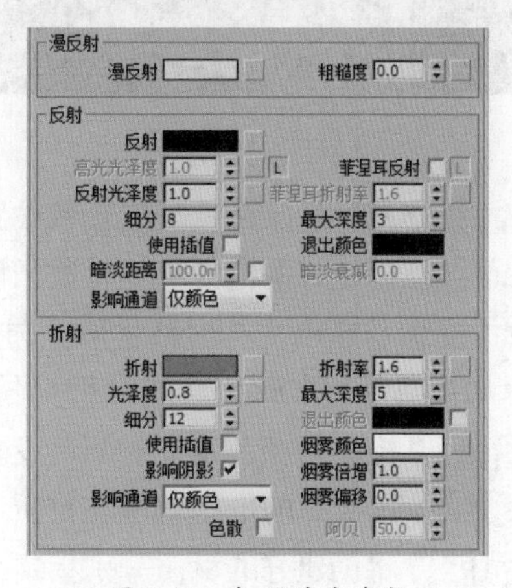

图 8-40　灯罩基本参数

STEP 41 漫反射颜色及折射颜色设置如图 8-41 所示。

STEP 42 创建好的灯罩材质示例窗效果如图 8-42 所示。

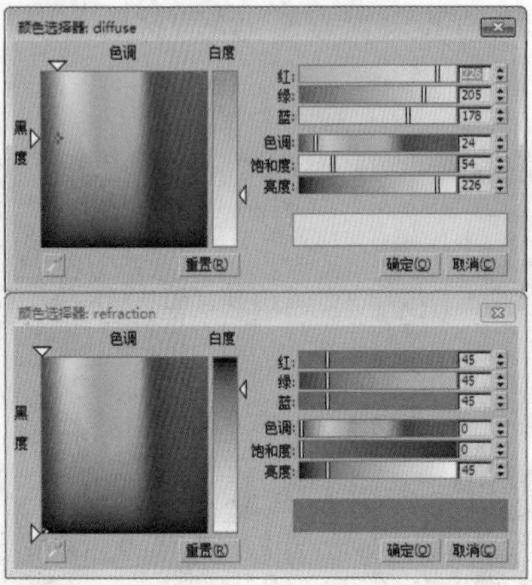

图 8-41　设置颜色

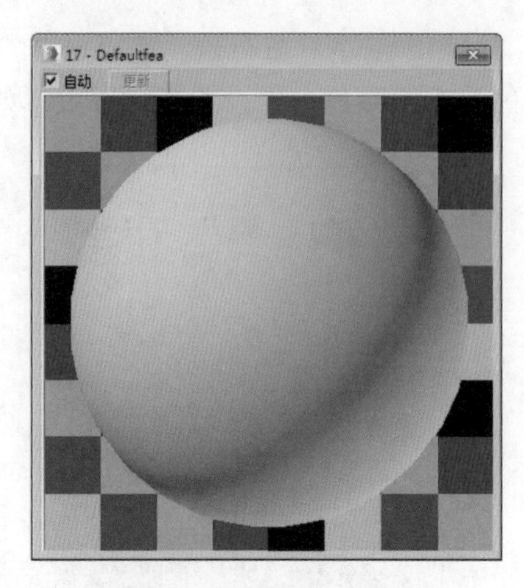

图 8-42　灯罩材质球

STEP 43 将创建好的不锈钢材质及灯罩材质指定给场景中的台灯模型，如图 8-43 所示。

STEP 44 设置电视机壳材质。选择一个空白材质球，将其设置为 VrayMtl 材质，设置漫反射颜色及反射颜色，设置反射参数，如图 8-44 所示。

图 8-43　视图效果

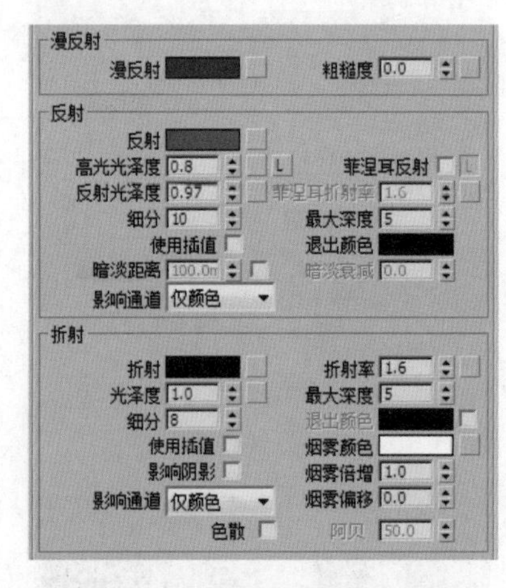

图 8-44　电视机壳基本参数

STEP 45 漫反射颜色及反射颜色设置如图 8-45 所示。

STEP 46 创建好的电视机壳材质示例窗效果如图 8-46 所示。

STEP 47 创建电视机屏幕材质。选择一个空白材质球，将其设置为 VrayMtl 材质，设置漫反射颜色及反射颜色，如图 8-47 所示。

STEP 48 漫反射颜色及反射颜色设置如图 8-48 所示。

STEP 49 创建好的电视机屏幕材质示例窗效果如图 8-49 所示。

STEP 50 将创建好的材质分别指定给电视机，最终再制作其他材质，如抱枕、花束等。将材质指定给模型，渲染场景，最终效果如图 8-50 所示。

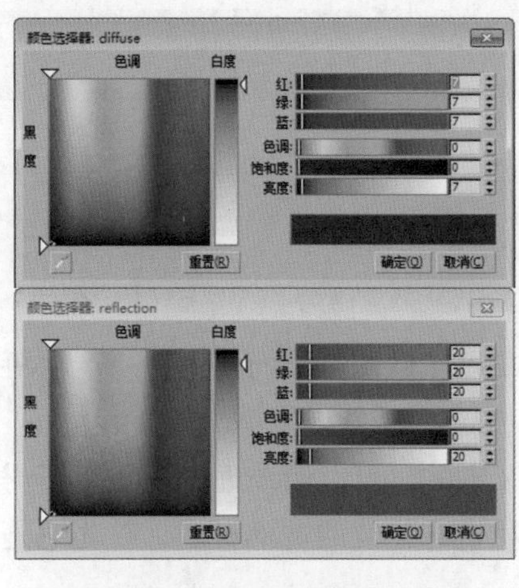

图 8-45 设置颜色

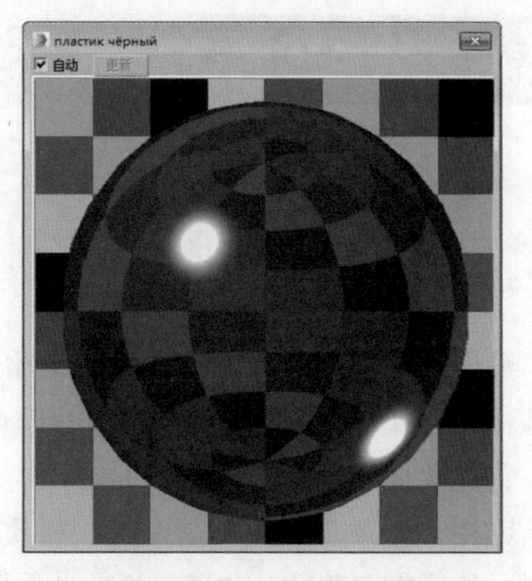

图 8-46 电视机壳材质球

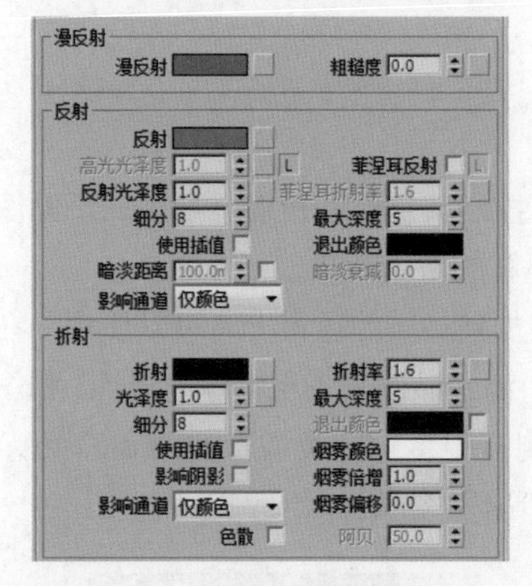

图 8-47 电视机屏幕基本参数

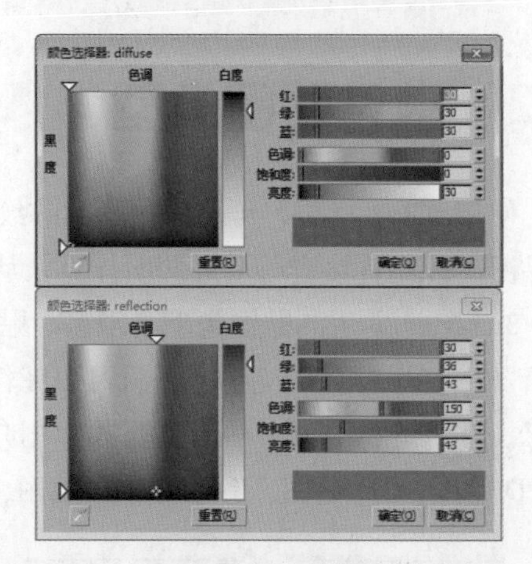

图 8-48 设置颜色

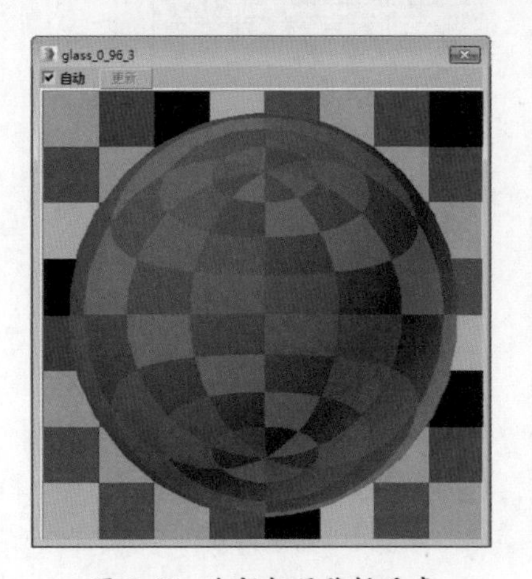

图 8-49 电视机屏幕材质球

图 8-50 渲染效果

【听我讲】

8.1 什么是贴图

贴图是指在 3ds Max 贴图通道中添加的位图或程序贴图，从而使得材质产生更多细节变化，比如带有花纹的效果、带有凹凸的效果、带有衰减的效果等。

首先要强调的是贴图而不是材质，两者是有区别的。可以简单理解为先有了材质才能有贴图，也就是说贴图是贴附于材质上面的。如带有花纹的玻璃材质，首先它是玻璃材质，然后带有花纹，玻璃属性是最重要的。

8.2 常见贴图类型

使用 VRay 材质，可以应用不同的纹理贴图，控制其反射和折射，增加凹凸贴图和置换贴图，强制直接进行全局照明计算，从而获得逼真的渲染效果。

3ds Max 常用的贴图类型有很多，贴图需要添加到相应的通道上才可以使用。在材质编辑器中打开“贴图”卷展栏，就可以在任意通道中添加贴图来表现物体的属性，如图 8-51 所示。在打开的材质 / 贴图浏览器中用户可以看到有很多贴图类型，如图 8-52 所示，包括 2D 贴图、3D 贴图、颜色修改器贴图、反射和折射贴图以及 VRay 贴图。

- 贴图			
漫反射	100.0	☑	无
粗糙度	100.0	☑	无
自发光	100.0	☑	无
反射	100.0	☑	无
高光光泽	100.0	☑	无
反射光泽	100.0	☑	无
菲涅耳折射率	100.0	☑	无
各向异性	100.0	☑	无
各向异性旋转	100.0	☑	无
折射	100.0	☑	无
光泽度	100.0	☑	无
折射率	100.0	☑	无
半透明	100.0	☑	无
烟雾颜色	100.0	☑	无
凹凸	30.0	☑	无
置换	100.0	☑	无
不透明度	100.0	☑	无
环境		☑	无

图 8-51 “贴图”卷展栏

图 8-52 贴图列表

8.2.1 位图贴图

位图贴图是由彩色像素的固定矩阵生成的图像，可以用来创建多种材质，也可以使用动画或视频文件替代位图来创建动画材质。位图贴图的参数卷展栏如图 8-53 所示。

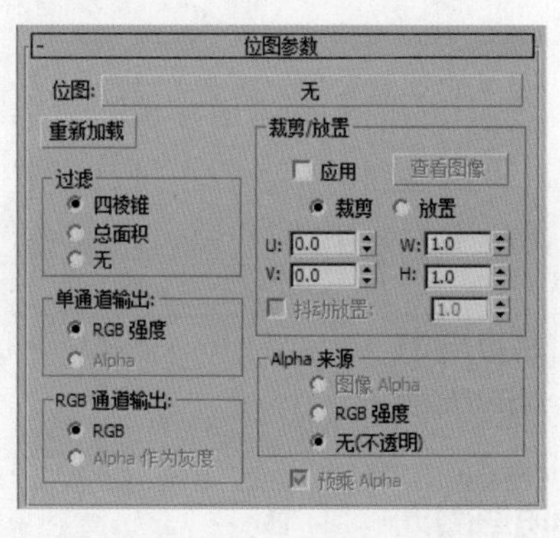

图 8-53 “位图参数”卷展栏

下面具体介绍各项常用参数。

- 位图：用于选择位图贴图，通过标准文件浏览器选择位图，选中之后，该按钮上会显示位图的路径名称。
- 重新加载：对使用相同名称和路径的位图文件进行重新加载。在绘图程序中更新位图后，无须使用文件浏览器重新加载该位图。
- 四棱锥：四棱锥过滤方法，在计算的时候占用较少的内存，运用最为普遍。
- 总面积：总面积过滤方法，在计算的时候占用较多的内存，但能产生比四棱锥过滤方法更好的效果。
- RGB 强度：使用贴图的红、绿、蓝通道强度。
- Alpha：使用贴图 Alpha 通道的强度。
- 应用：启用该选项可以应用裁剪或减小尺寸的位图。
- 裁剪 / 放置：控制贴图的应用区域。

8.2.2 衰减贴图

衰减贴图可以模拟对象表面由深到浅或者由浅到深的过渡效果。在创建不透明的衰减效果时，衰减贴图提供了更大的灵活性。“衰减参数”卷展栏如图 8-54 所示。

图 8-54 “衰减参数”卷展栏

下面具体介绍各项常用参数。

- 前：侧：用来设置衰减贴图的前和侧通道参数。
- 衰减类型：用户可以对衰减贴图的两种颜色进行设置，并且提供了如图 8-55 所示的 5 种衰减类型，默认状态下使用的是“垂直 / 平衡”类型。

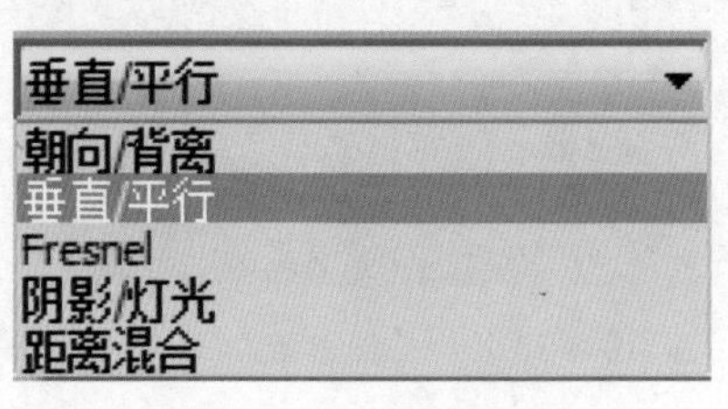

图 8-55　衰减类型列表

- 衰减方向：设置衰减的方向。
- 对象：从场景中拾取对象并将其名称放到按钮上。
- 覆盖材质 IOR：允许更改为材质所设置的折射率。
- 折射率：设置一个新的折射率。
- 近端距离：设置混合效果开始的距离。
- 远端距离：设置混合效果结束的距离。
- 外推：启用此选项之后，效果继续，超出“近端”和“远端”距离。

8.2.3　渐变贴图

渐变贴图可从一种颜色到另一种颜色进行明暗过渡，也可以为渐变指定 2 种或 3 种颜色。“渐变参数”卷展栏如图 8-56 所示。

下面具体介绍各项常用参数。

- 颜色 #1~ 颜色 #3：设置渐变在中间进行插值的 3 种颜色。显示颜色选择器，可以将颜色从一个色样拖放到另一个色样中。
- 贴图：显示贴图而不是颜色。贴图采用与混合渐变颜色相同的方式来混合到渐变中。可以在每个窗口中添加嵌套程序以生成 5 色、7 色、9 色渐变，或更多的渐变。
- 颜色 2 位置：控制中间颜色的中心点。
- 渐变类型：线性基于垂直位置插补颜色。

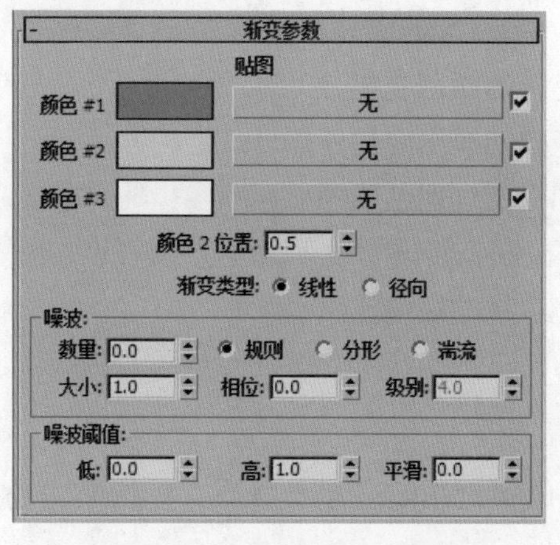

图 8-56 “渐变参数”卷展栏

建模技能

将一个色样拖动到另一个色样上可以交换颜色，单击“复制或交换颜色”对话框中的“交换”按钮完成操作。若需要反转渐变的总体方向，则可交换第一种和第三种颜色。

8.2.4 平铺贴图

平铺贴图使用颜色或材质贴图创建砖或其他平铺材质。通常包括已定义的建筑砖图案，也可以自定义图案，参数设置如图 8-57 所示。

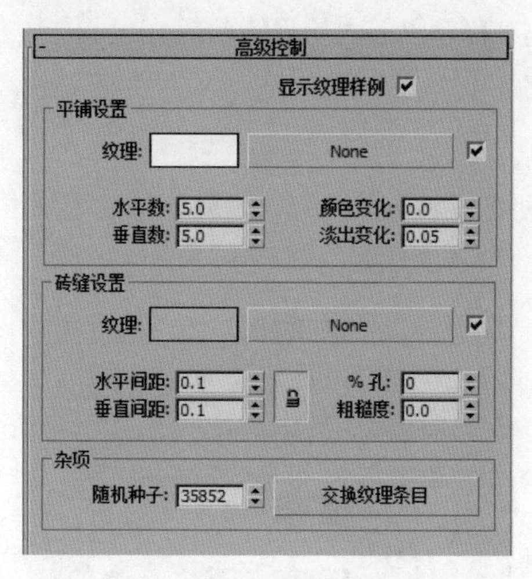

图 8-57 平铺参数面板

下面具体介绍各项常用参数。

- 预设类型：列出定义的建筑瓷砖砌合、图案、自定义图案，这样可以通过选择“高级控制”和“堆垛布局”卷展栏中的选项来设计自定义的图案。
- 显示纹理样例：更新并显示贴图指定给瓷砖或砖缝的纹理。
- 纹理：控制瓷砖的当前纹理贴图的显示。

- 水平 / 垂直数：控制行 / 列的瓷砖数。
- 颜色变化：控制瓷砖的颜色变化。
- 淡出变化：控制瓷砖的淡出变化。
- 纹理：控制砖缝的当前纹理贴图的显示。
- 水平 / 垂直间距：控制瓷砖间的水平 / 垂直砖缝的大小。
- 粗糙度：控制砖缝边缘的粗糙度。

8.2.5 棋盘格贴图

棋盘格贴图是将两色的棋盘图案应用于材质，默认贴图是黑白方块图案。“棋盘格参数”卷展栏如图 8-58 所示。

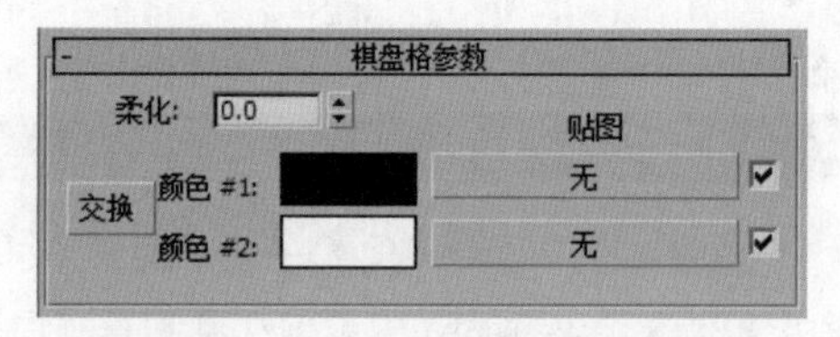

图 8-58 “棋盘格参数”卷展栏

下面具体介绍各项常用参数。

- 柔化：模糊方格之间的边缘，很小的柔化值就能生成很明显的模糊效果。
- 交换：单击该按钮可交换方格的颜色。
- 颜色：用于设置方格的颜色，允许使用贴图代替颜色。
- 贴图：选择要在棋盘格颜色区内使用的贴图。

8.2.6 噪波贴图

噪波贴图可以产生随机的噪波波纹纹理。常使用该贴图制作凹凸，如水波纹、草地、墙面、毛巾等，“噪波参数”卷展栏如图 8-59 所示。

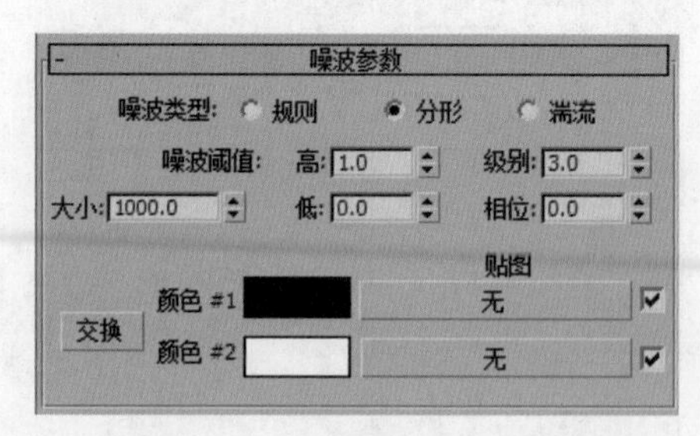

图 8-59 “噪波参数”卷展栏

下面具体介绍各项常用参数。

- 噪波类型：共有规则、分形和湍流 3 种类型，其中使用分形算法来计算噪波效果，当选择了分形类型后，级别参数用来控制噪波的迭代次数。
- 大小：以 3ds Max 为单位设置噪波函数的比例。

- 噪波阈值：控制噪波的效果。
- 级别：决定有多少分形能量用于分形和湍流噪波阈值。
- 相位：控制噪波函数的动画速度。
- 交换：交换两个颜色或贴图的位置。
- 颜色 #1 ~颜色 #2：从这两个主要噪波颜色中选择，通过所选的两种颜色来生成中间颜色值。

8.2.7 烟雾贴图

烟雾贴图可以创建随机的、形状不规则的图案，类似于烟雾的效果。其参数卷展栏如图 8-60 所示。烟雾贴图一般用于设置动画的不透明贴图，以模拟一束光线中的烟雾效果或其他云状流动贴图效果。

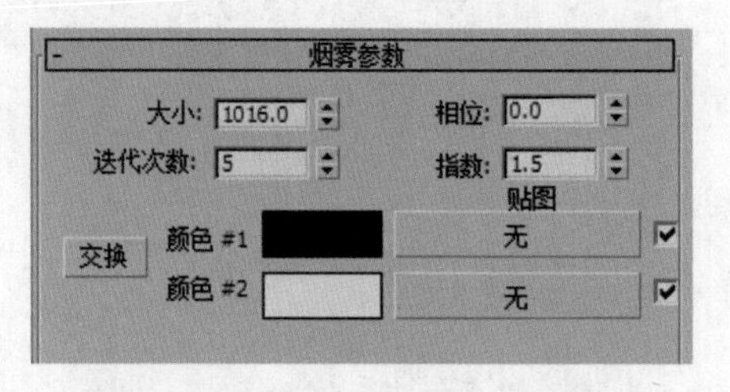

图 8-60 “烟雾参数”卷展栏

下面具体介绍各项常用参数。

- 大小：更改烟雾团的比例。
- 迭代次数：用于控制烟雾的质量，参数越高烟雾效果就越精细。
- 相位：转移烟雾图案中的湍流。
- 指数：使代表烟雾的颜色 #2 更加清晰、更加缭绕。
- 交换：交换颜色。
- 颜色 #1：表示效果的无烟雾部分。
- 颜色 #2：表示烟雾。

8.2.8 VRayHDRI 贴图

VRayHDRI 贴图是比较特殊的一种贴图，可以模拟真实的 HDRI 环境，常用于反射或折射较为明显的场景。该贴图不仅具有红、黄、蓝三色通道，还具有亮度通道，因此可以对场景产生颜色和亮度的多方面影响，并且 HDRI 支持大多数的环境贴图方式，同时只支持 *.hdr 和 *.rad 两种文件格式，其“参数”卷展栏如图 8-61 所示。

- 位图：单击后面的“浏览”按钮可以指定一张 HDRI 贴图。
- 贴图类型：控制 HDRI 的贴图方式，包括成角贴图、立方环境贴图、球状环境贴图、球体反射、直接贴图通道 5 种类型。
- 水平旋转：控制 HDRI 在水平方向上的旋转角度。

- 水平翻转：控制 HDRI 在水平方向上翻转。
- 垂直旋转：控制 HDRI 在垂直方向上的旋转角度。
- 全局倍增：控制 HDRI 的亮度。
- 渲染倍增：设置渲染时的光强度倍增。
- 伽马值：设置贴图的伽马值。
- 插值：选择插值方式，包括双线性、双立体、四次幂、默认。

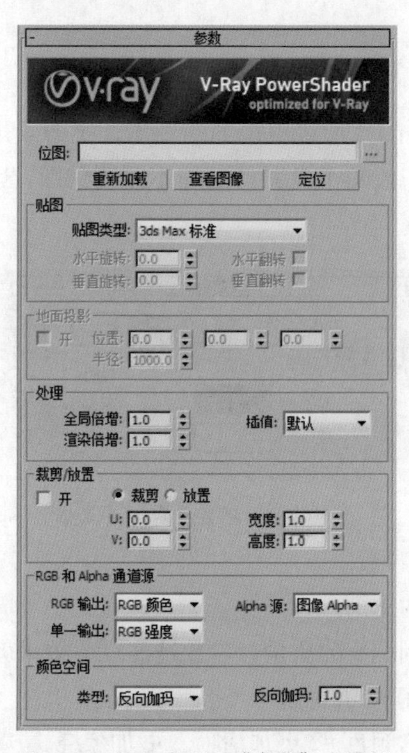

图 8-61　VRayHDRI“参数”卷展栏

8.2.9　VR 边纹理贴图

在 VRayMtl 材质中使用一个非常简单的 VR 边纹理贴图就能够制作出近似 3ds Max 线框材质的效果，它能让我们创建一些标准 3ds Max 无法完成的有趣线框效果。其参数卷展栏如图 8-62 所示。

图 8-62　“VRay 边纹理参数”卷展栏

下面具体介绍各项常用参数。

- 颜色：控制线框的颜色变化，值得注意的是，线框材质渲染出来的线框与对象的网格分布是一一对应的。
- 隐藏边：选中该复选框后将渲染出对象的所有线框。
- 厚度：主要包括 2 个单位，“世界单位”以系统单位为标准来控制网格线框的粗细，值越大线框越粗；“像素”是以像素为单位来控制线框的粗细，值越大线框越细。

8.2.10 VR- 污垢贴图

VR- 污垢贴图作为一种程序贴图纹理，能够基于对象表面的凹凸细节混合任意两种颜色和纹理，它有非常多的用途，从模拟陈旧、受侵蚀的材质到脏旧置换的运用，其参数卷展栏如图 8-63 所示。

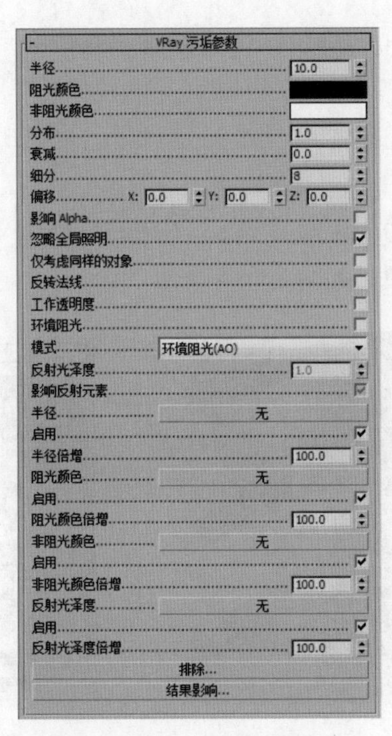

图 8-63 VR- 污垢参数卷展栏

下面具体介绍各项常用参数。

- 半径：控制污垢侵蚀的半径。半径值增大，污垢的扩散范围也随之增大。
- 衰减：通过设置该参数可以人为的对污垢进行削弱，值越大污垢越少。
- 细分：控制污垢的品质。值越小，品质越差，且噪点多，耗时短；值越大，品质越好，耗时越长。当然有时候越粗糙的污垢模拟的脏旧效果反而好些，这些需要自己把握。
- 偏移：调整污垢分别在 X、Y、Z 轴上的偏移。偏移值与污垢和模型的方向有关。
- 忽略全局照明：选中此复选框后，渲染时将会忽略周围对象对模型的全局照明影响。

- 仅考虑同样的对象：选中此复选框后，系统只考虑场景中脏旧材质对模型的影响，对模型的接触面有所影响。
- 反转法线：选中此复选框后，污垢附近的面变黑，而污垢本身则反白。
- 半径：选中此复选框后，可以指定贴图纹理范围。

8.3 常见贴图材质

我们生活中最常用的不外乎以下几种：石材、玻璃、布料、金属、木材、壁纸、油漆涂料、塑料、皮革等。下面介绍利用贴图表现的材质，如木材质、布料材质等。

8.3.1 木材质

木纹材质的表面相对光滑，并有一定的反射。带有一点凹凸，高光较小。木纹材质属于亮面木材。

【例 8-1】木纹理材质的设置。

STEP 01 打开素材文件，如图 8-64 所示。

STEP 02 按 M 键打开材质编辑器，选择一个空白材质球，设置为 VRayMtl 材质类型，设置反射颜色及光泽度等参数，如图 8-65 所示。

图 8-64 打开素材文件

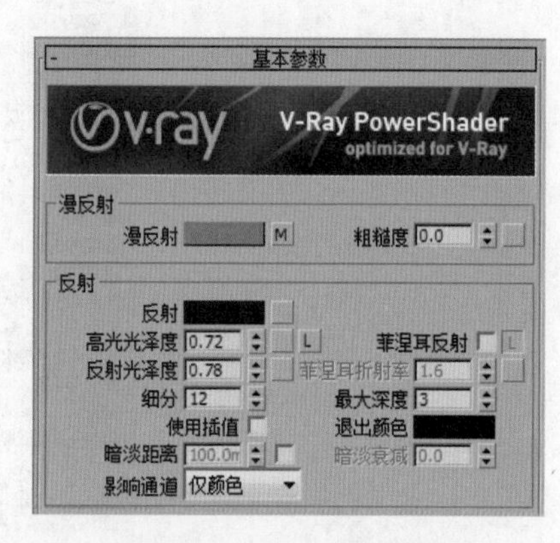

图 8-65 设置基本参数

STEP 03 反射颜色参数设置如图 8-66 所示。

STEP 04 在贴图卷展栏中为漫反射通道和凹凸通道添加相同的位图贴图，如图 8-67 所示。

STEP 04 所添加的位图贴图如图 8-68 所示。

STEP 05 设置好的木纹理材质球如图 8-69 所示。

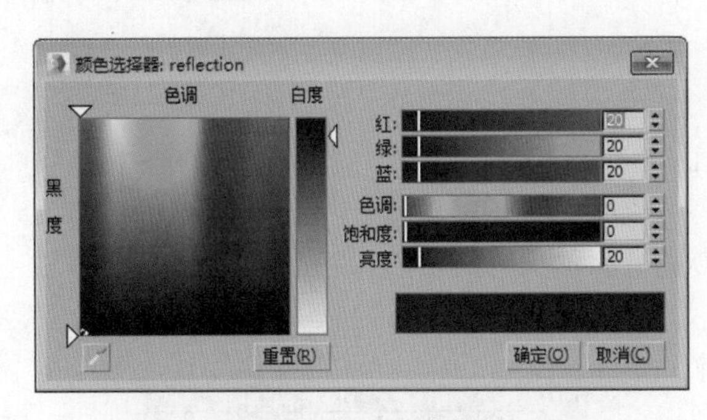

图 8-66 设置反射颜色

图 8-67 添加贴图

图 8-68 位图贴图

图 8-69 木纹理材质球

STEP 06 将材质指定给物体后的效果如图 8-70 所示。

图 8-70 渲染效果

8.3.2 毛巾材质

毛巾材质与其他织物材质的设置一样，为了表现出逼真的毛巾材质，这里使用了“贴图”卷展栏中的置换通道。

【例 8-2】毛巾材质的设置。

STEP 01 打开素材文件，如图 8-71 所示。

STEP 02 按 M 键打开材质编辑器，选择一个空白材质球，设置为 VRayMtl 材质类型，在“贴图”卷展栏中分别为漫反射通道和置换通道添加位图贴图，并设置置换值，如图 8-72 所示。

图 8-71 打开素材文件

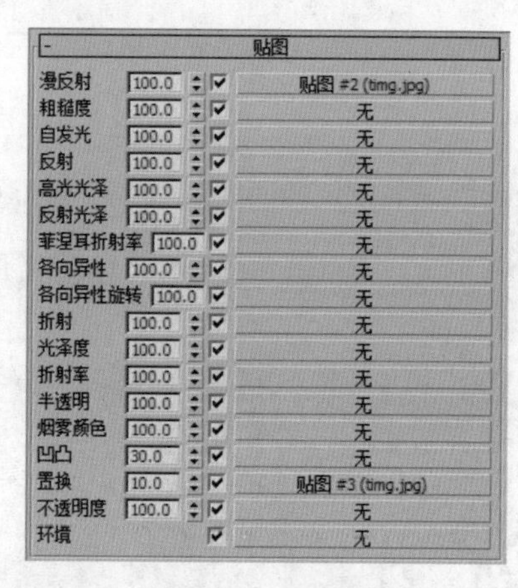

图 8-72 添加贴图

STEP 03 为漫反射通道和置换通道添加的贴图如图 8-73 所示。

STEP 04 创建好的毛巾材质球效果如图 8-74 所示。

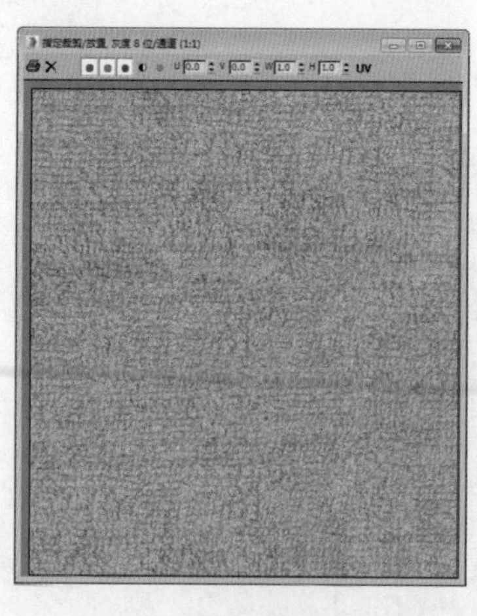

图 8-73 位图贴图

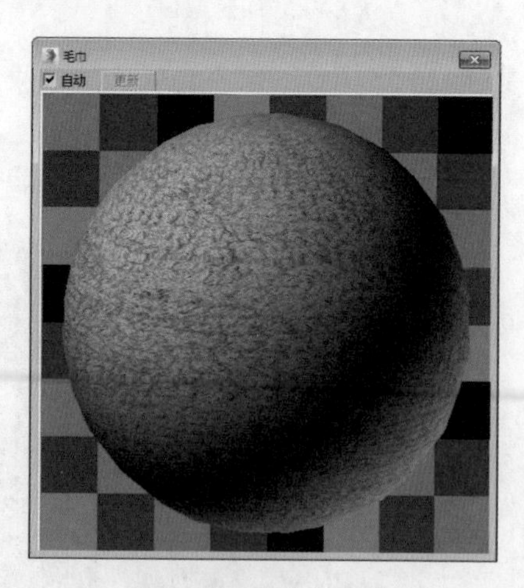

图 8-74 毛巾材质球

STEP 05 将材质指定给物体后的效果如图 8-75 所示。

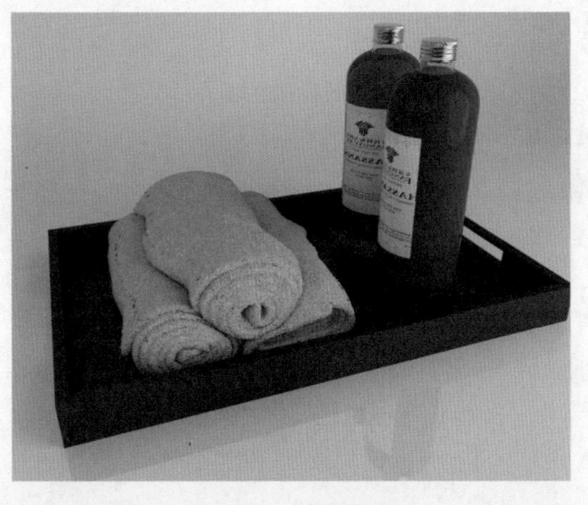

图 8-75 渲染效果

【自己练】

项目练习 1：创建藤编材质效果

图纸展示（见图 8-76）

图 8-76 藤编材质效果

操作要领

(1) 设置 VRayMtl 材质。

(2) 为各通道添加贴图。

(3) 设置反射参数。

项目练习 2：创建纸材质效果

图纸展示（见图 8–77）

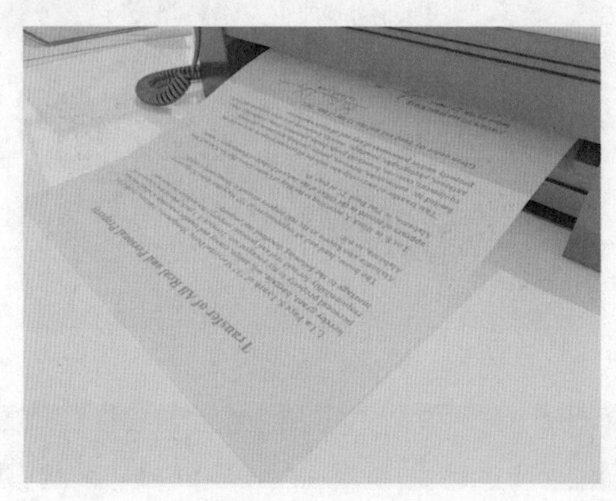

图 8-77 纸材质效果

绘图要领

(1) 设置 VRayMtl 材质。

(2) 添加位图贴图。

(3) 设置折射参数。

第9章

为场景添加光源——灯光应用详解

本章概述：

在室内设计中，灯光起到了画龙点睛的效果。只创建模型和材质，往往达不到真实的效果，利用灯光可以体现空间的层次、设计的风格和材质的质感。最终得到一个真实而生动的效果。

要点难点：

认识灯光 ★☆☆
灯光的创建 ★★☆
各种灯光参数的设置 ★★☆

案例预览

卧室灯光效果

【跟我学】 为卧室场景添加光源

案例描述

本案例中将绘制一个双人床场景，利用多种修改器工具和可编辑多边形对模型进行编辑。下面具体介绍双人床场景的制作方法。

制作过程

STEP 01 打开“卧室场景”文件，此时场景中没有设置灯光，初始场景效果如图9-1所示。

STEP 02 在命令面板中打开灯光面板，并选择“光度学”灯光类型，在命令面板中单击“自由灯光”按钮，如图9-2所示。

图 9-1 初始场景效果

图 9-2 单击“自由灯光”按钮

STEP 03 在顶视图单击，创建自由灯光，将灯光复制7个实例，并分别调整到合适的位置及高度，如图9-3所示。

STEP 04 选择其中一个灯光，在“修改”命令面板中展开“常规参数”卷展栏，启用VR-阴影，并设置灯光分布类型为“光度学Web”，如图9-4所示。

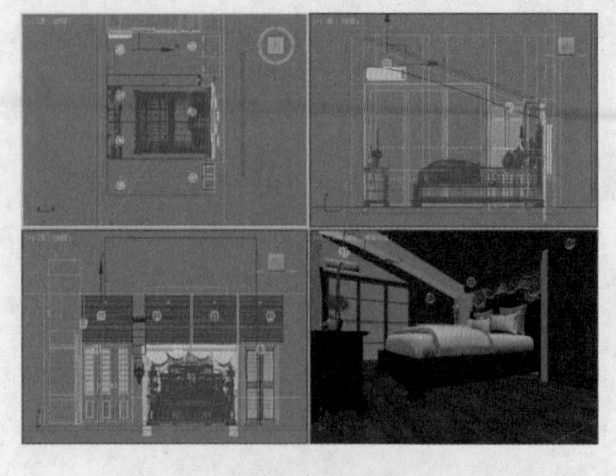

图 9-3 复制并调整灯光位置

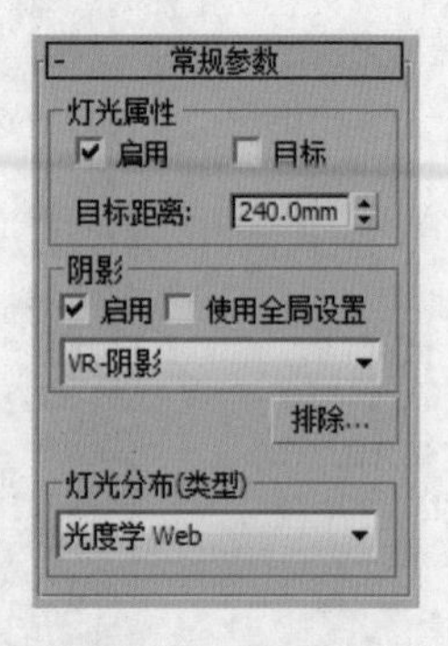

图 9-4 设置灯光阴影及分布类型

STEP 05 此时面板中增加了“分布(光度学 Web)”卷展栏，在卷展栏中添加光度学文件后，灯光信息将被显示，如图 9-5 所示。

STEP 06 在“强度 / 颜色 / 衰减”卷展栏中设置过滤颜色及灯光强度值，参数如图 9-6 所示。

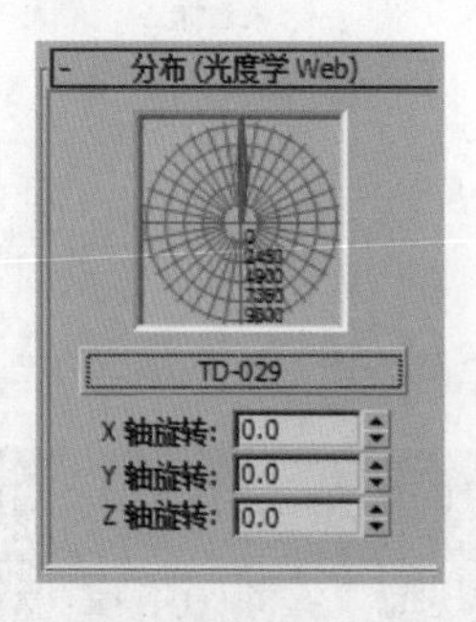

图 9-5 添加光度学文件

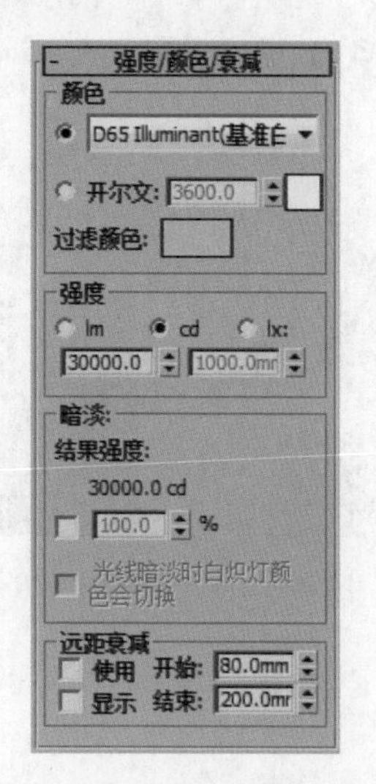

图 9-6 设置灯光颜色及强度

STEP 07 过滤颜色参数设置如图 9-7 所示。

STEP 08 渲染灯光效果，如图 9-8 所示。

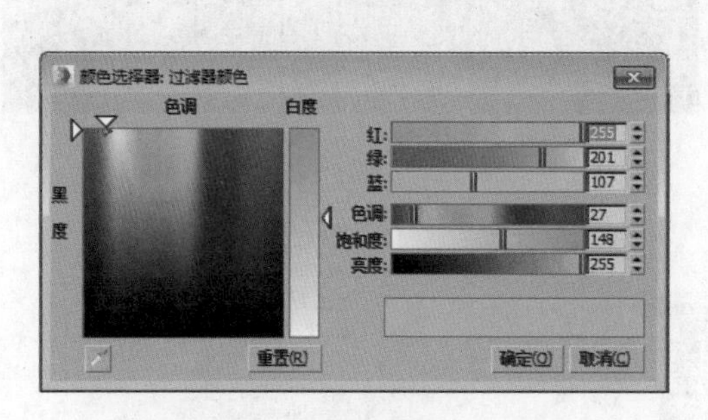

图 9-7 过滤颜色参数设置

图 9-8 渲染灯光效果

STEP 09 在顶视图创建 VR- 灯光，调整灯光尺寸及位置，如图 9-9 所示。

STEP 10 在“参数”卷展栏中调整灯光强度、颜色、细分等参数，如图 9-10 所示。

STEP 11 灯光颜色参数如图 9-11 所示。

STEP 12 渲染场景效果，如图 9-12 所示。

STEP 13 继续在前视图创建 VR- 灯光，调整到阳台位置，模拟室外天光光源，如图 9-13 所示。

STEP 14 灯光参数设置如图 9-14 所示。

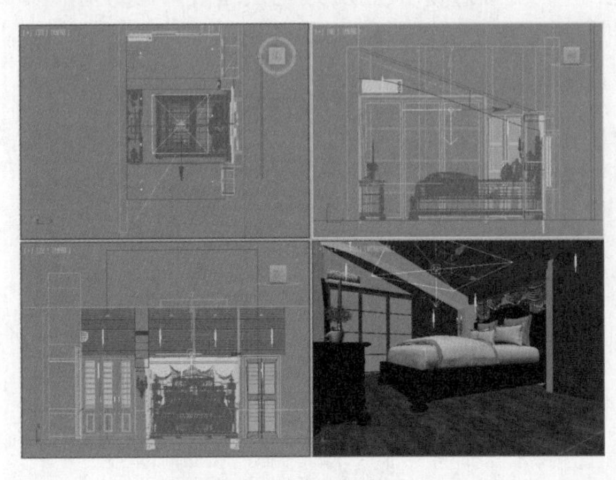

图 9-9　创建并调整 VR- 灯光

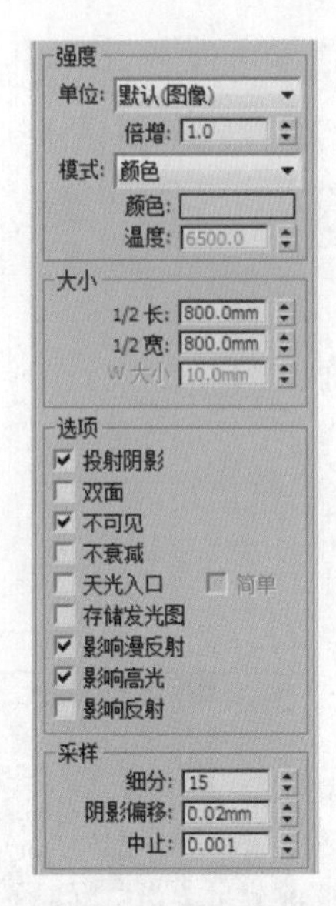

图 9-10　设置 VR- 灯光参数

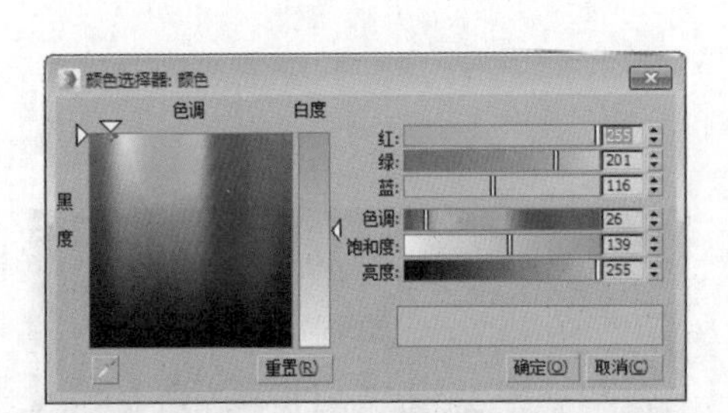

图 9-11　设置灯光颜色

图 9-12　渲染场景效果

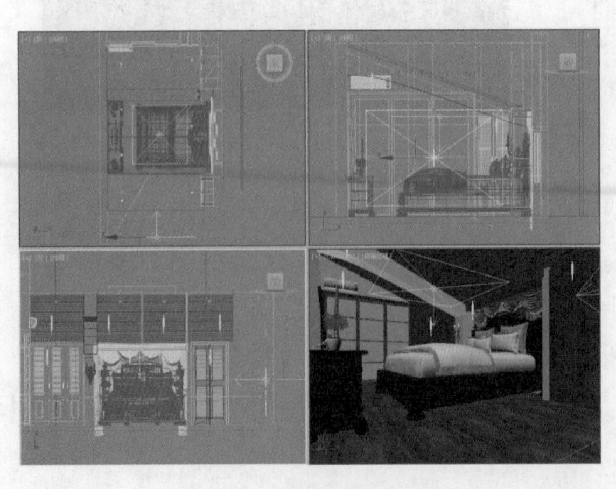

图 9-13　创建 VR- 灯光

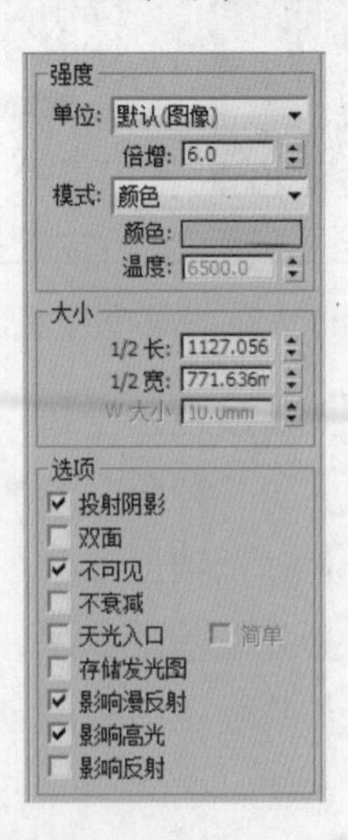

图 9-14　设置灯光参数

STEP 15 渲染最终场景效果，如图 9-15 所示。

图 9-15 最终渲染效果

【听我讲】

9.1 灯光的分类

灯光可以模拟现实生活中的光线效果。在 3ds Max 2016 中提供了标准、光度学和 VRay 3 种灯光类型，每个灯光的使用方法不同，模拟光源的效果也不同。

9.1.1 标准灯光

标准灯光是 3ds Max 软件自带的灯光，它包括目标聚光灯、自由聚光灯、目标平行光、自由平行光、泛光、天光、mr Area Omni 和 mr Area Spot 8 种灯光类型。下面具体介绍各灯光的应用范围。

1. 聚光灯

聚光灯包括目标聚光灯和自由聚光灯两种，它们的共同点都是带有光束的光源，但目标聚光灯有目标对象，而自由聚光灯没有目标对象。图 9-16 所示为灯光光束效果。目标聚光灯和自由聚光灯的照明效果相似，都是形成光束照射在物体上，只是使用方式上不同，图 9-17 所示为聚光灯照明效果。

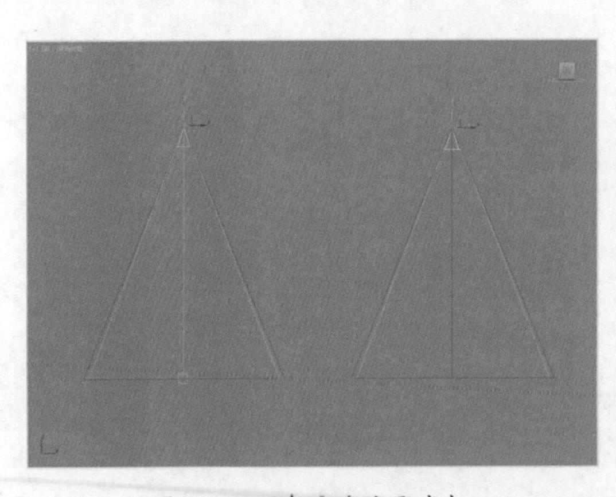

图 9-16　目标和自由聚光灯

图 9-17　聚光灯照明效果

2. 平行光

平行光包括目标平行光和自由平行光 2 种，平行光的光束分为圆柱体和方形光束。它的发光点和照射点大小相同，该灯光主要用于模拟太阳光的照射、激光光束等。自由平行光和目标平行光的用处相同，常在制作动画时使用。图 9-18 所示为平行光照明效果。

3. 泛光灯

泛光灯可以照亮整个场景，是非常常用的灯光，在场景中创建多个泛光灯，调整色调和位置，使场景具有明暗层次。图 9-19 所示为泛光灯照明效果。

图 9-18　平行光照明效果

图 9-19　泛光灯照明效果

4. 天光

天光是模拟天空和大气层的光照，使用该灯光可以创建日光的效果。由于阴影过虚，所以要配合光跟踪器使用才能产生理想的效果。图 9-20 为天光照明效果。

图 9-20　天光照明效果

5. mr Area Omni 和 mr Area Spot

mr Area Omni 和 mr Area Spot 灯光可以支持全局光照和聚光等功能，它们的作用基本一致，都是在光源的周围一个较为宽阔的区域内发光，并可以生成柔和的阴影效果。

9.1.2　光度学灯光

光度学灯光和标准灯光的创建方法基本相同，在“参数”卷展栏中可以设置灯光的类型，并导入外部灯光文件模拟真实灯光效果，光度学灯光包括目标灯光、自有灯光和 mr 天空入口 3 种灯光效果，下面具体介绍各灯光的应用。

1. 目标灯光

光度学中的目标灯光支持多种灯光模板，在视图区创建灯光后，在命令面板下方的“模板”卷展栏中可以设置不同的灯光类型。目标灯光如图 9-21 所示。

2. 自由灯光

自由灯光是没有目标点的灯光，它的参数和目标灯光相同，创建方法也非常简单，在任意视图单击，即可创建自由灯光。

3. mr 天空入口

mr 天空入口对象提供了一种“聚集”内部场景中的现有天空照明的有效方法，无须高度最终聚集或者全局照明设置，节省渲染速度，使用起来也非常方便，简单来说，mr 天空入口灯光是一种区域灯光，可以从环境中导出其亮度和颜色。图 9-22 所示为 mr 天空入口灯光。

图 9-21　目标灯光

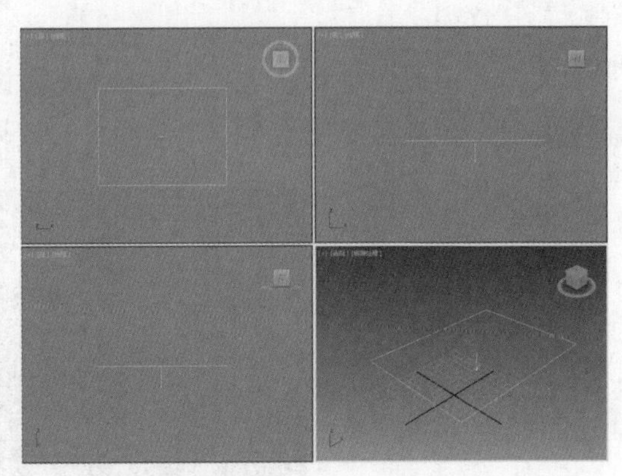

图 9-22　mr 天空入口

9.1.3　VRay 灯光

在安装过 VRay 灯光后，灯光栏中就会增加 VRay 灯光，在软件中专门提供了 VRay 灯光的命令面板，面板中包括 VR- 灯光、VRayIES、VR- 环境灯光和 VR- 太阳 4 种灯光类型，下面具体介绍这 4 种灯光。

1. VR- 灯光

VR- 灯光包括平面、穹顶、球体和网格 4 种显示方式，在“参数”卷展栏中选择灯光类型，可以更改灯光形态，默认情况下，VR- 灯光是以平面进行创建的，是最常用的灯光类型，它相当于一种区域灯光，常利用它进行区域的照亮和补光。图 9-23 所示为 VR- 灯光的 4 种形态。

2. VRayIES

VRayIES 灯光是一种特殊的使用物理计算的灯光，它是一种射线形式的灯光，并可用色温控制灯光的色调，灯光特性类似于光度学灯光，可以添加 IES 光域网文件，渲染出的灯光更加真实。创建灯光后视图中显示形态如图 9-24 所示。

图 9-23　VR- 灯光

图 9-24　VRayIES 灯光

3. VR- 环境灯光

VR- 环境灯光就是影响整体环境效果的灯光。它和标准灯光中的泛光灯的创建方法相同，用处也基本相同，唯一不同的是它可以添加灯光贴图、设置灯光效果。

4. VR- 太阳

VR- 太阳是模拟真实世界中的阳光的灯光类型，位置不同，灯光效果也不同，在参数面板中可以设置目标点的大小和灯光的强弱与颜色等。图 9-25 所示为 VR- 太阳灯光，图 9-26 为 VR- 太阳的光照效果。

图 9-25　VR- 太阳灯光

图 9-26　VR- 太阳的光照效果

9.2 标准灯光的参数

在创建灯光后，环境中的部分物体会随着灯光而显示不同的效果，在参数面板中调整灯光的各项参数，即可达到理想效果。

9.2.1 强度、颜色、衰减参数

在“强度/颜色/衰减”卷展栏中可以设置灯光中的最基本属性。打开“修改”选项卡，展开卷展栏即可显示参数选项，如图9-27所示。

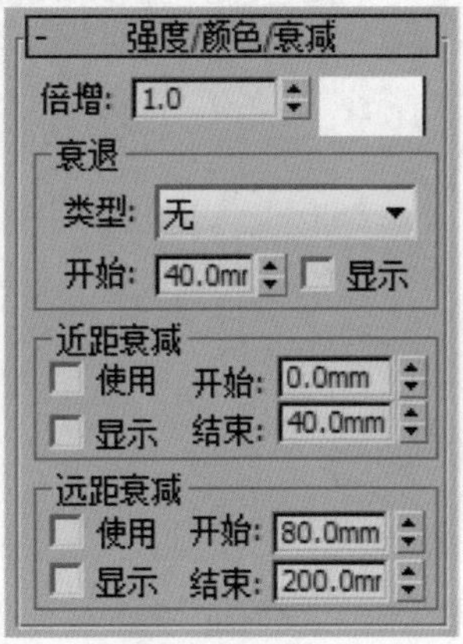

该卷展栏由“倍增/颜色/衰退”“近距衰减”和“远距衰减”选项组组成，下面具体介绍各选项组的含义：

- 倍增：设置灯光强弱。
- 颜色：单击“倍增”选项后的“颜色”选项框，在弹出的颜色选项器中可以设置灯光颜色。
- 衰退：该选项组可以将远处灯光强度减小。在“类型”选项框中可以设置倒数和平方比两种方法。
- 近距衰减和远距衰减：该选项组主要控制灯光强度的淡入和淡出。

图9-27 “强度/颜色/衰减”卷展栏

【例9-1】运用设置强度、颜色、衰减的方法设置目标聚光灯。

STEP 01 打开“烛台”文件，执行“创建”|“灯光”|“标准灯光”|“目标聚光灯”命令，在视图中单击并拖动鼠标创建灯光，如图9-28所示。

STEP 02 打开“修改”卷展栏，拖动页面至“强度/颜色/衰减”卷展栏，单击后方颜色选项，在弹出的颜色中设置灯光颜色，如图9-29所示。

图9-28 创建目标聚光灯

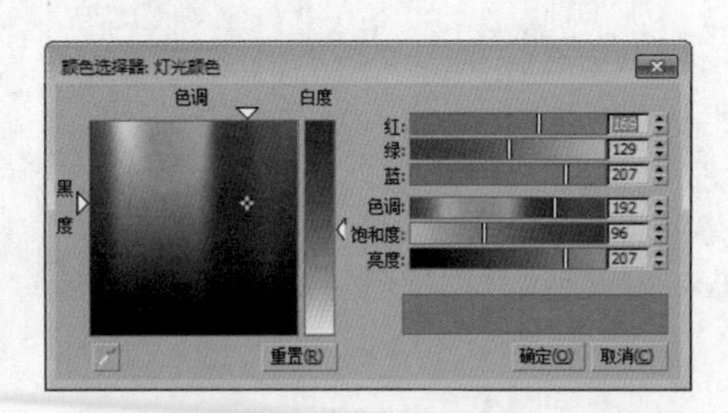

图9-29 设置灯光颜色

STEP 03 此时灯光默认强度为1.0，如图9-30所示。

STEP 04 渲染场景，即可观察灯光效果，如图9-31所示。

STEP 05 在倍增选项内输入数值3.0，设置灯光强度为3.0，如图9-32所示。

STEP 06 设置完成后，渲染灯光效果，如图9-33所示。

STEP 07 保存文件，并设置文件名为“设置灯光强度、颜色、衰减”。完成设置灯光操作。

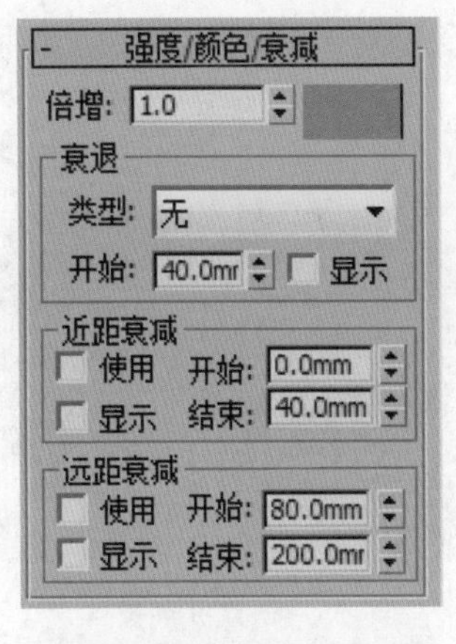

图 9-30　设置灯光颜色和强度

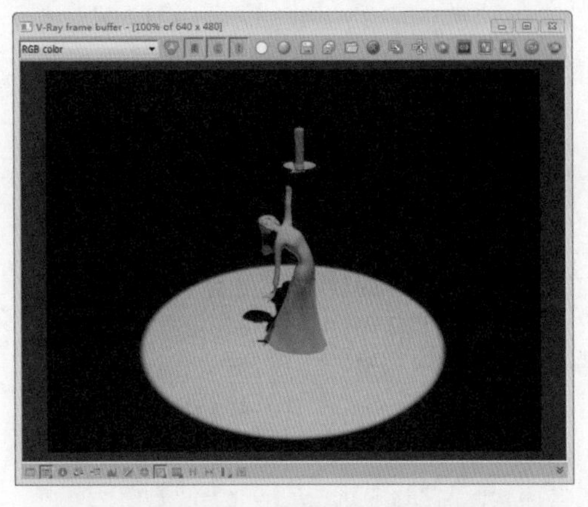

图 9-31　渲染灯光效果

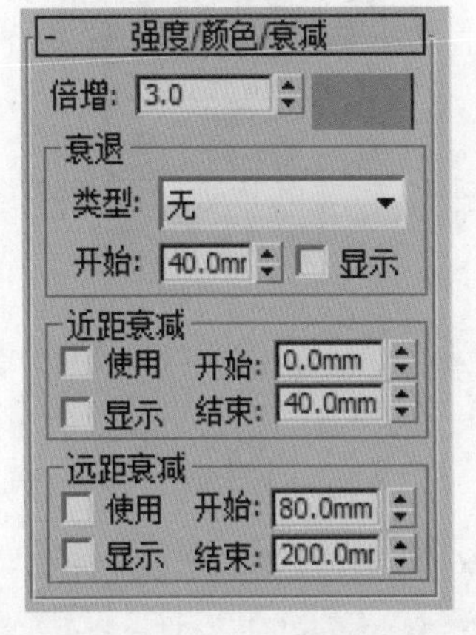

图 9-32　设置灯光强度为 3

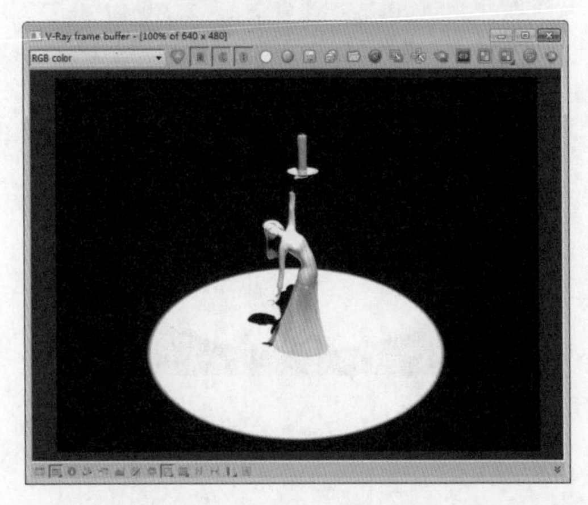

图 9-33　渲染灯光效果

9.2.2　光束、区域参数

聚光灯光可以产生光束效果，这种灯光是非常常用的灯光，常被应用于舞台光束、台灯光束等效果。在“聚光灯参数”卷展栏中还可以设置光束大小和衰减的区域。

【例 9-2】设置光束和区域。

STEP 01 打开“烛台”文件，在命令面板中打开灯光面板，并选择“标准灯光”类型，然后在灯光面板中单击“自由聚光灯”按钮，如图 9-34 所示。

STEP 02 在顶视图单击创建自由聚光灯，并调整灯光的位置和大小，如图 9-35 所示。

STEP 03 渲染灯光效果，如图 9-36 所示。

STEP 04 确定投射点为选中状态，打开“修改”选项卡，拖动页面至“大气和效果”卷展栏，并单击“添加”按钮，如图 9-37 所示。

STEP 05 打开“添加大气或效果”对话框，选择“体积光”，并单击“确定”按钮，如图 9-38 所示。

STEP 06 此时渲染场景，即可观察聚光灯光束效果，如图 9-39 所示。

图 9-34 单击“自由聚光灯”按钮

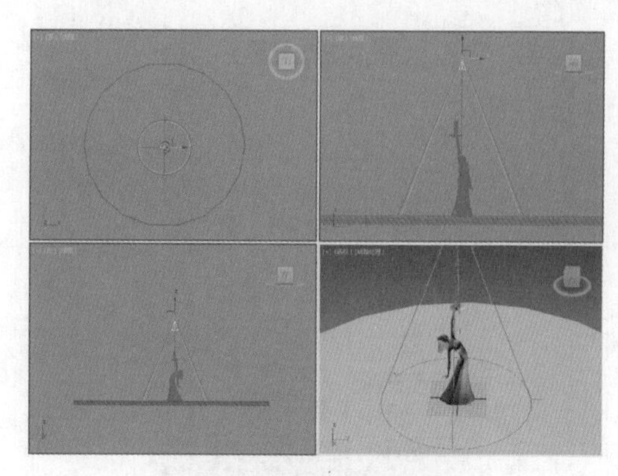

图 9-35 创建并调整灯光

图 9-36 渲染灯光效果

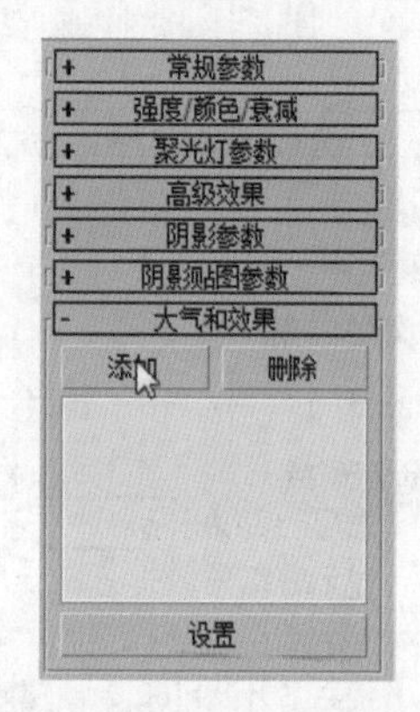

图 9-37 单击“添加”按钮

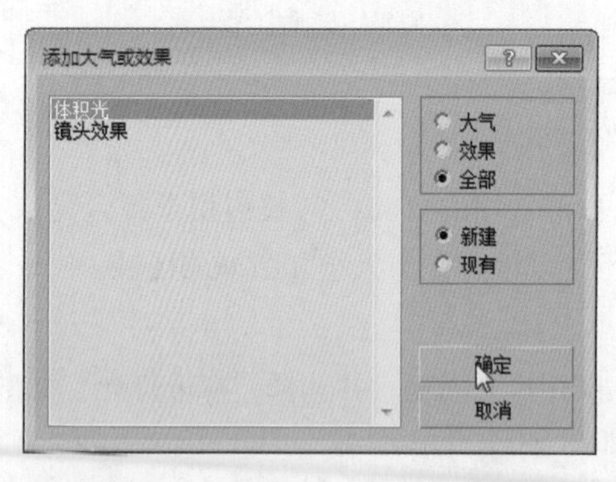

图 9-38 “添加大气或效果”对话框

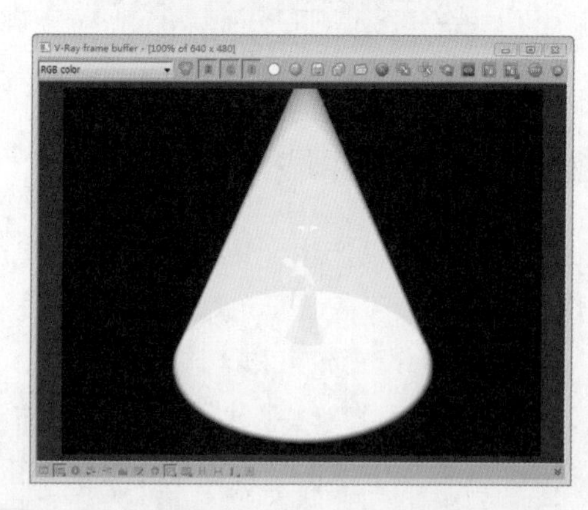

图 9-39 渲染光束效果

STEP 07 展开“聚光灯参数”卷展栏，在“聚光区 / 光束”中设置光束区域为 30.0，如图 9-40 所示。

STEP 08 渲染场景，此时会发现聚光区缩小了，衰减区相应地增加了，光束会显得模糊，如图 9-41 所示。

STEP 09 由此可得知，聚光区和衰减区的数值要成比例，按照默认的数值差渲染的效果就很自然，重新设置聚光区和衰减区数值，如图 9-42 所示。

STEP 10 调整灯光颜色为浅红色，再调整灯光强度为0.5，渲染效果如图9-43所示。

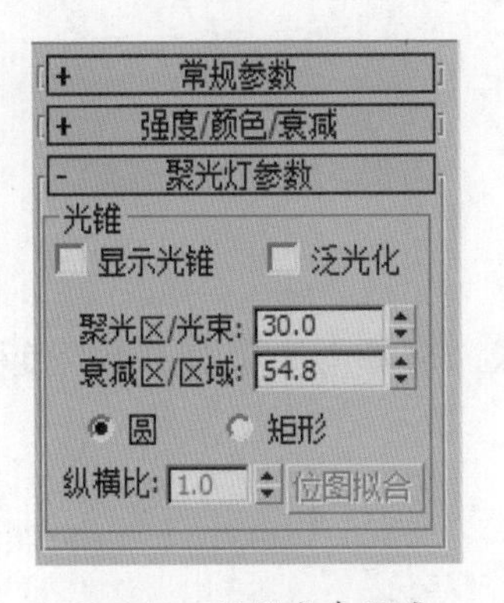

图 9-40 设置光束区域

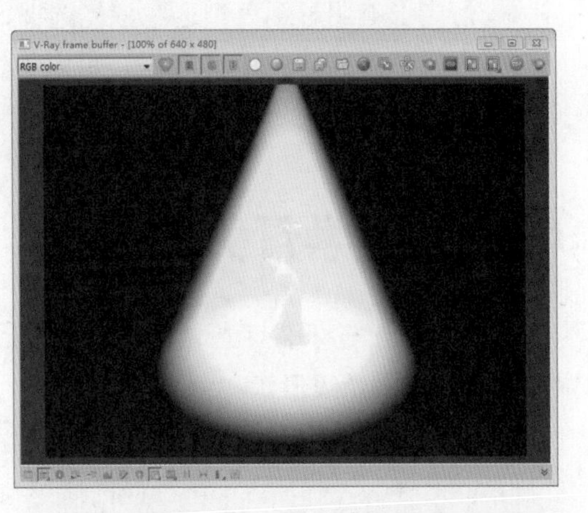

图 9-41 渲染光束效果

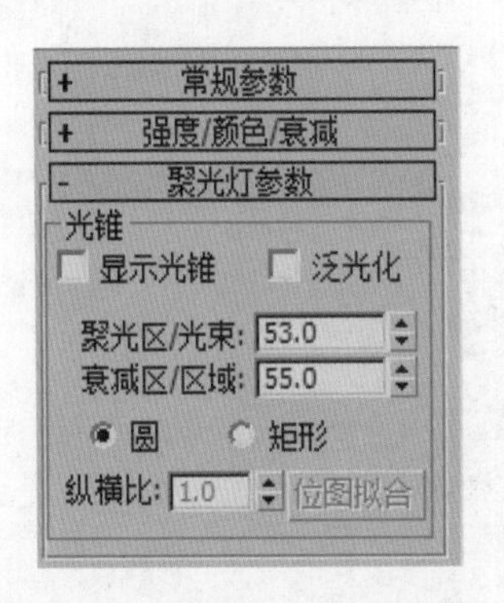

图 9-42 设置聚光区和衰减区

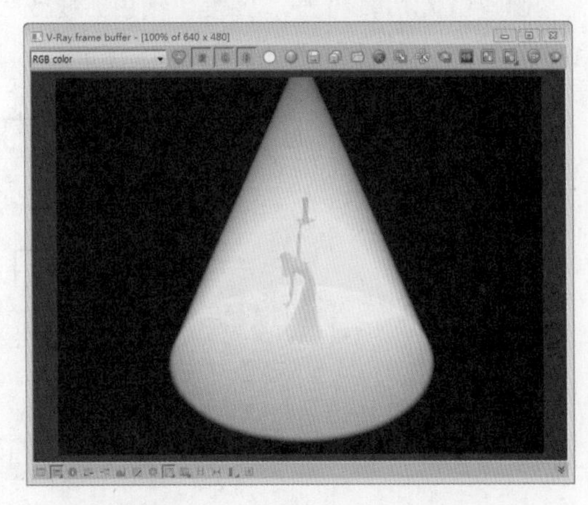

图 9-43 设置参数并渲染效果

9.2.3 阴影参数

在真实世界中，有灯光的地方总不能缺少阴影，所以在模拟和创建灯光后，也不能缺少阴影。所有标准灯光类型中都有“阴影参数”卷展栏，通过设置相应的阴影参数，使渲染效果更加真实。创建灯光后，打开“修改”选项卡，并展开“阴影参数”卷展栏，如图9-44所示。

图 9-44 “阴影参数”卷展栏

下面具体介绍各参数的含义。

- 颜色：单击色块，在弹出的颜色选择器中选择颜色，设置阴影颜色。
- 密度：控制阴影的密度，数值越大，阴影越强，反之，数值越小，阴影越淡。
- 贴图：选中该复选框，单击后方通道按钮，可以设置各种程序贴图与阴影颜色进行混合，产生更加复杂的阴影。

- 灯光影响阴影颜色：选中该复选框，阴影的颜色将受灯光的影响。
- 大气阴影：选中该复选框，可以使场景中的大气效果也产生投影，并可以设置其不透明度和颜色量。

9.3 光度学灯光的参数

光度学灯光与标准灯光相同，强度、颜色、衰减为最基本的参数，但光度学可以设置灯光的分布、光线形状和色温等。

9.3.1 强度、颜色、衰减参数

创建灯光后，打开“强度 / 颜色 / 衰减”卷展栏，在其中可以设置灯光的颜色、色温和强度等。该参数卷展栏如图 9-45 所示。

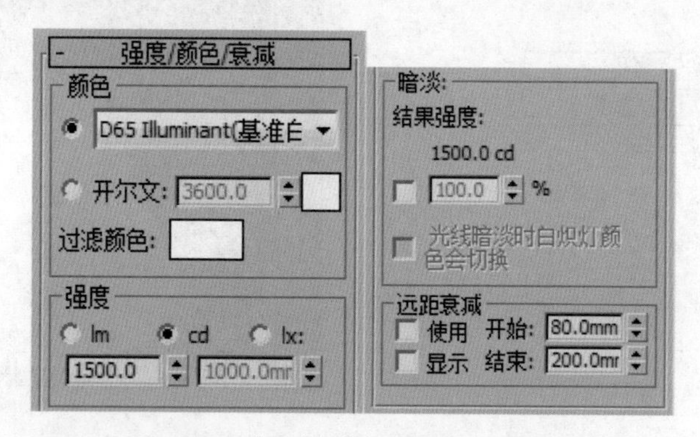

图 9-45 “强度 / 颜色 / 衰减”卷展栏

下面具体介绍各参数的含义。

- 颜色：选择设置颜色的方式，单击列表框，在弹出的列表中可以设置灯具规格和色温。
- 强度: 设置灯光的强度，选择 Im 和 cd 单选按钮，激活前方选项框，选择 bc 单选按钮，激活后方选项框。
- 暗淡：在保持灯光强度的情况下，控制灯光强度。
- 远距衰减：控制灯光的淡出参数。

9.3.2 光度学灯光的打光方式

在 3ds Max 2016 中，光度学灯光可以设置灯光的 4 种分布方式。在常规参数卷展栏的灯光分布中可以更改灯光分布类型。下面具体介绍这 4 种灯光分布方式。

1. 统一球形

统一球形是灯光分布类型中的默认设置，它可以在各个方向上均等地分布光线，使用该分布类型时，视图中灯光图标为球体结构。图 9-46 所示为灯光图标显示情况，图 9-47 所示为灯光照明效果。

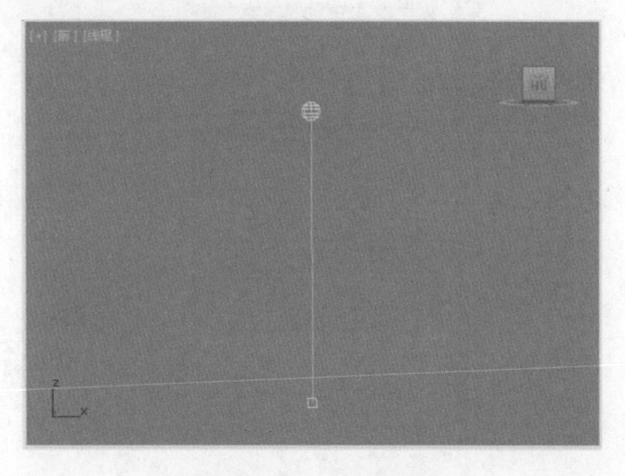

图 9-46　统一球形分布

图 9-47　照明效果

2. 聚光灯

使用聚光灯分布类型，灯光会产生光束区域，在“分布(聚光灯)”卷展栏中可以通过设置光束的角度和强度衰减调整聚光灯照明效果。在此具体介绍设置聚光灯分布情况的方法。

STEP 01 在视图中创建目标灯光后，确定灯光为选中状态，打开“修改”选项卡，展开“常规参数”卷展栏，在“灯光类型”选项组中选择“聚光灯”选项，如图 9-48 所示。

STEP 02 此时视图中目标灯光将更改为聚光灯分布类型，并产生光束，如图 9-49 所示。

图 9-48　选择“聚光灯”选项

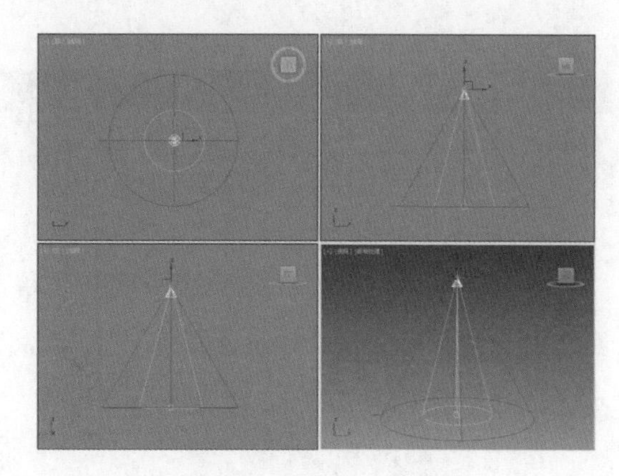

图 9-49　聚光灯显示形态

STEP 03 在“强度/颜色/衰减”卷展栏中单击“颜色”列表框，在弹出的列表中单击“荧光(浅白色)”选项，如图 9-50 所示。

STEP 04 调整灯光强度为 5000，拖动页面至“分布(聚光灯)”卷展栏，在其中设置光束和衰减区域，如图 9-51 所示。

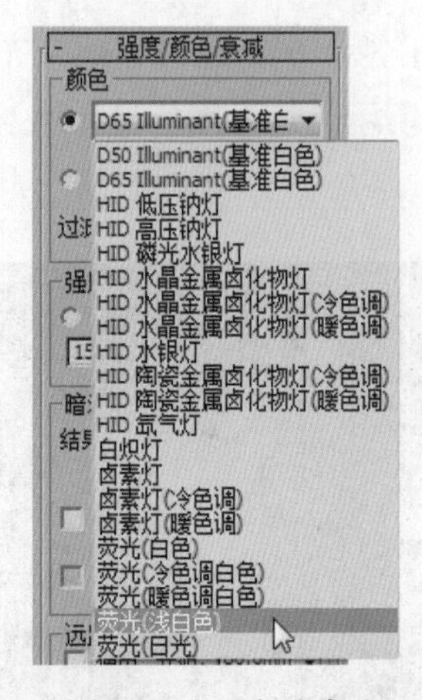

图 9-50　设置灯光颜色

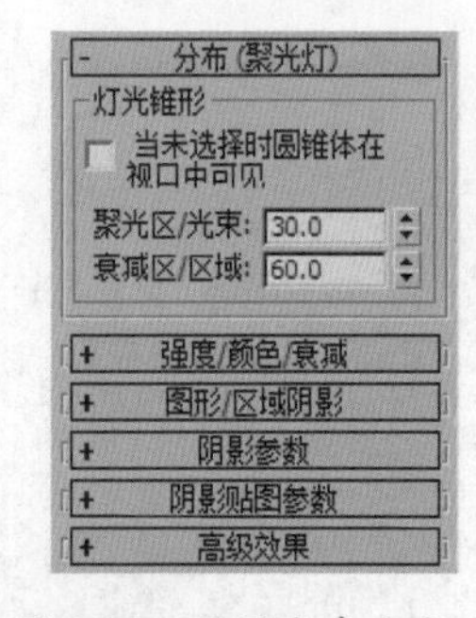

图 9-51　设置光束和衰减

STEP 05 渲染视图，聚光灯照明效果如图 9-52 所示。

图 9-52　聚光灯照明效果

建模技能

如果需要观察灯光效果，必须在视图中创建实体，起到映衬的作用，这样才可以渲染出灯光。

3. 统一漫反射

统一漫反射可以统一照亮环境，是从曲面发射光线，可以保持曲面上的灯光强度最大。图 9-53 所示为统一漫反射照明效果。

图 9-53　统一漫反射照明效果

4. 光度学 Web

光度学 Web 灯光是特殊的灯光，它可以支持 IES 灯光文件，导入外部灯光，产生更理想、更真实的灯光。

在视图中创建目标灯光，并将灯光分布

类型更改为“光度学 Web”灯光。在“分布 (光度学 Web)”卷展栏中导入 IES 文件后，文件信息将显示在卷展栏中，如图 9-54 所示。按 F9 键渲染视图，照明效果如图 9-55 所示。

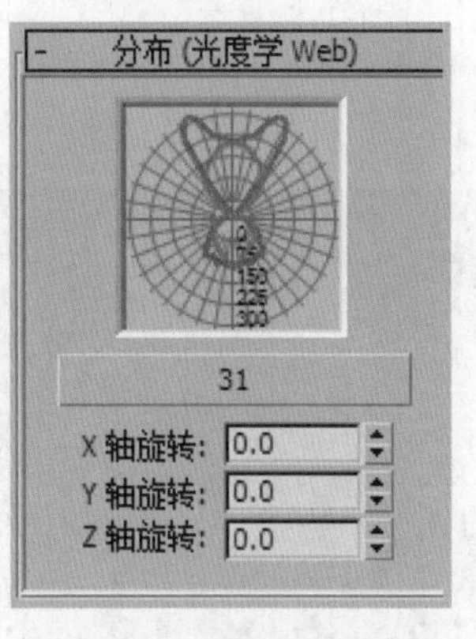

图 9-54　IES 灯光信息

图 9-55　照明效果

9.3.3　光度学灯光的形式

光度学灯光不仅可以设置灯光的分布方式，还可以设置发射光线的形状。目标灯光和自由灯光这两种灯光类型可以切换光线形状。确定灯光为选择状态，在“从 (图形) 发射光线”卷展栏中可以设置灯光形状，其中包括点光源、线、矩形、圆形、球体和圆柱体 6 个选项。

1. 点光源

点光源是光度学灯光中默认的灯光形状，使用点光源时，灯光与泛光灯照射方法相同，对整体环境进行照明。

2. 线

使用“线”灯光形状时，光线会从线处向外发射光线，这种灯光类似于真实世界中的荧光灯管效果。在视图中创建目标灯光后，确定灯光为选中状态，打开“修改”选项卡，拖动页面至“从 (图形) 发射光线”卷展栏，选择“线”选项，如图 9-56 所示。此时视图中灯光会发生更改，如图 9-57 所示。

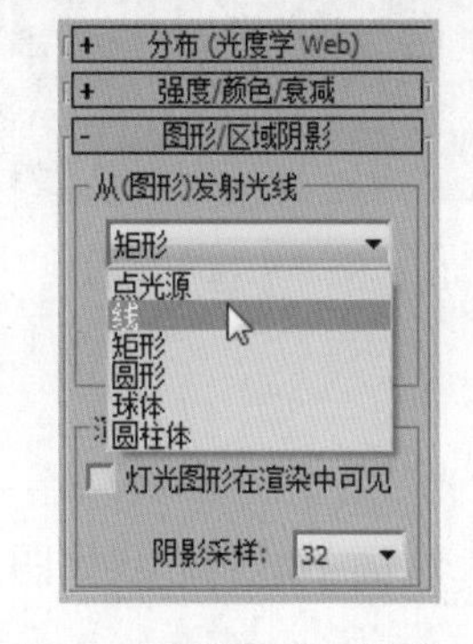

图 9-56　选择“线”选项

图 9-57　线形灯光形状

3. 矩形

矩形灯光形状是从矩形区域向外发射光线，与 VR- 灯光中的平面类型的用处相同。设置形状为矩形后，下方会出现长度和宽度选项，在其中可以设置矩形的长和宽，如图 9-58 所示。设置完成后视图灯光形状如图 9-59 所示。

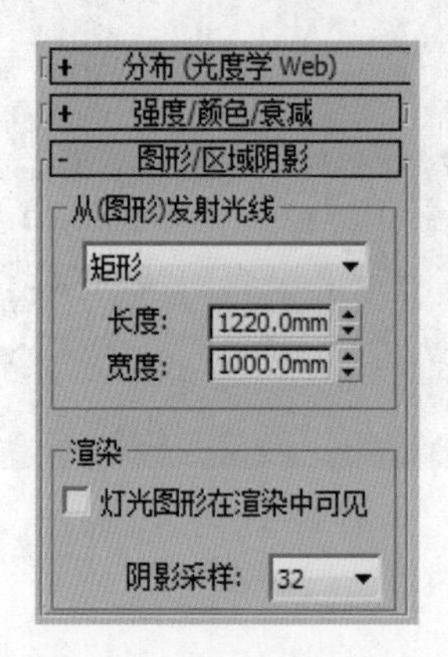

图 9-58　设置矩形长宽

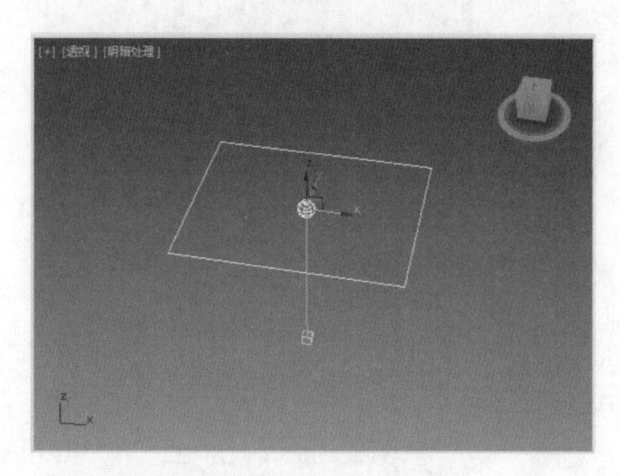

图 9-59　矩形灯光形状

4. 圆形

设置圆形灯光形状后，灯光会从圆形向外发射光线，在“从 (图形) 发射光线”卷展栏中可以设置圆形形状的半径大小。圆形灯光形状如图 9-60 所示。

5. 球体

和其他灯光形状相同，灯光会从球体的表面向外发射光线，在卷展栏中可以设置球体的半径大小，设置完成后灯光会更改为球状，如图 9-61 所示。

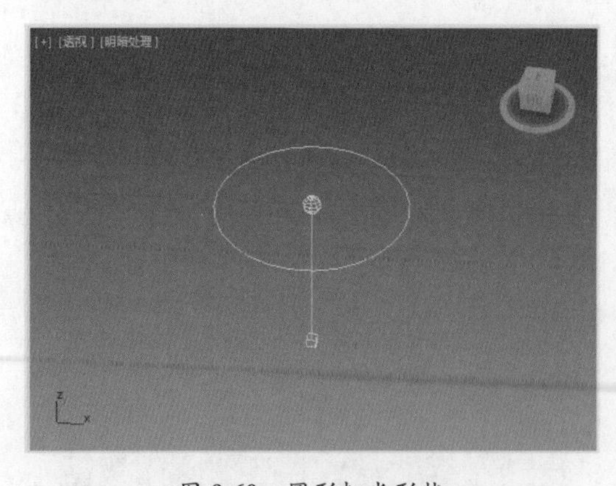

图 9-60　圆形灯光形状

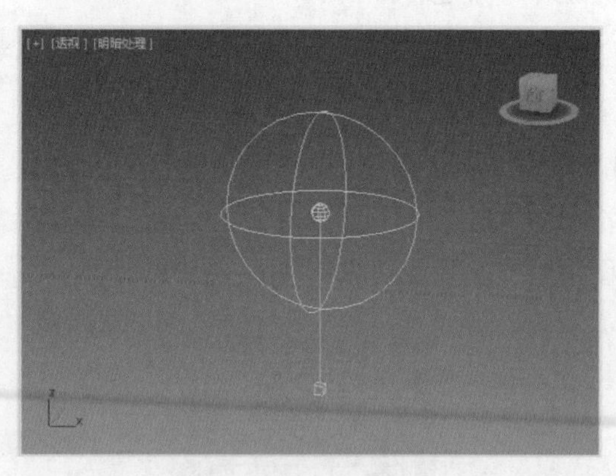

图 9-61　球体灯光形状

6. 圆柱体

设置该灯光形状后，灯光会从圆柱体表面向外发射光线，在“参数”卷展栏中可以设置圆柱体的长度和半径，如图 9-62 所示，设置完成后，视图中灯光形状如图 9-63 所示。

图 9-62 设置圆柱体大小

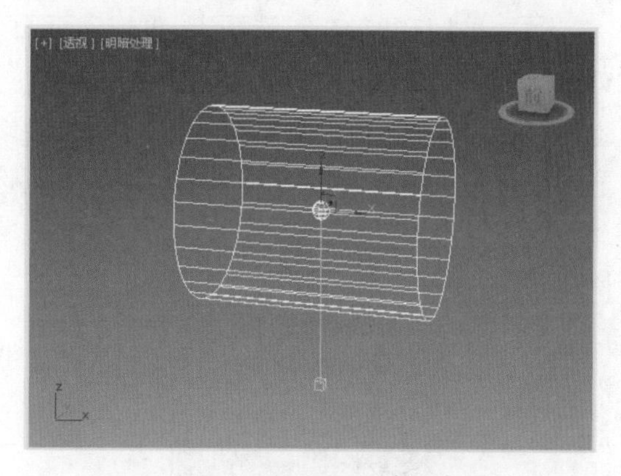

图 9-63 圆柱体灯光形状

【例 9-3】创建线形灯光形状。

STEP 01 打开“客厅”文件，此时用户会发现场景中已经设置了灯光，如图 9-64 所示。

STEP 02 渲染场景，即可显示灯光效果，如图 9-65 所示。

图 9-64 打开文件

图 9-65 渲染场景效果

STEP 03 在命令面板中打开“灯光”面板，选择“光度学”灯光类型，然后在命令面板中单击“目标灯光”按钮，如图 9-66 所示。

STEP 04 在前视图单击并拖动鼠标创建目标灯光，如图 9-67 所示。

图 9-66 单击“目标灯光”按钮

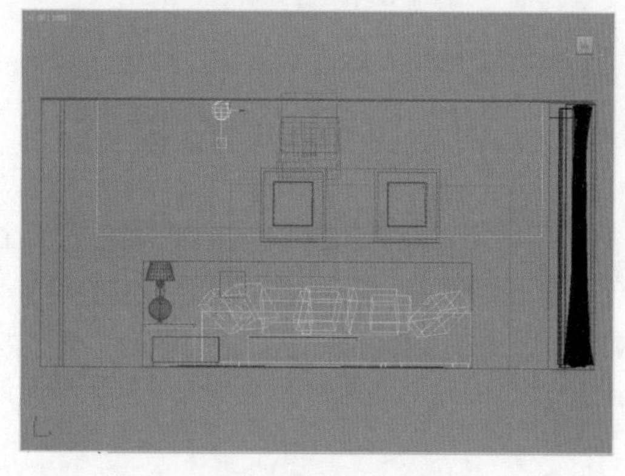

图 9-67 创建目标灯光

STEP 05 打开“修改”选项卡，再拖动页面至“图形/区域阴影”卷展栏，并设置灯光形状，如图 9-68 所示。

STEP 06 选择灯光类型后，在“长度”选项框中设置长度为 6000mm，并在“常规参数”卷展栏中将“阴影”和“使用全局设置”复选框取消选中，如图 9-69 所示。

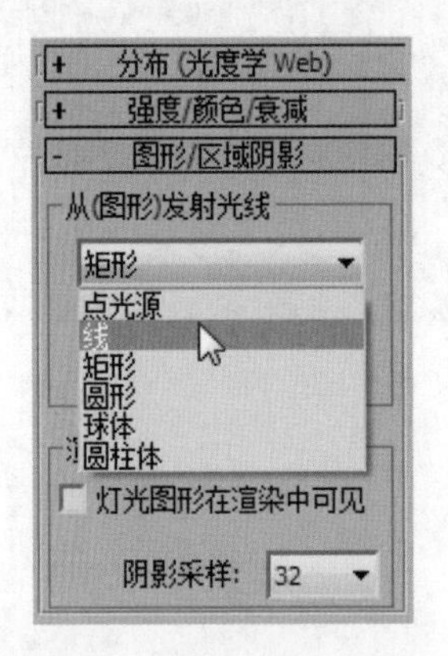

图 9-68 选择“线”选项

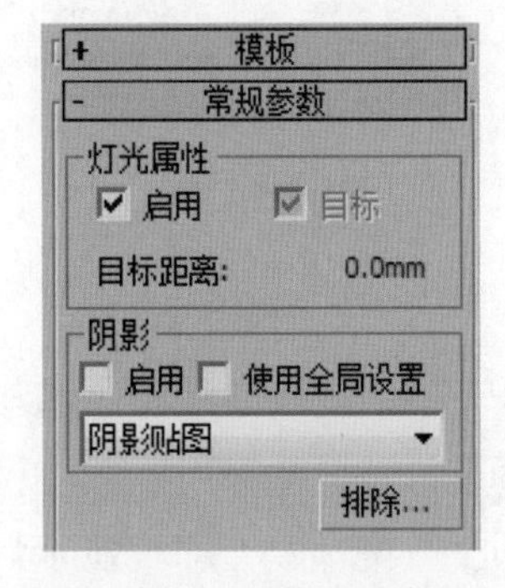

图 9-69 取消阴影设置

STEP 07 设置完成后将灯光移动至吊顶和顶面之间，如图 9-70 所示。

STEP 08 重复以上步骤再创建灯光，放置在合适位置，渲染灯光效果，此时可以观察灯光模拟灯带的效果，如图 9-71 所示。

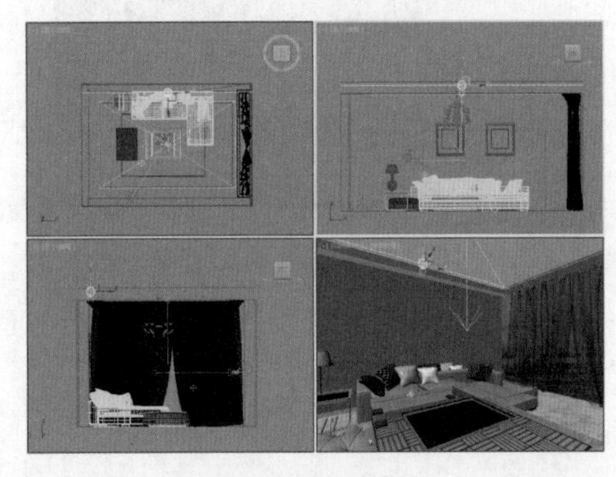

图 9-70 移动灯光

图 9-71 渲染灯光效果

9.4 VRay 灯光的参数

VRay 灯光是安装 VRay 渲染器之后产生的灯光类型，和软件自带灯光相同，在“参数”卷展栏中也可以对灯光进行相应的设置。若使用 VRay 渲染器渲染场景，正确地创建 VRay 灯光可以有效地节省渲染时间，提高效果质量。

9.4.1 颜色参数

灯光的颜色在设计中也是整体的一部分，合适的灯光颜色可以调节室内整体的氛围。

【例 9-4】设置客厅场景吊顶灯光。

STEP 01 打开“客厅场景”文件，文件中已经设置了灯光。渲染灯光效果，如图 9-72 所示。该场景的灯光属于黄色调，使整体环境看上去很温馨明亮。

STEP 02 设置灯光颜色。切换视图至顶视图，并选择 VRay 平面光源，如图 9-73 所示。

图 9-72 渲染场景灯光效果

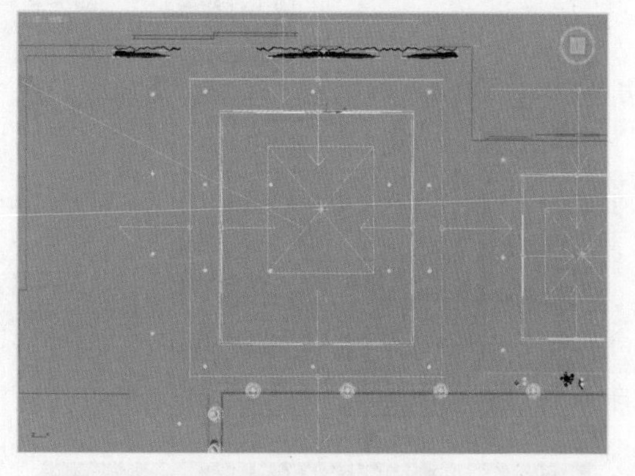

图 9-73 选择光源

STEP 03 打开“修改”选项卡，拖动页面至“参数”卷展栏，在“强度”选项组中单击“颜色”选项，如图 9-74 所示。

STEP 04 打开“颜色选择器：颜色”对话框，在其中选择颜色，设置完成后单击“确定”按钮，如图 9-75 所示。

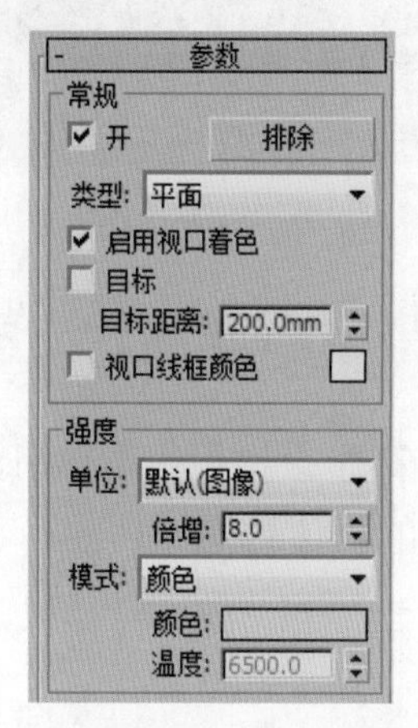

图 9-74 单击“颜色”选项

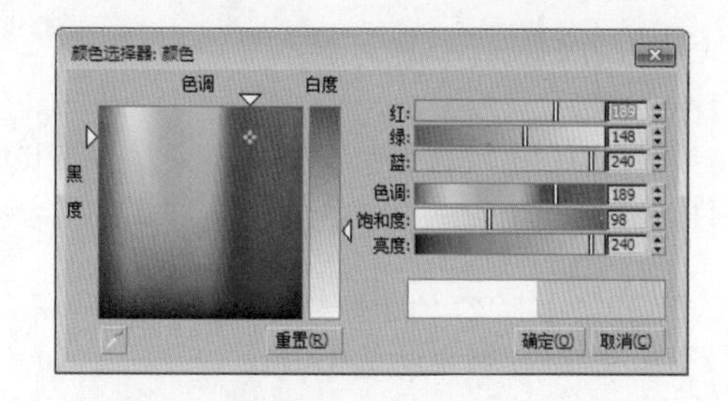

图 9-75 设置颜色

STEP 06 设置完成后，渲染灯光，灯带颜色更改为浅紫色，多了些浪漫的气氛，如图 9-76 所示。

图 9-76　更改灯光颜色效果

9.4.2　强度参数

灯光的明暗程度往往会影响场景的渲染效果，所以用户需要掌握如何设置灯光强度。在视图中选择灯光，在卷展栏中找到“强度倍增”选项，输入数值即可设置灯光强度。图 9-77 所示为灯光强度为 1，图 9-78 所示的灯光强度为 4。

图 9-77　灯光强度为 1

图 9-78　灯光强度为 4

9.4.3　阴影、细分参数

对物体进行照明时，按照真实世界中的照明方式，VRay 会出现阴影效果，但是基于设计效果，我们会对需要的物体设置阴影效果，不需要的物体则隐藏阴影，在创建阴影效果时，还可以设置阴影的细分值。

【例 9-5】设置阴影和细分。

STEP 01 在视图中任意创建长方体、茶壶和球体，然后在顶视图创建 VR- 灯光，并将其移至合适位置，如图 9-79 所示。

STEP 02 渲染光照效果，如图 9-80 所示。

STEP 03 打开“修改”选项卡，拖动页面至“参数”卷展栏，在“常规”选项组中单击“排除”按钮，如图 9-81 所示。

STEP 04 打开“排除/包含”对话框，双击“茶壶”选项，此时“茶壶”选项将自动显示在右侧选项框内，选择“茶壶”选项，单击“排除”和“投射阴影”单选按钮，设置排除茶壶阴影投射效果，如图9-82所示。

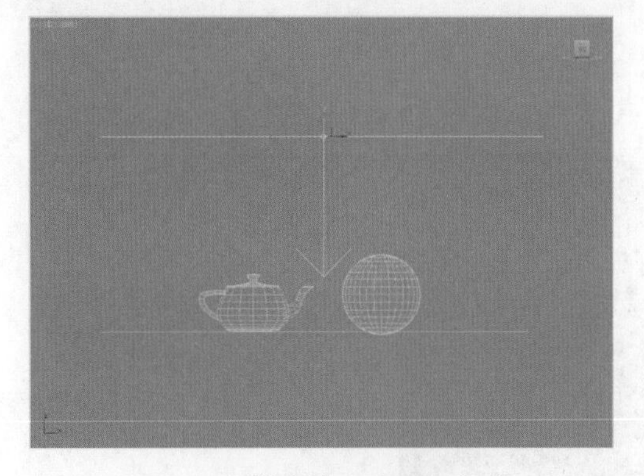
图9-79 创建并移动VR-灯光

图9-80 渲染灯光效果

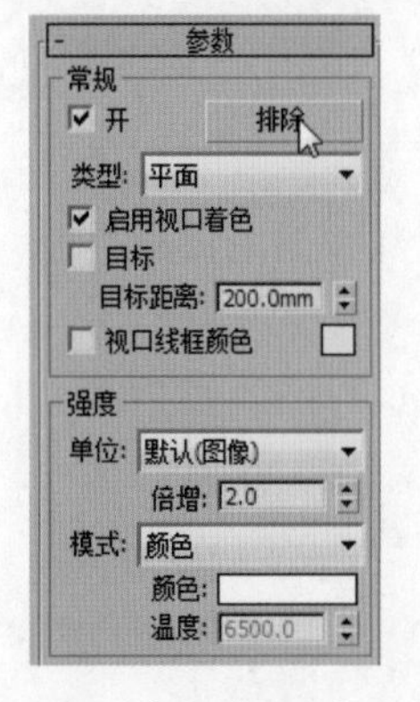

图9-81 单击“排除”按钮

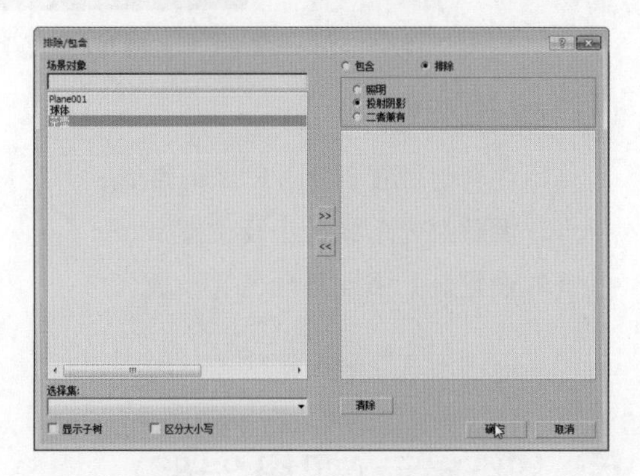

图9-82 排除茶壶阴影投射效果

STEP 05 单击“确定”按钮完成设置，渲染场景后会发现茶壶没有光照阴影了，如图9-83所示。

STEP 06 显示茶壶引用，在“采样”选项组中设置阴影细分为24，渲染视图，此时的阴影效果会比之前的清晰，如图9-84所示。

图9-83 隐藏阴影效果

图9-84 阴影细分为24

【自己练】

项目练习 1：模拟台灯光源

图纸展示（见图 9–85）

图 9-85　台灯光源效果

操作要领

(1) 在台灯位置创建 VR 球形灯光。

(2) 调整灯光形状大小及位置。

(3) 设置灯光强度及颜色等参数。

项目练习 2：模拟射灯光源

图纸展示（见图 9–86）

图 9-86　射灯光源效果

绘图要领

(1) 创建目标灯光，调整位置并进行实例复制。

(2) 修改其中一个灯光的分布类型为光度学 Web 并添加光域网文件。

(3) 设置灯光强度及颜色。

第 10 章

创建餐厅场景效果——VRay 渲染器详解

本章概述：

VRay 渲染器偏向建筑和表现行业。它的渲染效果真实，光线较柔和，层次感很好，可以真实地显示纱帘、玻璃等自带有透明和反射、折射的材质。本章将主要介绍渲染器的功能和如何正确设置 VRay 渲染器，用户可以利用渲染器窗口设置渲染区域和渲染视口，还可以将渲染的效果复制或保存下来。

要点难点：

认识 VRay 渲染器　★☆☆
认识渲染帧窗口　★☆☆
VRay 渲染器的功能　★★☆
掌握 VRay 渲染器的设置　★★☆

案例预览

新中式餐厅效果

【跟我学】 创建新中式餐厅场景效果

案例描述

本案例中将制作一个新中式餐厅场景，利用多边形建模工具以及各种修改器来创建餐桌椅、休息沙发等模型，再为场景创建材质及灯光并进行渲染。

制作过程

1. 制作主体模型

首先来制作客厅场景的主体模型，如墙顶地、窗户、墙面造型等。

STEP 01 在视图中创建一个长方体，长为 5580mm、宽为 5000mm、高为 2750mm，如图 10-1 所示。

STEP 02 设置透视图的显示方式为“明暗处理 + 边面”，将长方体转换为可编辑多边形，如图 10-2 所示。

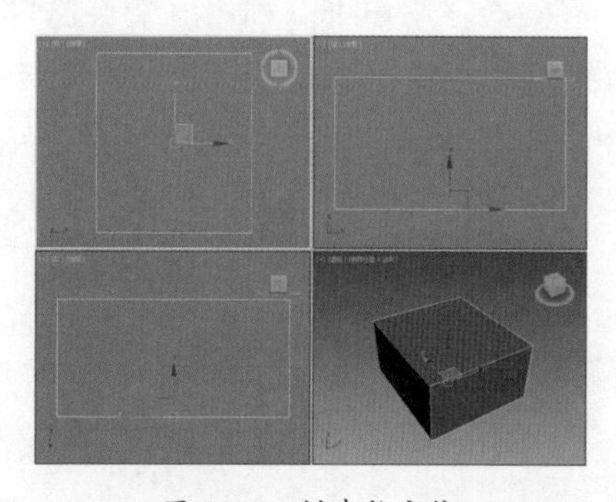

图 10-1　创建长方体

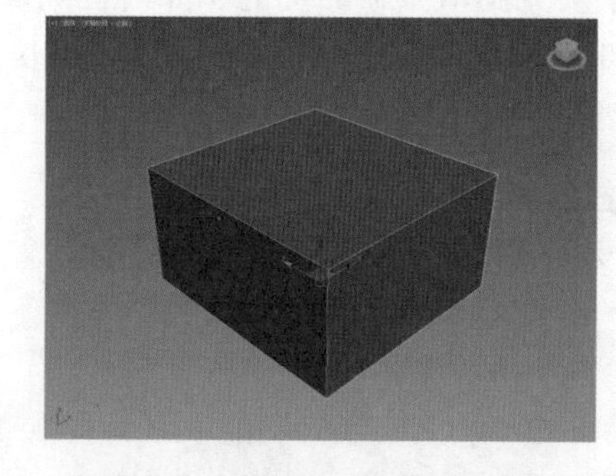

图 10-2　转换为可编辑多边形

STEP 03 在“修改”命令面板中进入“边”子层级，选择图 10-3 所示的两条边。

STEP 04 在“编辑边”卷展栏下单击“连接”按钮右侧的设置按钮，打开“连接边”设置框，保持边数为 1，单击“确定”按钮，如图 10-4 所示。

图 10-3　选择两条边

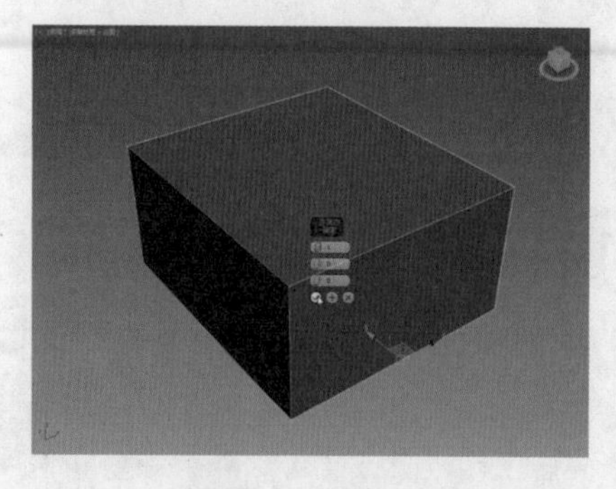

图 10-4　连接边

STEP 05 将连接的边沿 X 轴向右移动 1500mm，如图 10-5 所示。

STEP 06 按住 Alt 键加选一条边，如图 10-6 所示。

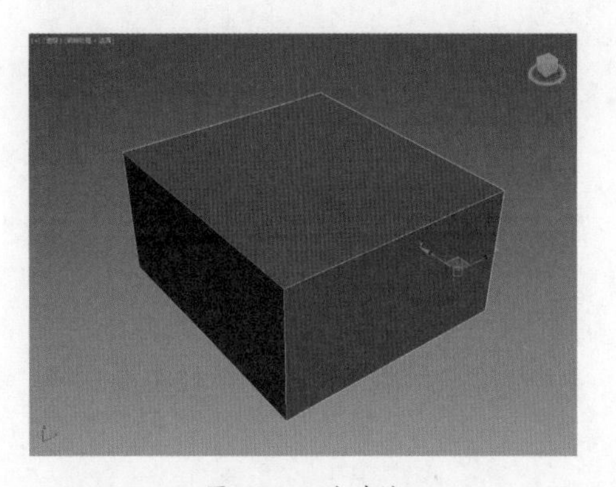

图 10-5 移动边

图 10-6 加选边

STEP 07 单击“连接”设置按钮，创建一条连接边，如图 10-7 所示。

STEP 08 选择该边，在 3ds Max 下方坐标轴设置 Z 轴值为 2100mm，如图 10-8 所示。

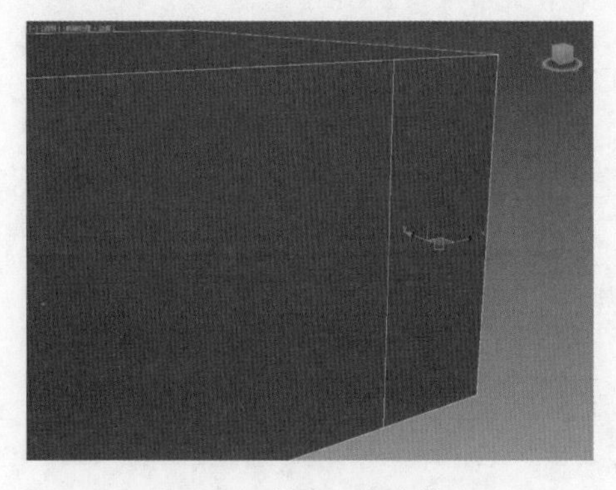

图 10-7 创建一条连接边

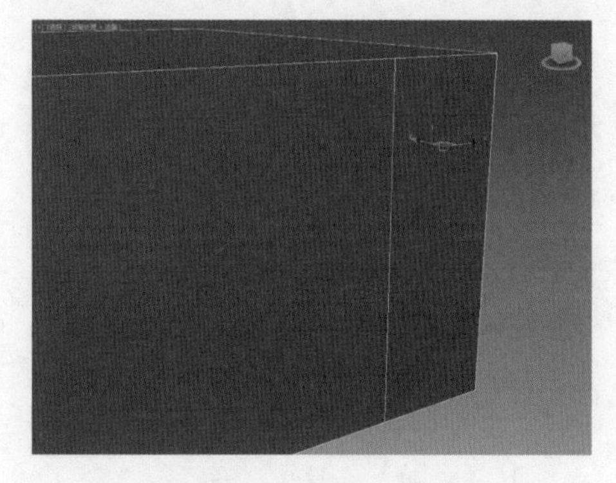

图 10-8 设置 Z 轴高度

STEP 09 进入“多边形”子层级，选择图 10-9 所示的多边形。

STEP 10 在“编辑多边形”卷展栏下单击“挤出”设置按钮，在打开的设置框中设置挤出高度为 250mm，可以看到选中的多边形产生了新的高度，如图 10-10 所示。

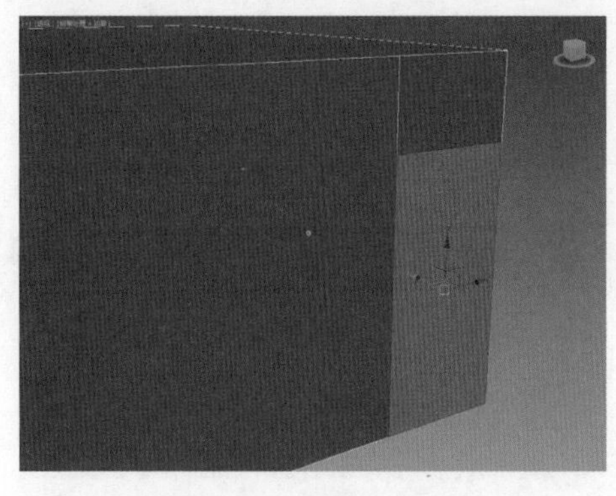

图 10-9 选择多边形

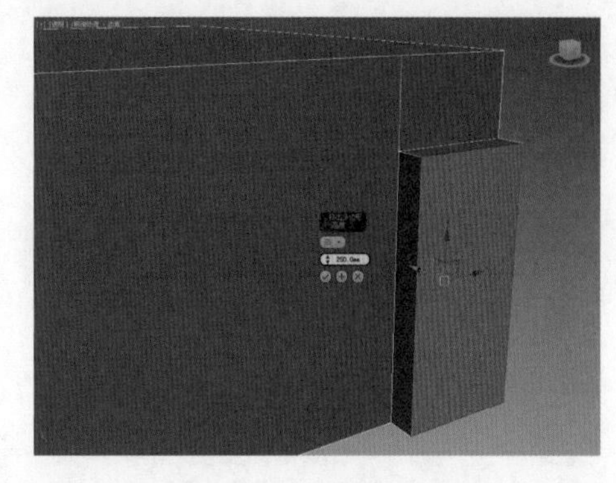

图 10-10 挤出多边形

STEP 11 进入“边”子层级，选择另一侧的上下两条边，如图 10-11 所示。

STEP 12 单击“连接”设置按钮，设置连接数量为 4，如图 10-12 所示。

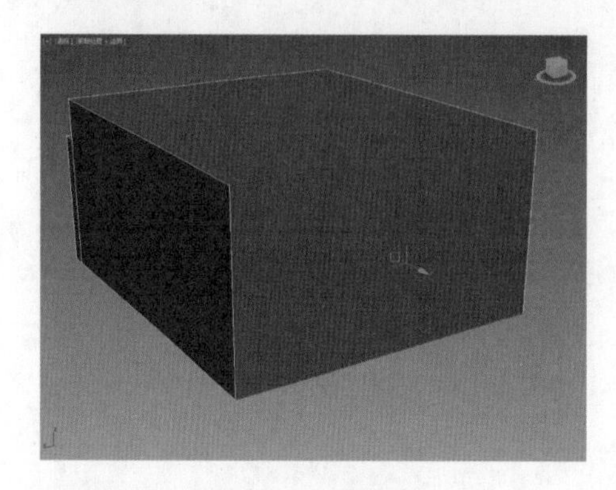
图 10-11 选择边

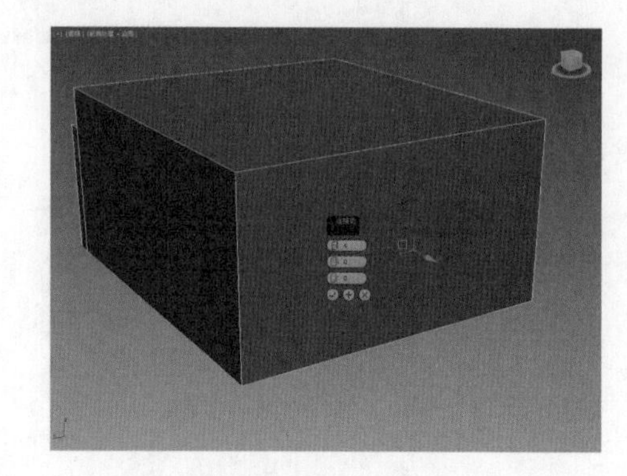
图 10-12 连接边

STEP 13 沿 X 轴移动调整边的位置，如图 10-13 所示。

STEP 14 进入“多边形”子层级，选择如图 10-14 所示的多边形。

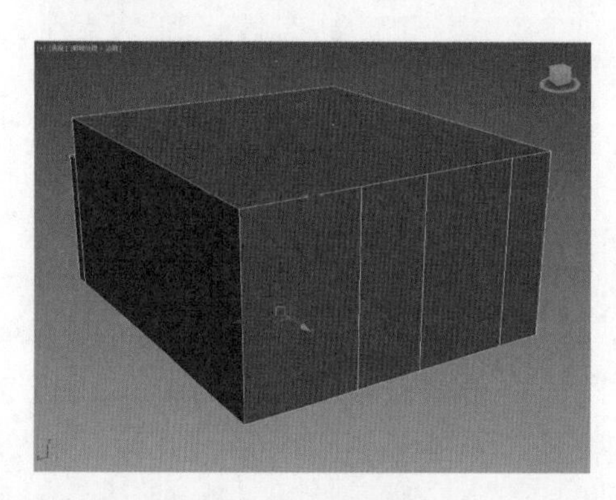
图 10-13 移动边

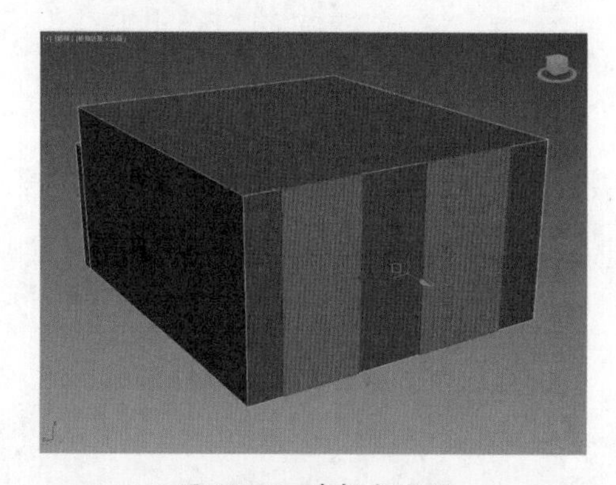
图 10-14 选择多边形

STEP 15 在“修改多边形”卷展栏中单击“挤出”设置按钮，设置挤出高度为 250mm，效果如图 10-15 所示。

STEP 16 在键盘上按 Delete 键删除这两个多边形，如图 10-16 所示。

图 10-15 设置挤出高度

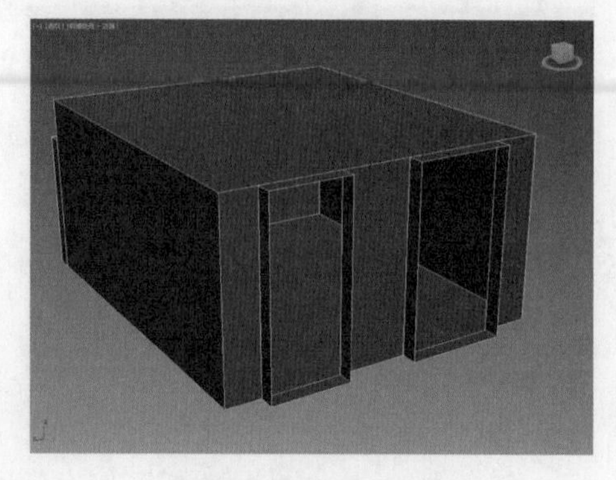
图 10-16 删除多边形

STEP 17 在顶视图中创建一架目标摄影机，调整摄影机角度及位置，如图 10-17 所示。

STEP 18 在透视图中按 C 键切换到摄影机视图，如图 10-18 所示。

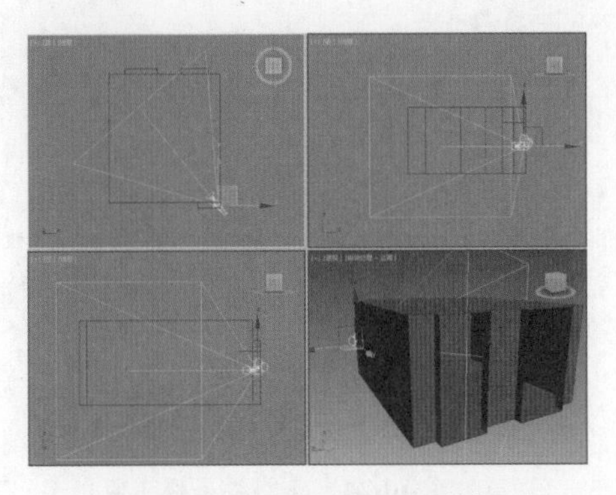

图 10-17 创建并调整摄影机

图 10-18 切换到摄影机视图

STEP 19 在“样条线”创建命令面板单击“矩形”命令，在前视图中捕捉绘制一个 2750mm × 1500mm 的矩形，如图 10-19 所示。

STEP 20 将矩形转换为可编辑样条线，进入“样条线”子层级，在“几何体”卷展栏中设置轮廓值为 60mm，如图 10-20 所示。

图 10-19 捕捉绘制矩形

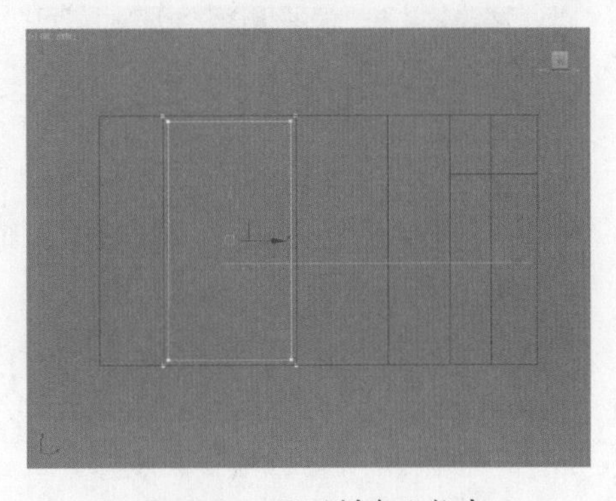

图 10-20 设置样条线轮廓

STEP 21 进入“顶点”子层级，选择顶点并向上移动位置，如图 10-21 所示。

STEP 22 进入“样条线”子层级，选择图 10-22 所示的样条线。

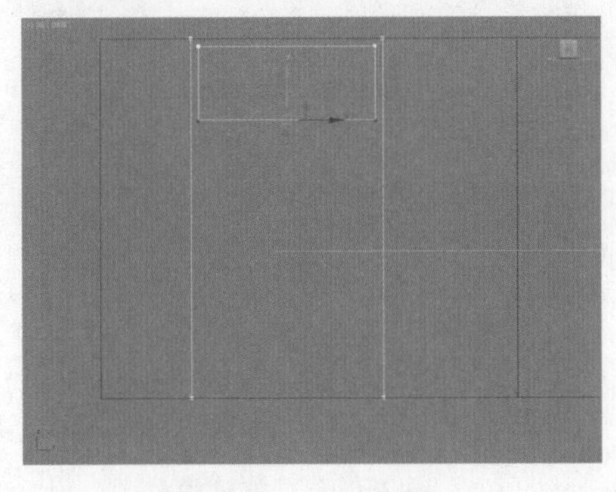

图 10-21 移动顶点

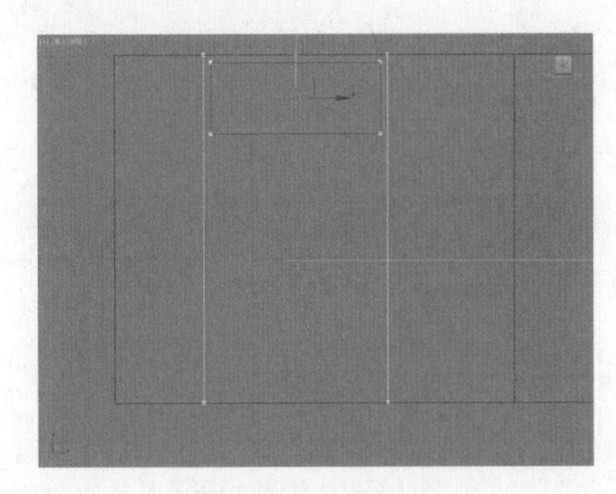

图 10-22 选择样条线

STEP 23 按住 Shift 键复制样条线，再进入“顶点”子层级调整顶点，如图 10-23 所示。

STEP 24 继续调整顶点并复制样条线，如图 10-24 所示。

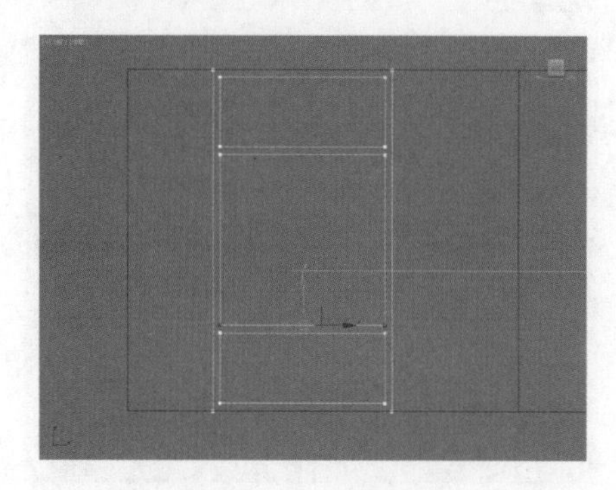
图 10-23　调整顶点

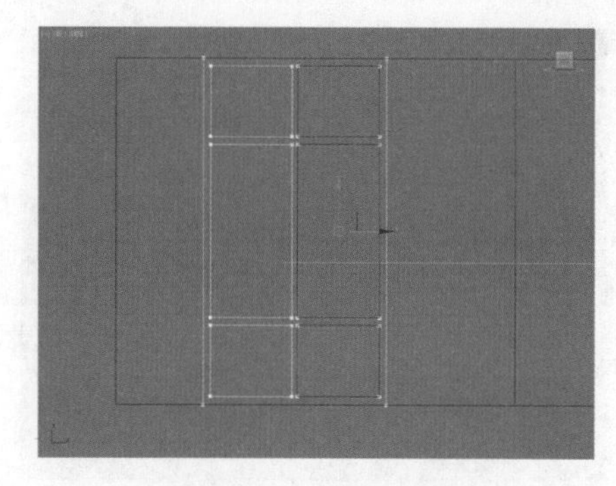
图 10-24　复制样条线

STEP 25 为样条线添加挤出修改器，设置挤出值为 60mm，制作出窗框模型，将模型移动到合适的位置，如图 10-25 所示。

STEP 26 复制模型到另外一侧的窗户，进入样条线层级中调整顶点位置，从而调整窗框大小，如图 10-26 所示。

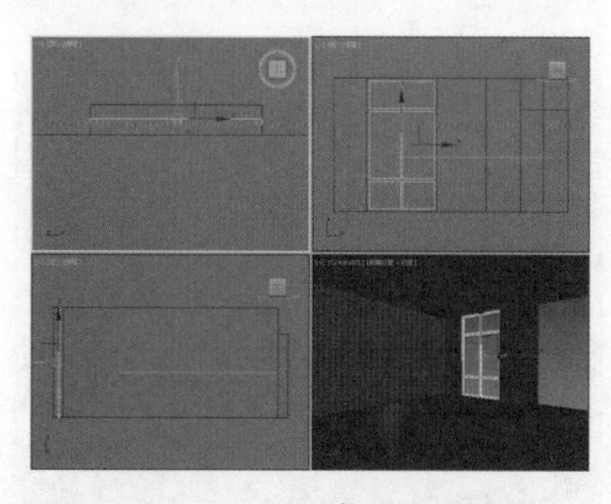
图 10-25　添加挤出修改器

图 10-26　复制并调整模型

STEP 27 在前视图中捕捉绘制一个矩形，如图 10-27 所示。

STEP 28 为矩形添加挤出修改器，设置挤出值为 10mm，作为窗户玻璃，移动到合适的位置，如图 10-28 所示。

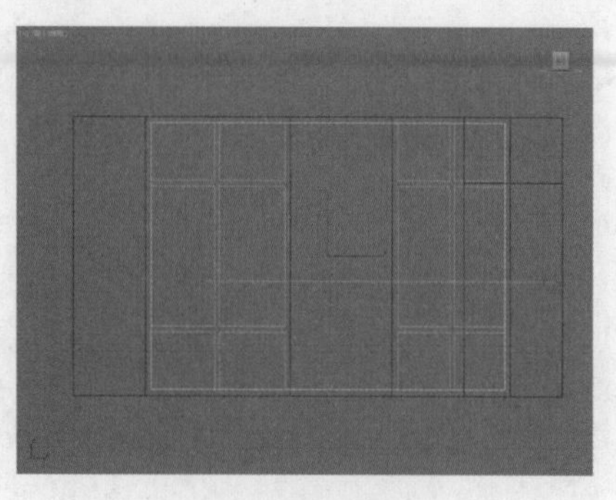
图 10-27　绘制矩形

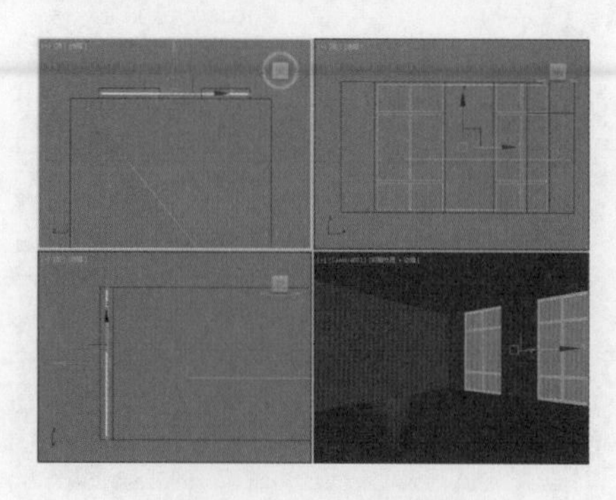
图 10-28　创建玻璃模型

STEP 29 在顶视图中捕捉创建一个长为 5580mm、宽为 5000mm、高为 150mm 的矩形，调整到模型顶部位置，作为吊顶模型，如图 10-29 所示。

STEP 30 在顶视图中，将模型沿 Y 轴向下移动 150mm，如图 10-30 所示。

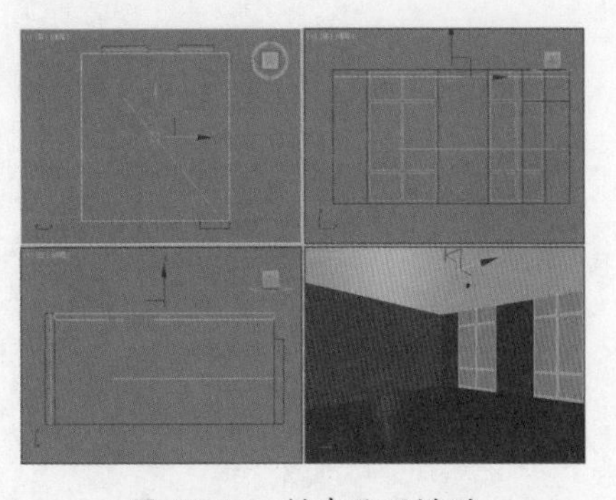

图 10-29　创建吊顶模型

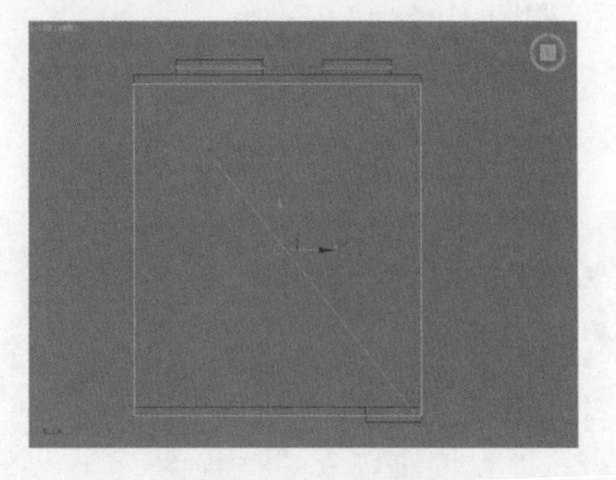

图 10-30　移动模型

STEP 31 在左视图中创建四个尺寸分别为 2600mm × 2250mm × 12mm、2600mm × 1200mm × 12mm、2600mm × 870mm × 12mm、2600mm × 1200mm × 12mm 的长方体，调整间距为 20mm，如图 10-31 所示。

STEP 32 选择四个长方体向上移动 100mm，如图 10-32 所示。

图 10-31　创建长方体

图 10-32　移动模型

STEP 33 继续创建 100mm × 5580mm × 8mm 的长方体作为踢脚线，如图 10-33 所示。

STEP 34 再创建 2500mm × 20mm × 8mm 的长方体并复制出三个，分别移动到三条缝隙中，至此完成室内主体模型的创建，如图 10-34 所示。

图 10-33　创建踢脚线

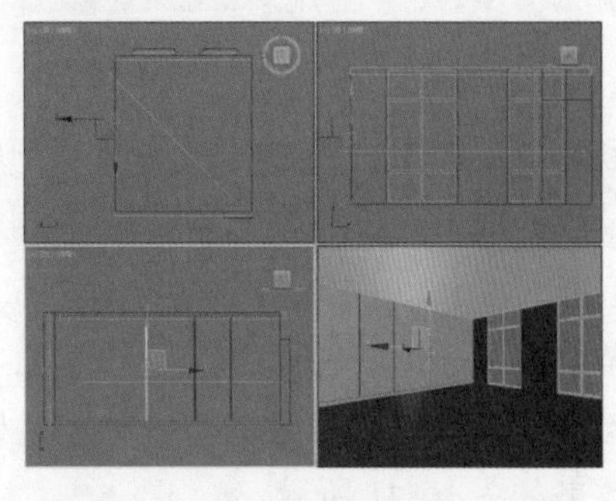

图 10-34　完成室内主体模型的创建

2. 创建室内家具及装饰模型

室内主体创建完毕后，接下来创建室内家具模型以及墙面装饰物体模型。

STEP 01 创建墙面装饰画模型。在左视图中创建一个 2000mm × 500mm × 40mm 的长方体，如图 10-35 所示。

STEP 02 将长方体转换为可编辑多边形，进入“多边形”子层级，选择图 10-36 所示的多边形。

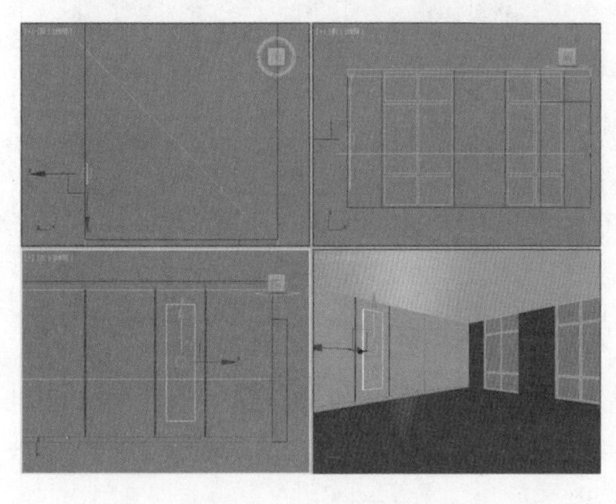

图 10-35　创建长方体

图 10-36　选择多边形

STEP 03 在“编辑多边形”卷展栏下单击“插入”设置按钮，设置插入值为 20mm，如图 10-37 所示。

STEP 04 再单击“挤出”设置按钮，设置挤出值为 -10mm，如图 10-38 所示。

图 10-37　插入多边形

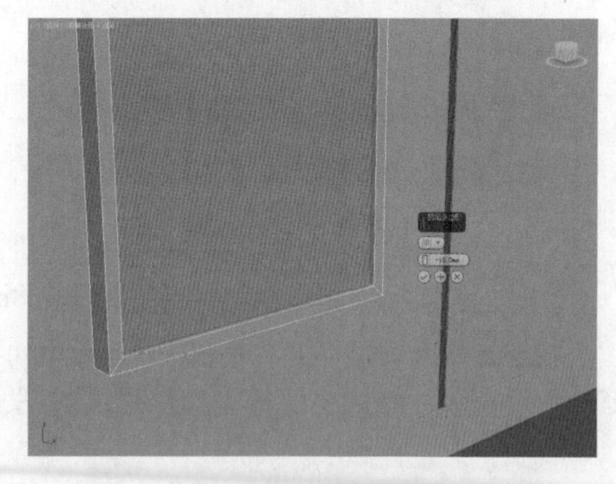

图 10-38　挤出多边形

STEP 05 创建地毯模型。创建一个切角长方体，设置长度、宽度、高度、圆角、长度分段、宽度分段、圆角分段参数，移动到合适的位置，如图 10-39 所示。

STEP 06 将其转换为可编辑多边形，进入“顶点”子层级，选择顶点并在顶视图中进行调整，如图 10-40 所示。

STEP 07 为模型添加 FFD2*2*2 修改器，在“FFD 参数”卷展栏中选中“晶格”复选框，效果如图 10-41 所示。

STEP 08 创建餐桌模型。创建一个长为 900mm、宽为 2000mm、高为 60mm 的长方体，如图 10-42 所示。

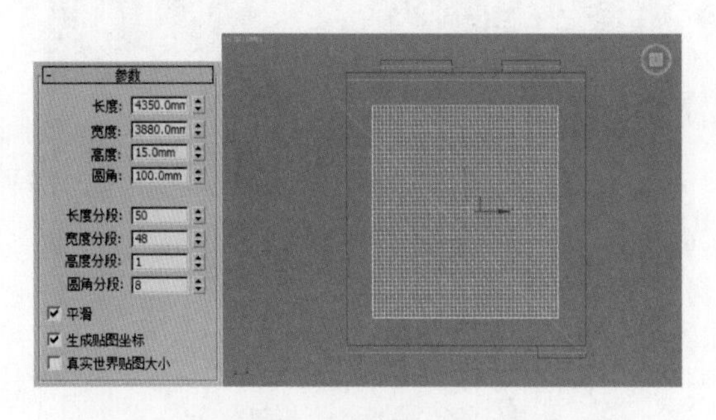

图 10-39　创建切角长方体

图 10-40　调整顶点

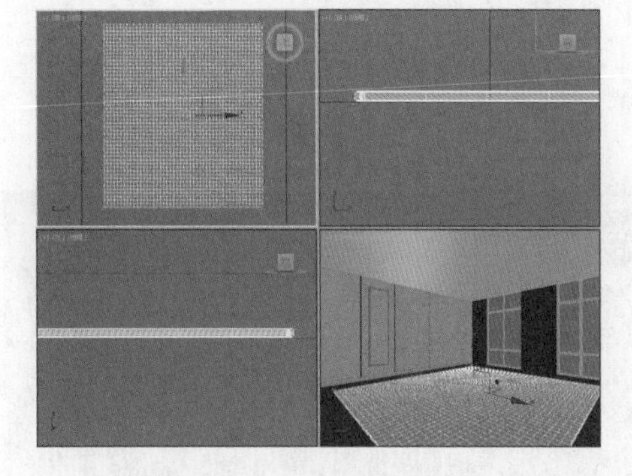

图 10-41　添加 FFD 修改器

图 10-42　创建长方体

STEP 09 在左视图中绘制一个 690mm × 900mm 的矩形，如图 10-43 所示。

STEP 10 将其转换为可编辑样条线，进入“线段”子层级，选择删除一条线段，如图 10-44 所示。

图 10-43　绘制矩形

图 10-44　删除线段

STEP 11 进入“样条线”子层级，在“几何体”卷展栏下设置轮廓为 60mm，如图 10-45 所示。

STEP 12 为样条线添加挤出修改器，设置挤出值为 60mm，调整模型位置并进行复制，作为餐桌腿，如图 10-46 所示。

图 10-45 设置轮廓

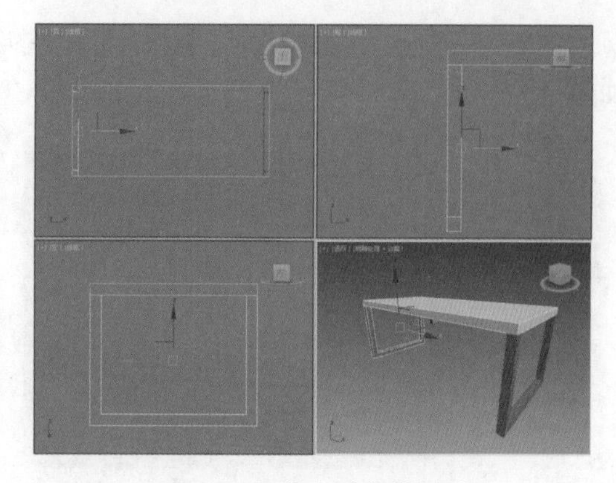

图 10-46 挤出并复制模型

STEP 13 在前视图中捕捉绘制一个矩形，如图 10-47 所示。

STEP 14 按照步骤 10~12 的操作方法创建一个轮廓为 40mm、厚度为 40mm 的模型，移动到合适的位置，即可完成餐桌模型的制作，如图 10-48 所示。

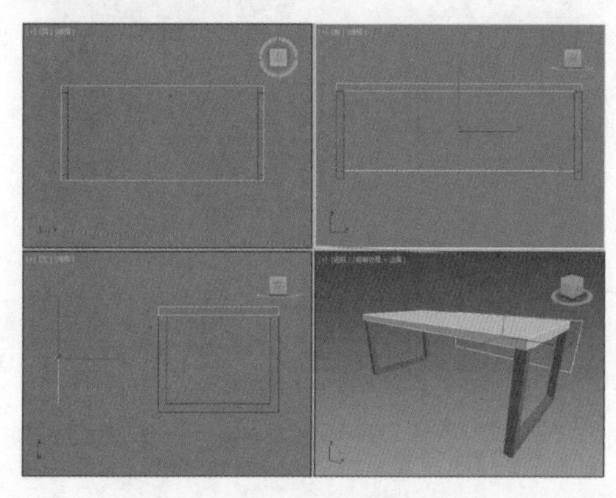

图 10-47 捕捉绘制矩形

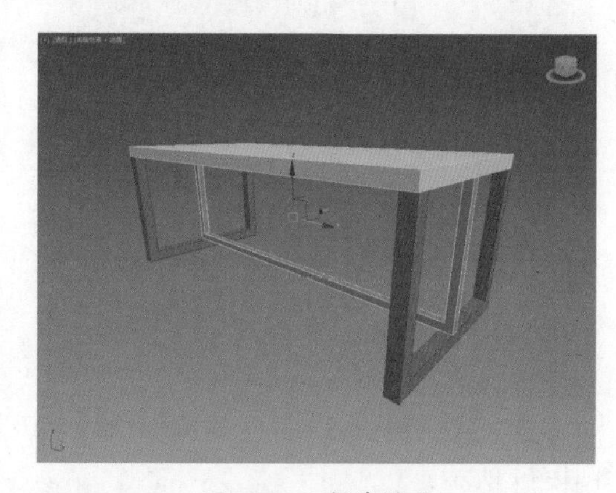

图 10-48 制作模型

STEP 15 将创建好的模型成组，移动到室内合适的位置，如图 10-49 所示。

STEP 16 单击“菜单浏览器”按钮，选择“导入” | “合并”命令，为场景加入沙发、椅子、花瓶、窗帘、吊灯等成品模型，调整到合适的位置，如图 10-50 所示。

图 10-49 模型成组

图 10-50 合并成品模型

STEP 17 继续绘制三个尺寸分别为 1000mm × 1180mm × 400mm、1000mm × 500mm × 300mm、660mm × 1400mm × 150mm 的长方体，放置到合适的位置，作为茶几和灯台，如图 10-51 所示。

STEP 18 继续合并盆栽、落地灯以及斗胆灯模型到场景中，复制斗胆灯，分别调整到合适的位置，至此场景模型创建完毕，如图 10-52 所示。

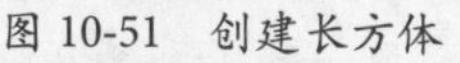

图 10-51　创建长方体

图 10-52　场景模型创建完毕

3. 创建场景材质

接下来要为场景中的物体制作材质，以便表现出逼真的物体质感。

STEP 01 创建乳胶漆材质。按 M 键打开材质编辑，选择一个空白材质球，设置为 VRayMtl 材质，设置漫反射颜色为白色，并为漫反射通道添加 VR- 污垢贴图，设置反射参数，如图 10-53 所示。

STEP 02 进入 VR 污垢参数面板，设置半径值，其余设置保持默认，如图 10-54 所示。

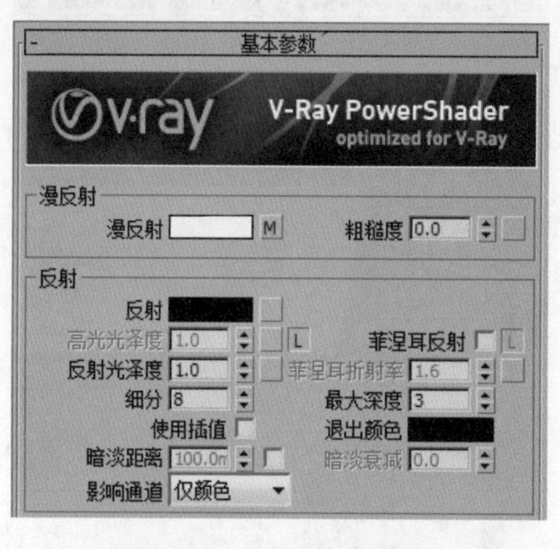

图 10-53　设置基本参数

VRay 污垢参数
半径 5.0mm
阻光颜色
非阻光颜色
分布 1.0
衰减 0.0
细分 8
偏移 X: 0.0 Y: 0.0 Z: 0.0
影响 Alpha
忽略全局照明
仅考虑同样的对象
反转法线
工作透明度
环境阻光

图 10-54　设置 VR 污垢参数

STEP 03 设置好的乳胶漆材质球如图 10-55 所示。

STEP 04 设置墙面木纹理材质。选择一个空白材质球，设置为 VRayMtl 材质，在“贴图”卷展栏中为漫反射通道和凹凸通道添加颜色校正贴图，如图 10-56 所示。

图 10-55　乳胶漆材质球

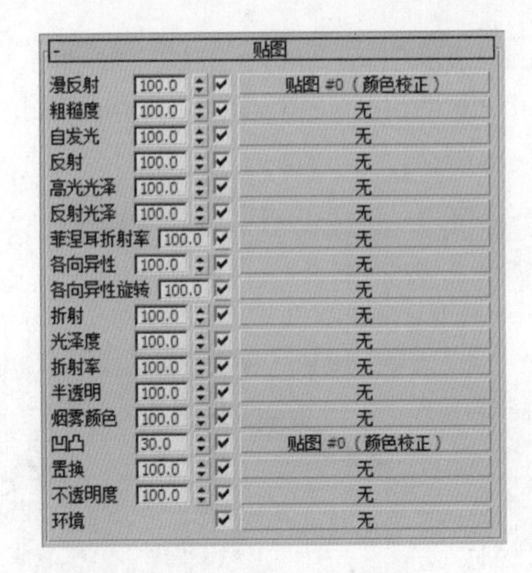

图 10-56　贴图通道

STEP 05 进入颜色校正参数面板，为其添加位图贴图，再设置饱和度，如图 10-57 所示。

STEP 06 所添加的位图贴图如图 10-58 所示。

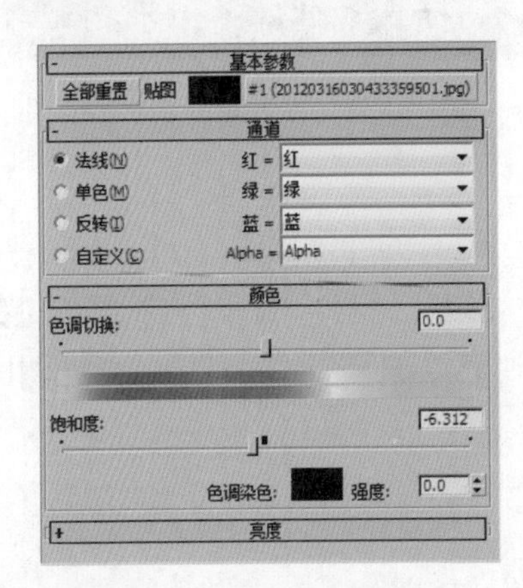

图 10-57　颜色校正参数面板

图 10-58　位图贴图

STEP 07 返回到上一级的基本参数面板，设置反射颜色及其他参数，如图 10-59 所示。

STEP 08 反射颜色设置参数如图 10-60 所示。

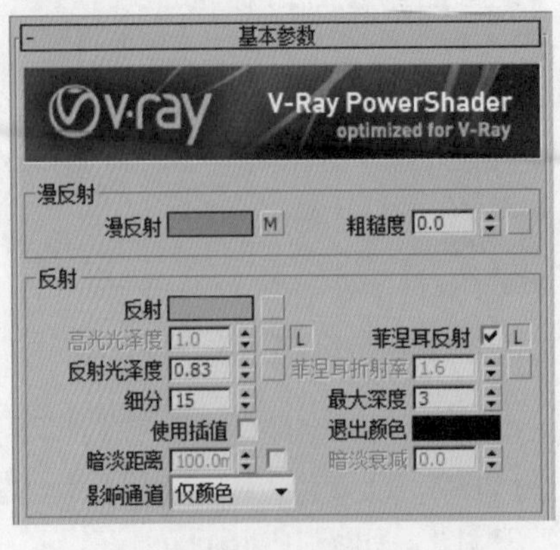

图 10-59　设置反射颜色及其他参数

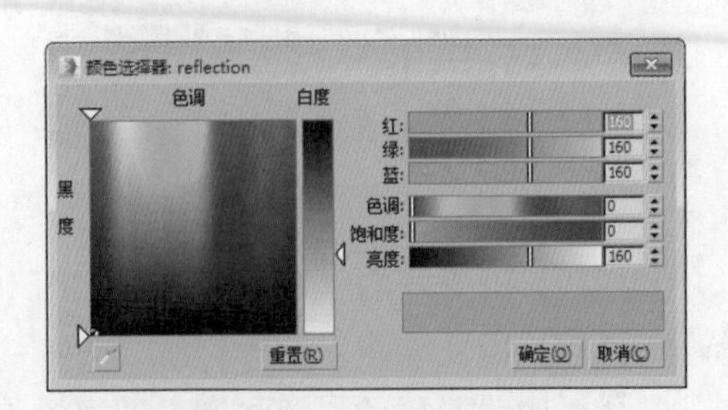

图 10-60　反射颜色的参数

STEP 09 为材质添加一个材质包裹器，设置生成全局照明参数值，如图 10-61 所示。

STEP 10 设置好的木纹理材质球如图 10-62 所示。

图 10-61　添加材质包裹器

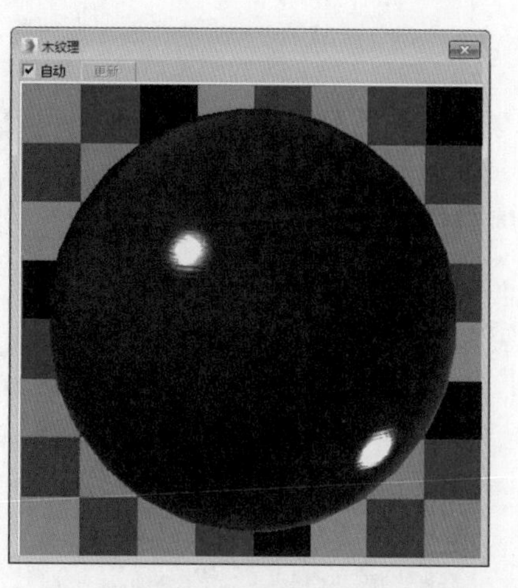

图 10-62　木纹理材质球

STEP 11 设置烤漆玻璃材质。选择一个空白材质球，设置为 VRayMtl 材质，设置漫反射颜色为黑色，为反射通道添加衰减贴图，再设置反射参数，如图 10-63 所示。

STEP 12 进入衰减参数面板，设置衰减颜色，如图 10-64 所示。

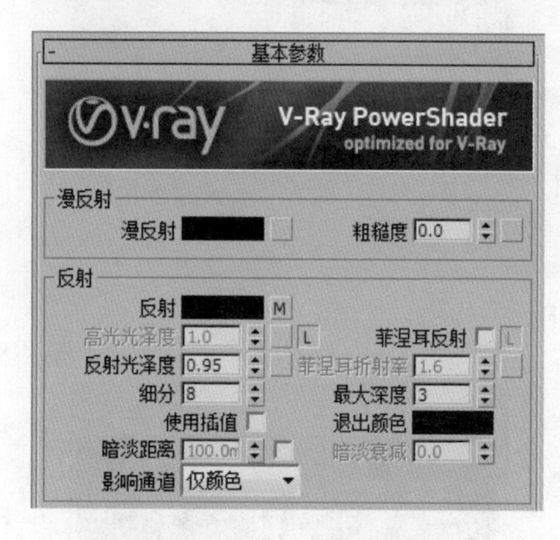

图 10-63　设置基本参数

图 10-64　设置衰减颜色

STEP 13 衰减颜色设置参数如图 10-65 所示。

STEP 14 设置好的烤漆玻璃材质球如图 10-66 所示。

STEP 15 设置地面材质。选择一个空白材质球，设置为 VRayMtl 材质，在“贴图”卷展栏中为漫反射通道和凹凸通道添加颜色校正贴图，如图 10-67 所示。

STEP 16 进入颜色校正参数面板，为其添加位图贴图，并设置亮度值，如图 10-68 所示。

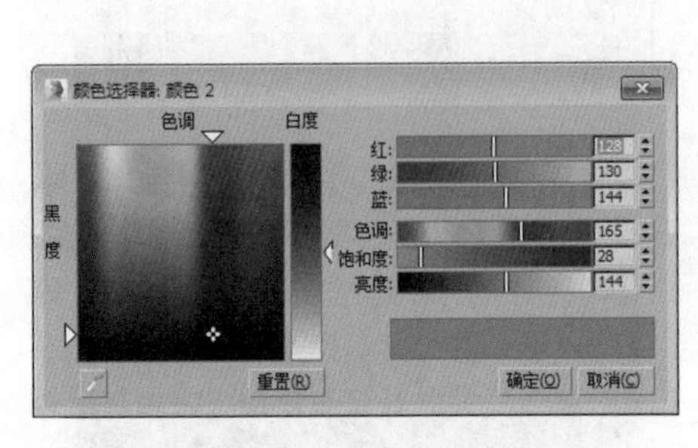

图 10-65　衰减颜色参数

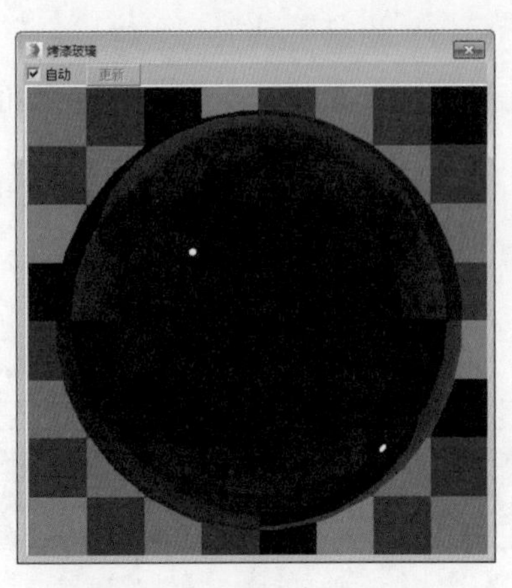

图 10-66　烤漆玻璃材质球

贴图			
漫反射	100.0	☑	贴图 #4（颜色校正）
粗糙度	100.0	☑	无
自发光	100.0	☑	无
反射	100.0	☑	无
高光光泽	100.0	☑	无
反射光泽	100.0	☑	无
菲涅耳折射率	100.0	☑	无
各向异性	100.0	☑	无
各向异性旋转	100.0	☑	无
折射	100.0	☑	无
光泽度	100.0	☑	无
折射率	100.0	☑	无
半透明	100.0	☑	无
烟雾颜色	100.0	☑	无
凹凸	30.0	☑	贴图 #4（颜色校正）
置换	100.0	☑	无
不透明度	100.0	☑	无
环境		☑	无

图 10-67　添加颜色校正贴图

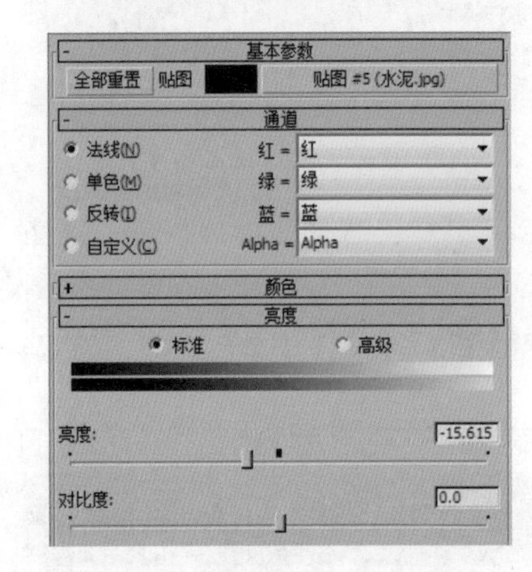

图 10-68　设置颜色校正参数

STEP 17 所添加的位图贴图如图 10-69 所示。

STEP 18 设置好的地面材质球如图 10-70 所示。

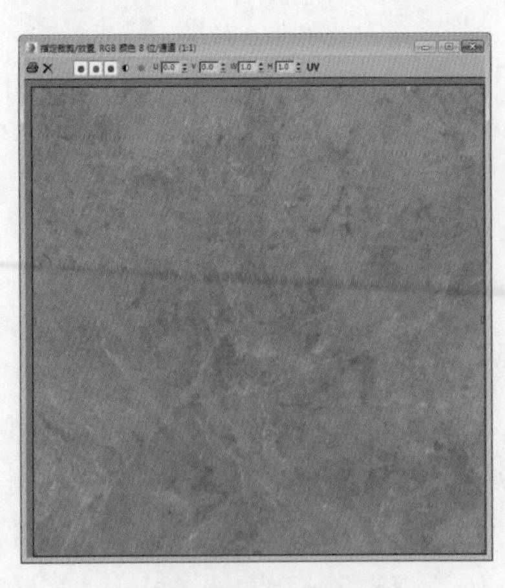

图 10-69　位图贴图

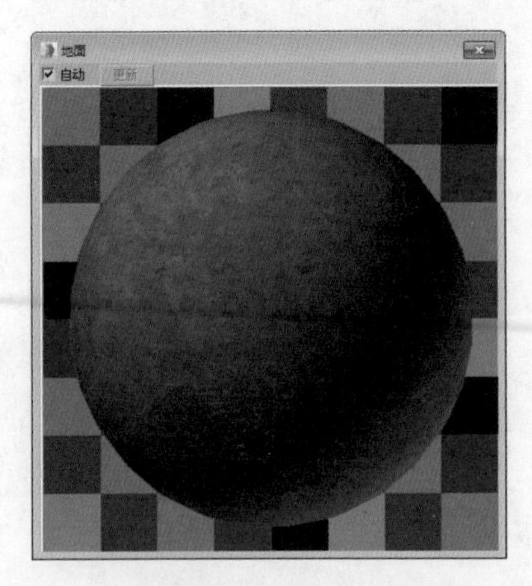

图 10-70　地面材质球

STEP 19 设置地毯材质。选择一个空白材质球，设置为 VRayMtl 材质，在“贴图”

卷展栏中为漫反射通道添加颜色校正贴图，为凹凸通道添加位图贴图，并设置凹凸值，如图 10-71 所示。

STEP 20 进入颜色校正参数面板，为贴图通道添加位图贴图，设置饱和度及亮度值，如图 10-72 所示。

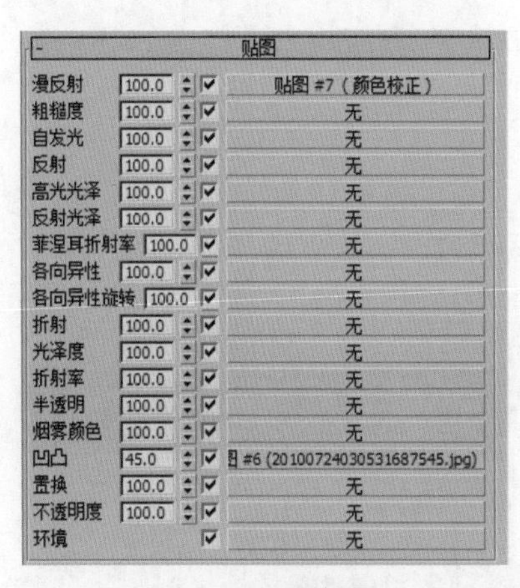

图 10-71 设置贴图

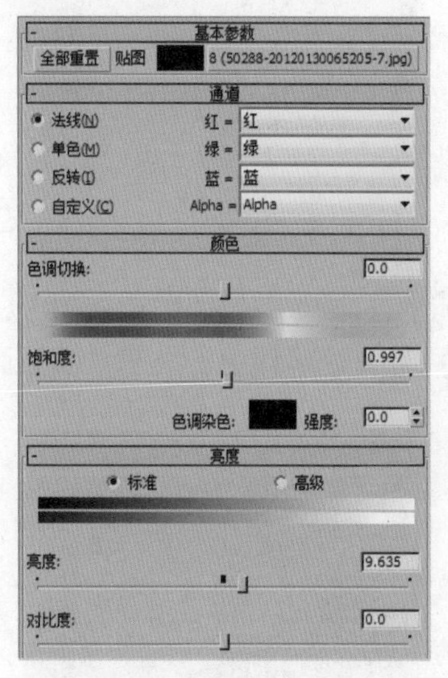

图 10-72 设置饱和度及亮度值

STEP 21 设置好的地毯材质球如图 10-73 所示。

STEP 22 选择主体模型，进入“多边形”子层级，选择地面并将其分离，将前面创建的材质分别制定给场景中的对象，如图 10-74 所示。

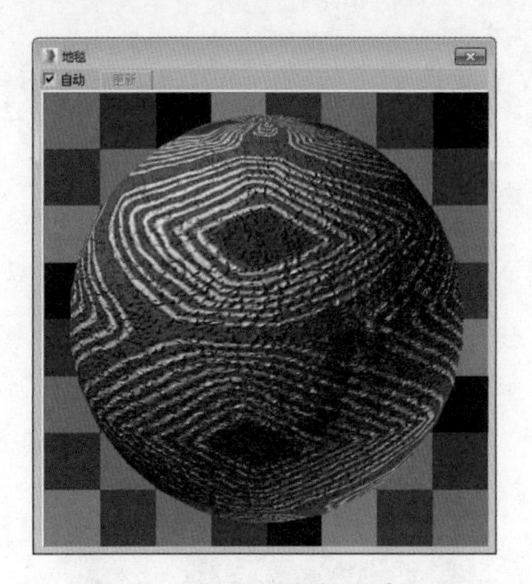

图 10-73 地毯材质球

图 10-74 赋予材质效果

STEP 23 创建餐桌材质。选择一个空白材质球，设置为 VRayMtl 材质，在“贴图”卷展栏中为反射通道和反射光泽通道添加颜色校正贴图，如图 10-75 所示。

STEP 24 进入颜色校正参数面板，为其添加位图贴图，并设置亮度及对比度，如图 10-76 所示。

贴图			
漫反射	100.0	☑	无
粗糙度	100.0	☑	无
自发光	100.0	☑	无
反射	100.0	☑	贴图 #9（颜色校正）
高光光泽	100.0	☑	无
反射光泽	100.0	☑	贴图 #9（颜色校正）
菲涅耳折射率	100.0	☑	无
各向异性	100.0	☑	无
各向异性旋转	100.0	☑	无
折射	100.0	☑	无
光泽度	100.0	☑	无
折射率	100.0	☑	无
半透明	100.0	☑	无
烟雾颜色	100.0	☑	无
凹凸	30.0	☑	无
置换	100.0	☑	无
不透明度	100.0	☑	无
环境		☑	无

图 10-75 添加颜色校正贴图

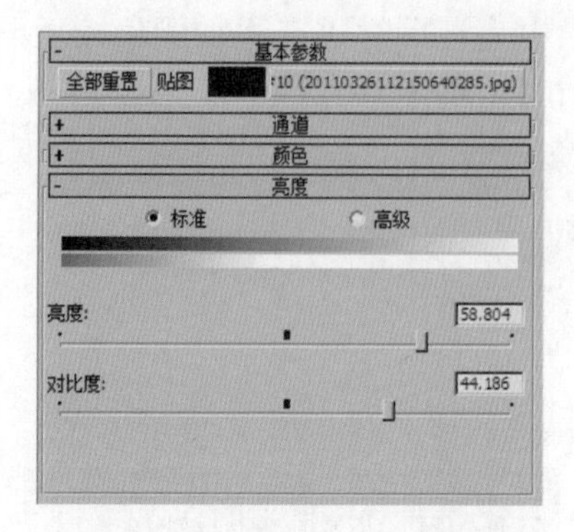

图 10-76 设置亮度及对比度

STEP 25 所添加位图贴图如图 10-77 所示。

STEP 26 返回到上一级基本参数面板，设置反射参数，如图 10-78 所示。

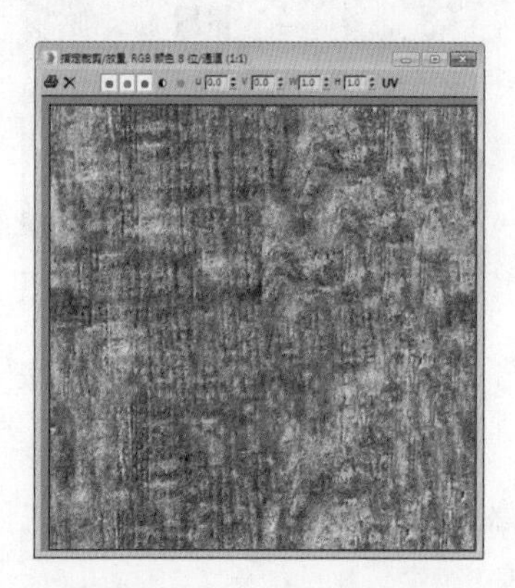

图 10-77 位图贴图

图 10-78 设置反射参数

STEP 27 为材质加一个材质包裹器，设置生成全局照明参数值，如图 10-79 所示。

STEP 28 设置好的材质球如图 10-80 所示。

图 10-79 材质包裹器参数

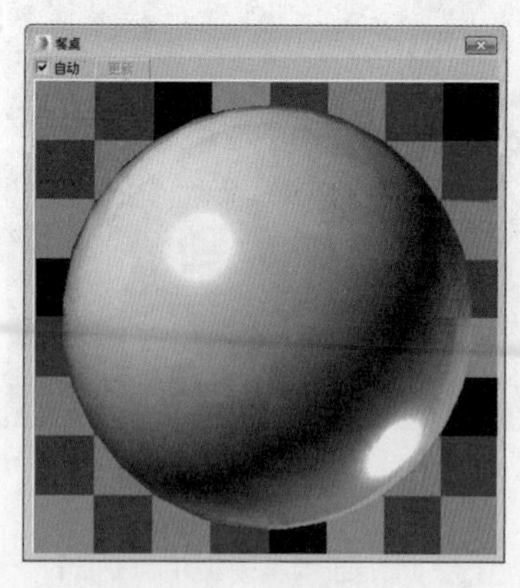

图 10-80 餐桌材质球

STEP 29 创建天光材质。选择一个空白材质球，设置为 VRay 灯光材质，设置颜色强度为 2，其余参数默认，设置好的材质球如图 10-81 所示。

STEP 30 创建挂画材质。选择一个空白材质球，设置为 VRayMtl 材质，在“贴图”卷展栏中为漫反射通道和凹凸通道分别添加位图贴图，并设置凹凸值，如图 10-82 所示。

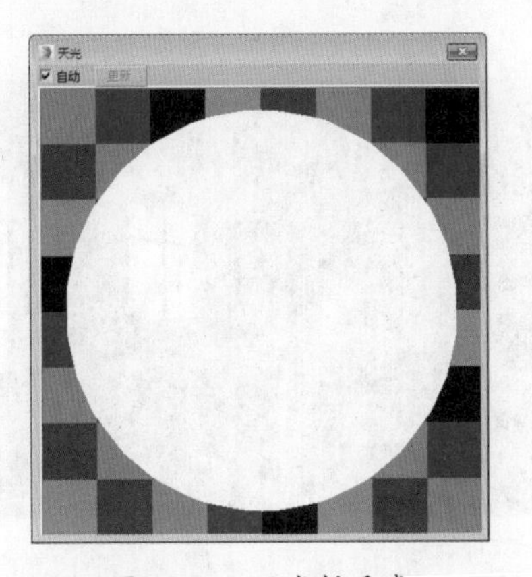

图 10-81　天光材质球

贴图			
漫反射	100.0	✓	贴图 #11 (psbCAC2PRIJ.jpg)
粗糙度	100.0	✓	无
自发光	100.0	✓	无
反射	100.0	✓	无
高光光泽	100.0	✓	无
反射光泽	100.0	✓	无
菲涅耳折射率	100.0	✓	无
各向异性	100.0	✓	无
各向异性旋转	100.0	✓	无
折射	100.0	✓	无
光泽度	100.0	✓	无
折射率	100.0	✓	无
半透明	100.0	✓	无
烟雾颜色	100.0	✓	无
凹凸	150.0	✓	贴图 #12 (psb.jpg)
置换	100.0	✓	无
不透明度	100.0	✓	无
环境		✓	无

图 10-82　贴图通道

STEP 31 为漫反射通道及凹凸通道添加的位图贴图如图 10-83 和图 10-84 所示。

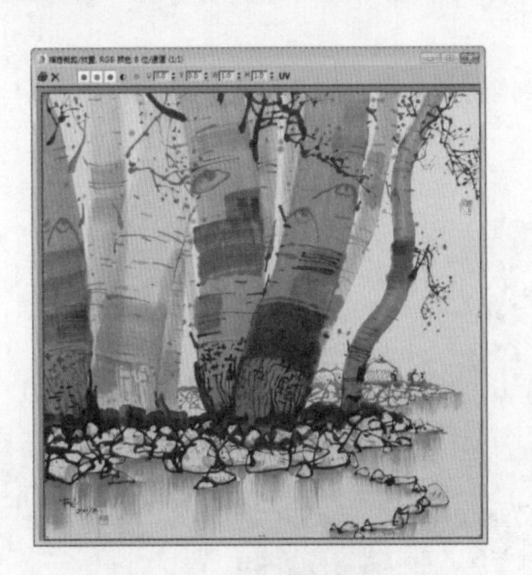

图 10-83　漫反射通道贴图

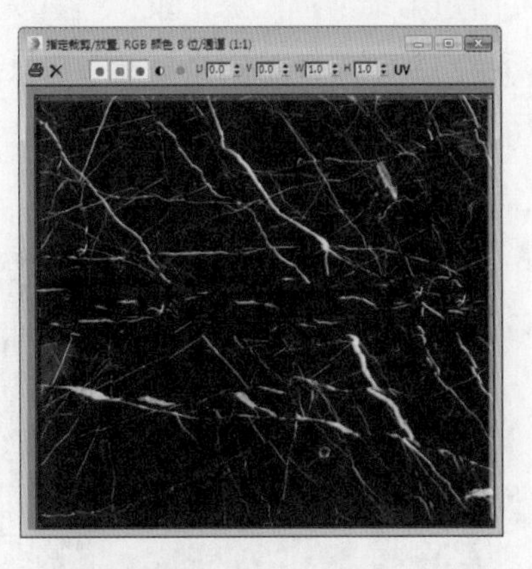

图 10-84　凹凸通道贴图

STEP 32 返回到基本参数设置面板，设置反射颜色及参数，如图 10-85 所示。

STEP 33 反射颜色参数设置如图 10-86 所示。

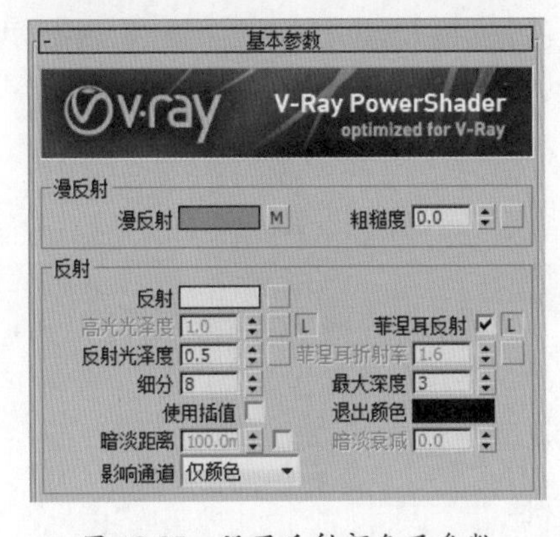

图 10-85　设置反射颜色及参数

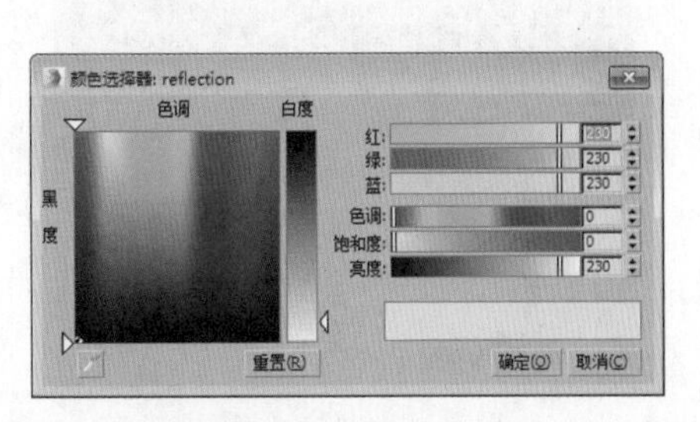

图 10-86　反射颜色参数

STEP 34 设置好的挂画材质球如图 10-87 所示。

STEP 35 将设置好的这部分材质指定给场景中的物体，视图效果如图 10-88 所示。

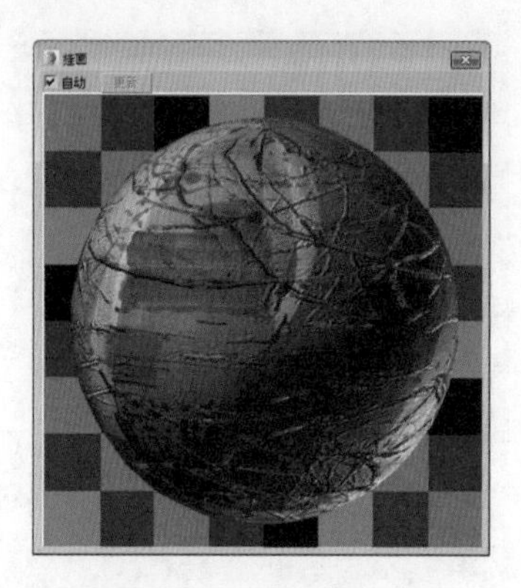

图 10-87　挂画材质球

图 10-88　赋予材质效果

4. 创建灯光

下面为场景创建光源，模拟室外光源和室内灯光。

STEP 01 在前视图创建一盏 VR- 灯光，调整到窗户外部，如图 10-89 所示。

STEP 02 调整灯光强度及颜色等参数，如图 10-90 所示。

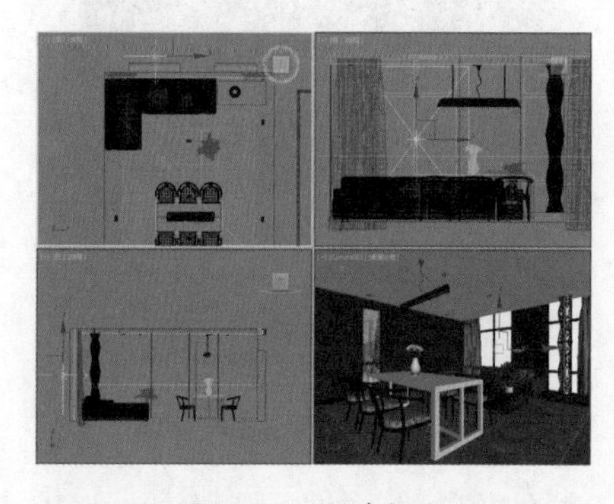

图 10-89　创建灯光

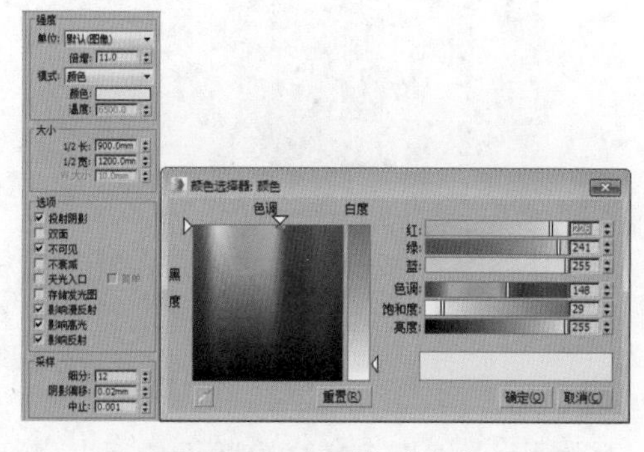

图 10-90　设置灯光参数

STEP 03 复制灯光，调整位置及大小，如图 10-91 所示。

STEP 04 调整灯光大小尺寸以及其他参数，颜色、强度及细分值不变，如图 10-92 所示。

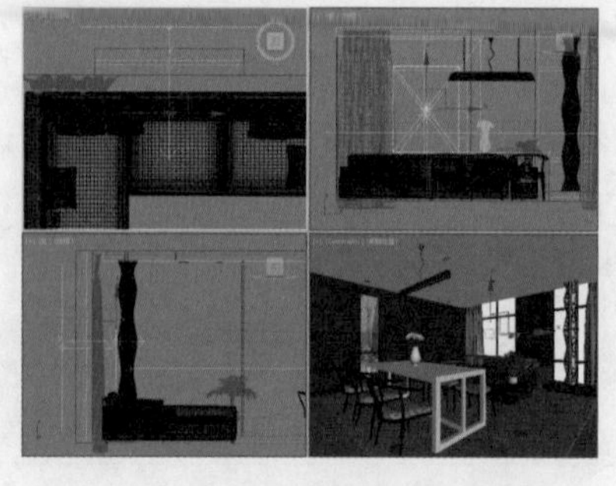

图 10-91　复制并调整灯光的位置及大小

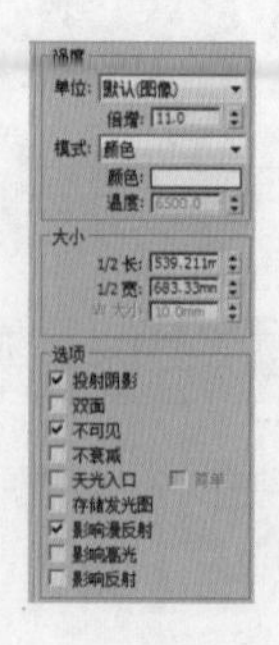

图 10-92　调整灯光参数

STEP 05 继续复制并调整灯光大小，最小尺寸的灯光强度调整为 5，其余参数不变，如图 10-93 所示。

STEP 06 将灯光实例复制到另一个窗户位置，如图 10-94 所示。

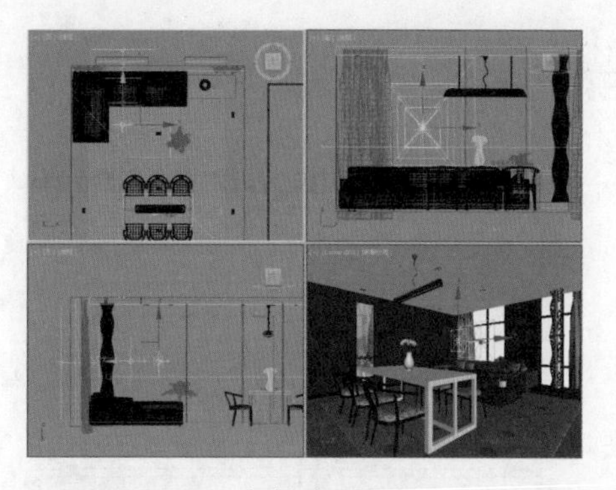

图 10-93　复制并调整灯光大小

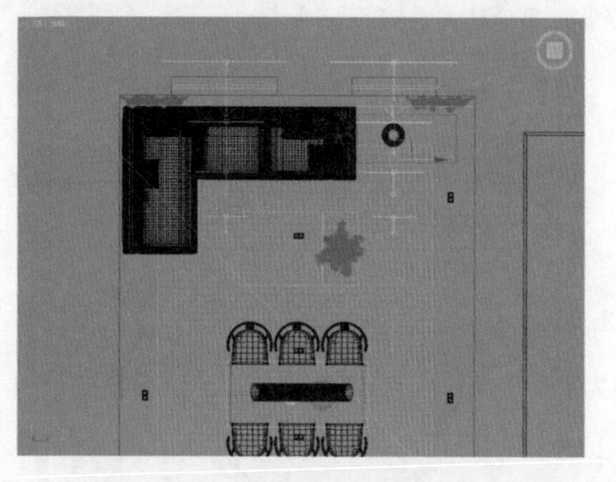

图 10-94　复制灯光实例

STEP 07 创建目标点光源，移动到合适的位置，如图 10-95 所示。

STEP 08 开启 VR 阴影，设置灯光分布类型为光度学 Web，为其添加光域网文件，再设置灯光颜色及强度，如图 10-96 所示。

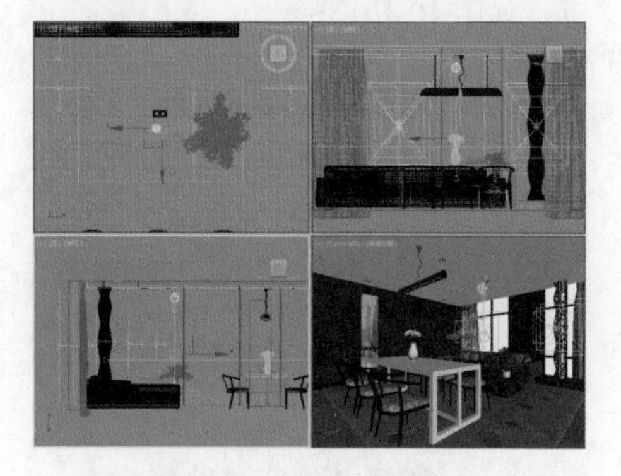

图 10-95　创建目标灯光

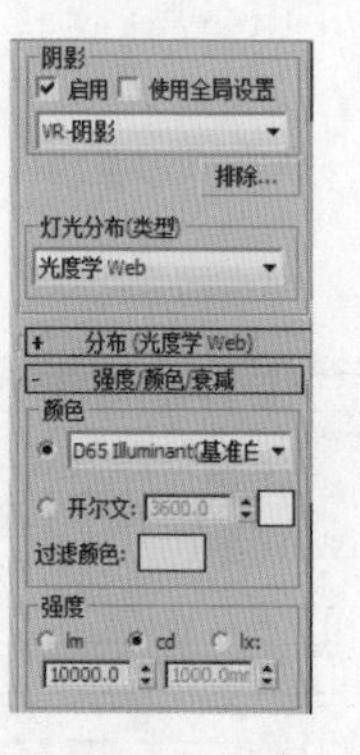

图 10-96　调整灯光参数

STEP 09 灯光颜色参数设置如图 10-97 所示。

STEP 10 实例复制灯光，调整到合适的位置，如图 10-98 所示。

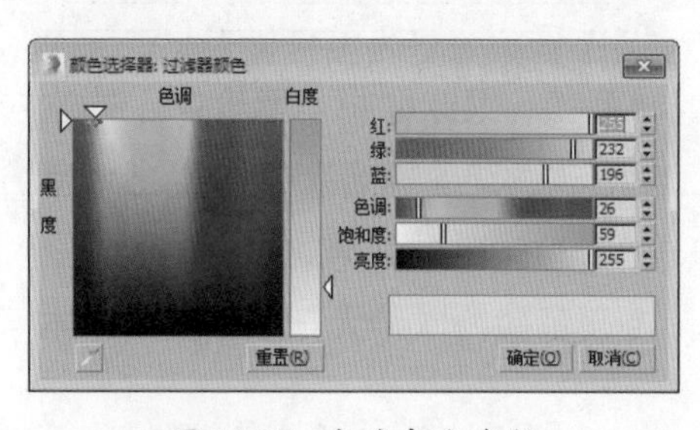

图 10-97　灯光颜色参数

图 10-98　复制灯光

5. 渲染出图

这是效果制作的最后一步，设置渲染参数并且渲染出最终效果图。

STEP 01 打开渲染设置对话框，在“帧缓冲区”卷展栏中取消选中“启用内置帧缓冲区”复选框，如图 10-99 所示。

STEP 02 在“颜色贴图”卷展栏中设置颜色贴图类型，如图 10-100 所示。

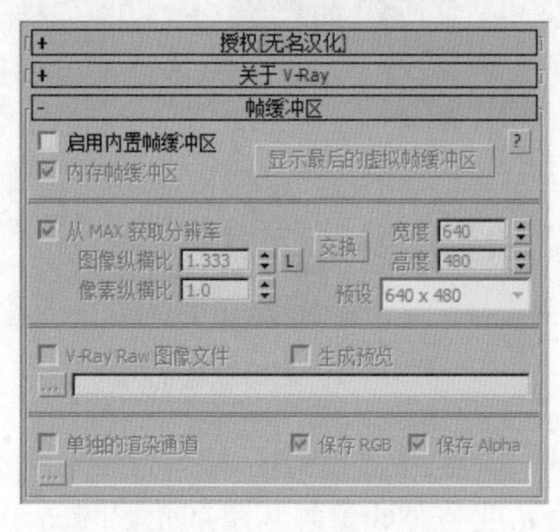

图 10-99 设置帧缓冲区

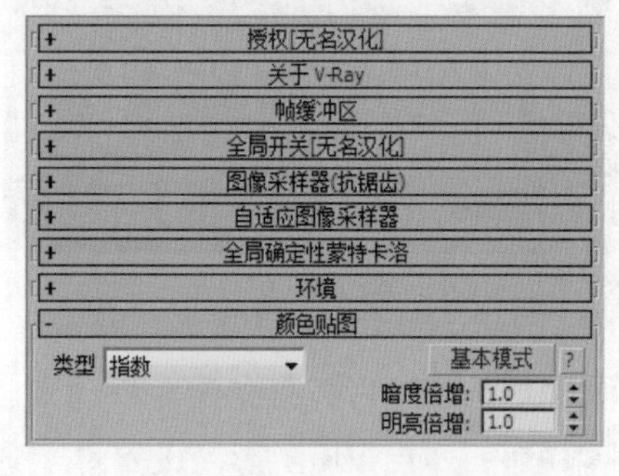

图 10-100 设置颜色贴图

STEP 03 开启全局照明，二次引擎为灯光缓存，如图 10-101 所示。

STEP 04 在“发光图”卷展栏中设置较低的参数，如图 10-102 所示。

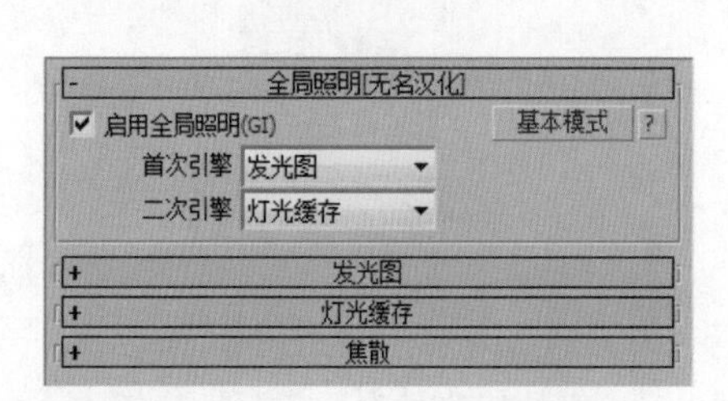

图 10-101 开启全局照明

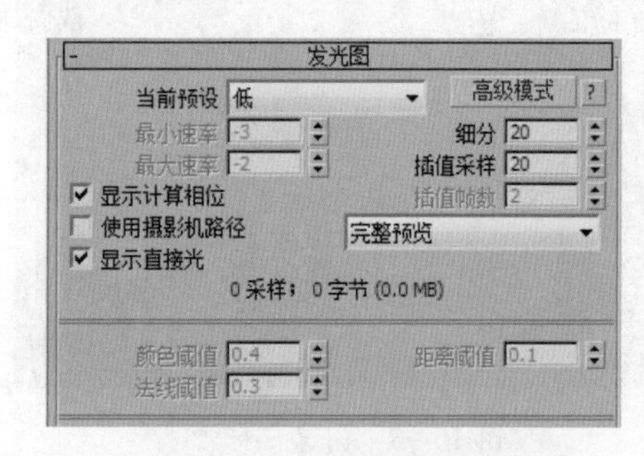

图 10-102 设置发光图参数

STEP 05 在“灯光缓存”卷展栏中设置较低的细分值，如图 10-103 所示。

STEP 06 在“系统”卷展栏中设置相关参数，如图 10-104 所示。

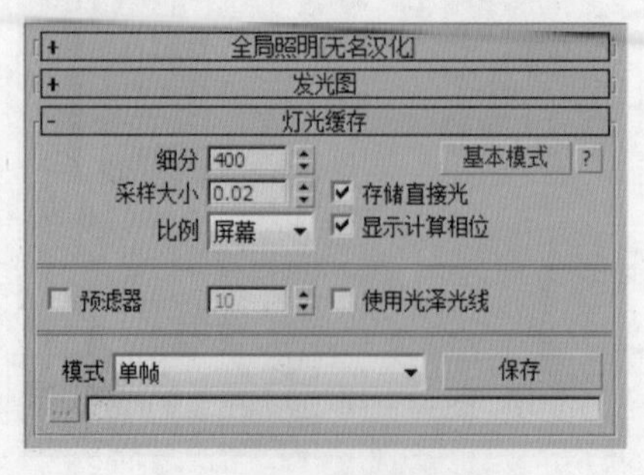

图 10-103 设置细分值

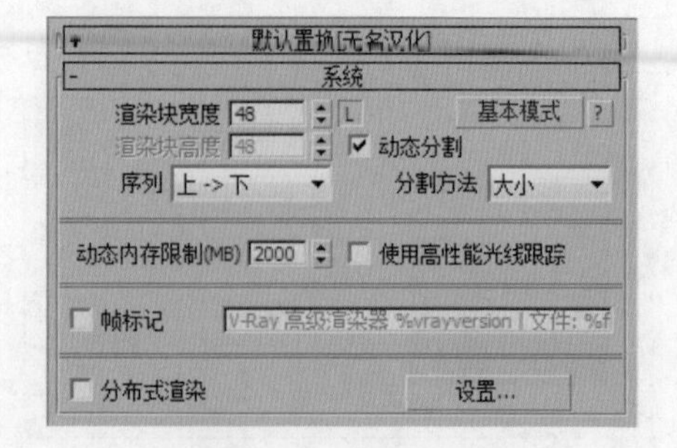

图 10-104 设置系统参数

STEP 07 渲染相机视图，效果如图 10-105 所示。

STEP 08 从渲染效果中可以看到整体光线偏暗，这里在“颜色贴图”卷展栏中重新调整参数，如图 10-106 所示。

图 10-105　渲染相机视图

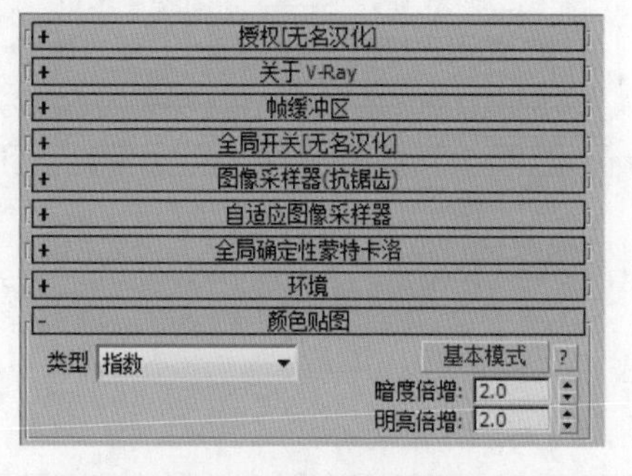

图 10-106　调整参数

STEP 09 再次渲染场景，效果如图 10-107 所示。

STEP 10 得到满意的效果后，即可设置高品质渲染参数。重新设置出图尺寸，如图 10-108 所示。

图 10-107　再次渲染场景

图 10-108　调整出图尺寸

STEP 11 在“图像采样器”卷展栏中设置最小着色速率及过滤器类型，在“全局确定性蒙特卡洛”卷展栏中设置噪波阀值及最小采样值，如图 10-109 所示。

STEP 12 在“发光图”卷展栏中设置较高的预设及细分采样值，如图 10-110 所示。

STEP 13 设置较高的灯光缓存细分值，如图 10-111 所示。

STEP 14 重新渲染场景，得到最终效果，如图 10-112 所示。

图像采样器(抗锯齿)
类型 自适应
最小着色速率 1 渲染遮罩 无
划分着色细分 <无>
图像过滤器 过滤器 Catmull-Rom
大小: 4.0
具有显著边缘增强效果的 25 像素过滤器。
自适应图像采样器
全局确定性蒙特卡洛
自适应数量 0.85
噪波阈值 0.005 时间独立
全局细分倍增 1.0 最小采样 15

图 10-109 设置过滤器及噪波值

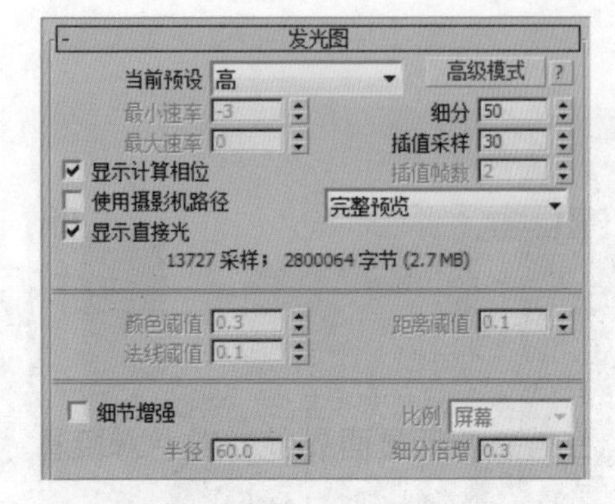

图 10-110 设置发光图参数

图 10-111 设置灯光缓存

图 10-112 最终效果

【听我讲】

10.1 认识 VRay 渲染器

VRay 渲染器是一款优秀的渲染软件，利用全局光照系统模拟真实世界中光的原理渲染场景中的灯光，渲染灯光较为真实。

VRay 渲染器是一款外挂渲染器，它的优点在于渲染速度快，渲染效果好。VRay 主要用于渲染一些特殊效果，如次表散射、光迹追踪、焦散、全局照明等。使用渲染器可以做到以下几点：

第一，指定材质类型，通过设置合适的参数创建大理石、磨砂玻璃等材质。

第二，模拟真实的光影追踪和折射效果。

第三，使用外部 IES 灯光文件，通过全局照明有效控制间接光照效果。

第四，使用 VRay 阴影类型，制作柔和的面阴影效果。

VRay 渲染器不是 3ds Max 自带的渲染器，只有安装和 3ds Max 软件相同的 VRay 渲染器后，软件中才可以使用该渲染器。如果场景中使用了 VRay 材质，将渲染器切换为 3ds Max 自带的渲染器之后，使用的 VRay 材质就会失效，所以 3ds Max 渲染器不支持 VRay 材质。作为独立的渲染器插件，VRay 在支持 3ds Max 的同时，也提供了自身的灯光材质和渲染算法，可以得到更好地画面计算质量。

与 3ds Max 渲染器相比，VRay 渲染器的最大特点是较好地平衡了渲染品质和渲染速度，在渲染设置面板中，VRay 渲染器还提供了多种 GI 方式，这样渲染方式就比较灵活，既可以选择快速高效的渲染方案，还可以选择高品质的渲染方案。

10.2 VRay 渲染器的功能

通过 VRay 渲染器可以将物体渲染出不同的效果，如运动模糊和焦散效果等，下面具体介绍这些效果的操作方法。

10.2.1 逼真的运动模糊

运动模糊是指在场景中设置移动和偏移动画效果，通过摄影机渲染得出的运动动作的过程。利用 3ds Max 和 VRay 渲染器可以渲染图形的运动模糊效果，本章主要介绍 VRay 插件，所以这里具体利用 VRay 渲染器设置运动模糊。

【例 10-1】将闹钟分针设置为运动模糊，并渲染效果。

STEP 01 打开“闹钟”文件，此时文件中已经设置动画效果，动画范围在 1~55 帧。

STEP 02 在视图中创建目标聚光灯和VR-物理摄影机，如图10-113所示。

STEP 03 将动画滑块拖动至10帧处，选择摄影机镜头，打开“修改”面板，在“采样”卷展栏中选中“运动模糊”选项，启用运动模糊效果，如图10-114所示。

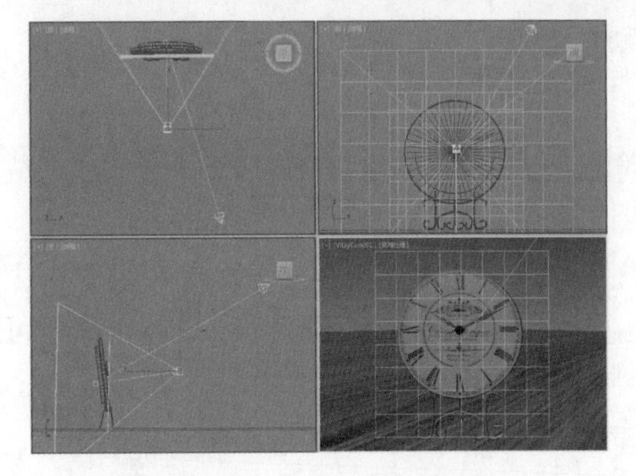

图10-113 创建灯光和摄影机

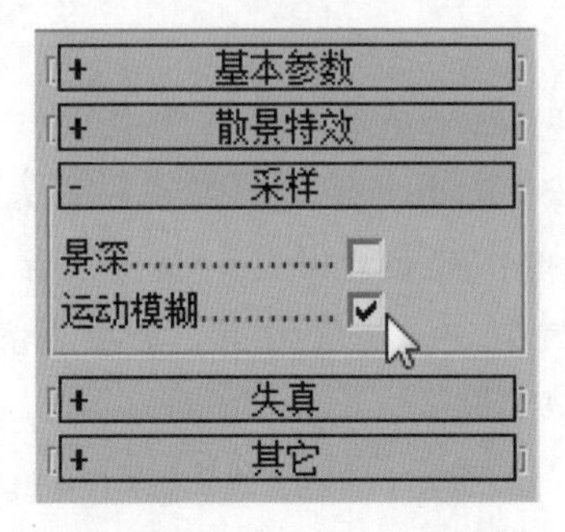

图10-114 启用运动模糊效果

STEP 04 展开“基本参数”卷展栏，在其中调整快门速度、自定义平衡颜色、光圈数和胶片速度，如图10-115所示。

STEP 05 设置完成后渲染摄影机视图，即可观察运动模糊效果，如图10-116所示。

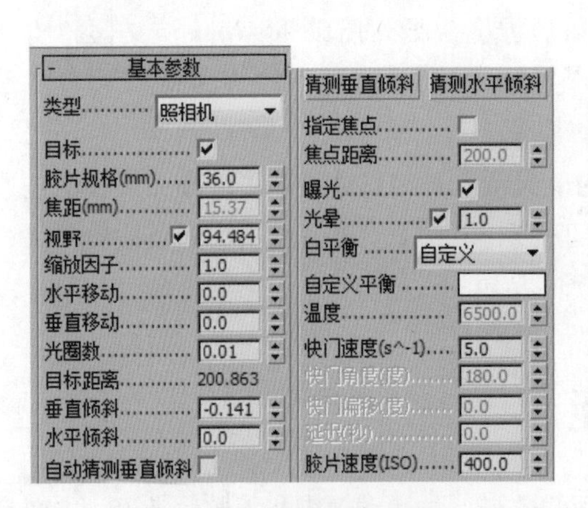

图10-115 设置摄影机参数

图10-116 运动模糊效果

10.2.2 照片集的焦散效果

焦散是指当光线穿过一个透明物体时，由于对象表面的不平整，使得光线折射并没有平行发生，出现漫折射，投影表面出现光子分散。

设置焦散效果后，光线从反射表面到散射表面进行传递的时候，会产生聚焦或者发散，当这种光线接触到场景中其他对象的表面时，又会产生新的照明效果，于是就产生了焦散效果。

建模技能

焦散效果需要从三个方向进行设置：首先使光源产生焦散光子，其次激活对象的焦散投射，最后设置光子的数目。

10.3　VRay 渲染器的设置

VRay 渲染器提供了自己的“渲染设置”窗口，在指定渲染器之后，“渲染设置”窗口就会更改为VRay渲染设置，在该对话框中可以设置渲染器类型、全局照明、灯光缓存等。

10.3.1　渲染器的设置

新建场景后，软件中的渲染器为默认扫描线渲染器，在“渲染设置”窗口中可以更改渲染器，用户可以通过以下操作打开“渲染设置”窗口。

- 执行“渲染”|“渲染设置”命令。
- 在工具栏右侧单击“渲染设置”按钮。
- 按 F10 快捷键打开“渲染设置”窗口。

下面将具体介绍设置 VRay 渲染器的方法。

STEP 01 执行“渲染”|“渲染设置”命令打开“渲染设置”窗口，如图 10-117 所示。

STEP 02 单击并拖动鼠标至页面最下方，展开“指定渲染器”卷展栏，并单击“选择渲染器”按钮，如图 10-118 所示。

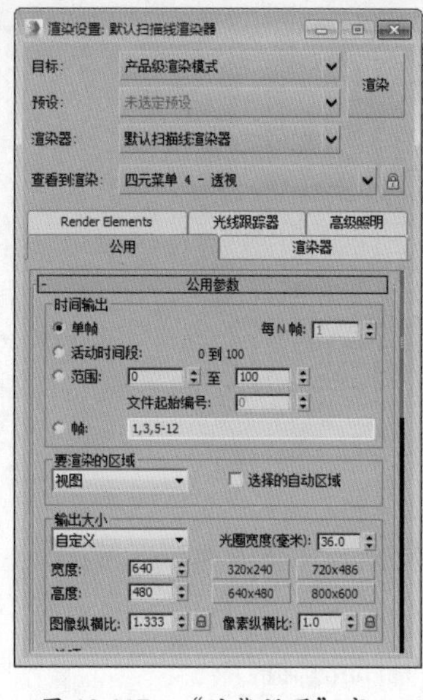

图 10-117　“渲染设置”窗口

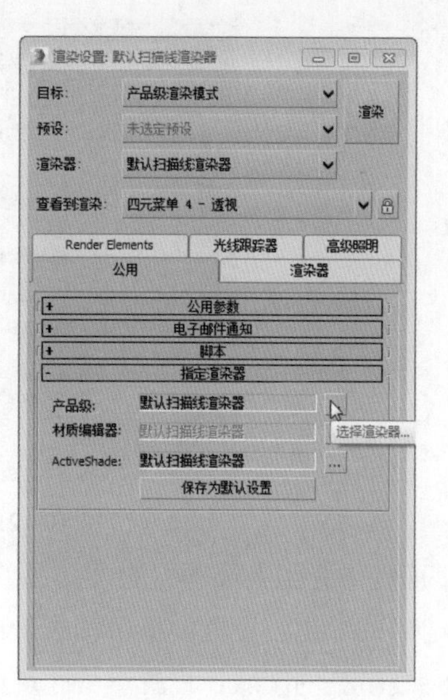

图 10-118　单击“选择渲染器”按钮

STEP 03 打开“选择渲染器”对话框，选择“V-Ray Adv 3.00.08”，并单击“确定”按钮，如图 10-119 所示。

STEP 04 设置完成后，“渲染设置”窗口中即会增加V-Ray设置面板，如图 10-120 所示。

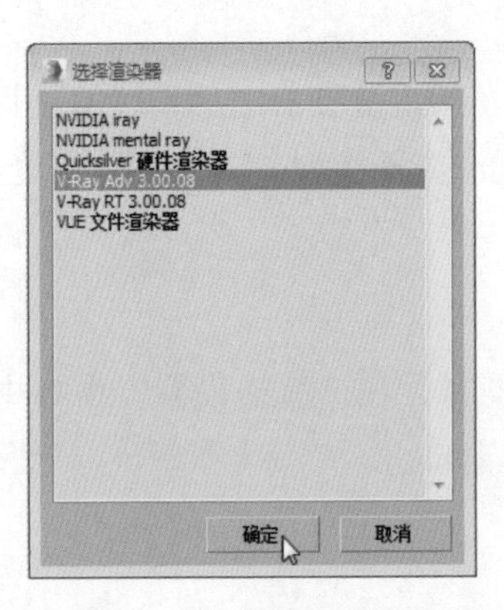

图 10-119 “选择渲染器”对话框

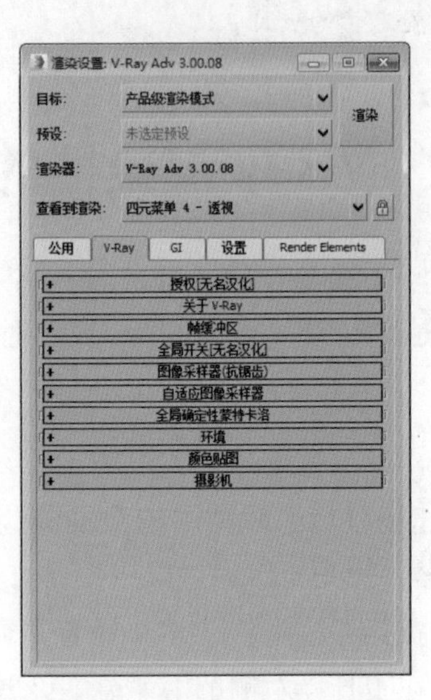

图 10-120 VRay 设置面板

10.3.2 渲染输出设置

在“渲染设置”窗口中可以设置场景的输出位置、格式和文件大小等，在“公用参数”卷展栏中可以设置以上选项，如图 10-121 所示。

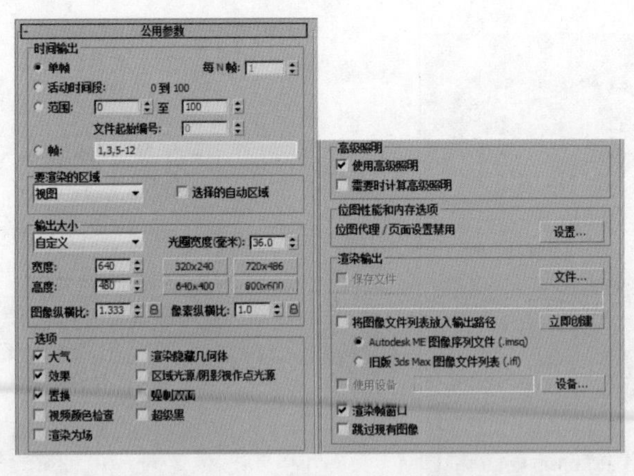

图 10-121 “公用参数“卷展栏

下面具体介绍各选项组的含义：

- 时间输出：设置渲染单帧或是活动范围。
- 要渲染的区域：设置渲染区域以及控制选择的自动渲染区域。
- 输出大小：选择自定义或预定义设置图像大小，在选项组中提供了 4 组固定尺寸，用户也可以在“配置预设”对话框中设置固定尺寸大小。

- 选项：用于启用并渲染相应效果。
- 高级照明：使用高级照明及计算高级照明。
- 渲染输出：设置渲染后的文件输出路径和文件格式。

1. 设置输出大小

在 3ds Max 中，可以设置输出的大小，在“输出大小”卷展栏中不仅可以使用固定的输出尺寸，还可以设置固定尺寸的数值。下面具体介绍设置输出固定尺寸大小的方法。

STEP 01 执行“渲染”|“渲染设置”命令，打开“渲染设置”窗口，在“输出大小”卷展栏 320x240 按钮上右击，弹出“配置预设”对话框，在其中设置宽度和高度，单击“确定”按钮，如图 10-122 所示。

STEP 02 设置完成后，此时该按钮将发生更改，如图 10-123 所示。

图 10-122　“配置预设”对话框

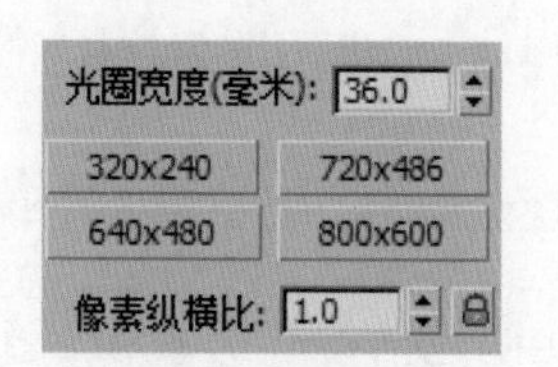

图 10-123　更改固定尺寸

2. 设置输出路径和格式

在“渲染设置”窗口中还可以设置渲染输出的默认保存路径和格式。下面具体介绍设置输出路径和格式的方法。

STEP 01 打开“渲染设置”窗口，单击并拖动页面至“渲染输出”选项组，单击“文件”按钮，如图 10-124 所示。

STEP 02 此时打开“渲染输出文件”对话框，在其中设置渲染路径、文件格式和文件名后，如图 10-125 所示。

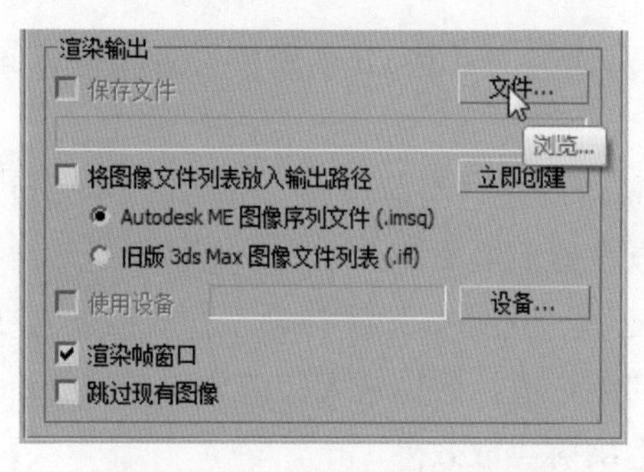

图 10-124　单击“文件”按钮

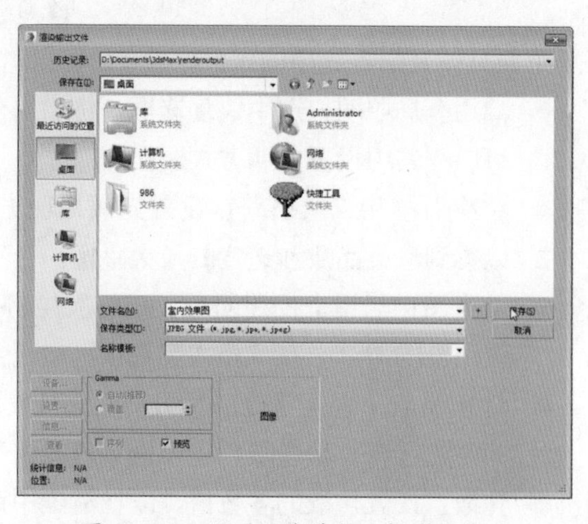

图 10-125　设置渲染路径、格式和名称

STEP 03 设置完成过后单击“保存”按钮，此时打开“JPEG 图像控制”对话框，并设置各选项，设置完成后单击“确定”按钮，如图 10-126 所示。

STEP 04 返回“渲染设置”窗口，“渲染输出”选项组中将更改设置，如图 10-127 所示。

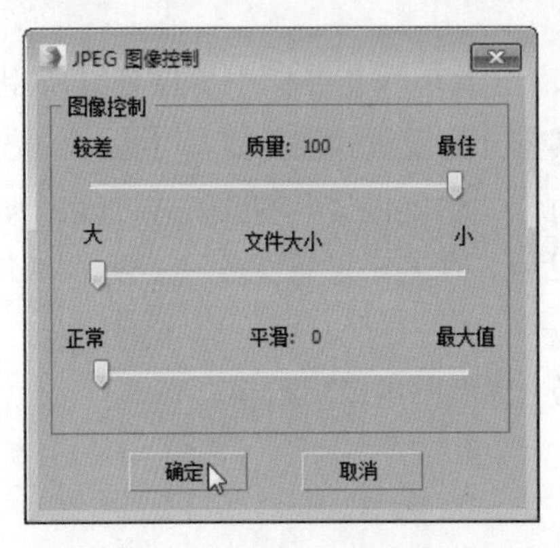

图 10-126 “JPEG 图像控制”对话框

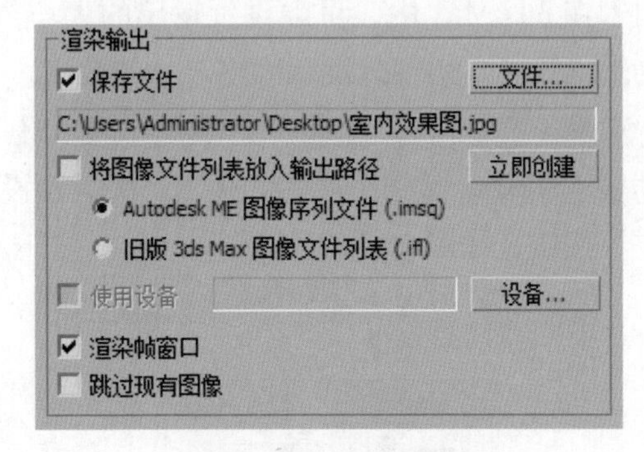

图 10-127 更改设置

10.3.3 全局照明和灯光缓存的设置

全局照明包括首次引擎和二次引擎等两个照明方式，选中“启用全局照明”复选框后，即可以利用全局照明的算法进行多次光线照明传播，并激活发光图和相应二次引擎选项的卷展栏，如图 10-128 所示。

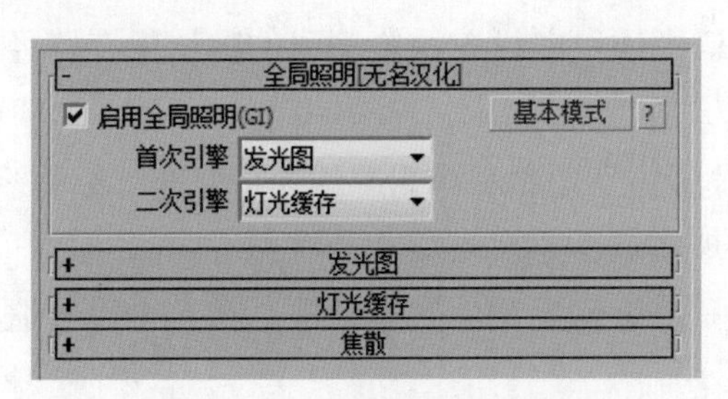

图 10-128 “全局照明”卷展栏

下面具体介绍各选项的含义。

- 启用全局照明：选中该复选框，将启用全局照明，卷展栏中的各项参数也将激活，可以在其中设置照明方式。
- 首次引擎和二次引擎：设置光线照明方式，通过对 4 种 GI 引擎的合理搭配，可以得到渲染品质和速度的最大平衡。
- 发光图：启用全局照明后，该卷展栏将被激活，在“当前预设”选项框中可以设置渲染的质量，在“模式”选项框中还可以设置渲染类型。
- 灯光缓存：它会随着二次引擎的选项发生更改，选择灯光缓存时，卷展栏就会变为灯光缓存。该卷展栏主要设置灯光缓存的细分值，数值越大，渲染质量越好。
- 焦散：设置焦散的各数值，以在渲染中产生反射焦散效果。

下面将具体介绍设置全局照明和灯光缓存的方法。

STEP 01 打开“GI”选项卡，展开“全局照明”卷展栏后选中“启用全局照明”复选框，在“二次引擎”列表框中选择“灯光缓存”选项，如图 10-129 所示。

STEP 02 此时添加“灯光缓存”卷展栏，展开卷展栏设置细分值，即可完成全局照明设置，如图 10-130 所示。

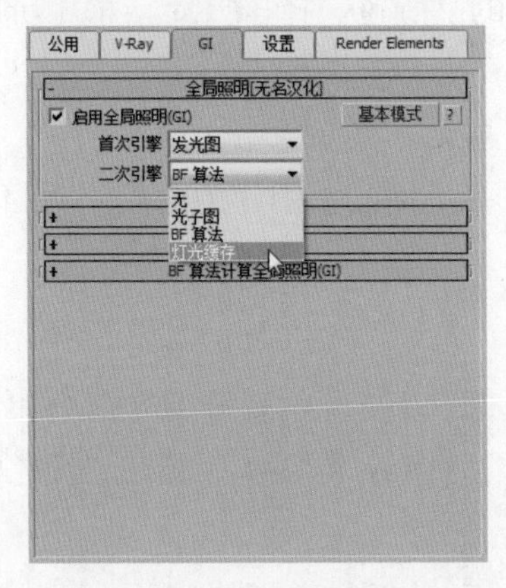

图 10-129 单击“灯光缓存”选项

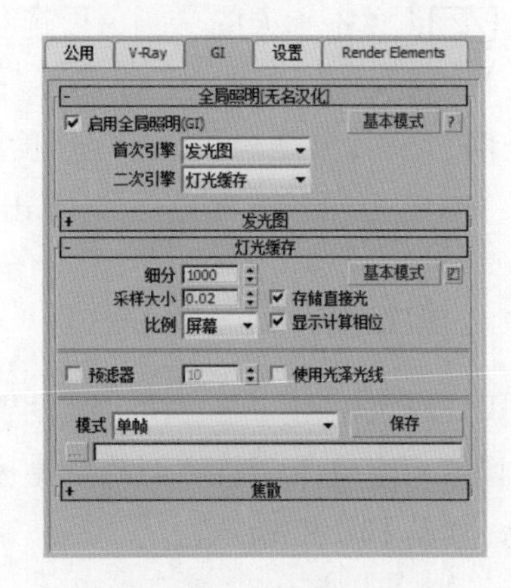

图 10-130 设置细分值

建模技能

在初次进行测试渲染时，灯光细分数值调节到 200 即可，渲染最终效果时，可以数值调节到 1000 左右。

10.3.4 环境的设置

在“环境”卷展栏中可以设置全局照明、反射和折射的环境颜色及强度，也可以根据需要设置环境贴图。在“渲染设置”窗口中打开 V-Ray 选项卡，展开“环境”卷展栏即可查看卷展栏内的选项，如图 10-131 所示。

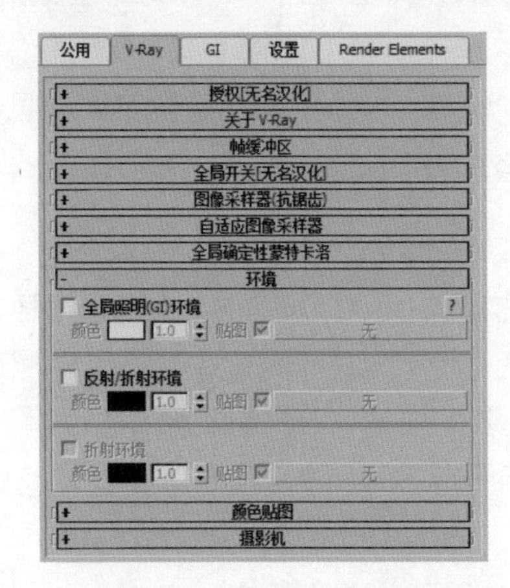

图 10-131 “环境”卷展栏

由图 10-131 可知，“环境”卷展栏由“全局照明环境”“反射 / 折射环境”和“折射环境”3 个选项组组成，并且每个选项组中的选项都相同，所以含义也相同，就不再重复介绍。下面以“全局照明环境”选项组为例，具体介绍各选项的含义：

- 全局照明(GI)环境：选中“全局照明‘GI’环境”复选框后，将开启“全局照明环境”选项。
- ：单击下方的“颜色”选项框，在弹出的“颜色选择器”对话框中可以设置环境颜色。
- 1.0：设置全局照明环境亮度的倍增值，值越大，亮度越亮。
- 贴图 ☑ 无：单击该按钮，可选择不同的贴图作为全局照明的环境。

10.3.5 颜色贴图的设置

使用“颜色贴图”卷展栏可以设置渲染曝光方式，以及对象直接受光部分和背光部分的倍增值，来整体调整图面的明亮度和对比度。在 V-Ray 卷展栏中展开“颜色贴图”卷展栏，如图 10-132 所示。

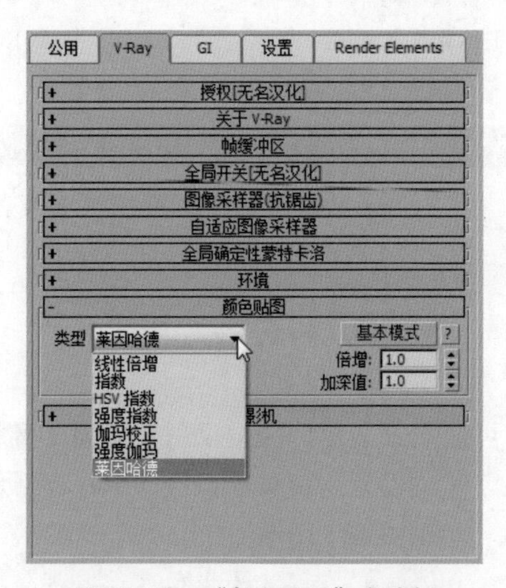

图 10-132 “颜色贴图”卷展栏

由图 10-132 可知，在“类型”下拉列表中提供了 7 种曝光类型，每个曝光类型的参数会有点不同，曝光效果也会略有不同。

1. 莱茵哈德

该选项为指数和线性倍增两种曝光方式的结合体。选择该曝光方式时，会出现倍增和加深值 2 个选项。

- 倍增：倍增值是设置曝光强度，1.0 实际上为线性曝光方式的效果，0.2 接近指数曝光方式的效果，数值范围在 0.2 ~ 1.0 之间也就为线性曝光和指数曝光的混合曝光效果。
- 加深值：该选项用来设置渲染效果的饱和度。

2. 线性倍增

使用这种曝光方式的优点是亮度对比度突出，色相饱和度高，适合明暗关系对比突出、颜色饱和度高度的场景空间，但是使用该曝光方式容易出现局部曝光的现象。选择该曝光方式后，卷展栏中会显示暗度倍增和明亮倍增 2 个选项。

- 暗度倍增：对暗色部分进行亮度倍增，调整场景中不直接接收灯光部分的亮度。
- 明度倍增：调增场景中的迎光面和曝光面的亮度。

3. 指数

指数曝光方式的效果比较平和，不会出现局部曝光的现象，但是色彩饱和度降低，使效果看上去灰蒙蒙的失去了许多色彩。

4. HSV 和强度指数

HSV 和强度指数与指数曝光方式类似，HSV 会保护色彩的色调和饱和度。强度指数则在亮度上会有一些的保留，缺点是从明处到暗处不会产生自然的过渡。

5. 伽玛校正

伽玛校正曝光方式可以对最终的图形进行简单校正，和线性倍增相同的是它会出现局部曝光的现象。选择选项后，卷展栏中会显示倍增和反向伽玛 2 个选项。

- 倍增：设置渲染图面上的亮度。
- 反向伽玛：使伽玛值反向。

6. 强度伽玛

强度伽玛与伽玛校正曝光模式类似，还可以设置灯光的亮度。

10.4 渲染帧窗口

当渲染器指定为“V-Ray 渲染器”之后，渲染帧窗口也会随之更改为 V-Ray 窗口。利用“渲染帧窗口”渲染场景后，用户可以查看和编辑渲染结果。

10.4.1 保存图像

在渲染场景后，渲染结果就会显示在“渲染帧窗口”中，利用该窗口可以设置图像的保存路径、格式和名称。

【例 10-2】保存渲染效果。

STEP 01 激活“透视”视图，按 F9 快捷键打开“V-Ray 渲染帧窗口”渲染视图，渲染完成后单击窗口上方的 Save image 按钮，如图 10-133 所示。

STEP 02 此时打开“保存图像”对话框，在其中设置保存路径、保存名称和格式，单击“保存”按钮，如图 10-134 所示。

图 10-133　单击 Save image 按钮

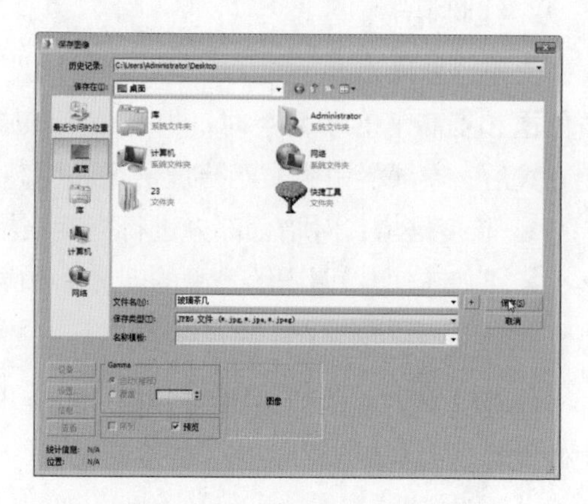

图 10-134　“保存图像”对话框

STEP 03 打开“JPEG 图像控制”对话框，在其中设置图像质量的各选项，设置完成后单击“确定”按钮，即可保存图像，如图 10-135 所示。

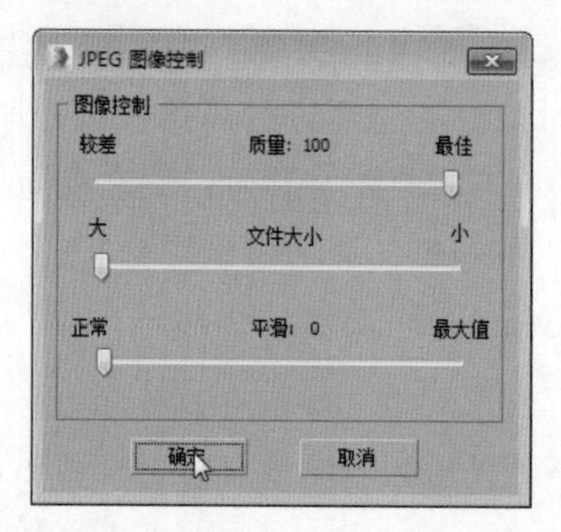

图 10-135　“JPEG 图像控制”对话框

10.4.2　局部渲染

如果只需要查看一小部分的实体状态，不需要渲染整个视图，可以设置局部渲染。在 3ds Max 2016 中可以使用两种方法进行局部渲染，下面具体介绍这两种方法。

1. 渲染区域

利用“V-Ray 渲染帧窗口”可以渲染区域，这样系统就会根据指定的区域进行渲染，利用这一功能可以有效地节约时间，更快速的渲染需要查看的位置。

【例 10-3】渲染洗手池。

STEP 01 在视图区左侧 V-Ray Toolbar 快捷工具列表中单击“最后 VFB”按钮，打开渲染帧窗口，此时并没有进行渲染，所以窗口中没有渲染实体效果。

STEP 02 在窗口上方单击 Region render 按钮，如图 10-136 所示。

STEP 03 在渲染帧窗口中单击并拖动鼠标创建红色矩形区域，如图 10-137 所示。

STEP 04 单击 Render last 按钮，区域内就开始进行渲染，如图 10-138 所示。

STEP 05 渲染完成后，渲染效果如图 10-139 所示。

图 10-136 单击“Region render”按钮

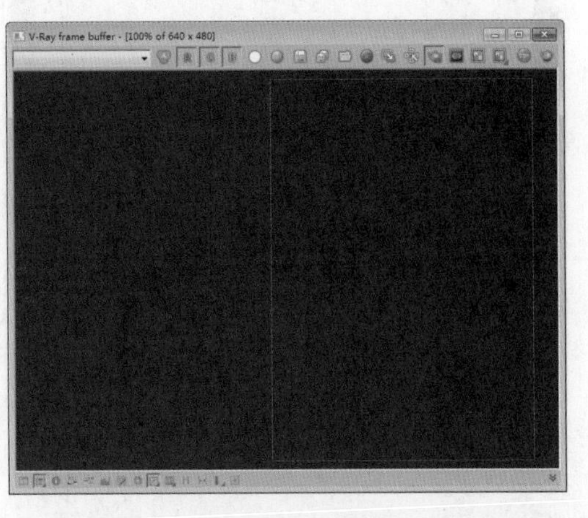

图 10-137 创建区域

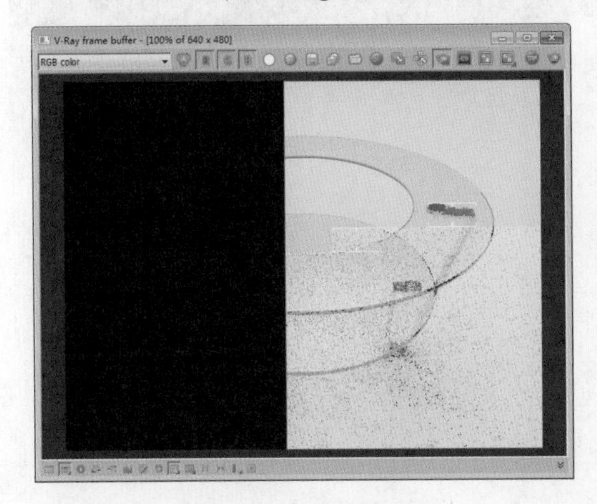

图 10-138 渲染区域

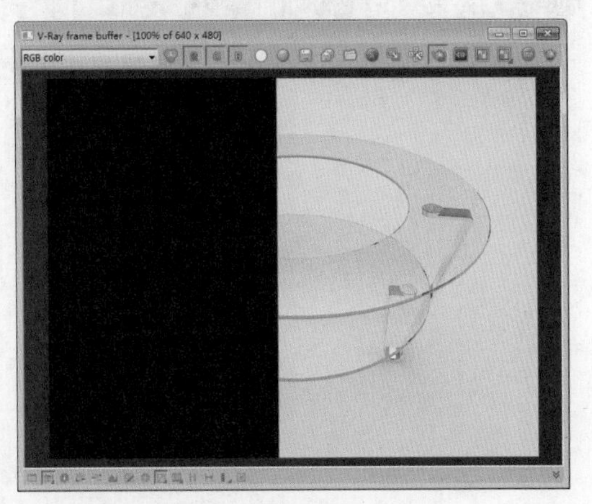

图 10-139 渲染区域效果

建模技能

再次单击“Region render”按钮，即可取消区域渲染。

2. 指定渲染位置

利用 VRay 渲染帧窗口，不仅可以渲染区域，还可以指定渲染的位置，利用按钮，可以渲染鼠标指针所处位置，最快速地渲染指定位置。

【例 10-4】设置指定渲染位置。

STEP 01 打开“渲染帧窗口”，在窗口上方激活按钮，然后再单击右侧的按钮。

STEP 02 在窗口中移动鼠标指针，确定渲染位置，如图 10-140 所示。

STEP 03 此时移动鼠标，渲染位置将随着鼠标指针移动而发生更改，如图 10-141 所示。

图 10-140　确定渲染位置

图 10-141　移动鼠标效果

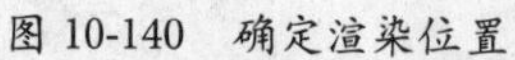

建模技能

使用该功能时，系统会随着鼠标指针位置进行渲染，再逐渐向外扩散，直至渲染整个视图为止。

【自己练】

项目练习 1：渲染卧室一角

图纸展示（见图 10–142）

图 10-142　渲染卧室一角效果

操作要领

(1) 打开渲染设置对话框，设置测试渲染参数。

(2) 测试渲染，适当调整模型中各项参数。

(3) 设置最终渲染参数并渲染场景。

项目练习 2：渲染书房效果

图纸展示（见图 10–143）

图 10-143　渲染书房效果

绘图要领

(1) 打开渲染设置对话框，设置参数并进行测试渲染。

(2) 根据效果调整灯光参数。

(3) 重新设置渲染参数，渲染最终效果。

参 考 文 献

[1] 姜洪侠、张楠楠．Photoshop CC 图形图像处理标准教程 [M]．北京：人民邮电出版社，2016．

[2] 周建国．Photoshop CS6 图形图像处理标准教程 [M]．北京：人民邮电出版社，2016．

[3] 孔翠、杨东宇、朱兆曦．平面设计制作标准教程 Photoshop CC+Illustrator CC[M]．北京：人民邮电出版社，2016．

[4] 沿铭洋、聂清彬．Illustrator CC 平面设计标准教程 [M]．北京：人民邮电出版社，2016．

[5] [美] Adobe 公司．Adobe InDesign CC 经典教程 [M]．北京：人民邮电出版社，2014．

[6] 唯美映像．3ds Max 2013+VRay 效果图制作自学视频教程 [M]．北京：人民邮电出版社，2015．